国家科技支撑计划项目（2008BAG07B01）资助

龚维明　戴国亮　宋晖　编著

大直径深长嵌岩桩承载机理研究与应用

人民交通出版社
China Communications Press

上，编制了大直径深长嵌岩桩基础的设计指南。

在编制本书过程中，作者得到了各位前辈及同行的鼓励和支持，也得到了许多博士生及硕士生的帮助，更得到了众多设计人员、施工单位、建设单位的鼎力相助，作者在此一并表示感谢。

鉴于问题的复杂性，大直径深长嵌岩桩的许多方面还有待于进一步研究和经验积累，本书所述如有不妥之处，期待着读者的批评指正。

作者

撰于东南大学

2010 年 7 月 26 日

目　录

第一章 绪 论

1.1 立项背景

近几十年来，随着国民经济的高速发展，高速和重载成为公路和铁路的发展趋势，建筑物也越来越高大，因此，它们的基础承受的荷载也越来越大，桩基因其独特的优势越来越多地被人们所采用，特别是现在大型桥梁基础工程中大多采用桩基础。与其他基础形式相比，桩能够将上部结构的荷载传递到深层稳定的土层或基岩中去，从而大大减少基础的沉降和不均匀沉降，所以桩基础在地震、软土地区以及冻土地区等都有着广泛的应用。

嵌岩桩作为钻孔灌注桩的一种重要类型，正日益受到人们的重视和信任。嵌岩桩是指桩身一部分或全部埋设于岩石中的桩基础。嵌岩桩与其他类型的桩基相比具有明显的优点，它充分利用了基岩的承载性能，从而提高了单桩承载力。更重要的是嵌岩桩由于桩端持力层是压缩性极小的基岩，单桩沉降量很小，群桩效应小，而且建筑物的沉降在施工过程中便可完成。以嵌岩桩为基础的建筑物在地震过程中产生的地震反应也比其他基础型式更轻微、抗震性能更好。嵌岩桩具有单桩承载力高、沉降小且收敛快、抗震性能好、群桩效应小等特点，是桥梁、高层建筑、重型厂房等结构荷载较大、沉降要求较高的建(构)筑物的重要基础形式，在工程实践中得到了越来越广泛应用。

西堠门大桥主跨达 1650m，是世界上首座特大跨径分体钢箱梁悬索桥，跨径 578m + 1650m +485m，如图 1-1 所示。西堠门大桥是浙江省舟山连岛工程的核心工程。项目位于浙江省东北部的东海海域，连接舟山、宁波两市，是国家高速公路网规划中杭州湾环线的联络线的重要组成部分。西堠门大桥地处台风影响频繁的舟山群岛，气象条件复杂，风速高，且面临恶劣的海洋腐蚀环境；水深流急，流态复杂，施工条件极端恶劣，桩基水下施工难度大。西堠门

图 1-1 西堠门大桥

大桥北塔桩基采用24根ϕ2.8m钻孔灌注桩。左区1~12号桩基础底标高均为-25.00m，顶标高15.00m，桩长40m。右区桩基13~21号桩基础底标高为-25.00m，桩长40m；22~23号桩基底标高为-38.5m，桩长53.5m；24号桩基底标高为-40.5m，桩长55.5m。为保证桩基竖向荷载直接传递到深层基础，桩体嵌入微风化层，整桩基本全嵌入岩层。

荆岳长江公路大桥总建设里程为5.42km，主桥采用主跨816m双塔混合梁斜拉桥方案。桥址位于湖北、湖南两省交界处，地处长江中游江汉冲湖积平原和江南低山丘陵过渡地带，北岸以平原为主，沿江一带零星分布低山残丘；南岸主要是低山丘陵地形，湖泊星罗棋布。为保证桩基竖向荷载直接传递给深层基础，桩体嵌入微风化泥岩中。

青岛海湾大桥是国家高速公路网规划中的青岛至兰州高速（M36）青岛段的起点，山东省"五纵四横一环"公路网主框架中南济青线的重要组成部分；是青岛市道路交通规划网络布局中胶州湾东西岸跨海通道中的"一路、一桥、一隧"重要组成部分。青岛海湾大桥东起青岛主城区308国道，跨越胶州湾海域，西至黄岛红石崖，路线全长新建里程约35.4km，其中海上段长度26.75km，青岛侧陆上桥梁5.85km，红石崖侧陆上段桥梁及道路共0.9km，红岛连接线长1.9km，总投资99.38亿元。因其特殊的地理位置，桥梁基础要承受较大的荷载。根据场地地质条件、工程特点，必须选用桩基础，以微、弱风化岩层为持力层。

南京长江第三大桥位于南京长江大桥上游约19km处。南岸位于新秦淮河口上游约800m，属南京市雨花台区；北岸在西江口下游约1000m，属南京市江浦区。大桥全长4744m，由主桥和引桥两部分组成，其中主桥长1284m，设计为双柱钢箱梁斜拉桥，主跨648m；引桥长3460m，其中南引桥长680m，北引桥长2780m，桥宽32m。该大桥为沪蓉国道主干线的重要组成部分。为保证桩基竖向荷载直接传递给深层基础，桩体嵌入微风化泥岩中。

为了保证施工的顺利进行和结构的安全可靠，上述大型工程桩基础直径都在1.2m以上，桩长在40m以上，有的甚至达到100m，大部分嵌入中风化岩层，嵌岩深度一般都在10m以上。本课题定义桩径在2m以上，嵌岩深度超过$5d$（d为桩身直径）的嵌岩桩为大直径深长嵌岩桩。

但是由于这些大型工程的嵌岩桩基所处地质条件的差异、桩身混凝土质量的不稳定、施工工艺的多样性、桩极限承载力较高、试桩试验不能达到破坏等原因，嵌岩桩的承载性状至今尚不完全清楚，人们对嵌岩桩的承载性状存在着不同的认识，各国规范、各地区规程，在其承载力及位移计算上相差较大。这样便产生两方面的问题：一是保守设计造成大量浪费；二是对桩承载力估计过高和施工质量问题等种种原因造成工程事故。因此，认清嵌岩桩的承载性能，正确选择嵌岩桩设计参数，确定其承载力计算公式就成为当今桩基工程的一个热点问题。

为此，有必要研究大直径深长嵌岩桩的荷载传递机理、桩径、嵌岩比、岩石特性、成桩工艺、桩底沉渣厚度、孔壁粗糙度、泥皮对嵌岩桩承载力的影响。

1.2 国内外嵌岩桩承载机理研究现状

大量试验结果和有限元分析结果表明，影响嵌岩桩承载力的因素是极其多样的，并且各种因素的作用往往并不独立，而是结合在一起发挥作用，这就使得嵌岩桩的承载性状变得更为复杂。从直观和经验的角度来看，嵌岩段长度、桩直径、岩石强度、岩块质量、成桩工艺、桩底沉渣、孔壁粗糙度、泥皮等因素对嵌岩桩承载力的影响是显而易见的。

1.2.1 国外研究现状

早在1969年Reese等在第七届国际土力学及基础工程会议上就发表了世界较早的一根埋设量测元件的嵌岩桩桩顶荷载随深度传递的量测资料。该桩长度5.5m(18ft),桩径0.76m(30in),嵌岩深度$h_r=4.2D$。实测结果表明,桩端反力约占总荷载的15%~25%。

Benmokrane等通过嵌岩桩模型试验说明,在嵌岩桩桩底存在岩体软弱夹层面时,夹层面倾角不同对嵌岩桩的极限承载力影响也不同,但如何考虑其影响有待进一步研究。

Vesic认为桩土相对位移达到10mm时,桩侧摩阻力充分发挥达到极限,而且该值与土类、桩尺寸及施工方法无关;同时,Vesic认为桩端阻力要充分发挥所需的桩端相对沉降量约为8%~25%桩径的沉降量。

阪口理认为相对位移量达到10~20mm时,桩侧摩阻力达到充分发挥。Hassan和O' Neill认为由荷载试验得到的s_{max}受到桩侧土体塑性剪切流动的影响,从而使$\tau \sim s$曲线更加非线性化,$\tau \sim s$曲线的形状很大一部分取决于荷载试验的方法和桩侧土的蠕变特性。Pells和Turner认为嵌岩桩达到极限承载状态时岩石的破坏为塑性破坏,利用类似土力学的承载力理论进行分析或根据破坏包线峰值弯曲形状进行修正,指出充分发挥桩端承力所需的沉降量很大,并给出了基础平均沉降的折减系数和刚性基础的沉降折减系数;同时用弹性有限元法分析岩石弹性模量$E_{岩}$与桩体弹性模量$E_{桩}$比值较低的短桩的沉降影响系数与嵌入深度L/D及$E_{岩}/E_{桩}$的关系。他们的工作是弹性有限元分析的一个标志,使定性分析阶段转向定量分析阶段,同时认为桩端荷载分担比是桩岩模量比和嵌岩深度的函数,并提出了相应的设计思路。

Williams et al.(1981)提出岩块节理降低桩侧摩阻力,其原因是岩块里的节理降低其法向刚度,并于同年提出了考虑岩块节理对桩侧摩阻力影响的计算式,如图1-2所示。

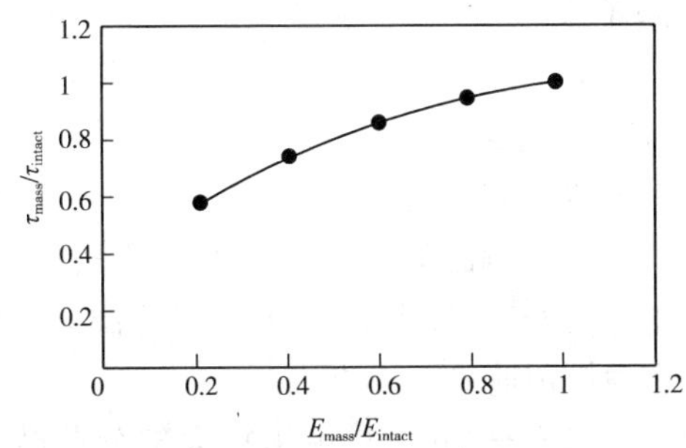

图1-2 岩体的破碎程度与桩侧摩阻力的关系

Pells,Rowe和Turner(1980)在室内模型试验和现场试验的基础上得出了一些有意义的结论:①桩岩界面的粗糙度是影响荷载位移曲线变化的主要因素;②桩岩交界面的清洁程度对侧阻也有重要影响;③对风化程度不太严重的岩石,可以建立极限侧阻与岩石单轴抗压强度的相关关系。但他们的研究局限在桩整体的受荷反应上,没有涉及桩岩界面各点的剪应力的变化。

Horvath,kenney和Trow(1980)在总结澳大利亚、英国、美国50多处嵌岩桩试桩资料的基础上,建立了桩侧阻力与岩石饱和单轴抗压强度的关系。

Kulhawy和Goodman(1980)提出了考虑水平节理间距和竖向节理间距对极限端阻力的计算式(见附录3)。

Rowe和Armitage(1987a)对影响侧阻力发挥的几个因素包括桩岩模量比、嵌岩比、界面粗糙度等进行了数值模拟。

Rowe和Armitage(1987b)在文章中根据桩岩接触面的粗糙度不同提出了计算桩侧阻力的方法,Dykeman和Valsangkan(1996)通过模型试验验证了其合理性。

Leong 和 Randolph(1994)得出结论，即嵌岩比增大，桩侧阻力略有减小；桩径增大，单位侧阻力略有减小；岩性越好，桩侧阻力越大。

O' Neil 和 Hassan(1994)提出了双曲线型式的桩侧荷载传递模型。该模型建立在桩岩交界面粗糙度均匀，且接触式形式为刚性的基础上。此模型见式(1-1)，后来被广泛认同。

$$\tau(z)=\frac{\omega(z)}{\frac{2.5B}{E_m}+\frac{\omega(z)}{\tau_{\max}(z)}} \tag{1-1}$$

式中：B——桩径；

E_m——岩石的弹性模量；

$\omega(z)$——桩—岩相对位移；

$\tau(z)$——嵌岩段桩侧摩阻力；

$\tau_{\max}(z)$——嵌岩段桩侧极限摩阻力。

Carrubba(1997)以现场实测荷载位移曲线为基础，桩侧和桩端采用双曲线型式的荷载传递模型，寻求桩侧阻力和桩端阻力的数值解法 。

Serrano A. 和 Olalla C(2003)利用 Hoek-Brown 强度准则推算出最小嵌岩深度和极限端阻力；2004 年，运用 Hoek-Brown 强度准则推导出计算桩侧极限侧阻力的理论公式，并把推导出的计算公式和多种经验公式对比，发现推导出的计算公式对深长嵌岩桩侧摩阻力的计算比较合理，对短桩的计算偏于安全。2006 年 Serrano A. 和 Olalla C 将 Hoek-Brown 推导出来的桩侧平均摩阻力计算公式与现场实测数据对比，发现用公式计算出来的桩侧平均摩阻力数值过于保守。

M. G. Zertsalov 和 D. S. Konyukhov(2007)论述到桩身荷载传递率不仅是嵌岩比的函数同时也是桩体材料弹性模量与岩体弹性模量比值的函数，如图 1-3 所示。图中 Q_c 为桩顶以下 L_x 长度时桩身截面轴力，Q 为桩顶荷载，L 为桩长。

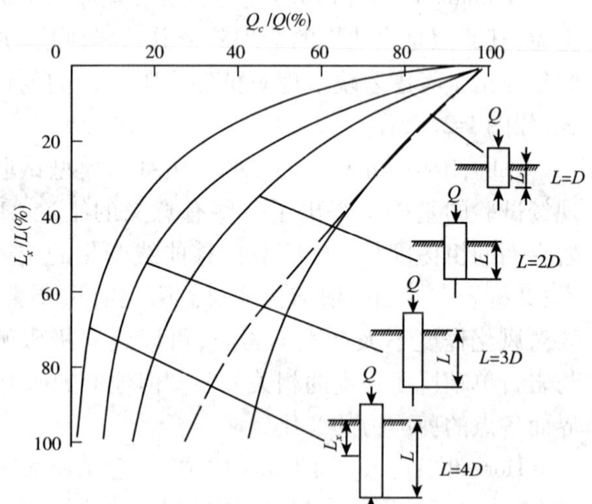

图 1-3 桩身荷载传递曲线与嵌岩比和 E_r/E_c 的关系

E_r 为桩周岩体弹性模量；E_c 为混凝土弹性模量

$E_r/E_c=5$(实线)；$E_r/E_c=0.5$(虚线)

当 L 增加时，桩侧承担大部分荷载，并且荷载传递曲线会越不均匀；当 $L/D=1$ 时，桩端承担 50% 的桩顶荷载；而当 $L/D=4$ 时，桩顶荷载大部分由桩侧上部承担。

当 $E_r/E_c=5.0$ 时，桩体受压产生侧向膨胀，桩周岩体阻止其侧向膨胀，由于岩体弹性模量高于桩体弹性模量，导致作用于桩侧法向应力增加，桩侧摩阻力增加；相反，当 $E_r/E_c=0.5$ 时，桩侧摩阻力减小。

1.2.2 国内研究现状

20 世纪 90 年代以前，国内规范将嵌岩桩当成端承桩来处理，只重视对桩端阻力发挥的研究。近年来,随着对嵌岩桩研究的不断深入,人们在工程实践中逐渐认识到,嵌岩桩的侧阻力也同样不可忽视,有时甚至成为承担外荷载的主要作用反力,即嵌岩桩有时也会呈现出摩擦桩或端承摩擦桩的承载性状。但由于对嵌岩桩的受力模式和受力机制的认识还不是很清楚,导致设计人员在进行嵌岩桩设计时仍过于保守。同时,嵌岩桩承载性状的结论多集中在试验研究和经验分析上,对嵌岩桩荷载传递的理论分析,由于所嵌岩石性质和状态的不同而造成的嵌岩桩承载特性的差异等问题还缺乏更深入的研究。

四川省公路规划勘察设计研究院试验室(1984)认为,嵌入无覆盖层的软质岩石中的桩轴向受力机理是在桩底有足够刚度的条件下,荷载主要由互相嵌合的桩岩界面传入地基中,认为用端承力加侧阻力再取安全系数的计算方法需要考虑。

黄求顺(1992)在山区嵌岩桩试验基础上,提出了最佳嵌岩深度和最大嵌岩深度的概念。这里的最佳嵌岩深度是指从桩的承载力发挥效果、经济性和施工方便的角度综合考虑,确定的有明显绩效的入岩深度;最大嵌岩深度指嵌岩桩在嵌入岩石时,桩端阻力为零的临界入岩深度。黄求顺认为嵌岩桩的最佳嵌岩深度为3倍桩径,最大嵌岩深度为5倍桩径。史佩栋、梁晋渝(1994)通过对国内外150根嵌岩桩的静载试验资料的研究,得出了嵌岩桩在竖向荷载下桩端阻力分担荷载比(Q_b/Q)随桩的长径比(L/D)而变化的规律,从图1-4可以看出:嵌岩桩即使是$L/D<5$的短桩,也并非都是端承桩。当$1<L/D<20$时,Q_b/Q自100%随L/D增大而递减至大约30%;当$20<L/D<63.7$时,Q_b/Q一般不超过30%,其中大部分桩在20%以下,不少桩在5%以下。与此对应,桩侧摩阻力Q_r常在$L/D \geqslant 10 \sim 15$时(有时在L/D更小时)即起主要作用,Q_s/Q随L/D增大而增大,一般保持在70%以上,大部分在80%以上,不少桩在95%以上。

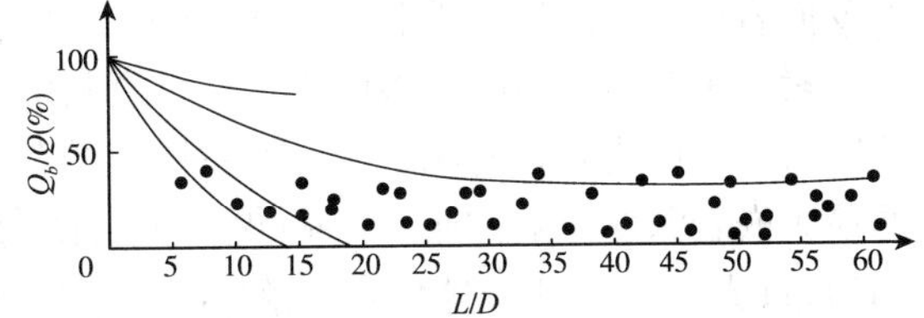

图1-4　150根嵌岩桩Q_b/Q(%)与L/D的关系

宰金珉,宰金璋(1993)提供了嵌入软岩不同深度的完全嵌岩桩模型试验,结果表明在岩性条件、桩身强度相同的情况下,随着长径比的增加,传递到桩端的荷载将逐渐减小,桩身的轴力传递率($P_z/P(\%)$)随着L/D的增大而提高,这也就是说,在其他条件相同的情况下随着L/D的增大,在同一截面上的轴力也增大。因此,随着桩长的增加,桩顶荷载向桩身上部集中的趋势极为明显。

《桩基工程手册》(1995)对直径为1000mm的模型嵌岩桩桩侧阻力随深度变化的情况进行了量测和计算,在$h_r/D=0.5$左右时,桩侧阻力达到最大值,随着深度增加又有所减小。

董金荣(1995)总结多个工程实例发现,以硬质岩为桩端持力层的嵌岩桩,其承载力受桩身混凝土强度控制。吕福庆(1996)根据71根嵌岩桩静载试验的实测资料,按桩顶沉降量的大小对$Q \sim s$曲线进行了分区,划分了嵌岩桩的破坏类型;同时发现持力层的岩性和混凝土与岩石壁面的胶结程度对桩岩嵌固力的大小具有决定性影响。

1996年,王国民发现软岩嵌岩桩当嵌岩深度为10倍桩径时,桩底反力仅为桩顶荷载的0.25%~0.3%,即"红层"类软质岩的最大嵌岩深度为10倍桩径。明可前(1998)认为,钻孔嵌岩桩的承载力及桩岩嵌固力随嵌岩深度线性增加,当嵌岩深度为4倍桩径时,承载力发挥最好。刘利民(1997)在对嵌岩桩桩端阻力的研究中认为,规范依据桩端岩石的单轴抗压强度确定端阻力虽然应用方便，但很难反映岩石真实的受力状态，因而往往会得到偏小的计算结果，给工程带来不必要的浪费。刘松玉(1998)等人在对南京地区软岩嵌岩桩荷载传递性状的研究中发现，泥质软岩地区嵌岩桩的最大嵌岩深度为7倍桩径。由此可见，不同的地质条件有着不同的最佳嵌岩深度和最大嵌岩深度，即使地质条件相同，其最佳嵌岩深度和最大嵌岩深度也会因施工因素而不一定相同。

明可前(1998)通过中风化砂岩中嵌岩桩的模型试验对嵌岩桩桩侧摩阻力的分布模式进行了系统分析，桩身和桩周岩体的力学参数为：$E_p=22.44\text{GPa}$、$\mu_p=0.168$、$E_r=400.4\text{MPa}$、$\mu_r=0.214$；通过对实验数据进行处理和分析后提出，对于桩长较短的桩，桩侧摩阻力呈“上小下大”的分布模式，桩端附近的桩侧阻力呈现明显的强化效应，即桩侧阻力沿桩长是不断增加的；而对于中长的桩，桩侧摩阻力分布呈两头大、中间小的“抛物线”分布模式；对于长桩桩侧摩阻力呈“上大下小”的分布模式。

邱钰，刘松玉，周琳(1999)采用线弹性与弹塑性模型，运用有限元法对大直径深长单桩的承载力性状进行了分析。分析表明：桩身弹性模量、嵌入岩石弹性模量是影响单桩承载力及沉降的主要因素；当嵌入软质岩石时，嵌岩深度可适当加深。

刘兴远，郑颖人(2000)以BP网络模型为基础，讨论了桩径、桩长、岩体风化程度、岩石强度及嵌岩深度对嵌岩段承载特性的影响，并认为岩体风化程度是影响嵌岩桩嵌岩段特性的主要因素。张忠苗对600多根嵌岩桩试桩资料的统计分析表明：在泥浆护壁的钻孔嵌岩桩中，即使嵌入中等风化岩石的深度达$8D$，在较大的荷载作用下仍有端阻力存在，并不存在端阻为零的最大嵌岩深度。刘树亚(2000)提出桩岩模量比越大，剪切模量越小，界面的剪应力分布越均匀，只要桩端分担比例不高，桩侧岩体的破坏对桩的荷载~位移曲线影响不大；当桩岩界面条件较差时，端阻承担的荷载比例增大，破坏区不仅发生在桩侧，桩底单元也出现拉裂和屈服，荷载~位移关系表现为明显的曲线图，位移的大小可能成为设计的控制条件。

陈斌，卓家寿(2002)采用Duncan非线性E-B模型对完全嵌岩桩在垂直荷载作用下的承载性状进行了分析，得出的结论很有意义，从计算结果可以看出：①绝大多数情况下，嵌岩桩桩侧阻力与桩基规范中所给定的分布形式有较大差异；②嵌岩桩桩侧阻力非线性分布的现象突出，明显表现为“双峰”，即桩身上部和下部出现局部增大，上部的峰值多出现在$0.15L$(L为桩长)附近的位置，下部的峰值多出现在$0.75L$附近的位置。该文献并没有对造成桩侧阻力上述分布的原因做进一步的分析。初步认为，出现上部峰值的根源在于嵌岩桩桩侧阻力较大，使得桩侧阻力一开始就能承担很大的荷载，因此就会出现上部的峰值；在桩身材料强度一定的情况下，嵌岩桩的极限承载力并不会随着桩长的增加而线性增加，这样，传递到桩端荷载的比例将随着桩长的增加而逐渐减小，明显削弱了桩端岩石对桩侧阻力的强化效应，导致下部峰值的减小。

张建新、吴东云(2003)通过模型试验发现，嵌岩段的破坏模式与桩岩相对强度有关，随着桩岩相对刚度的变化，破坏位置可能发生在桩岩界面、桩周岩体或桩体本身。

由于嵌岩桩桩端嵌岩的特殊性，众学者对于嵌岩深度(h_r)的选择以及嵌岩深度对嵌岩桩承载性状的影响程度众说纷纭。吴玉山等对无覆盖嵌岩短模型桩所做的穿透试验表明：穿透试验桩侧阻力很高，嵌岩桩侧阻力沿桩身并不递减，要充分利用桩端承载力，嵌岩深度不宜过深，一般取1.0~1.5m即可，嵌岩段应力作为整体来考虑。吕福庆、吴文等对武汉地区71根嵌岩桩静载试验成果进行了分析，特别是对破坏性试桩的分析后得出，在高荷载水平下沿着桩周岩石壁面的剪应力超过桩岩界面的侧阻力时且桩身混凝土强度较低时就发生剪切破坏，同时指出嵌岩桩的最佳嵌岩深度与许多因素有关，难以定论。

赵明华，曹文贵，刘齐建，杨明辉（2004）以现场嵌岩桩试桩资料为基础，桩侧采用佐腾悟（1965）线弹性—全塑性数学模型（图1-5），桩端采用三折线模型（图1-6），建立按桩顶沉降控制嵌岩桩竖向承载力的计算方法。该方法充分考虑桩侧土（岩）阻力及桩端岩层阻力发挥程度，尤其适用于超长嵌岩灌注桩竖向承载力的计算。

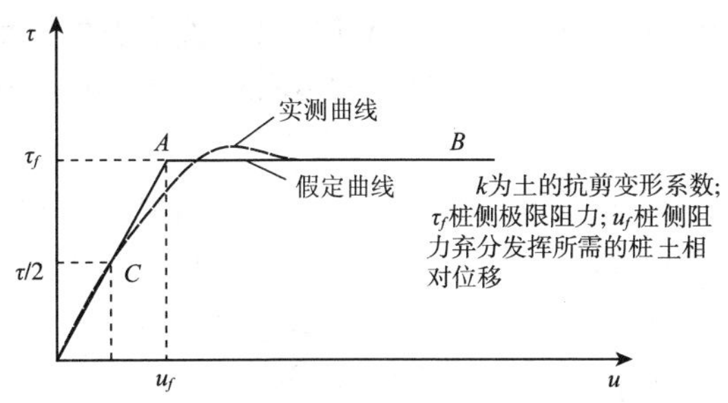

图1-5　桩侧荷载传递函数 $\tau(z)\sim u$ 曲线

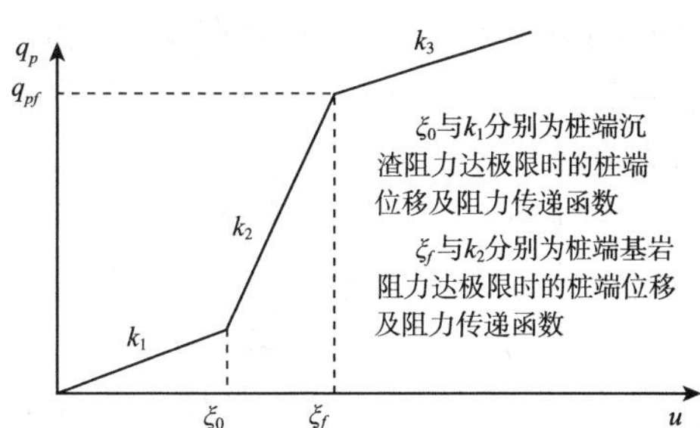

图1-6　桩端荷载传递函数 $q_p\sim u$ 曲线

《建筑桩基设计规范》（JGJ 94—2008）给出了嵌岩桩桩侧阻系数随嵌岩深度变化而变化的情况，从中可以看出，嵌岩段端、侧阻综合系数 ζ 随嵌岩深度增加而增大，但最终趋于平缓。

邱钰，刘松玉，周琳（1999）鉴于嵌岩桩所处土层、岩层性质差异，桩侧土层、岩层及桩端岩层采用不同的双折线荷载传递函数（弹性—全塑性模型、弹性—硬化模型），导出了嵌岩桩单桩沉降计算的一种解析算法。并利用所得的公式对深长嵌岩桩沉降曲线特点，影响嵌岩桩单桩承载力、单桩沉降的因素等进行了讨论。讨论表明：桩身弹性模量 E、桩端岩石刚度 C_b 是影响桩端阻力发挥的重要因素，也是影响单桩承载力、单桩沉降的重要因素。

赵明华，雷勇，刘晓明（2009）基于桩岩结构面剪胀及破坏机制，建立适于弱质岩石嵌岩桩侧摩阻力传递模型，求得破坏及弹性条件下桩侧摩阻力及桩身轴力的解析式，并由此推导出嵌岩桩的临界长度。基于所获得的解答，深入探讨桩侧摩阻力和桩身轴力随深度变化的分布规律，从理论上分析嵌岩桩桩径、桩岩模量比、剪胀角对嵌岩桩荷载传递的影响，并提出有关设计建议。提出可近似考虑各因素综合影响系数 η，作为嵌岩桩承载性能的宏观控制指标。同等条件下，η 值越大，嵌岩桩承载性能越好，能承受的极限荷载也越大。工程算例对比分析结果表明，理论计算与实测结果吻合较好，对嵌岩桩设计有一定参考价值。

刘利民经过研究总结了孔壁粗糙度对嵌岩桩承载力影响的规律，探讨了孔壁粗糙度影响嵌岩桩承载性状的机理，分析了影响嵌岩桩孔壁粗糙度的因素，指出改善孔壁粗糙度是提高钻孔灌注桩承载力的有效途径。

陈竹昌认为桩岩界面粗糙度和成孔时间是影响侧摩阻力的重要因素，嵌岩段孔壁越粗糙，对桩岩侧阻力的发挥越有利，并能减少泥皮的不利影响，因此施工过程中不仅要控制泥皮厚度，还应尽量增大孔壁粗糙度。成孔时间过长会引起钻孔应力释放、孔壁泡水软化、泥皮厚度增大等不利影响。

何剑根据西宁地区泥岩地基中3根大直径钻孔灌注桩的竖向抗压静载试验，通过对基桩的承载力特性、桩身轴力传递以及桩侧和桩端土阻力发挥性状的测试分析,结合施工工艺以及施工过程中出现的异常现象,研究了钻孔对桩侧阻力和桩身轴力传递的影响、泥浆循环方式对桩端阻力的影响以及混凝土灌注的连续性对桩承载力的影响,得出了一些对相同地区同类基桩的设计、施工具有指导意义的结论。

张忠苗在超长嵌岩桩的载荷试验中发现:桩底沉渣除了降低桩端阻力之外,还要降低桩侧的阻力。并解释了造成这一现象的原因:桩侧阻力是由于桩与桩侧土之间的相对位移而产生的,并且在桩顶不同荷载水平下自上而下地逐渐发挥。当桩端无沉渣时,靠近桩端处桩与桩间土之间的位移不会很大,随着作用在桩顶荷载的增加,桩侧阻力缓慢增加;而当桩端有较厚的沉渣时,随着桩顶荷载水平的增加,靠近桩端处桩与桩端土迅速滑移,出现破坏,从而降低了桩侧阻力。

张建新为了探讨桩侧的粗糙程度对桩侧阻力的影响,以嵌岩桩为例,通过室内模型试验和数值模拟分析对该问题进行了研究。结果表明桩侧孔壁粗糙程度直接影响着桩侧阻力的大小和分布,也影响着桩侧阻力的发展进程。认识到:当桩侧从光滑到具有一定粗糙度时,桩侧阻力有很大幅度的增长,但随着粗糙度的进一步提高,桩侧阻力提高的幅度将减小。施工时可通过一定的技术方法增加孔壁的粗糙度,从而提高钻孔灌注桩的承载力。

盛俊在大量数据资料的基础上,对竖向荷载作用下嵌岩桩的桩侧摩阻力性状进行了较为系统的研究,指出孔壁越粗糙对桩—岩侧阻力发挥越有利,并且它决定了桩—岩侧阻力与桩岩相对位移之间的曲线形式究竟是加工软化型还是加工硬化型。并结合回转钻进施工方法,探讨了岩石强度、岩体质量、岩石类型、桩径等因素与孔壁粗糙度间的相互关系;得出钻孔桩(嵌岩桩)的桩端效应是同桩端沉渣在导管灌注混凝土过程中形成的附加泥皮有密切关系的,较全面地探讨了不同钻进开挖施工方法对嵌岩桩桩—岩侧阻力的影响,建议采用提高孔壁粗糙度和减小泥皮厚度相结合的施工技术与工艺来充分发挥桩—岩侧阻力潜力。

周东针对广西地区建筑工程中典型泥岩的基本类型和特点,设计了三组嵌岩桩模型试验。试验表明,嵌岩桩在泥浆浸泡后嵌岩段侧阻力下降,泥浆浸泡时间越长,嵌岩段侧阻力下降越大,泥浆浸泡对嵌岩桩破坏范围也有影响;成桩后随放置时间增长,嵌岩段侧阻力先降后升,认为在软岩地区要重视泥浆对嵌岩段侧阻力的影响。

1.3 嵌岩桩承载性能的研究方法

目前,国内外对于嵌岩桩的研究方法主要可归纳为三种:

(1)原位测试法

这一方法是国内外研究嵌岩桩最为常用的手段。因为测试本身与设计、施工是一致的,设计需要测试结果的验证,测试又是进一步认识嵌岩桩承载性能从而指导嵌岩桩设计的依据。国内对于嵌岩桩的著述大多基于此,研究人员主要有史佩栋、吕福庆、董金荣、刘松玉等,国外主要有 R. Radhakishnan, Chun F. Leung, M. C. McVay, F. C. Townsend 和 R. C. Williams 等。

原位静载试验是检验嵌岩桩承载力最权威的手段,对于影响桩承载力的因素考虑最为全面,所测试状态和桩的工作状态最为接近。但由于每个工程都面临不同的地质条件、不同的上部荷载,各试桩的桩长、桩径、嵌岩深度以及施工造成的不定因素等存在很大差别。这样就会严重降低各个测试数据之间的可对比性，难以得出严格的规律性认识。

(2)数值分析法

近几十年来，电算技术迅猛发展，使得数值计算在岩土工程领域异军突起，极大地推动了人们对于这一领域的定量化认识。

在国外，R. W. Vogan(1977)和 J. Osterberg(1973)用弹性有限元模拟了混凝土和岩石的工作状态；R. K. Rowe(1980)采用双节点法模拟岩石界面，分析了界面软化行为的影响因素和桩侧剪阻力发挥的影响因素；I. B. Donald(1980)使用弹塑性有限元法对嵌岩桩进行排水和不排水加载分析；C. F. Leung(1989)用无限元模拟岩体的无界域，认为考虑远域对结果影响不大。

在国内，刘树亚(1998)采用薄单元法和相应的界面模拟对嵌岩桩的承载特性进行了模拟。通过模拟每一种影响因素的不同量值，定量地界定每一因素对嵌岩桩工作状态的影响程度，其缺点在于所采用地数学模型均为简化模型，不可能是一个精确的、全面反映嵌岩桩实际工作状态的数学模型，所模拟的情况也只能侧重反映某些因素，所以在应用这些方法时，必须明确其适用条件。

(3)室内试验法

基于前两种方法的局限性，室内试验在研究嵌岩桩方面有着不可替代的作用。在国外，I. W. Johnson，T. S. K. Lam 和 A. F. Williams(1989)用常量法向刚度直剪试验研究了软岩嵌岩桩中桩岩剪切的情形，得出了该类桩侧阻力的发挥受控于桩侧法向刚度常量的结论，他们还利用混凝土与人工软岩的三角形连接剪切试验，得到了桩岩侧阻力的解析式；B. Indraratna，A. Haque 和 N. Aziz 通过常量法向刚度直剪试验，研究了不同剪胀角条件下，桩岩之间软弱夹层对侧阻力的影响。在国内，由于种种条件的限制，很少见到在室内试验方面对嵌岩桩进行研究的报道。

1.4 主要研究内容

(1)分析岩石的特性及其强度理论，详细说明了勘察孔的布置、数量及深度，并在勘察采用钻探、井探、原位测试和室内试验相结合的勘探方法，多方面全方位地综合评价了地基岩土的工程特性

(2)对大直径嵌岩桩的荷载传递机理进行了初探，分析了嵌岩桩侧摩阻力及端阻力的发挥特性及嵌岩桩的破坏模式。

(3)通过对国内外文献嵌岩桩试桩资料的数据进行处理，并与现行嵌岩桩嵌岩段桩侧极限侧阻力和桩端极限侧阻力计算方法进行对比，研究桩径(D)、桩长(L)、嵌岩比(n)、岩石类别、岩石质量等级[RMR(%)，附录4]和完整岩石无侧限抗压强度σ_c对嵌岩桩嵌岩段极限侧摩阻力和极限端阻力的影响及其影响的程度；并对现行的计算方法进行评比，提出对于坚硬程度不同的岩石，其极限侧阻和端阻计算公式应该具有的函数模式和系数来反映完整岩石无侧限抗压强度σ_c、岩石质量等级 RMR(%)对其的影响。

(4)通过对桩全长嵌入岩层中的模型试验的试验数据处理与分析，研究当桩全长嵌入软岩中，桩径D和嵌岩比$n=h_r/D$(H_r为嵌岩段长)对其承载力的影响。

(5)通过对桩侧摩阻力发挥机理的研究，利用“小孔扩张理论”建立数学模型，模拟“剪

切—膨胀"理论,以 Hoek-Brown 破坏准则为标断标准,并对前人成果进行归纳、总结和推导,建立嵌岩桩桩侧极限摩阻力的计算方法;并以实际工程为基础,利用推导出来的嵌岩桩桩侧摩阻力计算式分析桩径(D)、嵌岩比(n)、岩石质量等级 RMR(%)和完整岩石无侧限抗压强度 σ_c 对极限侧阻力的影响,并与现行的计算方法进行比较,证明推导出的改进桩侧摩阻力计算式能较真实反映嵌岩桩实际的承载力,为嵌岩桩嵌岩段侧摩阻力的计算提供借鉴和参考。

(6)通过对嵌岩桩桩端破坏模式的研究,分析浅基础与深基础的破坏模式的不同,并对现行桩端极限阻力的计算方法和 Zhang & Einstein(1998)建立的基于二维 Hoek-Brown 准则的桩端极限端阻力计算方法进行研究和对比,利用集中力作用于土(岩)体内部时的 Mindlin 解答,建立基于三维 Hoek-Brown 破坏准则的桩端极限阻力的计算方法,考虑到所采用的三维 Hoek-Brown 准则的适用性,对该计算方法进行限定,并计算和分析嵌岩段桩径(D)、嵌岩比(n),桩端岩石的质量等级 RMR(%)、完整岩石无侧限抗压强度 σ_c 等参数对极限端阻力的影响,并与现行的桩端极限端阻力计算方法对比分析,指出各计算方法的优缺点,为嵌岩桩嵌岩段桩端阻力的计算提供借鉴和参考。

(7)孔壁粗糙度、桩底沉渣、成孔时间、泥皮、成桩工艺等对嵌岩桩承载性状的影响均与施工方法有关,而纵观国内外的关于施工因素方面的研究还远远落后于其他方面的研究,而这些因素对承载力的影响在国内外规范中基本上没有反映出来,这就给设计和施工带来一定的隐患或者是浪费。通过引用工程实例探讨成孔时间、泥皮、成桩工艺对嵌岩桩承载特性的影响,通过室内模拟试验研究孔壁粗糙度和桩底沉渣对深长嵌岩桩整体承载力、桩侧摩阻力、桩端阻力的影响及侧摩阻力与桩岩相对位移的关系,进一步探索出嵌岩桩极限承载力的破坏模式,为嵌岩桩的设计和研究提供参考。

(8)总结了几种常见的嵌岩桩基承载力试验方法,分析比较各自的特点。重点介绍了桩基承载力的自平衡测试法及其在嵌岩桩承载力测试中的优越性。

(9)以西堠门大桥、青岛海湾大桥、荆岳长江大桥嵌岩桩基静载试验数据为基础,着重研究了大直径嵌岩桩的承载特性。介绍了后压浆技术及其在嵌岩桩基中的应用,并用数值分析方法分析了后压浆对嵌岩群桩基础的承载及沉降影响。

(10)各规范关于嵌岩桩竖向承载力的计算有所区别,通过课题研究,建立更加符合实际情况的承载力公式。

第二章　岩石基本特性

2.1　岩体的性质及分类

岩石是自然界中各种矿物的集合体，是天然地质作用的产物。一般情况下，大部分新鲜岩石具有质地坚硬致密、空隙小、抗水性强、透水性弱、力学强度高等特点。地质学中通常把构成地壳的坚硬材料称为岩石。岩石是构成岩体的基本组成单元。岩石力学中广义的岩石是岩块和岩体的泛称。而狭义的岩石才专指岩块或岩石材料。

从上面对岩石的描述可知，岩石不仅为一般材料，而且是一种地质结构体，它具有非均质、非连续、非线形以及复杂的加卸载条件和边界条件，这使得岩石力学问题通常无法用解析方法简单求解。目前主要采用数值分析与物理模拟试验两种手段和方法来研究其力学变形特性。数值分析主要借助高速发展的计算机技术来解决繁琐的数值运算问题，它能较好地模拟材料的各向异性、非均质特性、不连续性、复杂边界条件及其随时间变化的复杂工程条件。所以它不仅能模拟岩体的复杂力学与结构特性，也可很方便地分析各种边值问题和施工过程，并对工程进行预测和预报，已成为解决岩土工程问题的有力工具。数值分析的方法一般分为两类：第一类是连续介质力学的数值分析方法，如有限差分法、有限单元法和边界单元法；第二类是非连续介质力学的数值分析方法，如离散单元法、块体理论法、不连续变形分析法和数值流形法等。

近年来人们认识到，数值计算的结果是定量的，但对模型的量化分析并不等于是对原型的定量描述，数值计算的结果是否具有真正的定量意义取决于研究者对原型研究的程度和对模型力学参数取值的可靠性。对原型的研究程度和对模型力学参数取值的可靠性，归根结底取决于对岩石或岩体的认知能力。其中岩石或岩体的基本构成和基本分类尤为重要。它将从根本上影响岩石的物理性质和力学性质，是岩石力学计算模型的根本。

岩体是指天然埋藏条件下大范围分布的，由岩块和软弱网络组成的地质体。岩体抵抗外力作用的能力称为岩体力学性质。它包括岩体的稳定性特征、强度特征和变形特征。它是由组成岩体的岩石、结构面和赋存条件决定的。在岩体内存在各种地质界面，它包括物质分异面和不连续面，如假整合、不整合、褶皱、断层、层理、节理和片理等。这些不同成因、不同特性的地质界面统称为结构面（弱面），它在横向延展上具有面的几何特性，常充填有一定物质，具有一定厚度。被各种结构面切割而成的岩石块体称为结构体。结构体有块状、柱状、板状及菱形、楔形和锥形体等。如果风化强烈或挤压破碎严重，也可形成碎屑状、颗粒状和鳞片状等。结构面和结构体是岩体结构单元的两种基本要素。结构面分软弱结构面和坚硬结构面两类。结构体按力学作用可归并为块状结构体和板状结构体两大类。它们在岩体内组合、排列构成不同类型的岩体结构。根据一定的划分方法所划分的岩体结构类型有：完整结构岩体、块裂结构岩体、板裂结构岩体、碎裂结构岩体、断续结构岩体和散体结构岩体。

由于岩体内普遍存在着结构面和软弱结构面等地质特征，使岩石具有了不连续性、不均匀性和各向异性等特点。各向异性是指天然岩体的物理力学性质随空间方位不同而异的特性。

因为岩体的不连续性、不均匀性和各向异性，致使岩体力学性质相当复杂。为了在工程设计与施工中能区分出岩体质量的好坏和表现在稳定性上的差别，需要对岩体做出合理分类，作为选择工程结构参数的重要依据。目前岩石分级的方法较多，我国《工程岩体分级标准》(GB 50218—94)中认为岩石的坚硬程度和岩体完整程度决定岩体的基本质量。岩体质量好则稳定性好，反之稳定性差。标准使用岩体完整性系数 K_v 作为岩体完整程度的划分标准，见式(2-1)。岩石完整程度划分见表 2-1，岩石坚硬程度划分见表 2-2。

$$K_v = (v_{pm}/v_{pr})^2 \tag{2-1}$$

式中：v_{pm}——岩体弹性纵波速度(km/s)；

v_{pr}——岩石弹性纵波速度(km/s)。

岩石完整程度划分表 表 2-1

岩体完整性系数 K_v	>0.75	0.75~0.55	0.55~0.35	0.35~0.15	<0.15
完整程度	完整	较完整	较破碎	破碎	极破碎

岩石坚硬程度划分表 表 2-2

岩石饱和单轴抗压强度 R_c(MPa)	>60	60~30	30~15	15~5	<5
坚硬程度	坚硬岩	较坚硬岩	较软岩	软岩	极软岩

而岩体的质量则根据质量指标 BQ 来划分，如式(2-2)所示。

$$\text{BQ} = 90 + 3R_c + 250K_v \tag{2-2}$$

式中：R_c——岩石单轴(饱水)抗压强度(MPa)；

K_v——岩体完整性系数。

根据质量指标 BQ 划分岩体质量的依据如表 2-3 所示，而风化程度的划分依据则如表 2-4 所示。

岩体质量分级表 表 2-3

基本质量级别	岩体质量的定性特征	岩体基本质量指标 BQ
Ⅰ	坚硬岩	>550
Ⅱ	坚硬岩，岩体较完整；较坚硬岩，岩体完整	550~450
Ⅲ	坚硬岩，岩体较破碎；较坚硬岩或软、硬岩互层，岩体较完整；较软岩，岩体完整	450~351
Ⅳ	坚硬岩，岩体破碎；较坚硬岩，岩体较破碎或破碎；较软岩或较硬岩互层，且以软岩为主，岩体较完整或较破碎；软岩，岩体完整或较完整	350~251
Ⅴ	较软岩，岩体破碎；软岩，岩体较破碎或破碎；全部极软岩及全部极破碎岩	<250

岩石风化程度的划分　　表 2-4

名　称	风化特征
未风化	结构构造未变
微风化	结构构造、矿物色泽基本未变,部分裂隙面有铁锰质渲染
弱风化	结构构造部分破坏,矿物色泽较明显变化,裂隙面出现风化矿物或存在风化夹层
强风化	结构构造大部分破坏,矿物色泽明显变化,长石,云母等多风化成次生矿物
全风化	结构构造全部破坏,矿物成分除石英外,大部分风化成土状

2.2　岩石的强度特性

岩石根据不同成因分为岩浆岩、沉积岩、变质岩三类。不同的岩石具有不同的力学特性。

岩石在各种荷载作用下达到破坏时所能承受的最大应力称为岩石的强度。岩石的强度一般包括岩石的抗压强度、抗拉强度、抗剪强度。抗压强度是单轴压缩荷载作用下岩石达到破坏前所能承受的最大压应力。用式(2-3)计算岩石的抗压强度 σ_c。

$$\sigma_c = \frac{P}{A} \tag{2-3}$$

式中:P——破坏时的极限荷载(kN);

A——垂直于加载方向的试样平均截面积(m^2)。

抗拉强度是岩石在单轴拉伸荷载作用下达到破坏时所能承受的最大拉应力。用式(2-4)计算岩石的抗拉强度 σ_t。

$$\sigma_t = \frac{P_t}{A} \tag{2-4}$$

式中:P_t——破坏时的极限荷载(kN);

A——垂直于加载方向的试样平均截面积(m^2)。

抗剪强度是岩石在剪切作用下达到破坏时所能承受的最大剪应力,是岩石最重要的力学指标之一,常用直剪试验或三轴试验测定。用式(2-5)计算岩石的抗剪强度 τ。

$$\tau = \frac{Q}{A} \tag{2-5}$$

式中:Q——作用在剪切面上的剪切荷载(kN);

A——剪切面积(m^2)。

根据直剪试验(图 2-1)绘制 $\tau \sim \sigma$ 曲线(图 2-2),可以获得岩石的粘聚力 C 和内摩擦角 φ 这两个抗剪强度参数。$\tau \sim \sigma$ 的关系见式(2-6)。

$$\tau = \sigma \tan\varphi + C \tag{2-6}$$

多数岩石的变形都具有不同程度的弹性性质。由于工程实践中建筑物作用于岩石的压应力水平较低,因此可将岩石视为准弹性体,这时采用弹性系数表征其变形性能是有一定现实意义的。弹性模量是指单轴受力时正应力 σ 与弹性正应变 ε_e 之比,如式(2-7)所示。

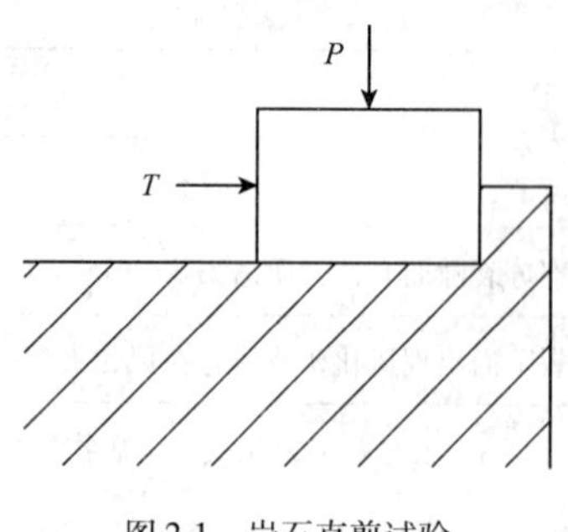

图 2-1 岩石直剪试验

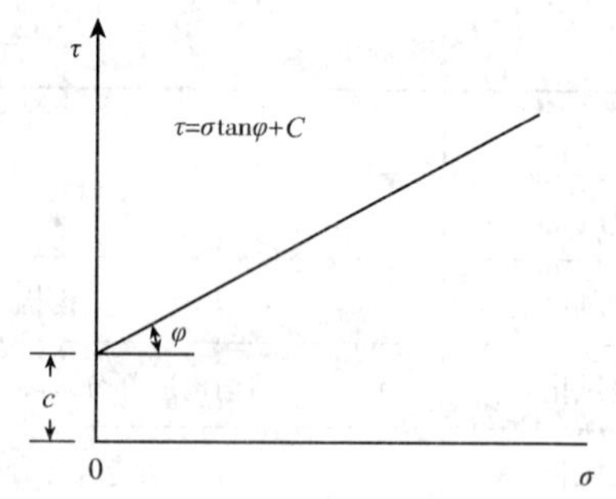

图 2-2 岩石直剪试验 $\tau \sim \sigma$ 关系图

$$E = \frac{\sigma}{\varepsilon_e} \tag{2-7}$$

对于弹塑性类岩石的弹性模量，取 $\sigma \sim \varepsilon$ 曲线起始段直线的斜率（即正切模量）。但试验表明，直线段大致与卸载曲线的割线相平行，所以弹塑性类岩石的弹性模量往往可取卸载曲线$\overline{O'P}$的斜率，如图 2-3 所示。

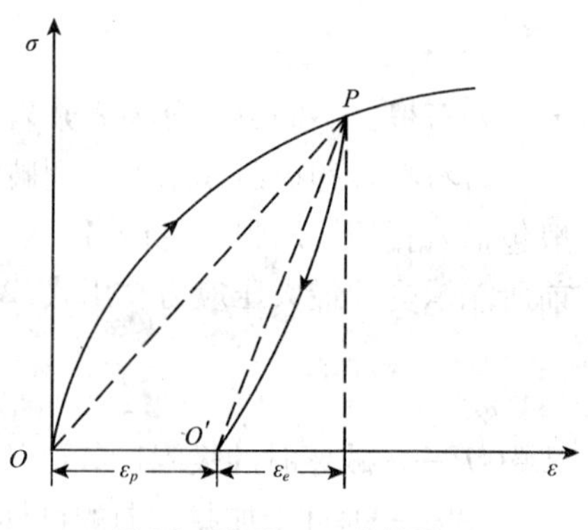

图 2-3 岩石 $\sigma \sim \varepsilon$ 曲线图

岩石的变形模量是正应力 σ 与总应变 ε（包括弹性应变 ε_e 与塑性应变 ε_p 之和）的比值。即：

$$E = \frac{\sigma}{\varepsilon} = \frac{\sigma}{\varepsilon_e + \varepsilon_p} \tag{2-8}$$

岩石的横向应变 ε_x 与纵向应变 ε_y 之间的比值称为泊松比，即：

$$\nu = \frac{\varepsilon_x}{\varepsilon_y} \tag{2-9}$$

在岩石的弹性工作范围内，ν 一般为常数，但超越弹性范围后，ν 随应力的增大而增大，直到 $\nu = 0.5$ 为止。

2.3 岩石的强度理论

当应力达到材料的某一极限状态时材料将会破坏。这种因强度不足而丧失承载能力的现象，称为强度失效。经过长期的生产实践和试验分析，人们发现材料失效是有一定规律的。在静载荷作用下，因材料强度不足而造成失效的形式大致有两种：一种是脆性断裂，是指材料经过弹性变形后只发生很小塑性变形或无塑性变形就突然断裂的现象；一种是塑性屈服，是指材料经过弹性变形后发生显著的塑性变形，使构筑物的变形超过容许的变形范围。

岩石的变形和强度试验表明，岩石在破坏前后的应力—应变关系比金属材料复杂得多。岩石是属于脆性材料还是塑性材料，不仅取决于岩性，且受应力状态、地温、受荷时间等多种因素的影响。其破坏形式比较复杂，一般分为三大类。首先是脆性破坏，多数的岩石在荷载作用下呈现脆性破坏的特征。即岩石在荷载作用下，尚未出现十分明显的变形就破坏了，其应力—应变曲线很陡，直接用强度极值表示其破坏时的强度指标，其拉伸强度极低，但压缩强度很高。

其次是塑性破坏，岩石在两向或者三向应力状态下，超过弹性极限后则呈现较大的塑性变形，但没有明显的屈服极限，其应力—应变曲线比较平缓。第三类破坏形式是软弱面剪切破坏，当岩体中存在许多软弱结构面、细微裂隙弱面时，在荷载作用下弱面上的剪应力超过弱面的抗剪强度，岩体将沿弱面剪切破坏，致使岩体产生滑移。

岩石强度理论是研究岩石在各种应力状态下强度准则的理论。强度准则又称为破坏准则，它表征岩石在极限应力状态下（破坏条件）应力状态和岩石强度参数之间的关系。岩石力学分析常采用的强度准则一般有 Mohr-Coulomb 强度理论、Griffith 强度理论和 Drucker-Prager 准则。

2.3.1 Griffith 强度理论

Griffith（1920）认为脆性物体的破坏是由物体内部存在的裂隙所决定的。由于物体内微小裂隙的存在，在裂隙尖端存在应力集中的现象，从而使裂隙扩展，以致破坏。研究发现，当裂纹扩展时满足式（2-10）的条件。

$$\sigma \geqslant \sqrt{\frac{2Ea}{\pi C}} \tag{2-10}$$

式中：σ——作用在单位厚板上的均匀单轴拉伸应力（kPa）；

a——裂纹表面单位面积的表面能（N/m）；

E——非破裂材料的弹性模量（MPa）；

C——裂纹的长度参数（m）。

Griffith（1924）将理论推广应用于压缩试验，在不考虑摩擦对压缩下闭合裂纹的影响和假定椭圆裂纹将从最大拉应力集中点开始扩展的情况下，获得 Griffith 强度准则。

$$\begin{aligned}\frac{(\sigma_1-\sigma_3)^2}{\sigma_1+\sigma_3}&=8\sigma_t(\sigma_1+3\sigma_3\geqslant 0)\\ \sigma_3&=-\sigma_t(\sigma_1+3\sigma_3\leqslant 0)\end{aligned} \tag{2-11}$$

式中：σ_1、σ_3——平面内主应力（kPa）；

σ_t——材料的单轴抗拉强度（kPa）。

由方程确定的 Griffith 强度准则在 $\sigma_1 \sim \sigma_3$ 坐标中的强度曲线如图 2-4 所示。

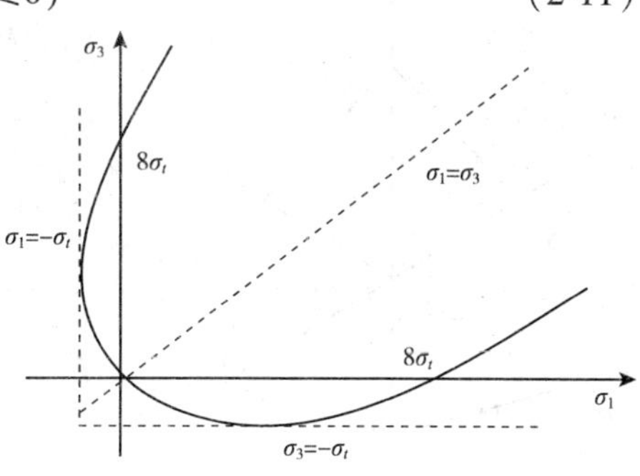

图 2-4 Griffith 强度曲线

从图中可以看出材料的单轴抗压强度是抗拉强度的 8 倍，反映了脆性材料的基本力学特征。该理论认为不论何种应力状态，材料都是因裂纹尖端附近达到极限拉应力而断裂并开始扩展的，即材料的破坏是拉伸破坏。因为该理论主要是研究脆性材料提出的，所以对于脆性岩石比较适用，对于一般的岩石则适用性较差。

2.3.2 Mohr-Coulomb 准则

Coulomb 认为岩石的破坏主要是剪切破坏。岩石的强度，即抗剪切强度等于岩石本身抗剪切摩擦的粘聚力和剪切面上法向力产生的摩擦力之和，如式（2-12）所示。

$$|\tau| = C + \sigma\tan\varphi \tag{2-12}$$

式中：τ——剪切面上的剪应力(kPa)；

σ——剪切面上的正应力(kPa)；

C——粘聚力(kPa)；

φ——内摩擦角。

由方程确定的强度曲线如图2-5所示。

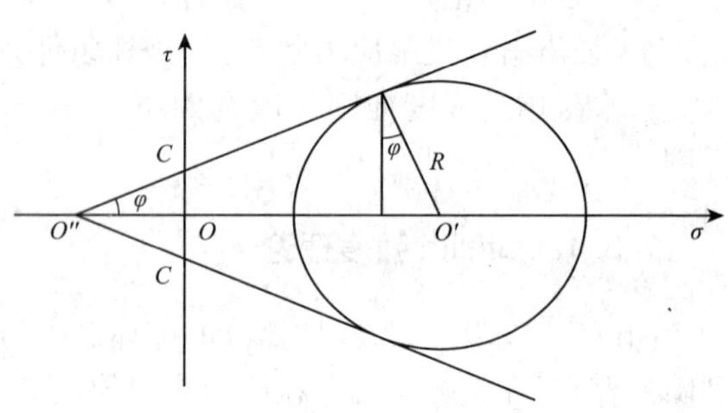

图2-5 Mohr-Coulomb强度曲线

Mohr(1900)把Coulomb准则推广到考虑三向应力状态，认识到材料性质本身是应力的函数。用曲线(如双曲线、抛物线、摆线等)表示φ值随σ值的增加而变化，把Coulomb准则推广到更一般的情况。当Mohr准则包络线为斜直线时与Coulomb准则基本一致，所以Coulomb准则是Mohr准则的一个特例。因此把式(2-12)称为Mohr-Coulomb屈服条件。Mohr-Coulomb强度理论指出到极限状态时，滑动平面上的剪应力达到一个取决于正应力与材料性质的最大值。Mohr-Coulomb理论实质上是一种剪应力强度理论。一般认为该理论比较全面地反映了岩石的强度特征，它既适用于塑性岩石也适用于脆性岩石的剪切破坏。同时也反映了岩石抗拉强度远小于抗压强度这一特征，并能解释岩石在三向等拉时会破坏而在三向等压时不会破坏的特点。缺点是忽略了中间主应力的影响。

Mohr-Coulomb屈服条件还可以用平面内的主应力σ_1、σ_3表示，如式(2-13)所示。

$$\frac{1}{2}(\sigma_1 - \sigma_3) = C\cos\varphi + \frac{1}{2}(\sigma_1 + \sigma_3)\sin\varphi \tag{2-13}$$

在π平面上，Mohr-Coulomb屈服条件是一个不等角的等边六边形，如图2-6所示。在主应力空间，Mohr-Coulomb屈服条件的屈服面是一个棱锥面，中心轴线与等倾线重合。Mohr-Coulomb屈服条件在三维应力空间的表达式如式(2-14)所示。

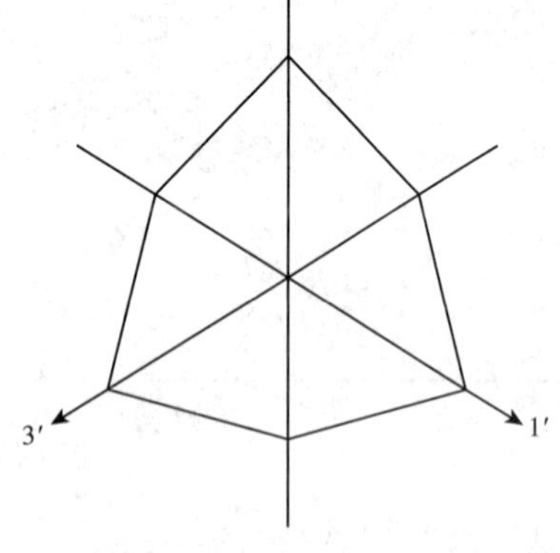

图2-6 Mohr-Coulomb屈服面

$$\frac{1}{3}I_1\sin\varphi + \sqrt{J_2}\sin\left(\theta + \frac{\pi}{3}\right) + \frac{\sqrt{J_2}}{\sqrt{3}}\cos\left(\theta + \frac{\pi}{3}\right)\sin\varphi - C\cos\varphi = 0 \tag{2-14}$$

式中：θ——由$\cos3\theta = \sqrt{2}J_3/\tau_8^3$定义；

τ_8——八面体剪应力；

I_1——应力张量第一不变量；

J_2——应力偏张量第二不变量；

J_3——应力偏张量第三不变量。

2.3.3 Drucker-Prager准则

Drucker-Prager(D-P)准则是在Mohr-Coulomb准则和塑性力学中的Von Mises准则的基础上扩展和推广得到的。Drucker-Prager屈服准则适用于混凝土、岩石等颗粒状材料，这些材料的受压屈服强度远大于受拉屈服强度，且材料受剪时会引起体积膨胀，常用的 Von Mises 屈服准则不适合这类材料，Drucker-Prager 屈服准则能够准确地描述这种材料。

使用 D-P 准则时需要三个参数，分别为材料的粘聚力 C、内摩擦角 φ、膨胀角 φ_f。膨胀角被用来控制体积膨胀的大小。对压实的颗粒材料，当材料受剪时，颗粒将会膨胀，如膨胀角为0，则不会发生膨胀。如果 $\varphi_f=\varphi$，将会发生严重的体积膨胀。一般来说 $\varphi_f=0$ 是一种保守的方法。

Drucker-Prager 准则计入了中间主应力的影响，而且考虑了静水压力的作用，克服了 Mohr-Coulomb 的主要弱点，在岩土力学和工程的数值计算中获得了广泛的应用。Drucker-Prager 屈服准则如式(2-15)、式(2-16)所示，在主应力空间上 Drucker-Prager 屈服准则如图2-7所示。

$$f=\alpha I_1+\sqrt{J_2}-K=0 \tag{2-15}$$

$$\alpha=\frac{\sin\varphi}{\sqrt{3}\sqrt{3+\sin^2\varphi}} \qquad K=\frac{\sqrt{3}C\cos\varphi}{\sqrt{3+\sin^2\varphi}} \tag{2-16}$$

式中：I_1——应力第一不变量；

J_2——应力偏量第二不变量；

C、φ——分别为岩石粘聚力(kPa)和内摩擦角。

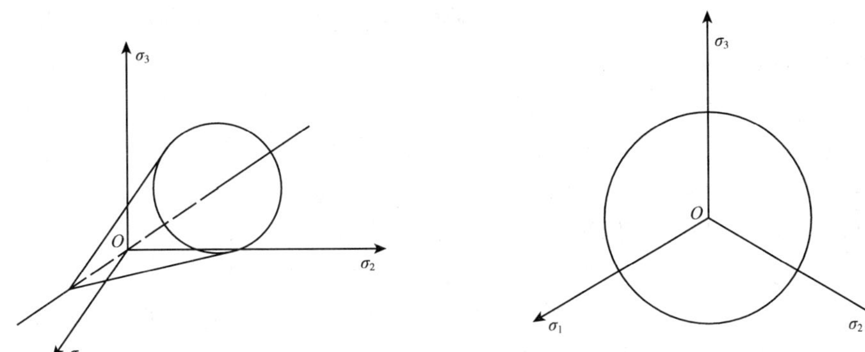

图2-7　D-P 材料的屈服面

第三章 大直径嵌岩桩荷载传递机理

3.1 嵌岩桩荷载传递的基本特征

大量的现场载荷试验表明,嵌岩桩在竖向荷载作用下,由于上覆土层的物理力学指标和厚度的不同、桩身长径比 l/d 的不同,所嵌基岩的性质和嵌岩深度的不同,以及桩端沉渣厚度的不同,嵌岩桩的荷载传递虽然存在着不同程度的差异,但是仍可以归纳出规律性较强的一些特征。

嵌岩桩在竖向荷载作用下,桩身在发生轴向压缩的同时,桩体与桩侧土之间发生了相对位移,随之桩侧土侧阻力得到一定量的发挥。随着相对位移量增加,荷载通过侧阻力先传递至桩端嵌岩段侧壁,当桩体与岩壁的相对位移量达到一定量值,部分荷载传递至桩端,端阻力开始发挥。当桩土(岩)之间的相对位移达到一定数值后,桩的侧阻力达到极限值,即尽管桩土(岩)的相对位移继续增大,桩侧阻力不会再增加,继续增加的外荷载则由桩端阻力来承担。通过在试验中对桩身轴力的测试可以发现:传递到桩端的端阻力随着嵌岩深度的增加而减小,当嵌岩深度增大到某数值时,桩端阻力接近于零。也就是说,桩端嵌岩深度不宜过大,超过某一限值时端阻力就得不到发挥,从而不能有效地提高桩的极限承载力。

由此可知,嵌岩桩的桩顶荷载是通过侧阻力逐渐传递到桩端的,但是侧阻力和端阻力并不是同步发挥的,也就是说侧阻力和端阻力不会同时达到极限值。这与嵌岩深度以及桩在土层中的长度有关。对于桩长较长但嵌岩较浅的桩来说,桩身压缩量可以帮助土层获得足够的桩土相对位移,使得土层侧阻力先发挥到极限值,此类桩表现出摩擦桩或者摩擦端承桩的特性;对于桩长较短但嵌岩较长的桩来说,由于土层较薄,而且桩土相对位移很小,土层侧阻力不能发挥到极限值,由于岩层侧阻力充分发挥所需的相对位移较土层要小得多,这就使岩层侧阻先得到充分发挥。因而,研究嵌岩桩的荷载传递规律应结合嵌岩桩的实际情况,具体问题具体分析。另外,在进行嵌岩桩设计时,不仅端阻、岩层、土层侧阻的安全系数最好分别考虑,并且各部分的发挥系数也要分开考虑。

3.2 嵌岩桩侧摩阻力分析

3.2.1 桩~土侧摩阻力分析

嵌岩桩侧阻力的发挥机理实质上可以表达为桩~土间应力~应变关系,特别是剪应力~剪应变之间的关系。嵌岩桩桩身受荷向下位移时由于桩土之间的摩阻力带动桩周土体位移,相应地,在桩周环形土体中产生剪应变和剪应力。该剪应变、剪应力一环一环的沿径向向外扩散,在离桩轴 nd（d 为桩的直径,$n=8\sim15$,n 随桩顶竖向荷载水平、土性而变）处剪应变减小到零。离桩中心任一点 r 处的剪应变为:

$$\gamma=\frac{\mathrm{d}W_r}{\mathrm{d}r}=\frac{\tau_r}{G} \tag{3-1}$$

式中:G——土的剪切模量,$G=E_0/2(1+\mu_s)$;

E_0——土的变形模量;

μ_s——土的泊松比。

相应的剪应力可根据半径为 r 的单位高度圆环上的剪应力总和与相应的桩侧阻力 q_s 总和相等的条件求得:

$$2\pi r\tau_r=\pi dq_s \tag{3-2}$$

剪应力为:

$$\tau_r=\mathrm{d}q_s/2r \tag{3-3}$$

将桩侧剪切变形区（$r=nd$）内各圆环的竖向剪切变形加起来就等于该截面桩的沉降 W。

将式(3-3)代入式(3-1)并积分:

$$\int_{d/2}^{nd}\mathrm{d}W_r=\int_{d/2}^{nd}\frac{\tau_r}{G}\mathrm{d}r \tag{3-4}$$

得:

$$W=\frac{q_s d\ln(2n)(1+\mu_s)}{E_0} \tag{3-5}$$

设达到极限桩侧阻力 q_{su} 所对应的沉降为 W_u,则:

$$W_u=\frac{q_{su}d\ln(2n)(1+\mu_s)}{E_0} \tag{3-6}$$

由式(3-6)可知,发挥极限侧阻力所需位移 W_u 与桩径成正比增大。出现这一现象的原因是随着桩径的变大,在桩身轴力作用下桩的侧向变形减小,相应的法向应力也会减小,不利于侧阻力的发挥,同样情况下桩侧土需要更大的相对位移才能使桩侧阻力得到充分发挥。

影响上覆土层桩侧阻力发挥的主要因素是桩土界面的相对位移值。土层侧阻力发挥极限值所需的相对位移值,即临界位移,主要与土层性质、土的密实程度以及成桩工艺等因素有关。一般来讲,砂土的临界位移较粘土大,非挤土桩中土层临界位移较挤土桩中大,而且土层越密实临界位移越大。对于非嵌岩桩,土层能够获得的相对位移通常与桩在土层中的长度、桩土界面特性和土的力学性质等因素关系密切。对于嵌岩桩来讲,上覆土层内桩土界面的相对位移值,除了以上这些因素外,还与嵌岩部分的力学特性有关,包括:桩岩模量比、桩岩界面特性、嵌岩深度、岩石的强度和风化程度及完整性等因素。例如,在其他条件不变的情况下,桩岩模量比越小,桩顶沉降就越少,上覆土层侧阻越难以发挥;而桩岩界面剪切刚度越大,极限侧阻值越大,嵌岩深度越大,则土层侧阻的发挥就越受到限制。不过,在清底较好的情况下,桩岩界面力学参数及嵌岩深度这两者对土层侧阻发挥的影响不大。原因是只有桩土界面发生较大的相对位移才能使土层侧阻力动员起来,而嵌岩深度、桩岩界面的力学参数的改变所引起的桩土相对位移的变化较小,不足以使土层侧阻发生太大的变化。一般来说,在清底得以保证时,桩在土层中的长度、桩岩模量比是影响上覆土层侧阻力发挥的主要因素。

从嵌岩桩荷载传递规律中可以清楚地看出，嵌岩桩中的上覆土层桩侧阻力无疑是嵌岩桩承载力的一个组成部分，但是对于在嵌岩桩承载力的计算中该不该计入这部分还存在争议。《铁路桥涵地基与基础设计规范》中明确指出，嵌岩桩极限承载力不包括上覆土层的侧阻力。通过对大量的嵌岩桩静载荷试验资料的研究认为，通常情况下嵌岩桩的上覆土层桩侧阻力是嵌岩桩的极限承载力的重要组成部分，是不可忽略的。但是在一些特殊的情况下，它的影响程度也是不同的。总的来说，对于上覆土层较薄，或者虽然上覆土层较厚，但土层性质差的情况，可以不计上覆土层部分的桩侧阻力；而对于上覆土层较厚，且土层性质又较好的情况，还是应该把这一部分桩侧阻力计入嵌岩桩的极限承载力中的。

《重庆建筑地基基础设计规范》第 4.4.7 条对此做出了如下规定：嵌岩桩的桩侧土摩阻力，当桩穿越土层厚度小于 10m 时，一般不计算，当穿越土层较厚时，对于淤泥质土、欠固结的粘性土、松散的无粘性土、回填土、膨胀土、震动可液化的土层，以及某些稳定性较差的土层，如边坡地区、断层破碎带、岩溶发育区、矿床采空区、冲刷地带等地区的土层，均不宜计算嵌岩桩的桩侧土摩阻力。

3.2.2 桩～岩侧摩阻力分析

通过对大量的嵌岩桩实测资料的研究发现，嵌岩段的侧阻力在桩的竖向承载力中能够起到不可低估的作用。人们开始认识到嵌岩段的侧阻力才是嵌岩桩承载力高而沉降小的重要原因之一。一般情况下，嵌岩段的侧阻力和端阻力之间呈现出此消彼长的现象，即侧阻力和端阻力不能同时达到极限值。这是由于侧阻力的发挥需要产生桩岩相对位移，而端阻力的发挥必然会限制这种位移的发生。因此，对于桩底基岩强度较小的软质岩，桩端阻力发挥较同样情况下的硬质岩石要小。此时，嵌岩桩多表现为摩擦桩或者摩擦端承桩。尽管嵌岩段侧阻力对嵌岩桩承载力的贡献不可或缺，但是人们对其的发挥机理的认识还是比较模糊。

在桩身受力之前，桩与桩周岩石完整的结合在一起，混凝土与岩体之间产生粘结应力，粘结应力的最大值记为粘结强度（τ_{bond}），粘结强度可以用混凝土与岩石的界面直剪试验来测定。对于风化粘土页岩等软弱岩体，其粘结强度可表示为：

$$\tau_{\text{bond}} = \sigma_c \cdot \left[\frac{\alpha}{2\tan(45^\circ + \varphi/2)}\right] \tag{3-7}$$

式中：σ_c——岩石单轴抗压强度；

φ——岩石与混凝土之间的外摩擦角；

α——折减系数，一般为 0.3～0.9，若接触面粗糙，取 0.9。

对于坚硬岩石，粘结强度 τ_{bond} 可取保守值为：

$$\tau_{\text{bond}} = \sigma_c/20 \tag{3-8}$$

当嵌岩桩受到竖向荷载时，总是粘结强度先发挥，当外荷载超过粘结强度后，桩身将会沿着桩岩界面发生滑移，如图 3-1 所示。桩身在轴向荷载作用下，向下不断地沿着岩面滑移的同时，还会产生弹性压缩变形，因受法向刚度的影响，滑移使得桩径剪胀。这使得作用在桩岩界面的法向应力增加，从而导致侧阻力的增加。

随着外荷载的增加，滑移仍在继续，孔径也不断增大，岩石与混凝土接触面积不断减小，直到粗糙面的抗剪阻力不能抵抗外荷载时，则初始的滑移机制变为剪切机制，此时孔径膨胀率逐渐减小,直至不再膨胀。在桩岩界面发生剪切前,桩侧阻力达到最大,称为峰值侧阻力,发生剪切后的侧阻力会有不同程度的降低并趋于某一定值,称之为残余侧阻力。

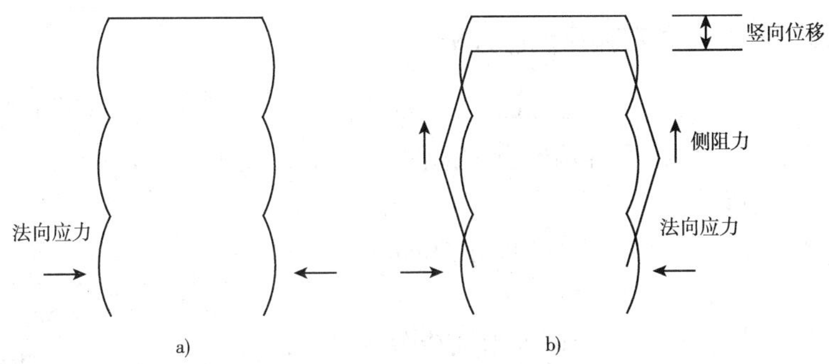

图 3-1 嵌岩段侧阻力发挥机理示意图

a)桩发生滑移之前;b)桩发生滑移之后

上述嵌岩桩的受力机制与桩在土中的受力机制有所区别。在相对于岩石较软的硬粘土中,主要存在的是剪切机制,而在岩石中,膨胀滑移机制和剪切机制两者都存在。

岩石强度的不同使得嵌岩段的极限侧阻力和破坏形式都会有所不同。对于软岩中的嵌岩桩,桩身的刚度 E_c 与岩体的刚度 E_r 的比值 E_c/E_r 较大,当桩身产生单位变形,扩散到岩体中产生的剪应力就较小,从而嵌岩段的侧摩阻力就较小。然而硬岩中的嵌岩桩则不同,由于 E_c/E_r 的值比软岩小,桩身单位变形在岩体中引起的剪应力就比较大,从而嵌岩段的侧摩阻力也较大。从破坏形式上来说,由于软岩中的桩身混凝土与岩体之间的粘结强度一般高于岩体本身的剪切强度,所以在侧阻力向岩外围扩散的过程中,靠近桩侧表面的岩体先产生滑动破坏面,而保持桩岩之间的接触面完好。当嵌入的基岩是硬质岩石时,由于岩石的抗剪强度高于桩岩表面的粘结强度,所以破坏面往往发生在桩岩界面上。

除了岩石强度之外,桩岩界面的粗糙度也是影响嵌岩段侧阻力发挥的一个重要因素。一般来说,对于孔壁粗糙度较小的嵌岩桩,多发生脆性破坏。嵌岩段侧阻力充分发挥所需的相对位移很小,当嵌岩桩的沉降继续增加时,桩侧阻力逐渐减小到某一残余值,而且通常情况下残余值与极限值差距较大。相反,对于孔壁较粗糙的嵌岩桩来说,极限值和残余值都较孔壁光滑时较大,而且二者差距较小,嵌岩段侧阻力与桩顶沉降关系曲线表现为加工硬化型,平均侧阻力的增加较为平缓。

3.3 嵌岩桩桩端阻力分析

早在 20 世纪 90 年代以前,人们一直都是把嵌岩桩当成端承桩来看,随着对嵌岩桩的研究越来越深入,人们逐渐认识到,嵌岩桩的桩端阻力并不是构成嵌岩承载力的最主要部分。史佩栋等通过收集研究国内外 150 根带有量测元件的嵌岩桩的静载试验资料,得出了嵌岩桩在竖向荷载下桩端阻力分担荷载比(Q_b/Q)随桩的长径比(l/d)而变化的规律,它们表明,对于嵌岩桩,即使 $l/d<5$ 的短桩并非都是端承桩;当 $1<l/d<20$ 时,Q_b/Q 自 100% 随 l/d 增大而递减至大约 30%;当 $20<l/d<63.7$ 时,Q_b/Q 一般不超过 30%,其中大部分桩在 20% 以下,不少桩在 5% 以下。

虽然嵌岩桩的桩端阻力在嵌岩桩总荷载中所占的比例并不大，但是研究嵌岩桩桩端阻力对于明确嵌岩桩承载机理还是有很重要的意义。

3.3.1 桩端岩石的受力及破坏机理分析

澳大利亚的 I. W. Johnston, S. K. Choi 通过室内桩底岩石破坏机理试验得出典型桩端岩石破坏曲线，如图 3-2 所示。试验中有关参数如下：

岩石强度：5MPa < f_{rc} < 7MPa；模型尺寸：5mm < D < 25mm；嵌岩比：0 < h_r/d < 10。

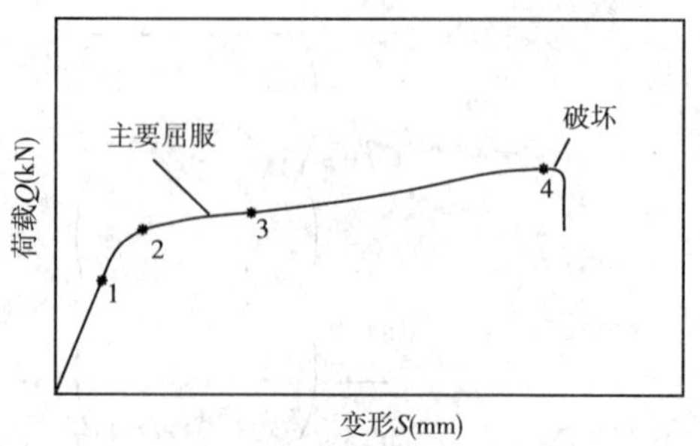

图 3-2　典型的桩端岩石破坏曲线示意图

从试验曲线上，可以把桩底岩石的变形曲线分为四个阶段：

第一阶段：线弹性变形阶段，在此阶段变形随着荷载的增大成比例增大；

第二阶段：屈服前塑性变形阶段，在这个阶段出现明显裂纹，随荷载的增加，裂纹逐渐的发展，但是发展速度较缓慢；

第三阶段：岩石屈服后的变形阶段，这个阶段中，裂纹随着荷载的增加不断扩展、增大、变形速率也逐渐增大；

第四阶段：桩底岩石破坏阶段，随荷载的增加，变形速度很快，最后随变形增大荷载反而突然减小。

在试验过程中，由立体摄影测量仪拍摄的桩底岩石在加载过程中的变形、破坏过程如图 3-3所示。从图中可以发现，桩端岩石的破坏过程与破坏曲线上所反映的基本一致。整个破坏过程可以分为四个阶段。在第一阶段，在桩底周边产生一个小的环状裂纹，以后随着荷载的增加，在主要屈服产生以前，环状裂缝进一步扩展；加载到第二阶段时，在桩底产生一个压碎锥形区；至第三阶段时，主屈服产生后在锥体和早期形成的环状裂缝间存在一个剪切区，随荷载进一步加大，岩石变形朝着破坏点逼近，在早期形成锥形体外面的剪应力区快速扩展成剪切扇形区域，同时环状裂缝进一步贯穿并朝上表面发展；加载至第四阶段时，在整个扩展的扇形区产生径向裂缝，破坏产生。一旦破坏，表面碎块区并没有产生，岩石破坏是由表面径向裂缝的产生而劈开引起的。

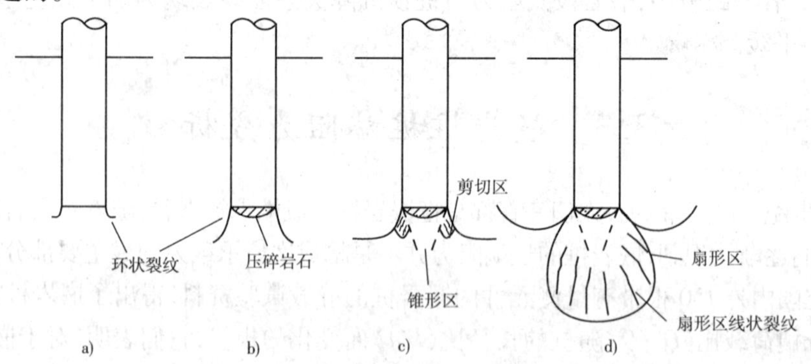

图 3-3　桩端岩石破坏过程

a）第一阶段；b）第二阶段；c）第三阶段；d）第四阶段

3.3.2 桩端阻力的计算与岩石强度的取值

《建筑桩基技术规范》(JGJ 94—94)规定,对于嵌岩桩,其极限端阻力标准值 Q_{pk} 可由下式确定:

$$Q_{pk}=\zeta_p \cdot f_{rc} \cdot A_p \tag{3-9}$$

式中:f_{rc}——岩石饱和单轴抗压强度标准值,对于粘土质岩取天然湿度单轴抗压强度标准值;

A_p——桩端面积;

ζ_p——嵌岩段端阻力修正系数,与嵌岩比 h_r/d 有关,$\zeta_p \leqslant 0.5$。

《公路桥涵地基与基础设计规范》(JTJ 024—85)规定对于支承在基岩上或嵌入岩层中的钻(挖)孔桩、沉管桩和管桩的单桩轴向受压容许承载力$[R_k]$可按下式计算:

$$[R_k]=(C_1A+C_2uh)R_c \tag{3-10}$$

如果仅分析桩端阻力,则由上式所确定的桩端阻力容许值$[R_b]$为:

$$[R_b]=C_1AR_c \tag{3-11}$$

式中:R_c——岩石饱和单轴抗压强度标准值,对于粘土质岩取天然湿度单轴抗压强度标准值;

A——桩端面积;

C_1——根据岩石破碎程度、清孔情况等因素而定的系数。

国外学者将嵌岩桩的极限端阻力与岩石单轴抗压强度相联系,比较典型的有以下几个公式:

$$q_u=3.0f_{rc} \tag{3-12}$$

$$q_u=(5\sim8)f_{rc} \tag{3-13}$$

$$q_u=2.7f_{rc} \tag{3-14}$$

综上所述,国内外关于桩端岩石承载力的确定方法都是通过岩石的单轴抗压强度换算而得到的。事实上,桩端的岩石不仅受到主压力 σ_1 的作用,它还同时受到围压 σ_3 的影响,处于三向受压状态,如图 3-4 所示。

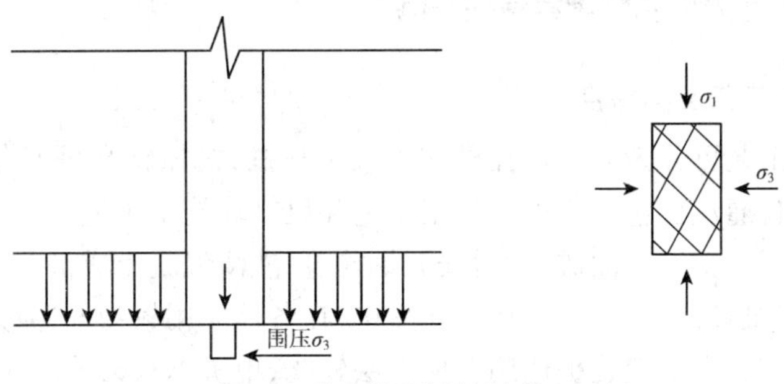

图 3-4　桩底基岩实际压力状态

由于围压 σ_3 的影响,岩石在真实受力状态下的承载能力应大大高于在无侧限状态下测得的抗压强度。大量的试验测试结果表明,地面以下 15m 左右的岩体所能承受的压力一般为天然湿度单轴抗压强度 f_r 的 1.5 ~2.0 倍,有时甚至相差 3 倍以上。由此可知,仅按照岩石单轴抗压强度经过换算得到的嵌岩桩桩端承载力不符合桩端岩体的实际受力状态,使得极限端阻力计算值过于保守,因此一些学者建议:在较重要的工程中,地质勘测部门应提供三轴强度供设计和施工单位参考。

3.4 嵌岩桩破坏模式分析

随着嵌岩桩的静荷载试验资料的积累,人们逐渐认识到嵌岩桩破坏模式的复杂性和多样性。很难用单一模式完全概括在上覆土层、嵌岩段和桩端等条件不同的情况下试桩得出的荷载~位移曲线及其破坏模式。嵌岩桩的破坏模式大致可分为以下三类:

(1)在较低荷载作用下,桩即发生失稳破坏。这类桩的破坏特点是:在较低荷载作用下,桩的沉降量过大,或在某一级荷载作用下,经长时间观测而达不到稳定标准。发生这种破坏的原因主要是桩体质量低劣。严格地说,这种破坏模式与嵌岩无关,因为施加的荷载还比较低,桩周的摩阻力还未充分发挥,力也未传递到基岩。

(2)渐进式破坏型(缓变型)。这些桩的破坏特点是:在较高荷载作用下,桩发生了远大于40mm的沉降,但桩在每级荷载作用下,仍能达到稳定标准而不发生突发性破坏,$\log t \sim s$ 曲线基本上仍保持线性关系,而且由密变疏。产生这种破坏的原因,大部分都是桩端底部沉渣较厚影响桩端承载力的发挥而造成的。

(3)突然破坏型。这类桩的破坏特点是:在破坏前的一级荷载很高,而沉降量较小($<$40mm);桩在破坏之前,在各级荷载作用下,桩的沉降较为正常,变形较小,基本上达到了设计要求的加载值;桩在破坏前每级荷载作用下,桩的沉降都能达到稳定标准,$s \sim \log t$ 曲线比较平缓,$P \sim s$ 曲线也没有表现出明显的破坏前兆现象,但在向下一级荷载过渡或在下一级荷载稳压过程中发生突然破坏。

3.5 成桩工艺、成孔时间及泥皮对嵌岩桩承载特性影响

3.5.1 成桩工艺对嵌岩桩承载特性影响

3.5.1.1 成桩工艺及其特点

嵌岩桩按成桩工艺可分为人工挖孔桩和机械钻孔桩,机械钻孔桩又分为钻孔灌注桩和冲击成孔灌注桩。钻孔灌注桩包括正循环施工工艺和反循环施工工艺。

人工挖孔桩是用人工挖土而成,然后安放钢筋笼,灌注混凝土成桩。这类桩由于其受力性能可靠,不需要大型机具设备,施工操作工艺简单,在各地应用较为普遍,是大直径灌注桩施工的一种主要工艺方式。人工挖孔桩适用于持力层较浅、单桩承载力要求较高的工程,一般被设计成端承桩,以中风化岩或微风化岩作持力层。

钻孔灌注桩是利用钻孔机械在桩位成孔,然后在桩孔内放入钢筋骨架再灌混凝土而成的就地灌注桩。它能在各种土质条件下施工,具有无振动、对土体无挤压等优点。

钻孔灌注桩又可分为正循环施工工艺和反循环施工工艺。

正循环施工工艺操作简单,技术成熟,所用钻机体积较小,重量较轻。施工时占地少,耗电

量小,工程造价较低,但是采用的泥浆密度一般较大。泥浆上返流速低,粒径大于 4 ~ 5cm 的卵砾石不能排出,清孔效果较差,易形成较厚的泥皮和沉渣。即使在软岩中施工,孔壁一般较粗糙,但泥皮对桩岩侧阻力仍有不小的影响,因此不宜在岩石深埋的场地中使用该法。

反循环施工工艺较复杂,但适用性广。按吸排泥浆方式的不同分为泵吸反循环钻进、气举反循环钻进和射流反循环钻进,其中气举反循环钻进的清孔效果较好,反循环工艺所采用的泥浆密度较小,泥浆上返速度快,排渣效果良好,形成泥皮比正循环工艺薄。从泥皮影响承载力这一点看,反循环工艺优于正循环。

冲击成孔灌注桩是利用冲击式钻机或卷扬机把带钻刃的有较大质量的冲击钻头提高,靠自由下落的冲击力来削切岩层或冲挤土层,部分碎渣和泥浆挤入孔壁中,大部分成为泥渣,并利用专门的捞渣工具掏土成孔,最后灌注混凝土成桩。冲击成孔灌注桩设备简单,操作方便,所成孔坚实、稳定、坍孔少,不受场地限制、无噪声和振动影响,因此应用广泛。在粘土、粉土、填土、淤泥中成孔较好,而且特别适用于有孤石的砂砾石层、漂石层、坚硬土层、岩层中使用。

3.5.1.2　成桩工艺影响嵌岩桩承载特性机理

施工工艺的不同会造成孔壁粗糙度、桩底沉渣厚度、泥皮厚度的不同,从而影响着桩岩侧阻力及整体承载力的表现。

人工挖孔嵌岩桩的桩底具有直观性,无桩底沉渣,而采用泥浆护壁机械钻孔嵌岩桩,桩底沉渣不可能全部清空。沉渣对嵌岩桩承载力的发挥起着两种作用,当未达到极限荷载时,人工挖孔桩桩岩相对位移较小,而有沉渣的钻孔嵌岩桩桩岩相对位移较大,有可能极限侧摩阻力没有钻孔嵌岩桩的大,但带有沉渣的钻孔嵌岩桩容易发生脆性破坏,桩岩位移迅速增大,超过其极限侧摩阻力发挥对应的位移,侧摩阻力就会大大降低。人工挖孔施工时,清孔较好,桩岩界面直接紧密结合,有利于形成较大的孔壁粗糙度。从而有利于其侧摩阻力的发挥。总的来说,人工挖孔嵌岩桩桩土侧阻力值较机械成孔的要大一些。从广州地区已掌握的分析资料来看,冲、钻孔桩得到的强、中、微风化岩的摩阻力最大值分别为 235kPa、383kPa、403kPa,而人工挖孔桩得到的相应摩阻强度的最大值分别达 321kPa、442kPa、789kPa。

对于泥浆护壁钻孔灌注桩常用的正循环施工和反循环施工来说,正循环法施工一般采用自流式循环泥浆,工艺成熟,操作简单,但由于采用的泥浆密度较大,泥浆上返速度慢,成孔时间较长,除了桩底沉渣较厚外,还会在桩侧形成较厚的泥皮,而反循环施工由于采用较小密度的泥浆,泥浆上返速度快,成孔时间相对较短,桩侧泥皮较薄。钻孔灌注桩施工中钻进平稳,孔壁就会比较平直,桩侧阻力就比较小,钻孔灌注桩施工中钻杆摇晃,孔壁就比较凹凸,桩侧阻力就比较大。

关于嵌岩桩施工工艺的不同造成承载力很大区别的例子不多,但从普通的钻孔灌注桩因施工工艺的不同从而造成承载力差异的例子比较普遍。

分析国内最近几年的一些钻孔灌注桩试桩资料,经常会发现这样的现象:同一场地,桩的规格和桩周土性质相同,但桩的承载力却相差很大。例如某文献提供的江苏南通某工程两根钻孔灌注桩的极限承载力相差 30%,京九铁路黄河孙口大桥同一桥台下两根钻孔灌注桩的极限承载力分别为 4200kN 和 5100kN,相差 20%。按照现行规范和通常的概念来解释,同一场地中桩的承载力不应有如此大的差异。

在排除了桩身材料强度、桩身质量和孔底沉渣等因素的影响之后，施工工艺的差异和由此造成孔壁粗糙度的不同就可能成为其承载力差异较大的主要原因。江苏南通的两根试桩，承载力较大的一根采用的是单腰带钻机施工，另一根采用的是双腰带施工，单腰带施工钻机过程中会发生较大的摇摆，孔壁形状十分不规则，客观上使孔壁的粗糙度得到了提高。京九铁路黄河孙口大桥的两根试桩中，承载力较高的一根桩的扩孔率（实测孔径的平均值与设计孔径的比值）较高为1.19，另一根扩孔率为1.09，很显然，在桩长相同的条件下，扩孔率较高的桩其孔壁粗糙度必然较高。由此可见，施工工艺造成的粗糙度不同是上述试桩承载力差异的主要原因。

施工工艺的不同造成孔壁粗糙度及沉渣厚度、泥皮厚度不同，是造成在不同成桩工艺下嵌岩桩承载力不同的根本原因。采用合适的方法适当地增加粗糙度、减少沉渣厚度及泥皮厚度，做到既不大幅度增加施工难度，节约资源，又能大幅度提高嵌岩桩承载力，增加工程的安全系数。

3.5.2 成孔时间对嵌岩桩承载特性的影响

3.5.2.1 成孔时间对嵌岩桩承载力影响机理

目前国内外在成孔时间对嵌岩桩承载机理影响方面的研究还不是很成熟。主要原因可以归纳如下：因为一般的嵌岩桩为钻孔灌注桩，属于非挤土桩，成孔后由于孔壁侧向应力解除，孔壁自由面势必向临空面位移变形，孔壁周围岩土出现松弛效应，又因为在钻孔过程中需用一定比例的泥浆护壁，这样一来就会使桩周岩石处于一种浸泡状态，从而加剧了桩周岩石的细微结构变形，降低桩周岩石的抗剪强度，成孔时间越长，这种软化作用越强，从而极大的减小了极限侧摩阻力。而对于冲孔灌注嵌岩桩，由于是冲击成孔，一方面成孔时间较长，普通嵌岩桩都在100h左右，桩周岩石浸泡时间较长，致使应力松弛，岩石软化作用明显；另一方面冲击钻进过程中钻机的摇摆震动、反复切削、机具的升降都对孔壁产生一定的扰动作用，加剧了应力松弛。成孔时间较长致使“泥壁”越来越厚，抗剪强度较低，桩土剪切滑移面发生在“泥壁”内，应力松弛和较厚的“泥壁”均导致了桩侧阻力的显著降低，旋挖灌注嵌岩桩一方面由于成孔时间较短，普通桩约30h，孔壁土层松弛效应小，岩土浸泡时间短，软化程度小，为平衡孔壁土侧压力所需的泥浆密度小，从而形成的“泥壁”较薄，成孔后“泥壁”固结硬化充分，抗剪强度较高，使得桩侧摩阻力能得到比较充分的发挥。

综上所述，成孔时间影响嵌岩桩承载力机理主要在于桩周岩石的松弛效应和遇水后发生的岩石软化作用，成桩时间过长导致桩周岩石在泥浆水浸泡作用下加剧软化作用是承载力下降的主要原因。

岩石的软化性是指岩石与水相互作用时降低强度的性能。岩石的软化性与其矿物成分、粒间联结方式、孔隙率以及微裂隙发育程度等因素有关。

目前，国外一些研究人员认为，水对岩石的软化作用主要有以下几种力学机理：①化学效应（Newman，1983），水中的成分与岩石成分发生化学反应，成岩矿物被溶蚀，溶解于水中或者溶解后再在其他地方重新沉淀，使岩石强度降低，岩石发生软化；②砂岩中的应力垮塌作用（Hadizadeh 和 Law，1991），微裂隙尖端的很高强度的 Si—O 键发生水解作用弱化，使得裂隙扩展；③Rhebinder 效应，水分子被吸附到颗粒表面，使岩石的表面特性发生变化，从而使岩石强度降低，发生软化；④毛细管压力作用造成的岩石泡水软化作用（Delage et al.）；⑤将水的弱化作用与岩石表面吸附水分子层后性质改变相联系（R Risnes，2003）。

上述岩石软化力学机理需经过很长的时间才能显现出来，而桩基成孔最多不过几天，上述作用机理对短期内岩石的软化作用不适合。对于大部分软岩来说，遇水更易发生软化作用，主要由于软岩中的矿物成分具有较强的亲水性，短期浸泡过程即会在矿物颗粒表面形成较厚的结合水膜，削弱了矿物颗粒之间的粘聚力，从而在短时间内即可对软岩的岩石强度产生较大幅度的降低。

徐礼华通过分析试验结果可知，水对岩石的抗压强度有着显著的影响。当水浸入岩石内部时，就顺着裂隙进入，润湿岩石全部自由面上的每个矿物颗粒。水分子的介入改变了岩石的物理状态，削弱了颗粒间的联系。在干燥状态和饱水状态下所求得的单轴抗压强度具有明显的差别，这一差异在软岩中表现得更加突出，即前者比后者大得多，软化系数很小，这种岩石吸水软化（强度弱化）与矿物成分的亲水性有着密切联系，与岩石的总空隙率有着直接的联系。由于孔隙中的水对岩石中矿物的溶蚀、软化、泥化、风化以及膨胀作用，使得饱水状态下岩石单轴抗压强度有所降低。对于泥岩、页岩、粘土岩等岩石，两者的差别甚至可达2～3倍。

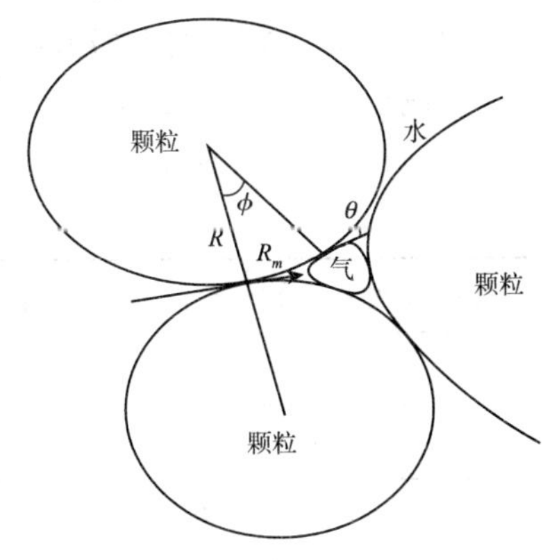

图3-5　颗粒间分子作用模型

杨春和通过分析板岩遇水后内部颗粒之间的粘聚力变化更加清楚软化作用的机理。岩石中在有水存在时颗粒间的作用可大致用图3-5来表示。当处于自然状态时，没有水相的存在，在浸泡后，水进入孔隙内部，孔隙中的气体被压缩排出。岩石试样中矿物颗粒间的粘聚力包括有颗粒之间的吸引力，颗粒与水之间的作用力（强作用力、弱作用力、毛细管力）及水的压力。即：

$$F = F_g + F_{gw} + \sigma + P_w = F_g + P_c + F_1 + F_2 + \sigma + P_w \tag{3-15}$$

式中：F_g——颗粒间的相互作用；

F_1，F_2——分别为颗粒与水之间的强作用力、弱作用力；

σ——颗粒的表面张力；

P_c——毛细管压力；

P_w——水的压力。

又有：

$$F_g = G\frac{m_1 m_2}{r^2} \tag{3-16}$$

根据几何关系可得：

$$P_c = \frac{\cos(\phi+\theta)}{1-\cos\phi}\frac{\sigma}{R} \tag{3-17}$$

$$R_m = \frac{\sin(\phi+\theta)+\cos\phi-1-\sin\theta}{\cos(\phi+\theta)}R \tag{3-18}$$

式中：ϕ——颗粒轴向连线与颗粒切向半径方向的夹角；

θ——润湿角。

则板岩内部颗粒之间的粘聚力变为：

$$F = G\frac{m_1 m_2}{r^2} + F_1 + F_2 + P_w + \left\{\sin\phi\sin(\phi+\theta) + \frac{[\sin(\phi+\theta) + \cos\phi - 1 - \sin\theta]^2}{2(1-\cos\phi)\cos(\phi+\theta)}\right\}2\pi R\sigma \tag{3-19}$$

当岩石试样浸泡于水中后，颗粒将会发生体积膨胀，即 r 增大，颗粒间的相互作用力在减小；同时，根据润湿角的测量结果知润湿角 θ 随着吸水率的增加而减小，造成毛细管压力与表面张力在逐渐减小。孔隙中水量增加后，水的压力增加，在公式中表现为 P_w 减小；同时，由朱效嘉等人的结果证实，在水进入孔隙中时，颗粒表面吸附水的结合力基本变化不大。因此可知，粘聚力公式中随着几项压力的减小使得颗粒间的粘聚力降低，最终表现为岩石发生软化，强度降低。

3.5.2.2 成孔时间对嵌岩桩承载力影响工程实例

例如某工程两根直径和长度相同的桩，因嵌岩不同，钻孔时间分别为 21h 和 63h，桩周平均摩阻力后者仅为前者的 86%，下降了 14% 左右（表 3-1）。

嵌岩桩承载力表　　表 3-1

桩号	桩径(m)	桩长(m)	嵌岩深度(mm)	钻孔时间(h)	桩周总摩阻力(kN)	桩周平均阻力(kPa)
1	1.28	45.2	1100	63	9080.2	49.68
2	1.10	45.2	1020	21	9019.2	57.77

另据报道，某工程中也有一根持力层为中风化岩、桩身质量基本完整的反循环成孔的超长嵌岩灌注桩（桩长 47.46m，桩径 1m），成孔时间达 888h，造成泥皮厚度大，岩石软化严重，沉渣较厚，实测单桩极限承载力 1500kN，仅为设计值的 10%。

对嵌岩灌注桩而言，由于桩长一般较长，且要在岩层（特别是硬岩层）中形成桩孔，势必造成成孔时间较长，因此如何选择适当的、成孔效率较高的施工方法，尽量减少成孔时间，也是嵌岩桩施工过程中值得注意的问题。

3.5.3 泥皮对嵌岩抵承载特性的影响

3.5.3.1 泥皮形成机理及其危害

嵌岩灌注桩的成孔过程是孔壁水平向有效应力“解除”的过程，此时粉土、粉砂易造成塌孔，而淤泥质土或软粘土则慢慢向孔内蠕变，造成缩颈。为克服这些不利因素，大多采用泥浆护壁。除护壁功能外，泥浆还有以下功能：悬浮和携带岩屑，清洗孔底，维持孔内外压力平衡，防止穿孔，润滑和冷却钻头，提高钻进速度。但灌注桩在灌注时，由于混凝土自身重量产生水平向应力，会使孔壁扩大，孔壁的水平应力得到部分恢复，随着时间的增长，混凝土凝固收缩，吸附在其表面的泥浆也收缩与混凝土联成一体，形成所谓“泥皮”。泥皮的存在，导致嵌岩桩与桩周岩体的粘聚力明显降低，严重影响了桩侧摩阻力的发挥。特别是当泥皮厚度较大时，桩土（岩）剪切破坏面将发生在泥皮与土（岩）体的接触面或泥皮中。因泥皮抗剪强度低，造成侧阻损严重。

杭州某工程基础采用直径1000mm的钻孔灌注桩，其持力层为辉绿岩，场地地层条件比较稳定。2根钻孔桩单桩静荷载试验结果显示：1号试桩的单桩极限承载力为3390kN，其中桩侧摩阻力为2500kN；2号试桩单桩极限承载力大于8400kN，桩侧摩阻力为4000kN左右。动测结果显示两根桩桩身质量完好，对承载力不构成影响，但桩侧摩阻力相差竟达1500kN。后经桩周土体开挖验证表明：1号桩桩周泥皮厚，桩侧摩阻力小；2号桩桩周泥皮薄，桩侧摩阻力大。国外学者在对砂岩嵌岩桩的试验中也发现泥皮可使侧阻力减少25%左右。

3.5.3.2　高质量泥浆参数要求

泥浆在嵌岩桩钻孔中起着不可替代的作用，造成的泥皮虽对承载力形状造成一定的危害，但必定为成孔起到了一定的有利作用，我们只有尽可能地提高泥浆的质量参数，以此来减少泥皮的厚度，减少泥皮造成的危害。

1. 密度

泥浆密度应在1.1～1.2t/m³之间。若泥浆密度过大，失水量也加大，使泥浆中固体颗粒含量加大，会对钻具产生较大的磨损而降低钻进速度，对灌注桩的质量也会有较大的影响；泥浆密度过小，其悬浮、携带钻渣的能力不强，对孔壁的侧压力也不够，会造成塌孔现象。

2. 静切力

静切力过大时流动阻力大，在沉淀池内钻渣不易沉淀，影响净化速度，使泥浆密度过大；静切力过小则悬浮钻渣效果不好。

3. 分散剂的掺加浓度

使用分散剂的浓度通常为0%～0.5%。在地下水丰富的砂砾层中成孔，由于泥浆粘度容易减少，有时不用分散剂。但是为使泥浆能形成良好的泥皮而使用分散剂时，对于造成泥浆粘度的减少的情况，可使用膨润土来调节。

4. 膨润土

由于膨润土的种类很多，各种牌号的膨润土性能不同，有必要对膨润土进行合适的选择。钠基膨润土与钙基膨润土相比，其湿胀性较大，且容易受阳离子的影响。工程上一般采用钙基膨润土。

5. 粘度

粘度是液体或混合体液体运动时各分子或颗粒间产生的摩擦力，一般为12～25s。泥浆粘度过大易粘钻，影响泥浆泵的正常工作，会增加泥浆净化的困难，进而影响钻进速度；泥浆粘度过小，则钻渣不易悬浮，泥皮薄，对防止翻沙、渗漏不利。

6. 失水量

泥浆的失水量越小越好。失水量小表示泥浆静止稳定性能好，有利于保护孔壁和基岩；失水量大的泥浆会形成较厚的泥皮，一般控制在16～25ml。

7. 含砂率

含砂率一般小于4%。含砂率过大会降低粘度，增加沉淀，钻具易磨损，停钻后会造成埋钻、卡钻等事故，不易清孔；含砂率过大还会造成灌注混凝土前孔底沉淀过大，泥浆沉淀速度快。

8. 胶体率

胶体率高粘土颗粒不易沉淀，悬浮钻渣能力高。胶体率一般大于96%。

9. 酸碱度

pH值较高的泥浆中，负离子使泥浆水化性能及分散性能增强，泥浆的粘度上升；pH值上升引起泥浆滤液渗透到孔壁的粘土中，会使孔壁表面软化，粘土颗粒间引力减弱，增加裂解现象，造成剥蚀掉块、孔壁坍塌，因而泥浆的pH值要适当，一般在7~9之间。

目前，国内一些桥梁（如虎门大桥、肇庆大桥、杭州湾大桥、南京长江二桥）桩基础施工过程中，已经采用了高性能泥浆，实践证明效果良好。

3.6 桩岩界面特征及桩底沉渣对嵌岩桩承载特性影响

3.6.1 桩岩（土）界面特征对嵌岩桩承载特性的影响研究

在影响嵌岩桩承载力的诸多因素中，桩岩（土）界面特征是一个十分重要但一直被忽略的因素。所谓的桩岩（土）界面特征就是埋设于岩石中的桩与桩周岩接触面的形态特征，对于预制桩和钢桩，桩岩（土）界面特性主要取决于桩表面的粗糙程度，对于各类型的灌注桩，桩岩（土）界面特征一般表现为孔壁粗糙度，而这与桩周岩（土）层的性质和施工工艺有关。孔壁粗糙度对嵌岩桩的承载力有着很大的影响，这已被大量的工程实践所证实，但是由于研究手段的限制和桩周土体材料的复杂性，要定量描述一般灌注桩孔壁粗糙度尚有不少困难，而嵌岩桩孔壁粗糙度相对较规则，孔壁形状量测相对容易，因此，以嵌岩桩为例深入研究孔壁粗糙度对其承载力的影响就显得尤为重要。这方面，国外的研究较为先进一些。

Pells较早地认识到在嵌岩桩中不同孔壁粗糙度对桩侧阻力的影响，并提出了一整套划分孔壁岩石粗糙度的分类标准，见表3-2。

Pells建议的孔壁粗糙度的分类方法 表3-2

类　别	特征描述
R1	笔直、光滑的桩孔内壁沟槽或凹凸深度大于1mm
R2	沟槽深度为1~4mm，宽度大于2mm，间距为50~200mm
R3	沟槽深度为4~10mm，宽度大于5mm，间距为50~200mm
R4	沟槽深度大于10mm，宽度大于10mm，间距为50~200mm

以此为基础，Rowe和Armitage建立了不同岩石中粗糙程度从R1到R4时桩侧阻力的数据库。但是Pells的分类只是粗略和局部的，在实际应用中还存在很大的困难。

1982年，加拿大的Horvath提出了用凹凸度因子RF来描述孔壁粗糙度的定量方法：

$$RF = \frac{\overline{\Delta r}}{r_s} \cdot \frac{L_l}{L_S} \tag{3-20}$$

式中：$\overline{\Delta r}$——凸出部分径向扩大尺寸的平均值（mm）；

r_s——孔壁半径的平均值（mm）；

L_S——钻孔的深度；

L_l——沿着钻孔深度方向剖面曲线的总长度(mm)。

其中的$\overline{\Delta r}/r_s$是孔壁凹凸的相对深度,表示孔壁沿径向的变化情况;L_l/L_S是孔壁沿深度方向的变化,表示了孔壁总的形状。

20世纪80年代初期,Matich,Kozicki,Woodard,Pells和Williams等人都曾进行过在孔壁施工凹凸槽来提高嵌岩桩承载力的试验,尽管在定量评价上存在一定的差异,但他们对孔壁的凹凸肯定对桩侧阻力和$Q\sim s$曲线有很大影响这一结论则是完全一致的。

图3-6是粗糙度不同的3根试桩的$Q\sim s$曲线。P1、P2、P3试桩的粗糙度依次提高,从图上可以看出,随着粗糙度的增加,$Q\sim s$曲线趋于平缓,破坏特征点变的不明显,桩侧阻力的比例增大。

粗糙度不仅影响着桩侧阻力的大小,而且还影响着桩侧阻力的发展进程。图3-7是桩底悬空、孔壁粗糙度不同的4根试桩的载荷试验曲线。其中C2、S12孔壁较为光滑,A3、S3孔壁粗糙。对孔壁光滑试桩C2、S12,当桩的沉降值很小时,嵌岩桩的平均摩阻力已经达到最大值,即发挥嵌岩段侧阻力峰值所需的桩岩相对位移值很小。随着沉降的增加,平均侧阻力逐渐减小到残余值,并且平均侧阻与残余值的差异较大,平均侧阻与沉降曲线呈加工软化型响应。对于孔壁粗糙试桩A3、S3,平均侧阻最大值对应的桩的沉降量比光滑孔中大得多,平均侧阻增加过程较为平缓,曲线呈加工硬化型。

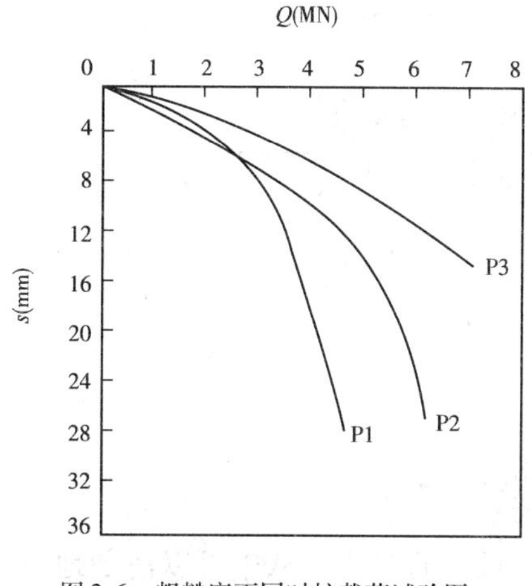

图3-6　粗糙度不同时桩载荷试验图

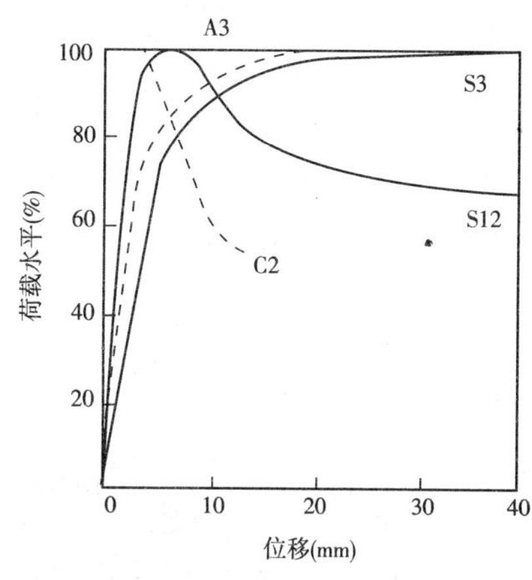

图3-7　粗糙度不同时桩承载特征

对嵌岩灌注桩而言,仅依靠高质量的泥浆来提高泥皮的质量是不够的。因为影响嵌岩段侧摩阻力的一个非常重要的因素就是桩岩界面的粗糙度。研究表明,在光滑界面下,桩岩接触面侧阻力一般呈加工软化现象,且残余阻力比峰值阻力小很多,较容易发生脆性破坏;而粗糙界面下则一般呈加工硬化现象,界面越粗糙,所能发挥的侧阻力就越大。以下通过分析典型试验结果,说明孔壁粗糙度对桩岩侧阻力的影响。

桩周岩石为泥岩,岩石的重度$=25.9\text{kN/m}^3$,$E_s=6.75\text{MPa}$,$\mu=0.22$,ROD$=70\%$。桩身混凝土单轴抗压强度为49MPa,弹性模量35GPa,泊松比0.27。桩的设计直径为710mm,桩长1.37m,其中桩P1孔壁较光滑,P2、P3孔壁凸凹,P2凸凹的距离为150mm,凸出25mm,凸出长度为40mm,P3凸凹的距离为150mm,凸出45mm,凸出长度为60mm。桩的端部悬空。试验结果见表3-3。

三根嵌岩桩的载荷试验结果　　表 3-3

桩号	凹凸度因子 RF	桩身荷载(MN)	侧阻力(MPa)	桩顶沉降(mm)
P1	0.036	3.4	1.11	5.2
P2	0.076	6.1	2.00	14.6
P3	0.100	7.5	2.45	11

从表 3-3 中可以看出,当粗糙度从 0.036 提高到 0.076 时,桩侧阻力从 1.11MPa 提高到 2.0MPa,提高了 80%,当粗糙度从 0.076 提高到 0.100 时,桩侧阻力从 2.0MPa 提高到 2.45MPa,提高了 22.5%。孔壁凹凸高度增大促使桩岩界面侧阻力增加有两个原因:①当孔壁凹凸高度远大于泥皮厚度时,它排除了沿着泥皮滑动的可能性;②因桩周围岩体的存在,桩岩的滑动沿界面产生膨胀,促使桩表面法向应力增加,从而增大了侧阻力。

3.6.1.1 孔壁粗糙度影响嵌岩桩桩侧阻力的机理

图 3-8 是桩顶荷载作用后嵌岩桩的状态,从中可以形象地看出受力前后桩身形状的变化,而这正是桩侧阻力发生的基础。

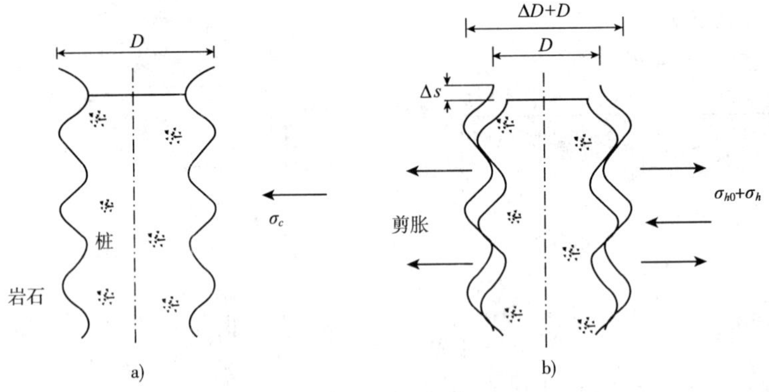

图 3-8　嵌岩桩受力前后的状态

a)沉降发生前;b)沉降发生后

图 3-9 是孔壁光滑和凸凹时嵌岩桩法向应力和侧阻力的对比。从中可以清楚地看出,在桩顶荷载作用下,桩首先发生轴向位移,并且沿孔壁方向发生侧向剪胀,孔壁的凹凸限制了桩的滑移,孔壁受到三向挤压,增强了法向应力,进而提高了桩侧的阻力,孔壁粗糙时的径向和切向应力都大于孔壁光滑时的相应值,此时,桩的法向应力可按下式计算:

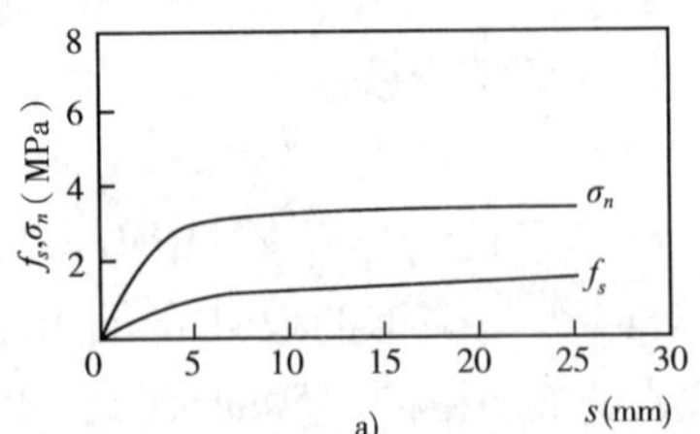

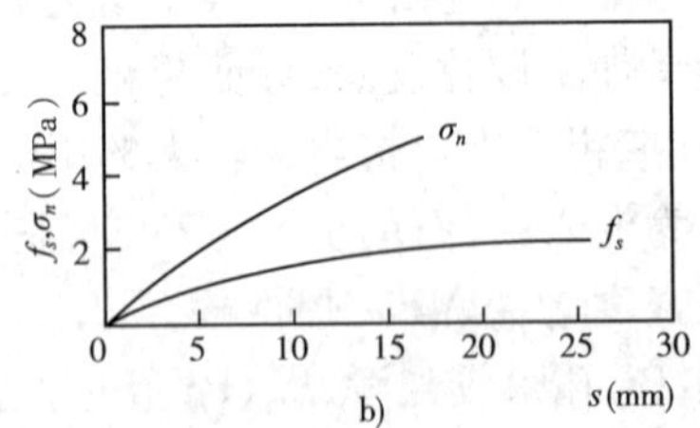

图 3-9　不同粗糙度时嵌岩桩的法向应力和侧阻力

a)孔壁光滑;b)孔壁凹凸

$$\sigma_n = \frac{\Delta D}{D}\frac{E_r}{1+\gamma_r} \tag{3-21}$$

式中：σ_n——桩的法向应力（kPa）；

E_r——桩周岩石的模量（MPa）；

γ_r——桩周岩石的泊松比。

图3-10是直径1.17m，桩长2.51m嵌岩桩的载荷试验结果。通过分析，我们可以清楚地看出孔壁粗糙度对桩基承载力影响的结果。从图a）中可以看出，桩的$Q\sim s$曲线线型平缓，而且残余承载力与极限承载力基本接近，这是孔壁粗糙的嵌岩桩的嵌岩桩型特征。与此相对应，图b）中的桩的法向位移随着桩切向位移的变化而变化。这表明，随着竖向位移的增大，桩的法向变形也在不断增加，导致了桩侧阻力的增大，从而桩的承载力得到了提高。图c）是在这个过程中法向应力的变化图形，加载的初始阶段，法向应力随着桩竖向位移的增大而迅速增大，但当桩顶位移达到20mm时，法向应力达到1.5MPa，法向应力并不随竖向位移的增大而减少，这正是孔壁粗糙度比孔壁光滑时嵌岩桩承载力高的主要原因。

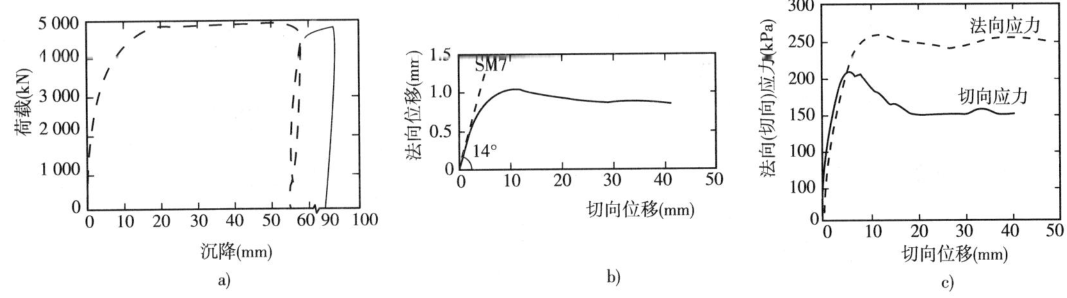

图3-10　孔壁粗糙时桩承载力试验研究

a）荷载与沉降关系；b）法向位移与切向位移关系曲线；c）法向（切向）应力与切向位移关系曲线

3.6.1.2　影响嵌岩桩孔壁粗糙度的因素

影响嵌岩桩孔壁粗糙度的因素很多，归结起来主要有以下几个方面：

（1）施工工艺对粗糙度的影响

人工挖孔嵌岩桩的护壁材料和周围岩（土）体结合较为紧密，也有利于形成规则的粗糙度，机械钻孔桩分为钻孔灌注桩和冲孔灌注桩，由于施工工具的不同会导致孔壁粗糙度的不同，这在第三章中有详细叙述。

（2）岩石强度对孔壁粗糙度的影响

一般来说，岩石的强度越高，孔壁粗糙度就越低，对于无侧限抗压强度大于10MPa的中等强度和高强度岩石已经很难钻孔了，要钻出粗糙孔难度更大。

（3）岩石节理对孔壁粗糙度的影响

岩石的节理对嵌岩桩孔壁粗糙度乃至侧阻力的影响比较复杂，节理发育，岩石的结构强度较低。从这个角度讲，桩侧阻力会降低，但从另一个角度来看，节理的存在有利于孔壁粗糙度的提高，可以进一步提高桩侧阻力。

（4）岩石的成层性对孔壁粗糙度的影响

沉积岩往往具有成层性，强度不同的岩石在剖面上会规则和不规则的交替出现，在钻进的过程中,强度较低的岩石容易凹进,强度较高的岩石容易凸出,这样有利于形成孔壁的粗糙度。

3.6.2 桩底沉渣对嵌岩桩承载特性影响

无论是在嵌岩桩的理论计算还是设计施工时,桩底沉渣始终是一个很棘手的问题。我们必须认清这样一个事实,实际操作时桩底沉渣不可能保证百分之百地清除干净,如何确定桩底沉渣厚度及其对嵌岩桩承载力的影响就成为一个亟待解决的问题。早期的理论研究大多是从弹性理论着手进行定量的分析,同时也得到一些有意义的结论。

福建某工程的两根试桩,1 号桩桩长 16.4m,桩径 0.8m,嵌岩深度 2.0m,桩底基本无沉渣,单桩极限承载力大于12000kN,桩端承担总荷载的 82.9%;2 号桩桩长 21.5m,桩径 0.8m,嵌岩深度 1.9m,有较多的沉渣,单桩极限承载力只有 3600kN,桩端承担总荷载的 41.4%。桩底沉渣厚度过大,在桩顶荷载作用下,桩身将产生过大的位移,桩侧阻力很容易超过其峰值进入残余强度,这也是沉渣厚度过大导致嵌岩桩承载力下降的重要原因。鉴于此,各种规范都对桩底沉渣厚度作了明确的规定,以确保单桩承载力和沉降在规定的范围之内。

关于桩端沉渣对嵌岩桩承载力影响的原因,早期的文献仅仅局限于从桩端阻力降低的角度进行探讨。某文献在超长嵌岩桩的载荷试验中发现:桩底沉渣除了降低桩端阻力之外,还要降低桩侧的阻力。另一文献则通过计算,分析了桩端沉渣对嵌岩桩承载性状的影响,见图 3-11。

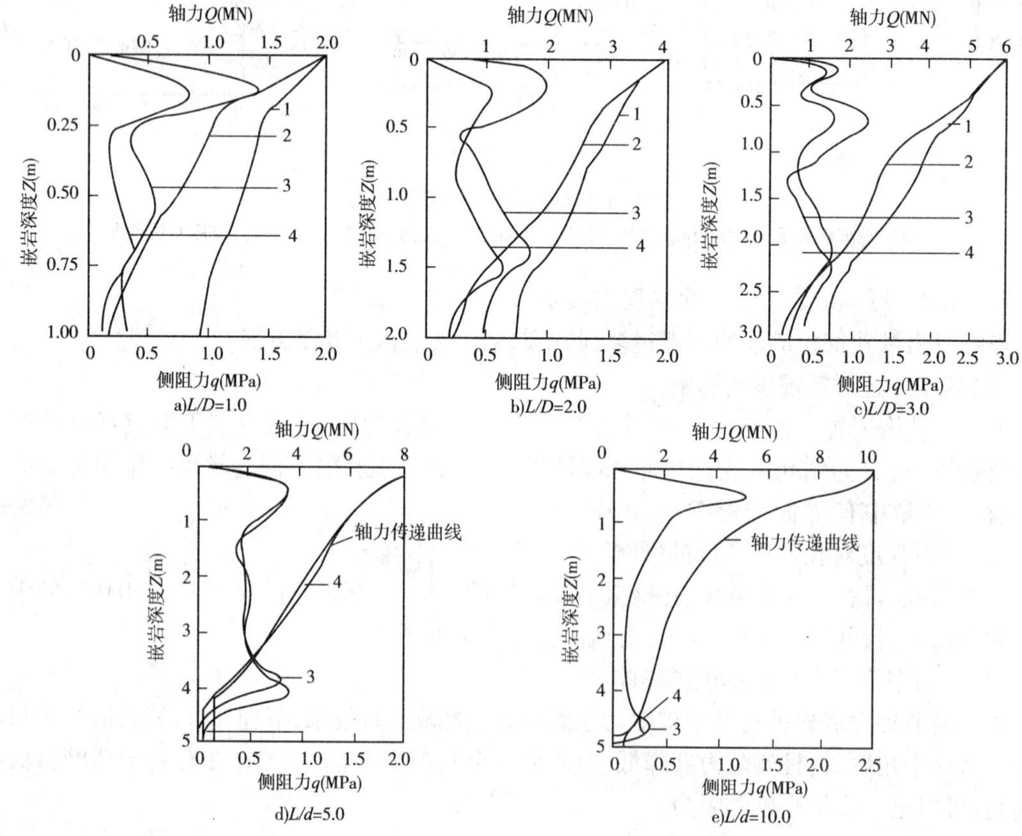

图 3-11 桩端沉渣影响下桩的承载力变化曲线

1-轴力传递曲线(无沉渣);2-轴力传递曲线(有沉渣);3-桩侧阻力曲线(有沉渣);4-桩侧阻力曲线(无沉渣)

从图中可以看出，桩底沉渣的存在对嵌桩的承载力存在着不同程度的影响，主要与嵌岩比有很大关系。当 $L/D<3.0$ 时，桩底沉渣对嵌岩桩的承载力，尤其是桩侧阻力的影响较大，桩侧阻力的峰值增加 50% 以上；当 $L/D>5.0$ 时，桩底沉渣对嵌岩桩的承载力已经没有太大的影响。需要指出的是，计算得出桩端存在的沉渣导致桩侧阻力增加，而试验中桩底沉渣的存在一般会导致侧摩阻力下降，这主要与加载条件和桩—岩(土)相对位移过大有关。

用荷载传递函数方法对桩长 19.0m，其中土层中长度 16.5m，岩石中长度 2.5m，桩径 1.0m，桩端沉渣厚度 3.0cm 和无沉渣的情况下嵌岩桩桩侧摩阻力进行了计算分析。图 3-12 是计算得到的桩侧阻力与极限桩侧阻力的比值。从图 3-12 中可以看出，桩端无沉渣时桩侧阻力的发挥程度要比桩端有沉渣时高，桩端有沉渣时桩侧阻力的发挥程度要比桩端无沉渣时桩侧阻力要均匀。这主要是由于桩端沉渣的存在，使得桩侧阻力(尤其是桩端附近的桩侧阻力)减小造成的。

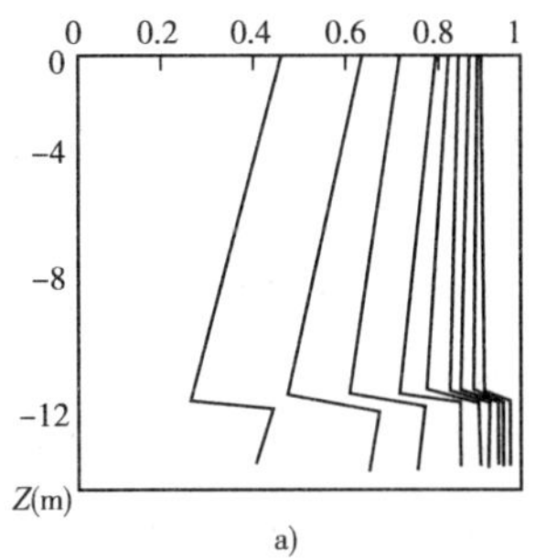

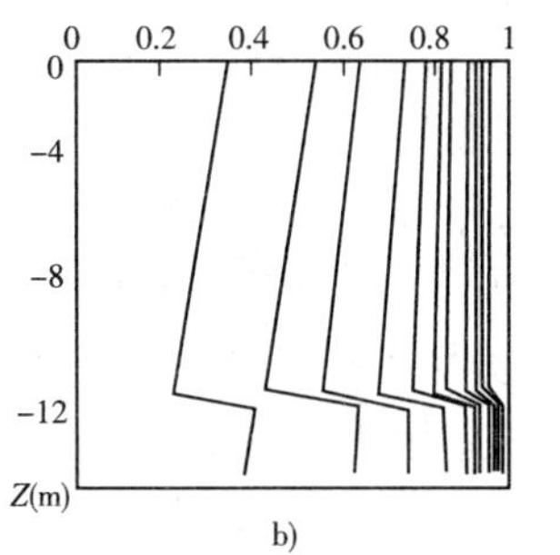

图 3-12　不同桩端条件下桩侧阻力的计算结果

a)桩端无沉渣时桩侧阻力分布；b)桩端有沉渣时桩侧阻力分布

综合以上分析，桩端沉渣对嵌岩桩的影响与嵌岩比有很大关系，当嵌岩比大于 10 时，嵌岩桩基本属于摩擦桩或者摩擦端承桩，因而在桩顶荷载作用下，承载力基本由桩侧承担，荷载传递不到桩端，所以沉渣对嵌岩桩的整体承载力影响不是太大，但也并不是全无影响，当嵌岩比不大时，其影响就很明显。这主要是因为桩底沉渣除了降低桩端阻力之外，还要削弱桩侧阻力。造成这种现象的原因是：桩端沉渣的强度很低，当桩顶荷载传至桩端时，桩端岩(土)压缩较大，进一步造成桩岩(土)相对位移增大，当沉渣较厚时，桩岩(土)相对位移很有可能超过桩侧阻力峰值所对应的位移，造成侧摩阻力的下降，当桩端无沉渣时，靠近桩端处桩与桩间岩(土)之间的位移不会很大，随着作用在桩顶荷载的增加，荷载传至桩端，进而对桩端土体进行挤密，由于桩端岩(土)强度较高，压缩极小，桩端就会对桩身施加一个反力，从而使桩身下部的径向压力增大，因而一定程度上提高了桩侧摩阻力。

国内外就沉渣对嵌岩桩沉降的影响的研究分为正常使用状态下和极限破坏状态下。在正常使用状态下，嵌岩深度较小时，有沉渣的桩顶沉降要大得多。而当嵌岩深度大时，有无沉渣对桩顶沉降几乎没有影响，这是因为嵌岩深度小，嵌岩段侧阻力也就小，传递到桩端的荷载就较大，必然使得沉降增大。而在一定荷载的情况下，嵌岩深度较大的嵌岩桩，嵌岩段侧阻力承担了大部分外荷载，桩端阻力在桩基承载力中所占比例很小，在这种情况下，桩底沉渣对沉降影响很小。然而在极限破坏荷载作用下，只要桩身不先于桩周岩石破坏，无论是嵌岩深浅，桩的破坏都是脆性的，主要是因为桩端沉渣压缩量大，在桩侧阻力承担不了桩顶荷载时，就会造成桩顶突然沉降。

3.7 小 结

嵌岩桩的影响因素极其多样，并且各种影响因素间的作用往往并不独立，而是结合在一起发挥作用，这就使得嵌岩桩的承载性状比非嵌岩桩要复杂得多。近年来，嵌岩桩的应用和研究取得了长足的进步，大量的试桩资料和理论分析都大大地丰富了对嵌岩桩承载性状的研究手段。本章主要探讨了桩—岩体系的荷载传递机理、成桩工艺、桩岩界面特征及桩底沉渣对嵌岩桩影响机理，可以总结为以下几点：

(1)通常情况下，嵌岩桩的外荷载由桩侧阻力和桩端阻力共同承担，荷载从上到下逐渐传递到桩端，但侧阻力和端阻力的发挥并不同步，对于长径比较大的细长嵌岩桩，侧阻力先发挥，而对于长径比较小的短粗嵌岩桩，则是端阻力先发挥。

(2)上覆土层的侧阻力通常在嵌岩桩总荷载中占有较大比例，具体数值主要受长径比的影响，其发挥机理与非嵌岩桩中的侧阻力发挥机理相同。

(3)嵌岩段的侧阻力的发挥主要有两个机制：滑移剪胀机制和剪切机制，土层侧阻力的发挥主要是由于存在剪切机制，而岩石中两种机制共同作用。

(4)嵌岩桩中桩端阻力在总承载力所占比例不大，发挥程度主要与嵌岩比有关，极限端阻力的取值通常是与岩石抗压强度相关联。研究发现，桩端处岩石的真实受力状态为三向受力，因此建议采用三轴抗压强度进行取值。

(5)嵌岩桩的破坏形式大致分为三类：①较低荷载下的失稳破坏；②渐进式破坏型；③突然破坏型。

(6)侧阻力的产生可能存在两种机理：粘结机理和滑移膨胀机理，当桩承受竖向荷载时，桩岩界面的粘结先发挥作用。当外荷载超过剪阻力后，桩与桩周岩体之间便发生相对竖直位移。因受岩体法向刚度的影响，随着桩身滑移，桩径发生膨胀。在这个过程中，嵌岩段侧阻便得以逐渐发挥。

(7)桩岩界面特征对嵌岩桩承载特性的影响很大，孔壁凹凸有利于增大侧摩阻力，主要原因为在竖向荷载作用下法向应力增大有关。在桩顶荷载作用下，桩首先发生轴向位移，并且沿孔壁方向发生侧向剪胀，孔壁的凹凸限制了桩的滑移，增强了法向应力及三向挤压力，进而提高了桩侧的阻力，孔壁粗糙时的径向和切向应力都大于孔壁光滑时的相应值。

(8)国内外就沉渣对嵌岩桩沉降的影响的研究分为正常使用状态下和极限破坏状态下。在正常使用状态下，嵌岩深度较小时，有沉渣桩体的桩顶沉降要大得多。而当嵌岩深度大时，有无沉渣对桩顶沉降几乎没有影响，这是因为嵌岩深度小，嵌岩段侧阻力也就小，传递到桩端的荷载就较大，必然使得沉降增大。而在一定荷载的情况下，嵌岩深度较大的嵌岩桩，嵌岩段侧阻力承担了大部分外荷载，桩端阻力在桩基承载力中所占比例很小，在这种情况下，桩底沉渣对沉降影响很小。然而在极限破坏荷载作用下，只要桩身不先于桩周岩石破坏，无论是嵌岩深浅，桩的破坏都是脆性的，主要是因为桩端沉渣压缩量大，在桩侧阻力承担不了桩顶荷载时，就会造成桩顶突然沉降。

第四章　嵌岩桩承载性能的理论研究

4.1　尺寸效应及岩石特性对嵌岩段侧摩阻力影响

随着竖向荷载逐渐增大，桩侧土层和桩之间的剪应力逐步达到极限，荷载沿桩身向下传递，嵌岩段岩层与桩之间的剪应力被调动起来；当上覆土层土质较差或者土层厚度较小，并考虑到河（海）水冲刷的影响，嵌岩桩承载力计算时只计嵌岩段的影响。嵌岩段侧摩阻力的发挥受很多因素的制约，经大量工程、实验和理论考证，嵌岩段侧摩阻发挥与桩径（D）、嵌岩比（n）、上覆土层深度（H_s）、岩石特性等因素有关。本节以桩—岩侧摩阻力发挥机理为基础，以岩石 Hoek - Brown（2002）破坏准则为判断标准，分析桩—岩侧摩阻力的发挥受哪些因素制约，制约的程度，并最终确定桩侧极限摩阻力的计算方法。

4.1.1　嵌岩桩桩侧摩阻力发挥机理

桩岩之间由于各自的刚度不同，其破坏形式也不尽相同，一般分为如下三种：①当桩的刚度与岩层刚度相近时，一般破坏沿着桩岩剪切面；②当岩石刚度远大于桩的刚度时，桩身先破坏；③当岩石刚度远低于桩身刚度时，通常破坏面发生在岩石里。对于不同的破坏模式，计算桩侧极限摩阻力时，σ_c取值（σ_c为岩石无侧限抗压强度）当完整岩石无侧限抗压强度高于桩身强度时 σ_c为桩身混凝土强度，反之取完整岩石无侧限抗压强度。由于桩岩刚度不同，导致破坏形式上的差异，规范对其加以限定。当桩体材料强度满足规范要求后，桩侧摩阻力的发挥机理主要为“粘结机理”和“滑移—剪胀机理”。

“粘结机理”：桩身表面光滑，桩（岩）无形变，由于桩基施工的影响会在桩与土（岩）层之间形成一层涂抹区，在竖向荷载作用下，桩—土（岩）之间产生位移，此时由于涂抹区粘结的作用，产生侧摩阻力，随桩土（岩）相对位移的不断增加桩与土（岩）层之间产生错动，此时侧摩阻力降至残余侧阻力。

“滑移—剪胀机理”：桩岩之间的接触面如图 4-1 所示，由于嵌入基岩部分桩体和周边岩体的力学性质基本类似，抗压强度、弹性模量也基本上属于同一个数量级，因此，此段桩体和周边岩体可理解成同一连续介质，即嵌岩段与岩体为一共同受力的整体。在竖向荷载作用下，桩岩界面的粘粘力先发挥作用。随着荷载的增加，桩与桩周岩体之间将发生相对滑移。桩身沿着岩面的滑移因受岩体法向刚度的影响，在孔壁方向发生侧向剪胀。桩体孔径的增大，使得岩石与混凝土的接触面积不断减小，直到粗糙面的抗剪强度不能抵抗外荷载时，初始的滑移机制变为剪切机制，此时孔径逐渐减小直至不再膨胀。在桩岩界面发生剪切前，桩侧阻力达到峰值；发生剪切后的桩侧阻力会有不同程度的降低（图 4-2）。嵌岩桩的受力机理与桩在土中的受力机理有所区别。在相对于岩石较软的硬粘土中，主要存在是“粘结机理”、“剪切机理”；而在岩石中“粘结机理”、“滑移—剪胀机理”同时存在。

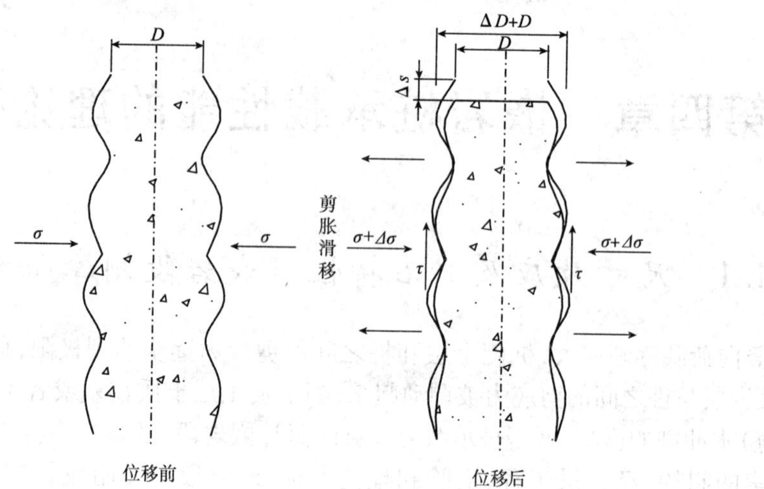

图 4-1 滑移—膨胀机理

研究表明中等风化程度以上的岩层提供的单位侧阻力则要比土层高十几倍，甚至几十倍，达到极限所需的相对位移却比土体要小的多。对于坚硬完整岩石，桩侧摩阻力的剪切破坏发生于桩、岩界面；对于软质岩或风化、破碎岩石，则发生于靠近桩侧表面岩体中，因此其侧阻力～相对位移($\tau\sim\delta$)曲线与一般土的$\tau\sim\delta$曲线明显不同，如图 4-2 所示。它具有如下特征：

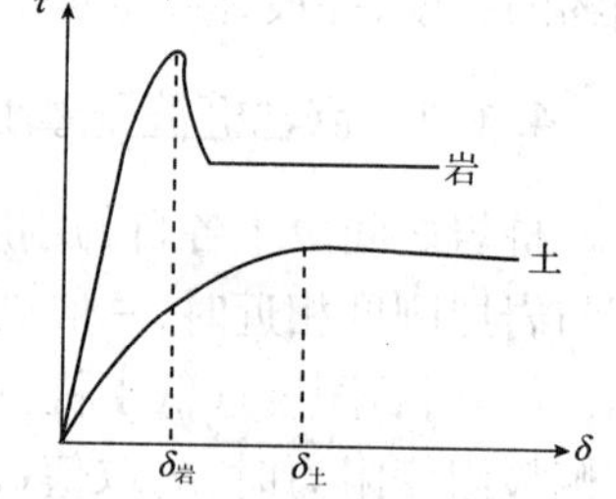

图 4-2 岩土侧阻力～相对位移($\tau\sim\delta$)曲线

(1)τ达到极限值所需的相对位移$\delta_{岩}$小于土层所需的$\delta_{土}$(图 4-2)；

(2)完整基岩中，桩侧摩阻力一般呈脆性破坏，τ由峰值$\tau_{ultimate}$减小到某一残余强度(图4-2)。

表 4-1 给出了部分岩体的极限侧阻所需位移的经验值。由表看出，破碎岩体的$\delta_{岩}$约为粘性土$\delta_{土}$的 1/2，完整岩体约为粘性土$\delta_{土}$的 1/4。由此可知，发挥嵌岩桩嵌岩段侧阻位移是很小的。

岩体发挥极限侧阻的相对位移　　表 4-1

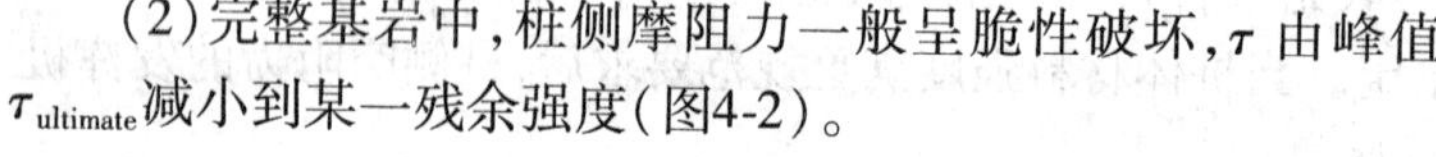

岩石名称	破碎砂质粘土岩和细砂岩	完整细砂岩	完整石灰岩和花岗岩
$\delta_{岩}$(mm)	4	3	≤2

4.1.2 基于 Hoek-Brown 嵌岩段桩—岩侧阻力计算方法

桩—岩界侧摩阻力，当外荷载较小时桩岩界面摩阻力的发挥机理主要是“粘结机理”，当荷载超过桩—岩(涂抹区)界面的抗剪强度，桩岩界面发生竖向位移，桩径扩大，由于成孔时孔壁粗糙形成凹凸槽，桩体竖向位移后，桩周岩石限制其位移必产生滑移膨胀。考虑到两种机理耦合作用，本节对 A. Serrano and C. Olalla(2004)利用 Hoek-Brown 准则的推导出来的嵌岩桩桩身侧摩阻力的计算公式，和四川大学雷孝章(2005)利用 Hoek-Brown 准则推导出来的嵌岩桩桩身侧摩阻力的计算公式予以修正，综合反映“滑移—剪胀机理”对桩—岩界面侧摩阻力的影响。公式推导过程中不考虑土(岩)体的粘聚力 C(kPa)、桩周土体触变恢复和混凝土与桩周土(岩)体在凝结硬化过程中产生的胶结力对桩侧极限摩阻力的影响。

4.1.2.1 通用的 Hoek-Brown 准则

式(4-1)为通用的 Hoek-Brown 准则:

$$\frac{\sigma_1-\sigma_3}{\sigma_c}=\left(m\frac{\sigma_3}{\sigma_c}+s\right)^n \tag{4-1}$$

σ_1为大主应力;σ_2为小主应力;σ_c为完整岩石的无侧限抗压强度;m、s 为与岩体类型、完整性、风化程度等因素有关的常数。m 反映岩石的软硬程度，其取值范围在 0.0000001 ~ 25 之间(附录2)，对严重扰动岩体取 0.0000001，对完整的坚硬岩体取 25;s 反映岩体破碎程度，其取值范围在 0 ~ 1 之间，破碎岩体取 0，完整岩体取 1。n 为与岩块破坏程度有关的常数，变化范围从 $n=0.5$ 到 $n=0.65$。m 为 m_i(m_i为完整岩体的类型参数，取决于岩体类型(详见附录2)经折减后的值:

$$m=m_i\exp\left(\frac{GSI-100}{28-14D}\right) \tag{4-2}$$

D 取决于岩石的扰动程度(岩石有没有受到爆炸和应力释放的作用)，变化范围从 0 至 1，其中 0 适用于非扰动岩块，1 适用于扰动程度较高岩块(详见附录1)。

据 Hoek-Brown 的研究，其中 s、n 的取值与岩块的分类指标 RMR(%)、GSI 有关，RMR(%)的评定方法详见附录2;GSI = RMR - 5，s、n 计算公式见式(4-3)和式(4-4)。

$$s=\exp\left(\frac{GSI-100}{9-3D}\right) \tag{4-3}$$

$$n=\frac{1}{2}+\frac{1}{6}\left(e^{-GSI/15}-e^{-20/3}\right) \tag{4-4}$$

对于平面应变问题，引入 Lambe 变量 $P=(\sigma_1+\sigma_3)/2$;$q=(\sigma_1-\sigma_3)/2$ 对式(4-1)进行简化和规格处理后，式(4-1)变为:

$$\frac{P}{\beta_n}+\zeta_n=\left[1+(1-n)\left(\frac{q}{\beta_n}\right)^k\right]\frac{q}{\beta_n} \tag{4-5}$$

k、β_n和 ζ_n与岩块的 n、m、s 和 σ_c有关的常数:

$$k=(1-n)/n;\beta_n=A_n\sigma_c;\zeta_n=s/(mA_n) \tag{4-6}$$

其中 $A_n=m(1-n)/2^{1/n}$，β 称为“强度模数”，ζ 称为“岩体抗拉强度系数”。

如对式(4-5)进行无量纲和规则化处理，Hoek-Brown(2002)破坏准则变化为:

$$P_0^*=P^*+\zeta_n=\left[1+(1-n)q^{*k}\right]q^* \tag{4-7}$$

其中 p^* 和 q^* 为规则化和无量纲化的 Lambe 变量，($p_0^*=p/\beta+\zeta_n$;$q^*=q/\beta$)。

4.1.2.2 Hoek-Brown 准则化成 Mohr-Columb 破坏准则的形式

Mohr 破坏准则的强度包线为 $\tau=\tau(\sigma)$，可以用大小主应力的组合和即时摩擦角 ρ 表示为:

$$\tau=q\cos\rho$$

$$\sigma = p - q\sin\rho \tag{4-8}$$

式(4-8)中ρ为即时摩擦角,这个角度与 Mohr-Columb 包络线相切。

定义ρ为:

$$\sin\rho = \mathrm{d}p/\mathrm{d}q \tag{4-9}$$

对上式进行无量纲处理和规则处理,对式(4-7)两边取微分并代入式(4-9),则式(4-9)变为:

$$\sin\rho = \frac{\mathrm{d}q^*}{\mathrm{d}p_0^*} = \frac{1}{1 + kq^{*k}} \tag{4-10}$$

通过式(4-10)将q^*解出,并把解出的q^*代入到式(4-7),得到式(4-11a)和式(4-11b):

$$q^* = \frac{q}{\beta_n} = \left[\frac{1 - \sin\rho}{k\sin\rho}\right]^{1/k} \tag{4-11a}$$

$$p_0^* = \frac{p}{\beta_n} + \zeta_n = n\left[\frac{1 + k\sin\rho}{\sin\rho}\right]\left[\frac{1 - \sin\rho}{k\sin\rho}\right]^{1/k} \tag{4-11b}$$

将(4-11a)和(4-11b)式代入式(4-8),得到用 Mohr-Columb 破坏准则的形式表示的 Hoek-Brown 准则,如式(4-12)所示:

$$\begin{cases} \tau^* = \dfrac{\tau}{\beta_n} = \left[\dfrac{1 - \sin\rho}{k\sin\rho}\right]^{1/k}\cos\rho \\ \sigma_0^* = \dfrac{\sigma}{\beta_n} + \zeta_n = (n + \sin\rho)\left[\dfrac{1 - \sin\rho}{\sin\rho}\right]\left[\dfrac{1 - \sin\rho}{k\sin\rho}\right]^{1/k} \end{cases} \tag{4-12}$$

式中,σ_0^*作用在微元破坏面上的法向应力;τ为作用在微元破坏面上的切向应力。

式(4-12)中n取不同的数值,其 Hoek-Brown 准则包络线形状如图 4-3 所示。

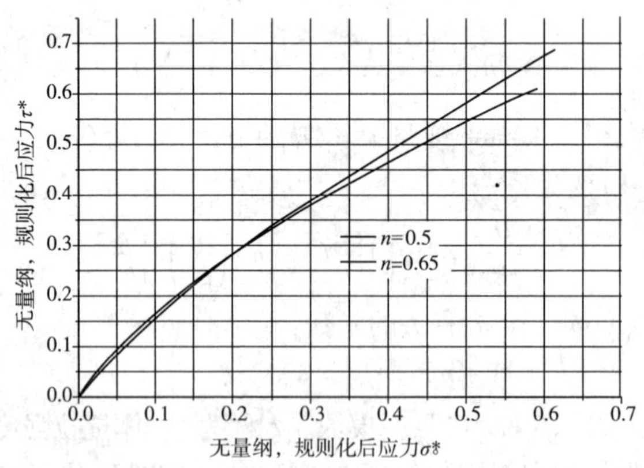

图 4-3 破坏应力圆的 Mohr – Columb 包络线(Hoek – Brown 准则)

4.1.2.3 Hoek-Brown 准则近似解法

由式(4-12)确定的隐函数如果有显示解,τ^*和σ_0^*中消去ρ便可得到$\tau = \tau(\sigma_0^*)$的显示解:

例如式(4-1)中,当$n = 0.5$,便得到最初的 Hoek-Brown 准则表达式:

$$\frac{\sigma_1-\sigma_3}{\sigma_{ci}}=\left(m\frac{\sigma_3}{\sigma_{ci}}+s\right)^2 \tag{4-13}$$

当 $n=0.5, k=(1-n)/n=1$，式(4-12)变为下式：

$$\begin{cases}\tau^*=\dfrac{\tau}{\beta_n}=\left[\dfrac{1-\sin\rho}{k\sin\rho}\right]\cos\rho \\ \sigma_0^*=\dfrac{\sigma}{\beta_n}+\zeta_n=\dfrac{1}{2}(1+2\sin\rho)\left[\dfrac{1-\sin\rho}{\sin\rho}\right]^2\end{cases} \tag{4-14}$$

将上式右边移至左边，便得到：

$$\sigma_0^*-\frac{1}{2}(1+2\sin\rho)\left[\frac{1-\sin\rho}{\sin\rho}\right]^2=0 \tag{4-15}$$

化简便得到关于 σ_0^*、ρ 的关系式：

$$2\sin^3\rho-3\sin^2\rho-2\sigma_0^*\sin^2\rho+1=0 \tag{4-16}$$

当待求问题中作用在微元体上的法向应力已知，则利用式(4-16)便可求得即时摩擦角 ρ，将 ρ 代入式(4-14)便可求得位于 Hoek-Brown 准则 Mohr-Columb 包络线上剪应力，该切应力为待求的极限摩阻力。

很多情况下，式(4-12)不可能求到显示解，为解决此问题采用多项式拟合隐式函数式(4-12)的方法来得到式(4-12)的近似解。

1. $n=0.5$ 时 Hoek-Brown 准则近似解法

(1)用三次多项式拟合 Hoek-Brown 破坏应力圆的 Mohr-Columb 包络线

拟合公式：

$$\tau^*=0.00993+1.90562\sigma_0^*-2.95622\sigma_0^{*2}+2.49237\sigma_0^{*3} \tag{4-17}$$

拟合曲线如图 4-4 所示，拟合值与真实值在取值点的误差分布如图 4-5 所示，拟合点和取值点的误差的平方和为 0.00196，$R^2=0.99878$。

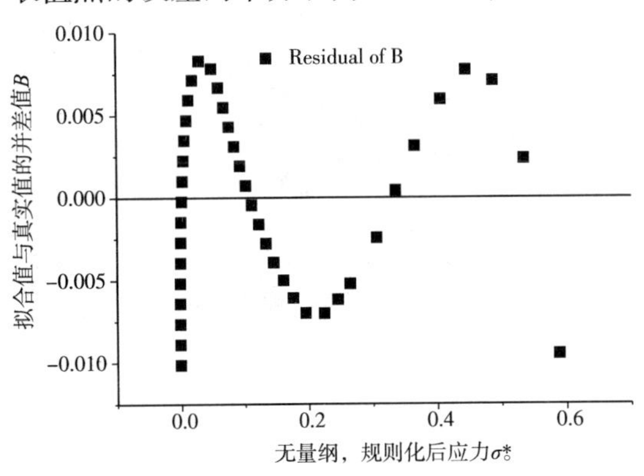

图 4-4　三次多项式拟合后曲线形状($n=0.5$)

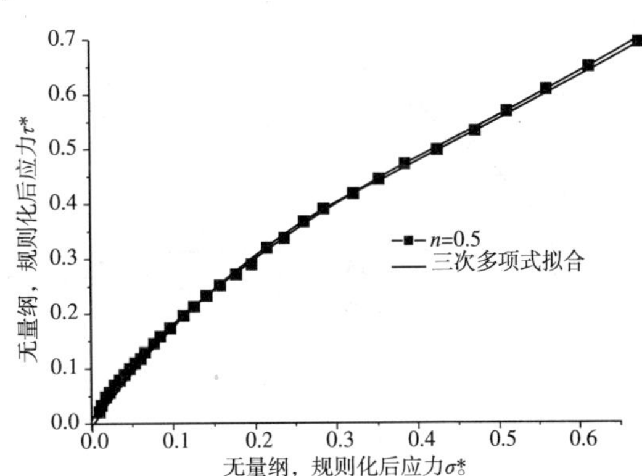

图 4-5　拟合值与真实值误差分布图($n=0.5$)

(2)用四次多项式拟合 Hoek-Brown 破坏应力圆的 Mohr-Columb 包络线

拟合公式：

$$\tau^*=2.18371\sigma_0^*-5.90032\sigma_0^{*2}+11.59433\sigma_0^{*3}-8.42979\sigma_0^{*4} \tag{4-18}$$

拟合曲线如图 4-6 所示，拟合值与真实值在取值点的误差分布如图 4-7 所示，拟合点和取值点的误差的平方和为 8. 11263 ×10^{-4},R^2 =0. 99949。

经比较,考虑到精度和工程的适用性,取四次多项结果进行计算。

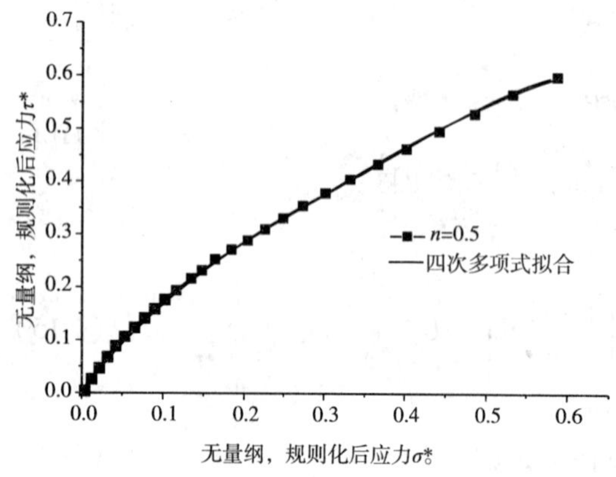

图 4-6　四次多项式拟合后曲线形状(n =0. 5)

图 4-7　拟合值与真实值误差分布图(n =0. 5)

2. n =0. 65 时 Hoek-Brown 准则近似解法

(1)用三次多项式拟合 Hoek-Brown 破坏应力圆的 Mohr-Columb 包络线

拟合公式:

$$\tau^{*} = 0.00395 + 1.75014\sigma_0^{*} - 2.00953\sigma_0^{*2} + 1.59924\sigma_0^{*3} \tag{4-19}$$

拟合曲线如图 4-8 所示，拟合值与真实值在取值点的误差分布如图 4-9 所示,拟合点和取值点的误差的平方和为 7. 4505 ×10^{-4},R^2 = 0. 99951。

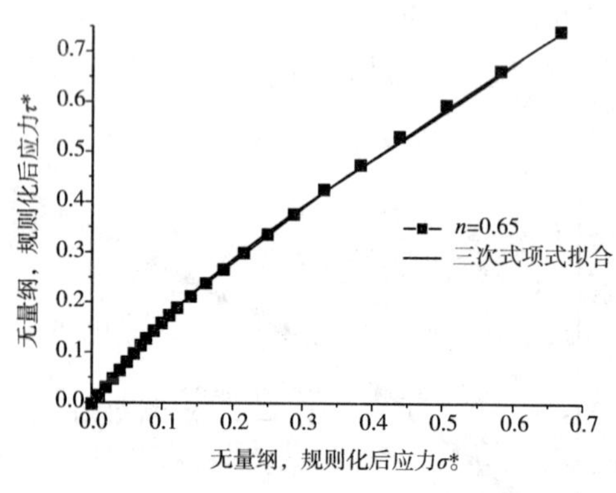

图 4-8　三次多项式拟合后曲线形状(n =0. 65)

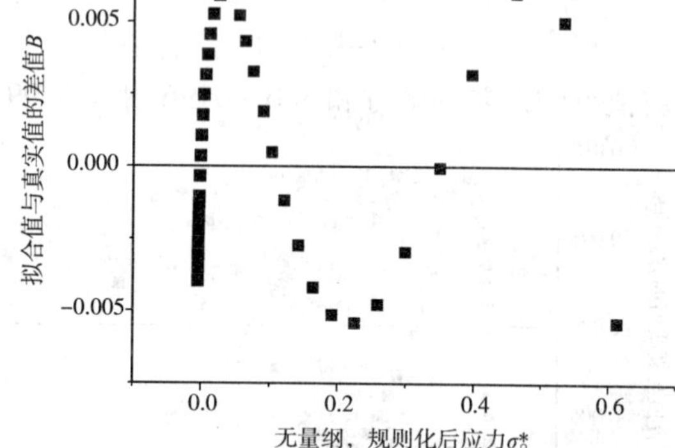

图 4-9　拟合值与真实值误差分布图(n =0. 65)

(2)用四次多项式拟合 Hoek-Brown 破坏应力圆的 Mohr-Columb 包络线

拟合公式:

$$\tau * = 0.00278 + 1.93358\sigma_0^{*} - 3.94644\sigma_0^{*2} + 7.39325\sigma_0^{*3} - 5.14024\sigma_0^{*4} \tag{4-20}$$

拟合曲线如图 4-10 所示，拟合值与真实值在取值点的误差分布如图 4-11 所示，拟合点和取值点的误差的平方和为 2. 95515 ×10^{-4}，R^2 =0. 9998

经比较,考虑到精度和工程的适用性,取用四次多项式进行拟合。

由式(4-18)、(4 -20)可知,如法向应力已求出代入拟合的多项式后便可求得无量纲化后的τ^*,再由式$\tau=\tau^*\cdot\beta_n$可知待求点处极限剪应力。

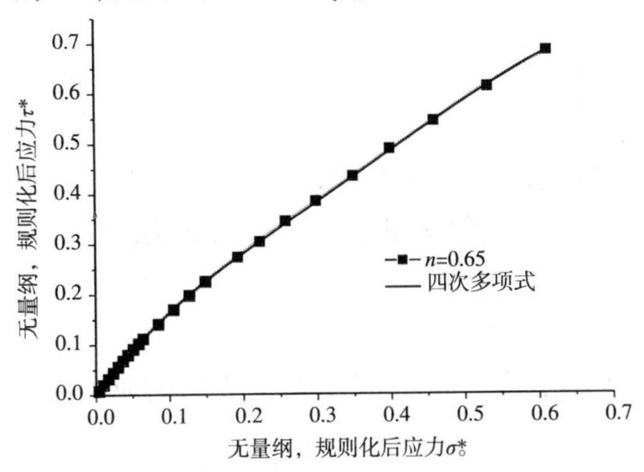

图4-10 四次多项式拟合后曲线形状($n=0.65$)

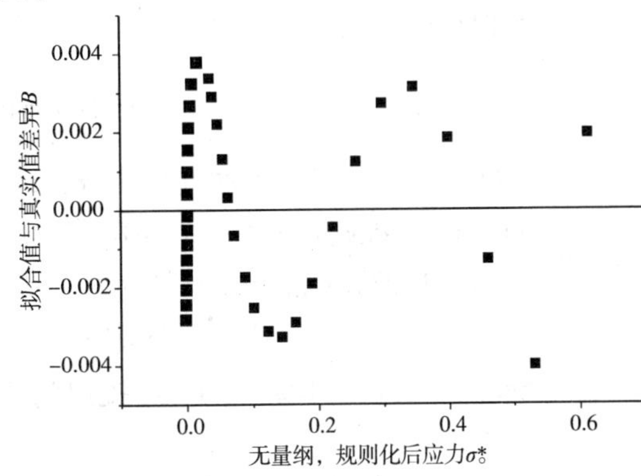

图4-11 拟合值与真实值误差分布图($n=0.65$)

4.1.2.4 考虑"滑移—剪胀机理"桩—岩侧摩阻力理论公式研究

据文献的研究,式(4-14)中的法向应力的算法分两种情况,第一种以四川大学雷孝章(2005)提出的计算方法,该算法以小孔扩张理论为基础;第二种以A. Serrano and C. Olalla (2004)提出的仅仅只考虑土(岩)自重应力而产生的水平向应力的计算方法;结合两种算法各自的优缺点,提出更接近实际情况的计算方法。

1. 基于小孔扩张理论的算法(类似"滑移—膨胀机理")

桩在轴向荷载作用下,桩体发生轴向位移和压缩变形,径向产生膨胀变形(图4-12),由小孔扩张理论可知桩侧法向应力随桩身侧向变形的增大而提高,从而增加了桩侧摩阻力,式(4-21)为桩径发生膨胀后,桩侧法向应力的计算公式:

$$\sigma_n(z)=\frac{\Delta D(z)}{D}\frac{E_r}{1+\nu_r} \tag{4-21}$$

$$\frac{\Delta D(z)}{D}\approx\varepsilon_r(z) \tag{4-22}$$

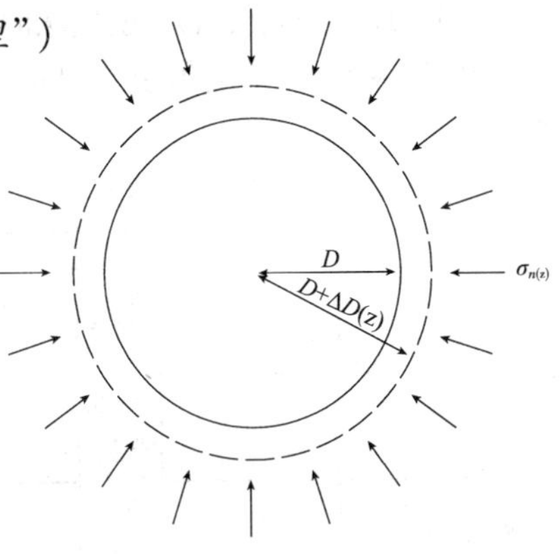

图4-12 小孔扩张理论计算简图

式中:$\sigma_n(z)$——嵌岩段任意位置处的桩侧法向应力;

E_r、ν_r——桩周岩体的弹性模量和泊松比;

D——桩径;

$\triangle D(z)$——嵌岩桩任意位置处的桩径变化量。

在小变形的情况下:

$$\frac{\Delta D(z)}{D}\approx\varepsilon_r(z) \tag{4-23}$$

据弹性理论解中径向应变和竖向应变的关系:

$$\varepsilon_r(z)=\nu_p\varepsilon_z(z)=\nu_p\frac{N(z)}{E_pA_p} \tag{4-24}$$

式中:ν_p、E_p、A_p——桩体材料的泊松比、弹性模量和截面积;

$N(z)$——嵌岩段任意位置处的轴力。

经整理得到法向应力的计算式：

$$\sigma_n(z) = \nu_p \frac{E_r N(z)}{E_p A_p (1 + \nu_r)} \tag{4-25}$$

将式(4-25)计算出来的法向应力 $\sigma_n(z)$ 经无量纲化处理和规则化处理后得到 σ_0^*，并将其代入 Hoek-Brown 准则近似公式(4-18)或(4-20)便得到代求的无量纲化极限剪应力 τ^*，再由式 $\tau = \tau^* \cdot \beta$ 可知待求点处极限剪应力。

2. A. Serrano and C. Olalla(2004)提出的算法

A. Serrano and C. Olalla(2004)提出的算法基于以下 6 条假设的基础，建立法向应力和剪应力的关系。

(1)嵌岩桩计算假定的形状和地质条件如图 4-13 所示。

(2)只计算桩嵌入岩层侧阻力，不计算桩嵌入土层侧阻力。

(3)岩石破坏准则服从 Hoek-Brown 准则，破坏准则中变量的表达符合上文所规定，并且是即时摩擦角 ρ、β 和 ζ 函数。

(4)施加在桩身上的水平应力 $\sigma_v = K_o \sigma_h$，σ_h 为竖向应力。

(5)桩端阻力独立于桩侧摩阻力。

(6)不考虑桩体、岩体的变形。

由上述六条假设可知，桩侧法向应力的计算仅仅只考虑土(岩)自重作用产生的法向应力。

由图 4-14 可知上覆土层自重：

$$\sigma_{vi} = H_s \gamma_s \tag{4-26}$$

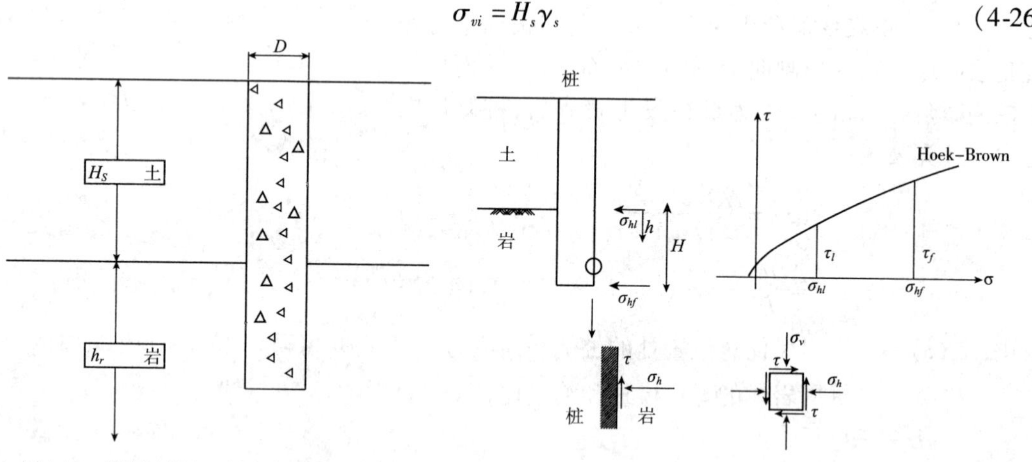

图 4-13　嵌岩桩嵌入土层和岩层参数示意图

图 4-14　作用在桩身上的应力

嵌入岩层中桩身上任意深度竖向应力：

$$\sigma_v = \gamma_s H_s + \gamma_R H \tag{4-27}$$

嵌入岩层中桩身上任意深度的水平向应力：

$$\sigma_h = K_0 \sigma_{vi} + K_0 H \gamma_R \tag{4-28}$$

经无量纲处理后，其水平向应力计算公式：

$$\sigma_h^* = \frac{\sigma_h}{\beta} = K_0 \frac{\gamma_s H_s}{\beta_n} + K_0 \frac{H \gamma_R}{\beta_n} \tag{4-29}$$

(1) $H=0$ 时,桩身上水平向应力为

$$\sigma_{vi}^{*}=\frac{\gamma_s H_s}{\beta_n},\sigma_{hi}^{*}=K_0\sigma_{vi}^{*},\sigma_{hi0}^{*}=\sigma_{hi}^{*}+\zeta \tag{4-30}$$

(2) $H>0$ 时,桩身上水平向应力为

$$\sigma_{hf}^{*}=\sigma_{hi}^{*}+K_0\frac{\gamma_R H}{\beta_n},\sigma_{hf0}^{*}=\sigma_{hf}^{*}+\zeta \tag{4-31}$$

将式(4-30)或(4-31)计算出来的无量纲、规则化后的法向应力代入 Hoek-Brown 破坏准则的近似公式(4-18)或(4-20)便得到待求的无量纲化后的极限剪应力 τ^{*},并由式 $\tau=\tau^{*}\cdot\beta$ 可知待求点处极限剪应力。

上述两种算法经对比后,第一种方法考虑到桩体形变引起的桩侧法向应力的变化,但没考虑到第二种计算方法所考虑的由于土重和岩重引起的水平向应力的变化,第二种计算方式则相反。应将两种方法结合考虑,更能反映桩体实际的受力情况。

3. 修正算法

如将基于“小孔扩张理论”和基于土(岩)自重而产生的水平向应力的算法结合考虑,则计算公式变为:

(1) $H=0$ 时,桩身上水平向应力为

$$\sigma_{vi}^{*}=\frac{\gamma_s H_s}{\beta_n},\sigma_{hi}^{*}=\mathrm{abs}\left(K_0\sigma_{vi}^{*}+\nu_p\frac{E_r N(z_{H=0})}{E_p A_p(1+\nu_r)\beta_n}\right),\sigma_{hi0}^{*}=\sigma_{hi}^{*}+\zeta \tag{4-32}$$

(2) $H>0$ 时,桩身上水平向应力为

$$\sigma_{hf}^{*}=\mathrm{abs}\left(K_0\frac{\gamma_s H_s}{\beta_n}+K_0\frac{\gamma_R H}{\beta_n}+\nu_p\frac{E_r N(z)}{E_p A_p(1+\nu_r)\beta_n}\right),\sigma_{hf0}^{*}=\sigma_{hf}^{*}+\zeta \tag{4-33}$$

式中,abs(　)为取绝对值。

将以上两式分别代入式(4-12),并考虑到在不同工况下取用不同的即时摩擦角,则由式(4-12)确定的隐函数变形为:

(1) $H=0$,即时摩擦角定义为 ρ_i

$$\begin{cases}\sigma_{hi0}^{*}=\sigma_{hi}^{*}+\zeta=(n+\sin\rho_i)\left[\dfrac{1-\sin\rho_i}{\sin\rho_i}\right]\left[\dfrac{1-\sin\rho_i}{k\sin\rho_i}\right]^{1/k}\\ \tau_i^{*}=\left[\dfrac{1-\sin\rho_i}{\sin\rho_i}\right]^{1/k}\cos\rho_i\end{cases} \tag{4-34}$$

(2) $H=h_r$(嵌岩段总长),即时摩擦角定义为 ρ_f

$$\begin{cases}\sigma_{hf0}^{*}=\sigma_{hf}^{*}+\zeta=(n+\sin\rho_f)\left[\dfrac{1-\sin\rho_f}{\sin\rho_f}\right]\left[\dfrac{1-\sin\rho_f}{k\sin\rho_f}\right]^{1/k}\\ \tau_f^{*}=\left[\dfrac{1-\sin\rho_f}{\sin\rho_f}\right]^{1/k}\cos\rho_f\end{cases} \tag{4-35}$$

此时嵌岩段桩侧摩阻力的总和为沿嵌岩段积分:

$$Q_F=\pi D\int_i^f\tau\mathrm{d}h \tag{4-36}$$

式中:i——嵌岩段起始点;

f——桩端(嵌岩段总长度)。

式(4-36)转化为无量纲的形式:

$$Q_F = \frac{Q_F}{\beta} = \pi D \int_i^f \tau^* \mathrm{d}h \tag{4-37}$$

嵌岩段平均侧摩阻力(无量纲化后):

$$\tau_{fm}^* = \frac{1}{H}\int_i^f \tau^* \mathrm{d}h \tag{4-38}$$

对式(4-38)进行处理变成式(4-39),此公式详细推导过程见 A. Serrano and C. Olalla (2004):

$$\tau_{fm}^* = \frac{[T]_i^f}{[S]_i^f} = \frac{T(\rho_f) - T(\rho_i)}{S(\rho_f) - S(\rho_i)} \tag{4-39}$$

其中:$S(\rho) = \frac{1}{2}\left(\frac{1-\sin\rho}{\sin\rho}\right)^2 (1+2\sin\rho)$

$$T(\rho) = \frac{\cot^3\rho}{3} - \left(\frac{\cot^2\rho}{2}\right)\cos\rho + \left[\frac{1-\sin\rho}{2}\right]\cos\rho + \frac{1}{2}\ln\left(\tan\frac{\rho}{2}\right) - \frac{\rho}{2} \tag{4-40}$$

4.1.2.5 算例

1. 工程简介

嵌岩桩桩长 $L = 13\text{m}$,嵌岩段长度 $H_R = 3\text{m}$,桩直径$D = 1000\text{mm}$,非嵌岩段土体为碎石土、平均重度 $\gamma_s = 19\text{kN/m}^3$,桩体采用 C20 钢筋混凝土,$E_p = 30\text{GPa}$,$\nu_p$(桩体的泊松比)$= 0.20$。锚固段岩体为灰岩,$\gamma_R = 21\text{kN/m}^3$,$\phi = 55°$,$E_r = 9.0\text{GPa}$,$\nu_r$(岩体的泊松比)$= 0.15$,$\sigma_c = 50\text{MPa}$,RMR = 75(岩石质量的评定等级参照附表 2,依据完整岩石的无侧限抗压强度或岩石点荷载指标、钻孔的质量 RQD、不连续面的间距、不连续面的状态、地下水的情况和不连续面的走向依次评定岩石的 RMR(%)值,详见附录 4)、$m_i = 7$,GSI = RMR − 5 (1989);计算简图如图 4-15 所示,计算标记处嵌岩段极限侧摩阻力。

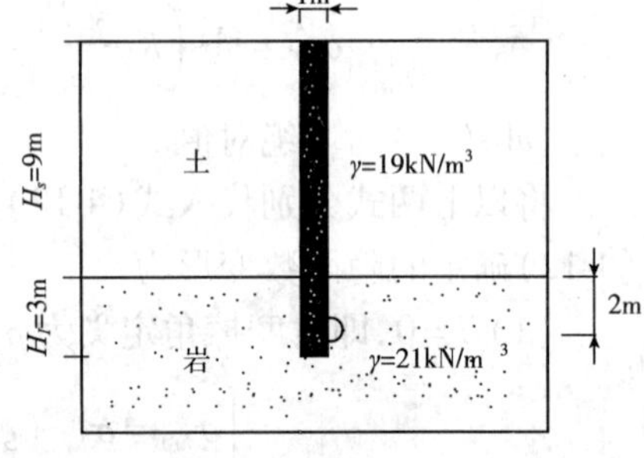

图 4-15 计算简图

2. 参数计算

$$m_b = m_i \exp\left(\frac{GSI-100}{28-14D}\right) = 7\exp\left(\frac{70-100}{28-0}\right) = 2.4$$

$$s = \exp\left(\frac{GSI-100}{9-3D}\right) = \exp\left(\frac{70-100}{9}\right) = 0.036$$

$$n = \frac{1}{2} + \frac{1}{6}(e^{-GSI/15} - e^{-20/3}) = 0.5 + \frac{1}{6}(e^{-4.6667} - e^{-6.667}) = 0.50$$

$$k = (1-n)/n = 1$$

$$\beta_n = A_n\sigma_c = 0.3 \times 50\text{MPa} = 15\text{MPa}$$

$$\zeta_n = s/(m_b A_n) = 0.036/(2.4 \times 0.3) = 0.05$$

$$A_n = m_b(1-n)/2^{1/n} = 2.4(1-0.5)/4 = 0.3$$

计算法向应力(从岩层顶面向下 2m 处);静止土压力系数假设 $K_0 = 1$:

$$\sigma_{hf}^* = \text{abs}\left(K_0 \frac{\gamma_s H_s}{\beta_n} + K_0 \frac{\gamma_R H}{\beta_n} + \nu_p \frac{E_r N(z)}{E_p A_p (1+\nu_r)\beta_n}\right)$$

$$= \text{abs}(0.0114 + 0.0028 + N(z) \times 4.43 \times 10^{-9})$$

$$\sigma_{hf0}^* = \sigma_{hf}^* + \zeta = \text{abs}(0.0114 + 0.0028 + N(z) \times 4.43 \times 10^{-9}) + 0.05$$

求出 σ_{hf0}^*代入多项式代入式(4-18):

$$\tau^* = 0.00737 + 2.18371\sigma_{hf0}^* - 5.90032\sigma_{hf0}^{*\,2} + 11.59433\sigma_{hf0}^{*\,3} - 8.42979\sigma_{hf0}^{*\,4}$$

得到经无量纲化处理的 τ^*,实际嵌岩段极限侧摩阻力 $\tau = \tau^* \beta_n$。

3. 结果对比分析

下面讨论嵌岩桩极限侧阻力随轴向应力、β_n、ζ、E_r/E_p的变化趋势:

(1)桩—岩界面极限侧阻力与轴力的关系

在其他条件相同的情况下,嵌岩桩侧极限摩阻力随轴力的增加而增大。主要原因是桩身轴力不断增加,桩身截面不断压缩产生径向膨胀,导制桩侧摩阻力增加,如图 4-16 所示。如采用 Phoon(1993)提出的计算式 $\tau_{max} = \psi[Pa\sigma_c/2]^{0.5}$,$Pa \approx 0.1$MPa,$\Psi$ 取 1.0 ~ 2.0 之间,则 τ_{max} 的取值范围为 1.58 ~ 3.16MPa,而图 4-16 所反映的结果在此范围内。

式中桩身轴力的增加不是无限度的增加,桩身轴力的极限值由桩身混凝土强度所控制,也就是说桩体的工作应力必须限制在桩体混凝土材料容许应力的范围之内(表 4-2)。

钻孔灌注桩混凝土容许应力(ACI318(1995))　　表 4-2

轴向均匀压缩	
有侧限(约束)	$0.33f_c'$
无侧限	$0.27f_c'$
轴向均匀拉伸	0
弯曲	
受压区最外侧纤维	$0.40f_c'$
受拉区最外侧纤维	0

注:f_c'为规范规定的混凝土最小强度

(2)桩—岩界面极限侧阻力与"岩石强度模数"β_n的关系

嵌岩桩极限侧阻力随 β_n 的增加而增大,说明极限侧阻力随岩石无侧限抗压强度的提高而增大,在同等条件下,岩石越完整、强度越高、风化程度越低、RMR(%)高,其极限侧摩阻力越大。计算结果如图 4-17 所示,图中黑线实心方块为 Hoek-Brown 的计算结果,黑线空心方块为 Phoon(1993) 当 $\psi = 1.0$ 的计算结果,从图中看出两条曲线相近,并相交。

(3)桩—岩界面极限侧阻力与"岩体抗拉强度系数"ζ 的关系

嵌岩桩极限侧阻力随 ζ 的增加而增大,更进一步说明嵌岩段侧阻力与岩土质量等级有关,如图 4-18 所示。

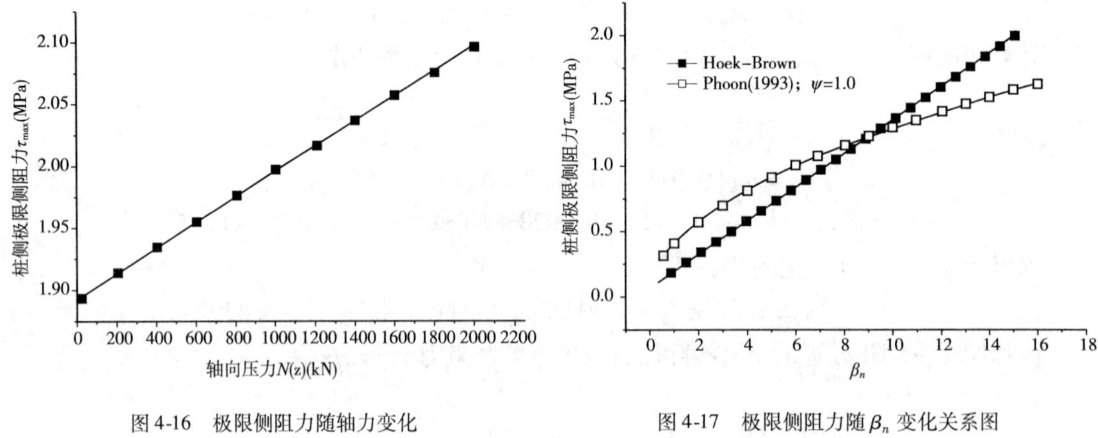

图 4-16　极限侧阻力随轴力变化

图 4-17　极限侧阻力随 β_n 变化关系图

(4)桩—岩界面极限侧阻力与岩桩刚度比(E_r/E_p)的关系

在其他条件相同的情况下,极限侧阻力随岩桩刚度比(E_r/E_p,E_r为岩块弹性模量,E_p为桩体弹性模量)的变化:单桩的刚度越小,岩体的刚度越大,则嵌岩段极限侧阻力越大。这一结论与 Williams et al(1980)和 Williams AF and Pells PJN(1981)发现的当岩块弹性模量与完整桩体弹性模量比值较高时,桩—岩侧摩阻力提高的现象相吻合(图 4-19)。

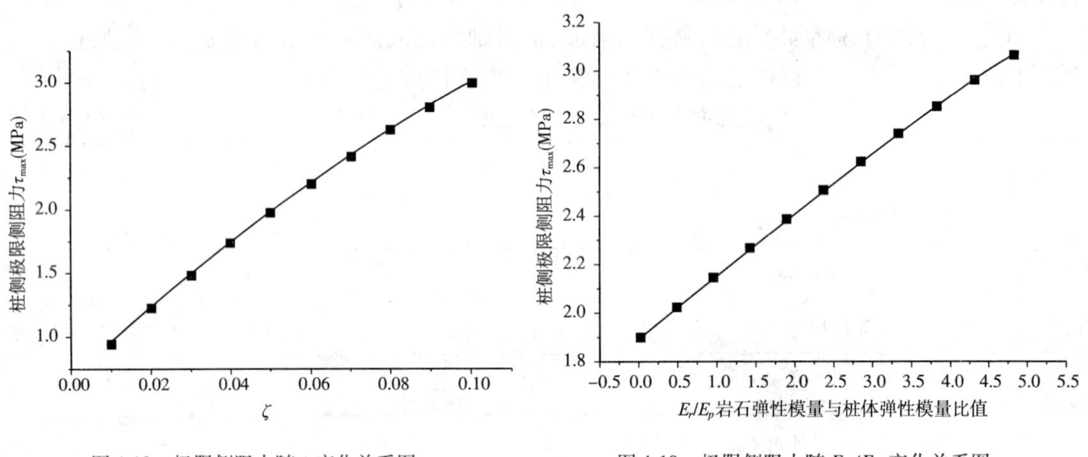

图 4-18　极限侧阻力随 ζ 变化关系图

图 4-19　极限侧阻力随 E_r/E_p 变化关系图

(5)桩—岩界面极限侧阻力与桩半径的关系

嵌岩段极限侧阻力随桩径的变化如图 4-20 所示,随桩半径的增加,桩极限侧阻力减小;当桩半径增大到 0.6m 时嵌岩段极限侧阻力趋于平缓。这一结果与 Pells(1979)的结论基类似,Pells(1979)模型试验显示:当桩径小于 500mm 时,桩侧阻力随桩径的增加略有减小,当桩径大于 500mm 之后,这个现象将不太明显,其主要原因是桩径增加同级荷载作用下桩身径向膨胀减小所致。

(6)桩—岩界面极限侧阻力与嵌岩深度(嵌岩比($n=h_r/D$))的关系

当所有条件与工程实例所给条件一致时,考虑不同的嵌岩比对桩侧极限摩阻力的影响。根据实测资料和有关文献所做的室内模型试验的结果,假设不同的嵌岩比时,其桩端荷载占桩顶荷载的百分比如表 4-3 所示。

桩端荷载占桩顶荷载百分比(硬质岩)　　表4-3

嵌岩比(h_r/D)	1	2	3	4	5
桩端荷载占桩顶荷载百分比(Q_b/Q)	80%	50%	30%	20%	10%

随嵌岩比(h_r/D)增大,传递到桩端的荷载减小,其 $N(z)$ 在桩端的值变小;利用式(4-38)计算桩侧平均侧阻力时,首先由 $h=0$ 时的法向压力计算出即时摩擦角 ρ_i 和 $H=h_r$ 时的法向压力计算出即时摩擦角 ρ_f,代入式(4-39)便可求得极限摩阻力沿嵌岩段的平均值。考虑到法向应力的计算方法的不同,将竖向自重应力产生的水平方向应力和由于“小孔扩张理论”产生的水平方向应力两部分进行叠加处理。如果单纯从“小孔扩张理论”理论出发,推导出的计算公式中桩侧摩阻力的计算公式中只包括 $N(z)$ 桩身轴力的项,如考虑到嵌岩比的变化,桩身轴力传递到桩端的轴力递减(表4-3),运用四川大学雷孝章、何思明(2005)推出的计算式计算出的桩身平均极限摩阻力会随嵌岩比(n)的增大而减小;而运用 A. Serrano. and C. Olalla(2004)提出的计算式,假设静止土压力系数为 $K_0=1$,而上覆土(岩)重随桩长的变化而变化,如其他条件一定时,仅考虑入岩深度的变化对桩侧平均侧阻力的影响,入岩深度增加,桩侧法向应力提高,桩侧平均摩阻力会随上覆土(岩)自重增加而增大。通过上述分析运用两种方法会得到两种不相同的结论。将二式综合起来进行考虑后,发现桩侧极限摩阻力的计算中,控制因素是法向应力,对于不同桩长和加载量不同的桩,其桩侧平均极限摩阻力必然不同,但对于随嵌岩比的增加,桩侧极限摩阻力减小的现象值得商榷。

从上述分析来看,考虑不同法向应力的计算方法,采用 A. Serrano and C. Olalla(2004) 提出的方法,只考虑由于土层和岩层重度 σ_v 产生的水平向应力 $\sigma_h=k_0\sigma_v$ 而得出的桩侧摩阻力;和采用雷孝章,何思明(2005)考虑“小孔扩张理论”提出的计算方法,从桩体受力的角度来说欠妥。桩体单元不仅受到桩径改变而产生的法向应力外,还受到土、岩体由于重力的作用间接产生的水平向应力,利用上面提出的同时考虑桩径向改变和土、岩自重而产生的桩侧极限摩阻力的方法,从数值上来说是前两者的外包线(图4-21),从桩体受力体系来说理趋于实际,并且采用多项式的近似解法,避免求 k 次多项的风险,其公式更具实际意义。

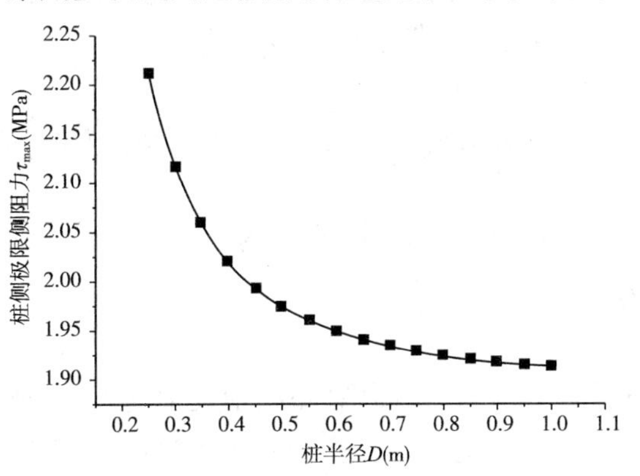

图4-20　极限侧阻力随桩径变化关系图

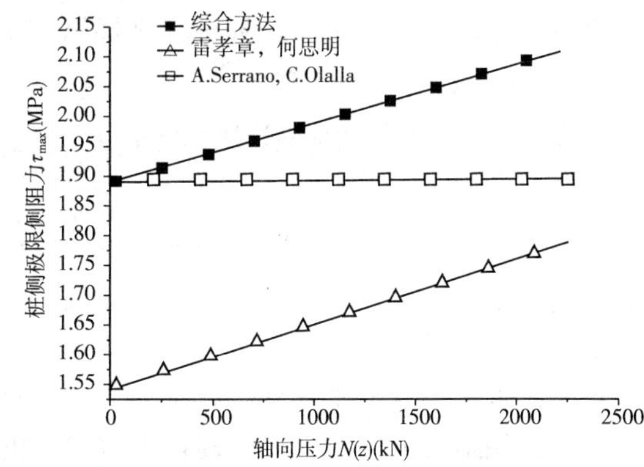

图4-21　法向应力计算上差异与极限侧摩阻力的关系

4.1.3　小结

通过研究嵌岩段桩侧摩阻力的发挥机理研究,利用 Hoek-Brown 岩石的破坏准则,并对四川大学雷孝章，何思明(2005)提出的桩侧摩阻计算公式和 A. Serrano and C. Olalla(2004)提出的桩侧摩阻力计算公式进行修正，并利用工程实例进行试算，得到如下结论和建议：

(1)嵌岩段极限侧摩阻力 τ_{max} 与桩身轴力的关系

桩身轴力增加时，桩侧极限摩阻力与轴力之间成正比；但从嵌岩段桩侧摩阻力与位移的关系可以看出，嵌岩段侧摩阻力随桩与岩的相对位移的变化而变化，嵌岩段桩侧摩阻力从峰值降低到残余侧摩阻力，公式(4-12)不能反映嵌岩段桩侧摩阻力随位移而变化的现象。

(2)嵌岩段极限侧摩阻力 τ_{max} 与"岩体强度模数"β_n 的关系

"岩体强度模数"β_n 与完整岩石无侧限抗压强度 σ_c 成正比，并考虑到 RMR(%)和岩石扰动程度(D)的影响。当 $n=0.5$ 和 $D=0$ 时，$\beta_n=\frac{m\sigma_c}{s}=\frac{m_i\sigma_c}{8}\exp\left(\frac{GSI-100}{28}\right)$，桩侧极限摩阻力随 RMR(%)(GSI = RMR − 5 或 GSI = RMR)和 m_i(岩石类型参数)的改变而改变。

(3)嵌岩段极限侧摩阻力 τ_{max} 与"岩体韧性系数"ζ 的关系

岩石质量等级的好坏，不能单从完整岩石无侧限抗压强度 σ_c 的高低来进行判断，还必须考虑岩块的 RMR(%)、岩石的扰动程度(D)和岩石类型 m_i 的影响，当 $n=0.5$ 和 $D=0$ 时，$\zeta=\frac{8s}{m^2}=\frac{8}{m_0^2}\exp\frac{GSI-100}{25.2}$；当式(4-7)中 $q^*=0$ 时，$P^*=-\zeta_n$，此时对应的是 σ_0^* 轴，反映的情况为岩体的抗拉能力。

(4)桩—岩界面极限侧阻力与岩桩刚度比(E_r/E_p)的关系

极限侧阻力随岩桩刚度比(E_r/E_p 岩石弹性模量与桩体弹性模量的比值)的变化而变化。单桩的刚度越小，岩体的刚度越大，则嵌岩段极限侧阻力越大，但单桩刚度过小，桩体有可能发生桩体材料强度不足而破坏。

(5)嵌岩段极限侧摩阻力 τ_{max} 与桩径(D)的关系

桩径增大时，桩侧极限侧摩阻力反而减小，是因为随着桩径的增大，在桩身轴力的作用下，桩的侧向变形将会减小，作用在桩周岩石上的法向应力随之减小，势必导致切向应力亦即桩侧摩阻力的下降。因此过度增加桩径来提高桩侧极限摩阻力只会带来相反的效果。

(6)嵌岩段极限侧摩阻力 τ_{max} 与桩端入岩深度的关系(h_r)

在工程上过度的增加嵌岩比($n=h_r/D$)来增大桩侧极限侧摩阻力的方法，本文觉得值得商榷。

4.2 尺寸效应及岩石特性对嵌岩桩桩端阻力影响

嵌岩桩随荷载的不断增加，桩侧阻力与桩端阻力分担荷载的比例在不断地发生变化，桩侧阻力与桩端阻力的分布在不断地调整，即桩侧阻力与桩端阻力是相互作用和相互消长的，并且随桩侧阻力的不断发挥，桩端阻力的影响也越来越大。

本节以嵌岩桩桩端基岩的破坏模式为基础、以岩石二维 Hoek-Brown 破坏准则或三维 Hoek-Brown 破坏准则为判断标准，分析嵌岩桩桩端阻力的发挥与哪些因素有关及影响的程度，并最终确定桩端阻力的计算方法。

4.2.1　嵌岩桩桩端基岩的破坏模式

桩端破坏模式的差异取决于桩端基岩中节理的间距与桩直径的关系、节理的走向、节理的状况(闭合或打开)和岩石类型。Sowers(1970),Kulhawy 和 Goodman(1980)提出浅基础的破坏模式,ASCE(1996)对 Sowers(1970),Kulhawy 和 Goodman(1980)提出的破坏模式予以修定,提出典型浅基础的破坏模式(附录3),虽然该模式适用于浅基础和以基岩为持力层的基础,并且基础的嵌岩深度小于4倍基础直径,但该模式的建立为深基础的破坏模式提供借鉴和参考。该模式首先把破坏模式分五大类:(1)基岩为完整岩石;(2)节理倾斜程度很陡 $70° < \beta < 90°$;(3)节理的倾斜程度很缓 $20° < \beta < 70°$;(4)基岩分层;(5)基岩破碎。每一大类再根据节理间距、上下层岩石刚度比的不同把大类细分为小类,并建立了不同破坏模式基岩极限承载能力计算方法。

深基础与浅基础破坏模式有着本质的不同,其区别在于嵌岩比(h_r/D),如图4-22a)所示,当桩端直接支撑在基岩上,桩顶在竖向荷载作用下,当基岩达到极限承载力时,桩端形成楔形体的破坏模式,图中符号(1)类似于主动区,图中符号(2)区为被动区,桩端产生滑移和偏转。

当嵌岩比(h_r/D)大于2时,桩在竖向荷载作用下,当基岩达到极限承载力时,桩端产生冲切破坏,桩端下岩体破裂形成截锥塞如图4-22b)所示(Williams et al.(1980))。

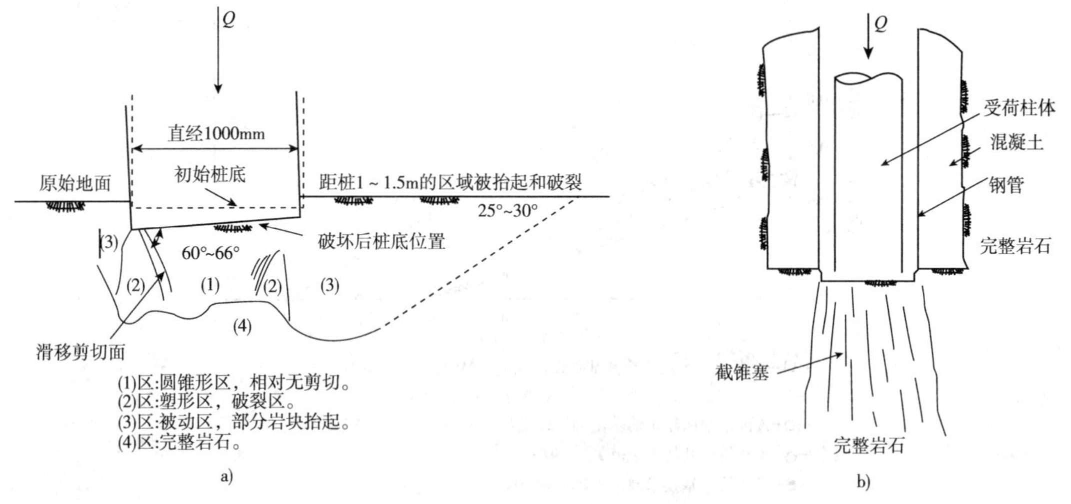

图4-22　端承桩典型破坏模式

a)桩端直接支承在基岩上;b)嵌岩比大于2

I. W. Johnston and S. K. Choi(1985)通过数字立方体摄像技术研究模型桩桩端岩石整个破坏过程。试验的有关参数如下:岩石强度 $5\text{MPa} < f_{rc} < 7\text{MPa}$,模型桩尺寸 $5\text{mm} < D < 25\text{mm}$,嵌岩比 $0 < L/D < 10$,实验结果如第三章所述。

4.2.2　现行桩端极限承载力确定方法

现行计算极限端阻力的方法分为二大类:

第一类:$q_{\max} = N_\sigma \sigma_c$,极限端阻力系数与岩石无侧限抗压强度的乘积,$N_\sigma$ 取值如图4-23和

图4-24所示。其中AASHTO(1989)规定$N_{ms}(N_\sigma)$取值详见表4-4。

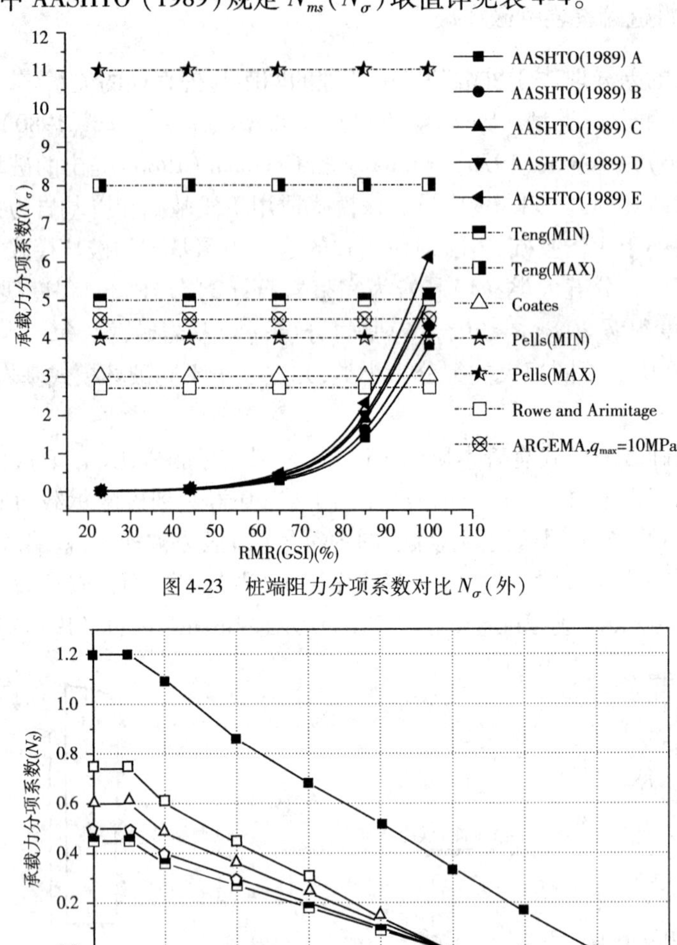

图4-23 桩端阻力分项系数对比N_σ(外)

—□—《南京地区建筑地基基础设计规范》2MPa≤f_{rk}<5MPa
—△—《南京地区建筑地基基础设计规范》f_{rk}≥30MPa
—⬠—《南京地区建筑地基基础设计规范》10MPa≤f_{rk}<20MPa
—⬠—《建筑桩基技术规范》JGJ 94—94(微风化,新鲜基岩)
—■—《建筑桩基技术规范》JGJ 94—94(中等风化)

图4-24 桩端阻力承载力分项系数对比N_σ(中)

第二类:$q_{max}=N_\sigma\sigma_c^{0.5}$,极限端阻力系数与岩块单轴抗压强度的0.5次方的乘积(极限端阻力发挥系数与完整岩石无侧限抗压强度的0.5次方的乘积)。Zhang and Einstein (1998)提出的计算方法如式(4-41)所示:

$$q_{max}=(3\sim6.6)\sigma_c^{0.5} \tag{4-41}$$

4.2.3 基于Hoek-Brown准则嵌岩段极限端阻力理论研究

基于不同的破坏模式、岩石破坏准则利用极限平衡理论或破坏点的应力状态确定嵌岩桩极限端阻力,浅基础的确定方法如附录3所示;深基础的确定方法本节讨论以Hoek-Brown破坏准则为判断标准的计算方法。

N_{ms}取值表(AASHTO(1989)) 表4-4

岩块质量	岩块描述	RMR	Q	RQD	N_{ms}(N_σ)					
						A	B	C	D	E
极好	(A)	100	500	95~100		3.8	4.3	5.0	5.2	6.1
非常好	(B)	85	100	90~95		1.4	1.6	1.9	2.0	2.3
好	(C)	65	10	75~90		0.28	0.32	0.38	0.40	0.46
一般	(D)	44	1	50~75		0.049	0.056	0.066	0.069	0.081
差	(E)	23	0.1	25~50		0.015	0.016	0.019	0.020	0.024
非常差	(F)	3	0.01	<25		使用与岩石等价的土的极限端阻力 q_{ult}				

4.2.3.1 基于二维 Hoek-Brown 破坏准则嵌岩桩桩端阻力计算

Zhang and Einstein(1998)运用二维 Hoek-Brown 破坏准则并考虑上覆土(岩)层影响的桩端阻极限承载力的确定方法。

二维 Hoek-Brown 准则($n=0.5$):

$$\frac{\sigma_1-\sigma_3}{\sigma_{ci}}=\left(m\frac{\sigma_3}{\sigma_{ci}}+s\right)^{0.5} \tag{4-42}$$

式中,m 和 s 的取值如表4-5 所示或按上节中式(4-2)和式(4-3)进行计算。

m_i 和 s 取值表 表4-5

岩块质量	岩块描述	RMR	Q	RQD	m_i					
					s	A	B	C	D	E
极好	(A)	100	500	95~100	1	7	10	15	17	25
非常好	(B)	85	100	90~95	0.1	3.5	5	7.5	8.5	12.5
好	(C)	65	10	75~90	0.004	0.7	1	1.5	1.7	2.5
一般	(D)	44	1	50~75	4~10	0.14	0.2	0.3	0.34	0.5
差	(E)	23	0.1	25~50	5~10	0.04	0.05	0.08	0.09	0.13
非常差	(F)	3	0.01	<25	0	0.007	0.01	0.015	0.017	0.025

注:岩块描述:

(A)完整岩石,节理间距>3mm

(B)质量非常好的岩体,紧密啮合,未扰动的岩石含3m左右间距的未风化节理;

(C)质量好的岩体,新鲜之轻度风化的岩石,稍受扰动,含1~3m间距的节理;

(D)质量一般的岩体,含几组间距0.3~1m中等风化程度节理;

(E)质量差的岩体,含间距30~500mm的许多风化节理;

(F)质量很差的岩体,含间距30~500mm许多风化节理。

岩石种类:

A:白云岩、灰岩、大理石等;

B:泥岩粉、砂岩页、岩板岩等;

C:砂岩、石英岩等;

D:鞍山岩、粗玄岩、流纹岩等;

E:辉长岩、片麻岩、花岗岩等。

对于平面应变问题如图4-25 所示。

ZONE B:

$$\sigma_1 = \sigma_3 + \sqrt{m_i\sigma_c\sigma_3 + s\sigma_c^2}$$
$$\sigma_1 = q_s + \sqrt{m_i\sigma_c q_s + s\sigma_c^2} \tag{4-43}$$

ZONE B 过渡到 ZONE A 条件：

$$\sigma_{1(\text{ZONE B})} = \sigma_{3(\text{ZONE A})}$$

ZONE A：

$$\sigma_1 = \sigma_{1(\text{ZONE B})} + \sqrt{m_i\sigma_c\sigma_{1(\text{ZONE B})} + s\sigma_c^2} \tag{4-44}$$

$$q_{\max} = \sigma_1 = \sigma_{1(\text{ZONE B})} + \sigma_c\sqrt{\frac{m_i\sigma_{1(\text{ZONE B})}}{\sigma_c} + s} \tag{4-45}$$

其中：$\sigma_{1(\text{ZONE B})} = \sigma_{3(\text{ZONE A})} = q_s + \sqrt{m_i\sigma_c q_s + s\sigma_c^2}$

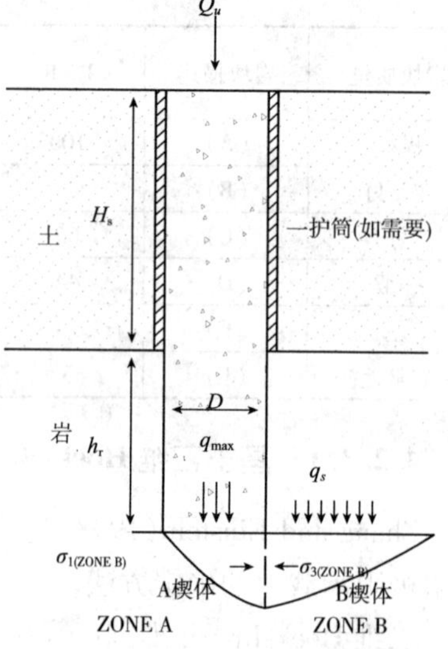

图 4-25　桩端岩块的破坏模式

4.2.3.2　基于三维 Hoek-Brown 破坏准则嵌岩桩桩端阻力计算

Zhang and Einstein(1998)提出的考虑上覆土层的极限端阻力计算式(式(4-45))是基于二维 Hoek-Brown 破坏准则；如考虑中主应力 σ_2 对极限端阻力的影响，嵌岩桩桩端极限阻力如何建立是本节考虑的问题。

1. 模型的建立及基本假设

在桩端岩石破坏之前，假设桩端岩体为均匀线弹性半无限体，桩端平面以上的土及岩石产生的自重应力在半无限体上均匀分布。

2. 最先破坏点的确定

桩体嵌入岩石中不同深度时，其破坏模式各异。从图 4-22a)中可以看出当桩端岩石的受力处于第一阶段时，先在桩端周围出现环状裂纹。李镜培、王勇则(2006)根据外荷载的叠加原理，把桩端水平处基岩处外荷载简化为三种工况的叠加：集中力作用 + 上覆土(岩)层均布荷载(半无限平面内均布分布) - 桩体范围内作用上覆土(岩)层均布荷载，并通过合理假设得到在上述三种工况下的滑移场分布，并把不同工况的滑移场进行叠加，得到如下规律：当上覆土(岩)层较厚时，基础中心先开始屈服，其宏观表现为刺入剪切破坏；当上覆土(岩)层较薄时，基础边缘处首先屈服，其宏观表现为整体剪切破坏，并把由条形基础得出的规律进行适当的处理，推广到桩基础。当不考虑上覆土层的影响时，基岩为硬岩时，一般嵌岩桩入岩层深度都比较小(≤5D)，故可认为桩周岩层先发生破坏。而对于软质岩(强风化、中风化)其破坏模式不同于硬质岩，而更类似于土的破坏模式，本节不予讨论。

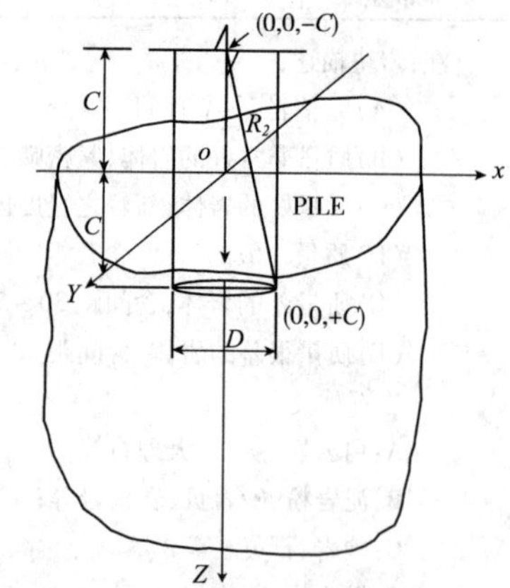

图 4-26　竖向集中力作用在弹性半无限内所引起的内力

3. 最危险点的受力分析

对于嵌岩段，根据 Mindlin 提出集中力作用在土(岩)内的应力计算公式，此时 h_r 为嵌岩段入岩深度，分析桩端各点的应力状态($z = h_r, C = h_r, x = D/2, y = 0$)，见图 4-26。

$$\sigma_x = \frac{P}{8\pi(1-\nu)}\left\{A - B + C + D\left[1 - \frac{D^2}{4R_2(R_2+2h_r)} - \frac{D^2}{4R_2^2}\right]\right\} \tag{4-46}$$

$$\sigma_y = \frac{P}{8\pi(1-\nu)}\{A - B + D\} \tag{4-47}$$

$$\sigma_z = \frac{P}{8\pi(1-\nu)}\left\{B + \frac{240h_r^5}{R_2^7}\right\} \tag{4-48}$$

$$\tau_{yz} = \tau_{xy} = 0 \tag{4-49}$$

$$\tau_{xz} = \frac{PD}{16\pi(1-\nu)}\left\{\frac{1-2\nu}{R_1^3} - \frac{1-2\nu}{R_2^3} + \frac{6(1-4\nu)h_r^2}{R_2^5} + \frac{120h_r^4}{R_2^7}\right\} \tag{4-50}$$

其中，$A = \frac{8\nu(1-2\nu)h_r}{R_2^3}$；$B = \frac{12h_r^3(1-4\nu)}{R_2^5}$

$C = \frac{15h_r^3D^2}{R_2^7}$；$D = \frac{4(1-\nu)(1-2\nu)}{R_2(R_2+2h_r)}$

$$\sigma_x^* = \frac{\sigma_x}{P};\sigma_y^* = \frac{\sigma_y}{P};\sigma_z^* = \frac{\sigma_z}{P};\tau_{yz}^* = \frac{\tau_{yz}}{P};\tau_{xy}^* = \frac{\tau_{xy}}{P};\tau_{xz}^* = \frac{\tau_{xz}}{P} \tag{4-51}$$

P 为外荷载在桩底端的分量；D 为嵌岩桩桩径；ν 为泊松比；h_r为嵌岩段入岩深(m)；

$$R_1 = \frac{D}{2};R_2 = \sqrt{\left(\frac{D}{2}\right)^2 + 4h_r^2}$$

4. 基于三维 Hoek-Brown 准则的桩端阻力

(1)三维 Hoek-Brown 准则

三维 Hoek-Brown 准则是在二维 Hoek-Brown 准则的基础上，考虑中主应力的影响后，把二维问题推广到三维问题。Mogi(1971)提出三维 Heok-Brown 准则表达式

$$\tau_{oct} = f(\sigma_{m,2}) \tag{4-52}$$

式中：$\tau_{oct} = \frac{1}{3}\sqrt{(\sigma_1-\sigma_2)^2 + (\sigma_2-\sigma_3)^2 + (\sigma_3-\sigma_1)^2}$；$\sigma_{m,2} = \frac{\sigma_1+\sigma_3}{2}$

Pan & Hudson (1988)对上式进行了修正，考虑到 $\sigma_{m,2}$求解的不方便，把 $\sigma_{m,2}$变成 $\sigma_{m,3}$，上式变为式(4-53)(m 的取值对于完整岩石为 m_i；有节理岩石为 m_b)：

$$\frac{9}{2\sigma_c}\tau_{oct}^2 + \frac{3}{2\sqrt{2}}m\tau_{oct} - m\sigma_{m,3} = s\sigma_c \tag{4-53}$$

式中：$\sigma_{m,3} = \frac{1}{3}I_1(\sigma_{i,j}) = \frac{1}{3}(\sigma_1+\sigma_2+\sigma_3) = \frac{1}{3}(\sigma_x+\sigma_y+\sigma_z)$

$$\tau_{oct} = \frac{1}{3}\sqrt{(\sigma_1-\sigma_2)^2 + (\sigma_2-\sigma_3)^2 + (\sigma_3-\sigma_1)^2}$$

更一般的形式：

$$\tau_{oct} = \frac{1}{3}\sqrt{(\sigma_x-\sigma_y)^2 + (\sigma_y-\sigma_z)^2 + (\sigma_z-\sigma_x)^2 + 6(\tau_{xy}^2+\tau_{yz}^2+\tau_{zx}^2)}$$

$\sigma_{m,3}^* = \frac{\sigma_{m,3}}{P}$；$\tau_{oct}^* = \frac{\tau_{oct}}{P}$

式(4-53)不能由 $\sigma_2 = \sigma_3$或 $\sigma_1 = \sigma_2$条件还原成二维的 Hoek-Brown 准则。图 4-27 为 π 面

上三维 Hoek-Brown 准则和 Pan & Hudson(1988)提出修正准则对比图,从图中可以看出当 $\sigma_1=\sigma_2$时 Pan & Hudson 准则高估岩石强度,而当 $\sigma_2=\sigma_3$时 Pan & Hudson(1988)准则低估岩石强度,Lian yang Zhang and He hua Zhu(2007)指出 Pan & Hudson(1988)准则不是真正的三维 Hoek-Brown 准则,当岩石由软岩变化为硬岩时 τ_{oct}(Pan-Hudson)与 τ_{oct}(Hoek-Brown)的差异会增加;考虑到运用的方便,本文运用 Pan & Hudson(1988)准则为判断准则,通过危险点的应力状态求解对应的荷载值 P。

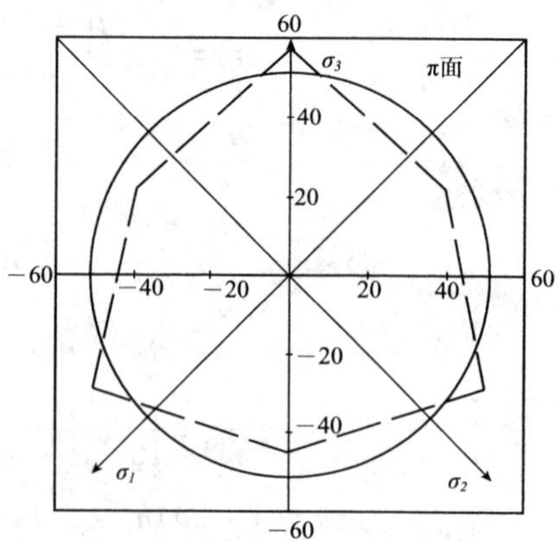

图 4-27 π 面上三维 Hoek-Brown 准则和 Pan & Hudson 准则对比图(虚线为 三维 Hoek-Brown 准则,实线为 Pan & Hudson 准则)

(2)Hoek-Brown 准则的 Mindlin 解表达

将 Mindlin 解代入 Pan & Hudson 准则,并解出式(4-54)所给二次多项式关于未知数 P 的解,该解即为所求

$$\frac{9}{2\sigma_c}(\tau_{oct}^*)^2P^2+\frac{3}{2\sqrt{2}}mP\tau_{oct}^*-mP\sigma_{m,3}^*=s\sigma_c \tag{4-54}$$

$$P_{1,2}=\frac{-\left(\frac{3}{2\sqrt{2}}m\tau_{oct}^*-m\sigma_{m,3}^*\right)\pm\sqrt{\left(\frac{3}{2\sqrt{2}}m\tau_{oct}^*-m\sigma_{m,3}^*\right)^2-4\frac{9}{2\sigma_c}(\tau_{oct}^*)^2(-s\sigma_c)}}{\frac{9}{\sigma_c}(\tau_{oct}^*)^2} \tag{4-55}$$

5. 工程实例分析

下述讨论中不考虑上覆土层对桩端极限阻力的影响,也就是说上覆土重度为零。

(1)分析嵌岩深度变化时对 P(kN)和 $q_{max}=P/A$ 的影响;嵌岩深度取 $h_r=0.5$、1、2、3、4、5。见表 4-6。

嵌岩深度变化时对桩端阻力和桩端阻应力的影响　　表 4-6

h_r (m)	D (mm)	σ_c (MPa)	岩石类型	m_i	RMR (%)	嵌岩比 n	岩重 γ_R (kN/m³)	P (kN)①	q_{max} (MPa)①	q_{max} (MPa)③	q_{max} (MPa)④	q_{max} (MPa)⑤
1	1000	11.3	Gypsum	5	85	1	16.3	10107.27	12.88	16.95	18.72	16.63
2	1000	11.3	Gypsum	5	85	2	16.3	9339.45	11.90	16.95	18.88	16.63
3	1000	11.3	Gypsum	5	85	3	16.3	8959.48	11.41	16.95	19.03	16.63
4	1000	11.3	Gypsum	5	85	4	16.3	8801.06	11.21	16.95	19.18	16.63
5	1000	11.3	Gypsum	5	85	5	16.3	8717.42	11.10	16.95	19.33	16.63

注:h_r为上覆岩层深度;γ_R为上覆岩层重度;$n=h_r/D$;D 为桩径;σ_c为完整岩石无侧限抗压强度;A 为桩截面积。①式(4-54);③AASHTO(1989);④式(4-44);⑤Zhang and Einstein(1998)提出的计算式(式(4-41))。

嵌岩段嵌岩深度变化时,端阻力分担外荷载的比例随嵌岩深度的增加而减小,这一规律已被很多学者所证实(图 4-28),参考文献收集 30 根嵌岩桩的试桩资料,发现随嵌岩深度的增加,端阻力递减的现象(图 4-29),这一现象与公式算出来结果所反映的规律是吻合的(如图 4-30、图 4-31 曲线①),但唯一的不同是公式算出来的结果,当嵌岩深度增加到 5D 时,端阻力并非如参考文献和用中国规范算出来的结果所描述的一样几乎为零,而是当嵌岩比超过 3 时桩端阻力增加的非常平缓,此时存在一个最佳嵌岩深度的概念;而美国规范③AASHTO(1989)和⑤Zhang and Einstein(1998)都未曾考虑嵌岩比的变化对桩端阻力的影响,算出的结果不论嵌入岩层多深其桩端阻应力数值相等;并且用④式(4-44)算出的桩端阻应力随嵌岩深度的增加而增大,明显与实际不相符(图4-29)。

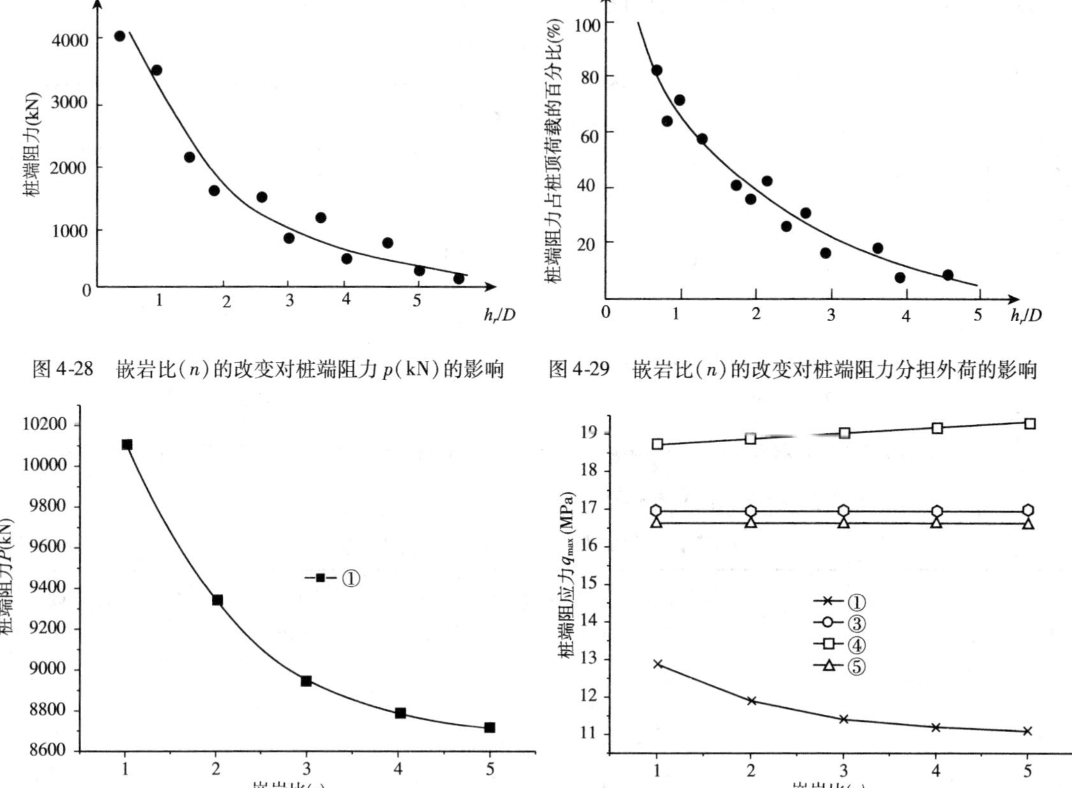

图4-28　嵌岩比(n)的改变对桩端阻力p(kN)的影响

图4-29　嵌岩比(n)的改变对桩端阻力分担外荷的影响

图4-30　嵌岩比(n)的改变对桩端阻力P(kN)的影响

图4-31　嵌岩比(n)的改变对桩端阻应力σ(MPa)的影响

(2)分析嵌岩桩直径改变时,对p(kN)和$\sigma = P/A$的影响;嵌岩桩直径取D = 0.3m、0.5m、0.7m、0.9m、1.1m、1.4m。见表4-7。

桩径的改变时对桩端阻力和桩端阻应力的影响　　表4-7

h_r (m)	D (mm)	σ_c (MPa)	岩石类型	m_i	RMR (%)	嵌岩比 n	岩重 γ_R (kN/m^3)	P (kN)①	q_{max} (MPa)①	q_{max} (MPa)③	q_{max} (MPa)④	q_{max} (MPa)⑤
1.5	0.3	11.3	Gypsum	5	85	5	16.3	783.57	11.11	16.95	18.82	16.63
1.5	0.5	11.3	Gypsum	5	85	3	16.3	2240.09	11.41	16.95	18.82	16.63
1.5	0.7	11.3	Gypsum	5	85	2.14	16.3	4538.61	11.80	16.95	18.82	16.63
1.5	0.9	11.3	Gypsum	5	85	1.67	16.3	7754.44	12.20	16.95	18.82	16.63
1.5	1.1	11.3	Gypsum	5	85	1.36	16.3	11904.50	12.53	16.95	18.82	16.63
1.5	1.4	11.3	Gypsum	5	85	1.07	16.3	19756.72	12.84	16.95	18.82	16.63

注:h_r为上覆岩层深度;γ_R为上覆岩层重度;$n = h_r/D$;D为桩径;σ_c为完整岩石无侧限抗压强度;A为桩截面积。①式(4-54);③AASHTO(1989);④式(4-44);⑤Zhang and Einstein(1998)[20]提出的计算式(式(4-41))。

嵌岩桩桩径增大时（其他条件不改变），桩端阻力随桩径的增加而递增（如图4-32、图4-33曲线①所示）。当桩径增加时，而桩嵌入岩层中深度无变化时，相应的嵌岩比减小，桩端分担外荷载的比例会由于嵌岩比的减小而增大（图4-31），而桩端每平方米承担的外荷载通过①式（4-54）计算得出的结果也是增加的。③AASHTO（1989）、④式（4-44）、⑤Einstein and Zhang（1998）提出的计算公式（4-41）未曾考虑桩径的改变对桩端阻应力的影响（图4-33）。

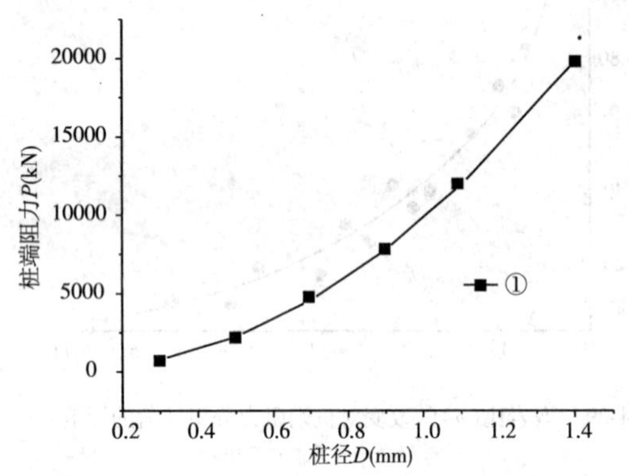

图4-32　桩径（D）的改变对桩端阻力 P（kN）的影响

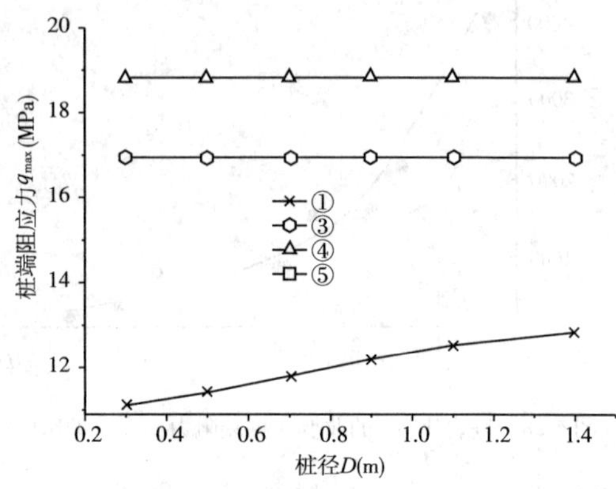

图4-33　桩径（D）的改变对桩端阻应力 σ（MPa）的影响

（3）嵌岩桩桩端岩石类型（m_i）的变化对桩端阻力的影响（表4-8）。

m_i变化对桩端阻力和桩端阻应力的影响　　表4-8

h_r (m)	D (mm)	σ_c (MPa)	m_i	RMR (%)	嵌岩比 n	岩重 γ_R (kN/m^3)	q_{max} (MPa)③	q_{max} (MPa)④	q_{max} (MPa)⑤
3	1	11.3	21	85	3	16.3	26.68	33.95	16.63
3	1	11.3	17	85	3	16.3	24.36	30.82	16.63
3	1	11.3	7	85	3	16.3	19.21	21.43	16.63
3	1	11.3	4	85	3	16.3	16.95	17.69	16.63

注：h_r为上覆岩层深度；γ_R为上覆岩层重度；$n=h_r/D$；D为桩径；σ_c为完整岩石无侧限抗压强度；A为桩截面积。③AASHTO（1989）；④式（4-44）；⑤Zhang and Einstein（1998）提出的计算式（式（4-41））。

如表4-8所示，当岩石类型、分类和结构（质地）发生变化时，而其他因素不发生改变时，其极限桩端阻力也会发生相应的变化，如图4-34所示。附录2为不同岩石的 m_i 值表，从中可以看出即使是岩石类型、级别和分类一致时，但结构质地（纹理）的变化 m_i 值也不尽相同。但总的规律是桩端阻力随 m_i 值的增加而增大。上述讨论中未对①式（4-44）的计算结果进行比较，是考虑到Pan & Hudson准则的适用于软岩石和 m、s 较小的岩石，用该准则推导出来的桩端阻力计算式用于 m 值较大的情况所得结果与实际不符。

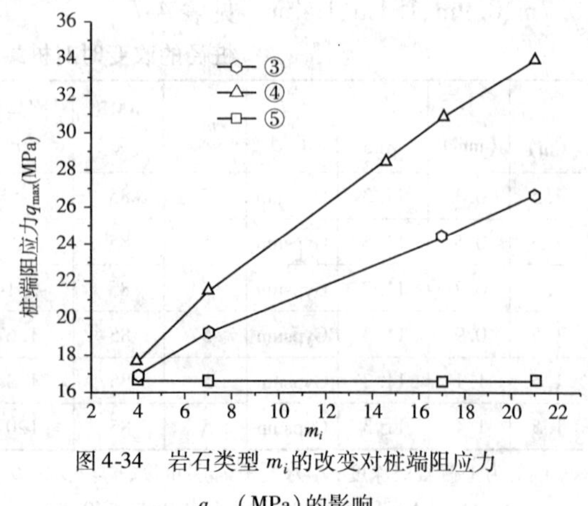

图4-34　岩石类型 m_i 的改变对桩端阻应力 q_{max}（MPa）的影响

(4)分析岩石无侧限单轴抗压强度 σ_c 提高对嵌岩桩桩端阻力的影响(表 4-9);试桩资料取自 Leung and Ko(1993),见图 4-35 和图 4-36。

完整岩石无侧限抗压强度 σ_c 提高对桩端阻力和桩端阻应力的影响　　表 4-9

h_r (m)	D (mm)	σ_c (MPa)	岩石类型	m_i	RMR (%)	嵌岩比 n	岩重 γ_R (kN/m³)	P(kN) 三维	实际 σ (MPa)	q_{max} (MPa)①	q_{max} (MPa)③	q_{max} (MPa)④	q_{max} (MPa)⑤
3.03	1064	2.1	Gypsum	5	85	2.86	16.3	1893.13	6.51	2.13	3.15	3.88	7.05
3.18	1064	4.1	Gypsum	5	85	3	16.3	3680.95	10.9	4.14	6.15	7.21	9.92
3.18	1064	5.3	Gypsum	5	85	3	16.3	4758.13	15.7	5.35	7.95	9.19	11.31
3.34	1064	6.7	Gypsum	5	85	3.15	16.3	5993.17	16.1	6.74	10.05	11.52	12.74
3.34	1064	8.4	Gypsum	5	85	3.15	16.3	7513.85	23	8.45	12.6	14.32	14.3
3.34	1064	11.3	Gypsum	5	85	3.15	16.3	10107.64	27.7	11.37	16.95	19.08	16.63

注:h_r 为上覆岩层深度;γ_R 为上覆岩层重度;$n=h_r/D$;D 为桩径;σ_c 为完整岩石无侧限抗压强度;A 为桩截面积。①式(4-54);③AASHTO(1989);④式(4-44);⑤Zhang and Einstein(1998)提出的计算式(式(4-41))。

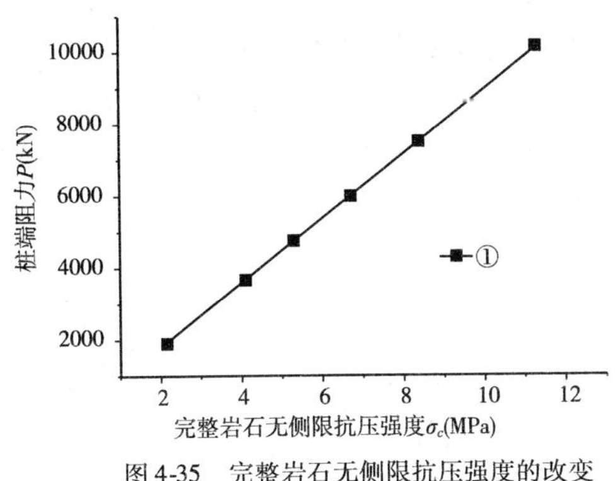

图 4-35　完整岩石无侧限抗压强度的改变对桩端阻力 P(kN)的影响

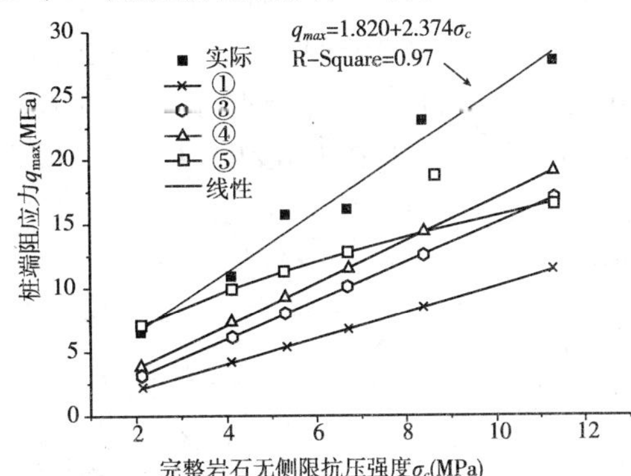

图 4-36　完整岩石无侧限抗压强度的改变对桩端阻应力 σ(MPa)的影响

桩端极限阻力计算式的得出都是建立在实测数据基础上,如用第一类式子进行拟合得出的桩端阻应力与岩石无侧限抗压强度 σ_c 的关系是一次关系式,而用第二类式子进行拟合得出的是平方根关系式(4-41);用式(4-54)计算出来的桩端阻应力与岩石无侧限抗压强度的关系与第一类式子的关系很相似,从而可以得出其他条件不变时,式(4-54)计算出来桩端阻力与 σ_c 的关系是线性增长的,同样式(4-44)反映桩端阻力与 σ_c 关系也类似于式(4-41);但考虑到 $\sigma_2 \neq \sigma_3$ 的影响,式(4-54)桩端阻应力计算结果小于式(4-44)所得出的结果。

岩石的强度和性状在围压的条件下,与单轴抗压强度有很大区别。在单轴受压时表现为脆性的岩石,在三向受力时,具有延性性质,而且强度大大提高。如图 4-37 所示,该图是大理岩在不同的围压下的压缩曲线图,曲线上所标数字是岩石围压,可见,岩石强度是随着围压的增加而增加的,岩石的

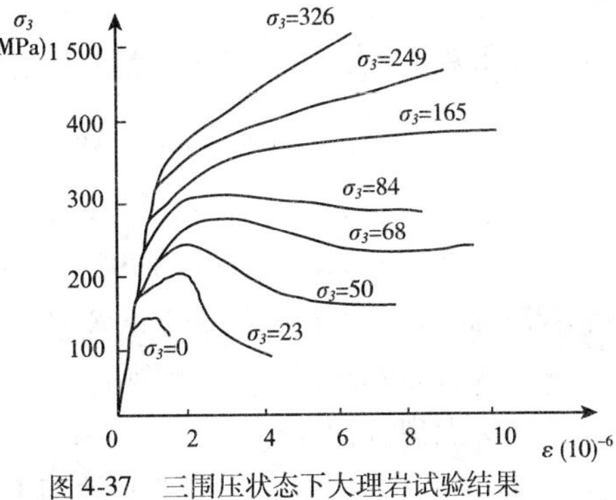

图 4-37　三围压状态下大理岩试验结果

性状随着围压的增加由脆性转化为延性。

(5)RMR(%)的改变对嵌岩桩桩端阻力的影响(表4-10)

RMR(%)的改变对桩端阻力和桩端阻应力的影响 表4-10

h_r (m)	D (m)	σ_c (MPa)	岩石类型	m_i	RMR (%)	嵌岩比 n	岩重 γ_R (kN/m³)	P (kN)①	q_{max} (MPa)①	q_{max} (MPa)③	q_{max} (MPa)④	q_{max} (MPa)⑤
3	1	11.3	Gypsum	5	100	3	16.3	26193.09	33.37	45.2	39.32	16.63
3	1	11.3	Gypsum	5	85	3	16.3	8959.48	11.41	16.95	19.03	16.63
3	1	11.3	Gypsum	5	65	3	16.3	2075.11	2.64	3.48	7.66	16.63

注:h_r为上覆岩层深度;γ_R为上覆岩层重度;$n=h_r/D$;D为桩径;σ_c为完整岩石无侧限抗压强度;A为桩截面积。①式(4-54);③AASHTO(1989);④式(4-44);⑤Zhang and Einstein(1998)提出的计算式(式(4-41))。

从图4-38和图4-39中曲线式(4-44)可知,当岩石评价标RMR(%)提高时,虽然σ_c相等,但桩端阻力随RMR(%)的提高而提高,此结果类似于AASHTO(1989)(表4-4)。从式①式(4-54)③AASHTO(1989)④式(4-44)反映RMR(%)与极限端阻力的关系上看,其结果与下文中分类分析,拟合实测数据所反映的规律一致:当完整岩石无侧限抗压强度$5\text{MPa}\leqslant\sigma_c<15\text{MPa}$时,用$N_\sigma=0.0315\text{RMR}-0.1255$拟合实测数据,$R^2=0.83$,当$\sigma_c>15\text{MPa}$,用$N_\sigma=0.02952\text{RMR}-0.6247$,$R^2=0.52$。

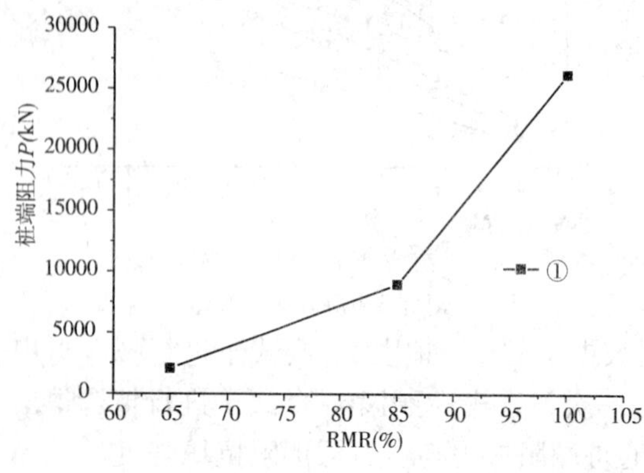

图4-38 RMR(%)的改变对桩端阻力P(kN)的影响

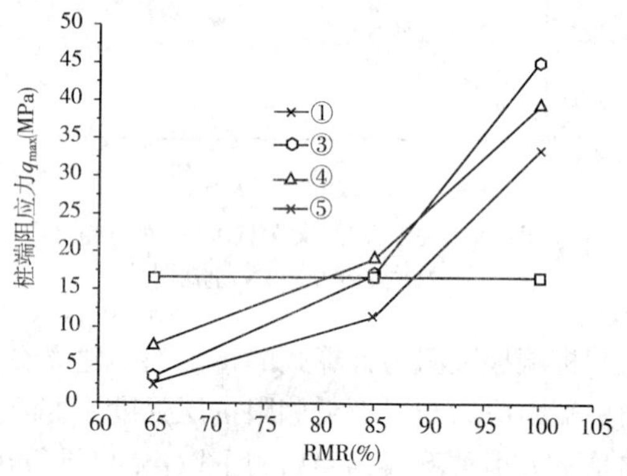

图4-39 RMR(%)的改变对桩端阻应力σ(MPa)的影响

4.2.4 小结

本节对Zhang and Einstein(1998)端阻力计算式利用Pan & Hudson(1988)破坏准则($\sigma_2\neq\sigma_3$)推导出来的极限端阻力计算公式和现行算法进行对比,得出如下结论:

(1) Zhang and Einstein(1998)计算式反映极限端阻力随嵌岩比的增大而增大的现象与实际不符,而运用Midllin解和Pan & Hudson(1988)破坏准则推导出来的桩端极限端阻力计算式能反映嵌岩比对桩端阻力的影响。

如考虑裂缝向深度方向开展,可考察桩端附近任意点处的受力情况(除集中荷载作用点处$z=h_r,C=h_r,x=0,y=0$外),并用Pan & Hudson(1988)破坏准则进行判断,把计算出来P值相同的点连成直线,在桩端形成等势线。

(2)桩端极限端阻力随桩径的增加而增大,但增加的效果不明显。

(3)考虑到 Pan & Hudson(1988)破坏准则的适用性,m 不同时由 Pan & Hudson(1988)破坏准则计算出来的桩端极限阻力差异很大,但从图 4-23 和表 4-1 可以看出岩块质量对 N_{ms}(N_σ)的影响比岩石种类对 N_{ms}(N_σ)的影响要大。对于给定的岩块质量,N_{ms}(N_σ)对于不同的岩石种类(A、B、C、D、E)其取值幅度变化很小,但如果岩块质量(RMR(%))差异很大,N_{ms}(N_σ)取值幅度的空间会很宽。

(4)当岩石无侧限抗压强度 σ_c 提高时,图 4-38 为几种不同的计算方法的对比图,其趋势与 Leung and Ko(1993)实测资料相吻合,但计算方法上的差异对计算结果影响还是明显的,Zhang and Einstein(1998)是考虑的 ZONE B 楔块 B 内任意点处应力值都满足二维 Hoek-Brown 准则(式(4-42)),而对于笔者推导出来的极限端阻力只是让指定点或线上满足式 Pan & Hudson(1988)破坏准则(式(4-53))。

(5)从 AASHTO(1989)(图 4-23)可以看出,岩块质量比岩石种类对极限端阻力的影响要大很多,图 4-39 反映出 RMR(%)与极限端阻力之间的关系类似于 AASHTO(1989)(图 4-23)所表述的岩块质量与极限端阻力的关系。

第五章　室内模型试验研究

5.1　尺寸效应室内模型试验研究

影响嵌岩桩承载力的主要因素包括：桩长(L)、桩径(D)、嵌岩比($n=h_r/D$)、孔壁粗糙度、桩底沉渣、完整岩石无侧限抗压强度σ_c、岩石类别、岩块质量等级RMR(%)等。在众多因素影响下，采用理论解析法进行研究存在较大的困难。因此，满足相似条件下的现场模型试验成为研究的重要手段。本节以桩全长嵌入软岩的室内模型试验为基础，分析上述因素的影响程度，为嵌岩桩设计和施工提供借鉴和参考。

5.1.1　室内模型试验设计

不少研究者采用制作模型嵌岩桩的方法进行室内试验来研究嵌岩段的特性，中国科学院武汉岩土所的王耀建、谭国焕、李启光(2007)采用在微风化花岗岩上钻孔，放入钢管或钢筋笼，并灌注混凝土，并预先在钢管上安装电阻应变片，测量其桩身轴力，为了避免桩端阻力的存在，模型的底部被掏空。本次试验借鉴此试验的研究成果，但考虑到试验设备和场地限制，利用现有条件对试验加以改进的方法，研究尺寸效应对嵌岩桩承载力的影响。

5.1.1.1　试验方案

1. 嵌岩桩模型试验模型材料的确定

(1)桩体

桩体采用实心有机玻璃棒模拟，厂家提供的有机玻璃棒弹性模量为$E\approx2.787\times10^3$MPa，有机玻璃棒截面如图5-1所示。有机玻璃棒截面上沿桩长方向开凹槽，槽宽6mm，深5mm，以便布置应变片和导线，在外灌注软胶保护导线和应变片不受外界因素影响。

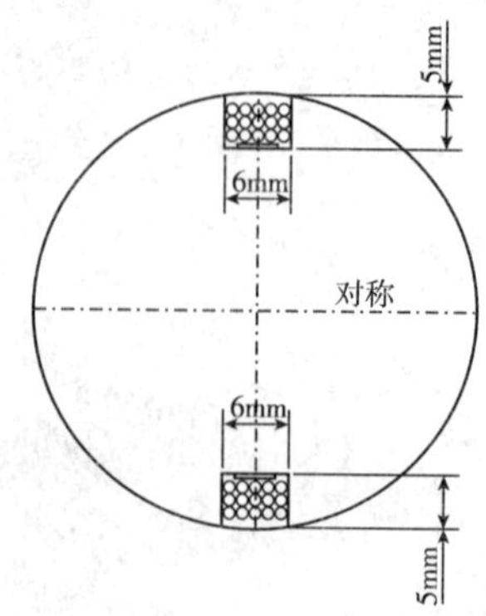

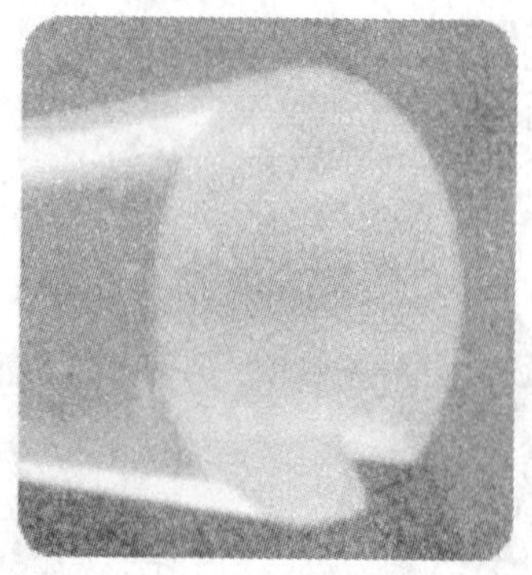

图5-1　模型桩断面图

(2)岩体

考虑到嵌岩桩模型试验的可行性和场地的限制,本次试验选用的桩周岩体采用砂子、水泥、石膏粉、水的以一定的配合比搅拌后形成混合砂浆,经凝结硬化后形成的具有一定强度的材料。考虑各材料配比不同,模拟岩体的强度也会不同,为确定各材料最适合的配比,在试验前已做多组配比试验,最后确定砂子:水泥:石膏粉:水 =450:100:27:60 为模型试验所采用的配合比,据所做的试块 20 天后单轴抗压强度为 6MPa 确定的模拟岩石材料的无侧限抗压强度 $\sigma_c = 6\text{MPa}$,弹性模量为 $E_r = 608\text{MPa}$。

2. 嵌岩桩模型试验模型桩的制作及量测装置安装

考察桩径(D)和嵌岩比(n)对嵌岩桩承载特性的影响,本次模型试验共制作了三组嵌岩桩,每组三根(表 5-1)。模型桩沿桩长方向贴设电阻应变片,电阻应变片选用基底为 8 × 4.4mm,电阻值为 119 ± 0.3Ω,具有一定防水性的聚胺酯精密级电阻应变片,应变片测试灵敏系数为 2.08,用 502 胶水粘贴。每根桩分四个截面,每个截面对称贴了 2 个应变片,采用半桥接线法,如图 5-2 和图 5-3 所示,为了保证应变片在加载过程中正常工作,应变片外部进行保护。制作时先沿桩身通长对称设置两道宽 6mm、深 5cm 的沟槽,沟槽以一定的间距贴设应变片,并加以保护。应变片粘贴位置应经过仔细打磨平整后粘贴,粘贴前用丙酮洗净,粘贴后采用环氧树脂进行防水处理,应变片连接的数据线应整齐排列放于沟槽底部,应变片全部粘贴完毕后,用硅胶把沟槽填平。

试桩设计参数表 表 5-1

组号	桩号	桩径(mm)	桩长 L (mm)	嵌岩长度 h_r(mm)	嵌岩比($n = h_r/D$)
第一组	Z1P1	50	250	200	4
	Z1P2	50	350	300	6
	Z1P3	50	450	400	8
第二组	Z2P1	70	330	280	4
	Z2P2	70	470	420	6
	Z2P3	70	610	560	8
第三组	Z3P1	90	410	360	4
	Z3P2	90	590	540	6
	Z3P3	90	770	720	8

桩端阻力采用直径 28mm,量程为 2MPa 的微型电阻应变式土压力盒,用硅胶将土压力盒与试桩粘结(图 5-4),测出应变后,经公式换算可以得到各级荷载作用下桩端阻力。桩顶位移量测采用在桩顶处设置位移传感器进行测量。

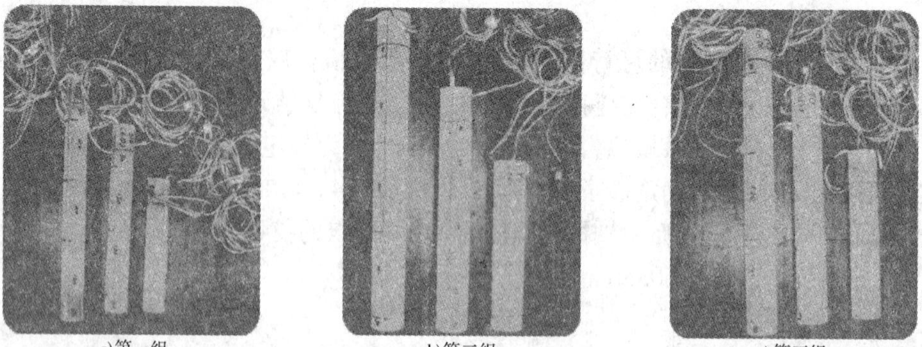

a)第一组　　b)第二组　　c)第三组

图 5-2　模型桩

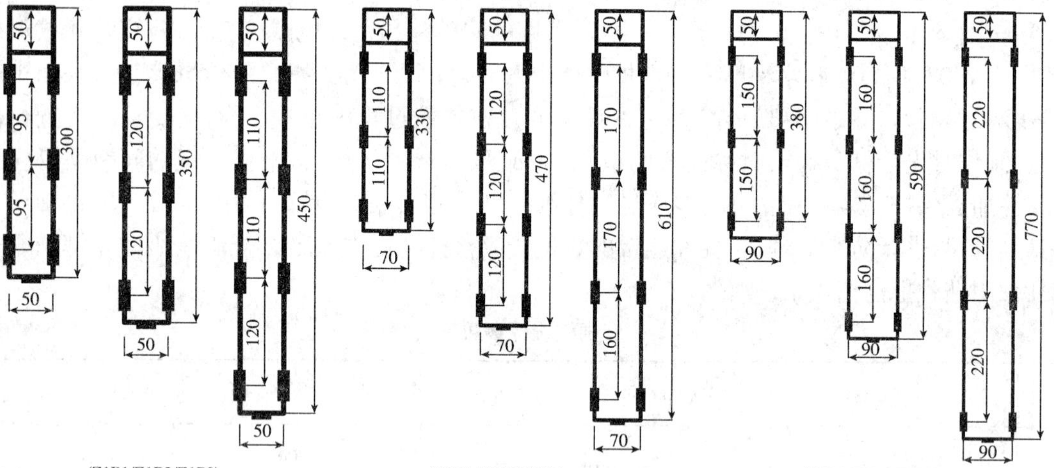

(Z1P1/Z1P2/Z1P3)　　(Z2P1/Z2P2/Z2P3)　　(Z3P1 /Z3P2/Z3P3)

图 5-3　模型桩桩身应变片布置和压力盒安置

3. 试验设备

(1)试验槽与反力装置

试验槽为独立的长 3m、宽 3m、高 1. 3m 的混凝土池,如图 5-5 所示。与池壁相连的是钢反力架,能提供 200kN 的反力,对池中的岩体不产生影响。

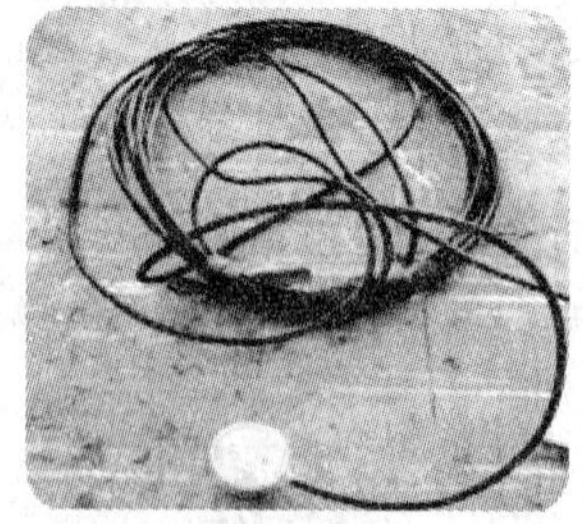

图 5-4　微型土压力盒

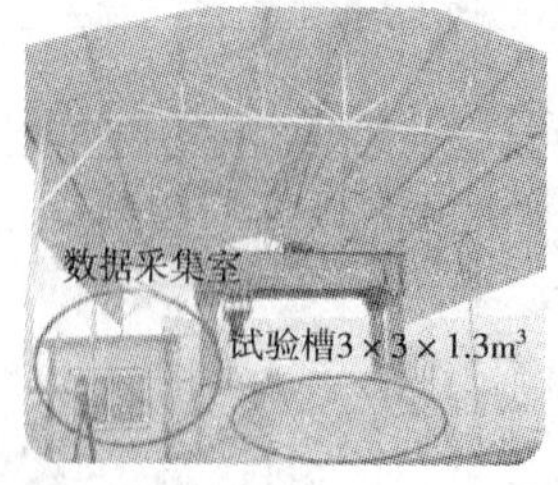

图 5-5　试验槽及反力装置

(2)加载系统

嵌岩桩室内模型试验利用电动油压千斤顶,最大量程为 12t, 加载值由精密油压表控制,采用快速维持荷载加载法对模型试桩进行加载,每级一小时,加载装置如图 5-6 所示。

a)加载油泵

b)加载千斤顶

图 5-6　加载装置

(3)数据采集系统

试验中需要采集的数据有桩顶位移、桩身各截面应变、桩底土压力盒数据。其中各截面应变值及土压力盒数据采用 DH3816 静态应变采集仪采集，桩顶位移采用 DY20 位移采集仪采集，试验数据采集、显示和存储系统如图 5-7 所示。

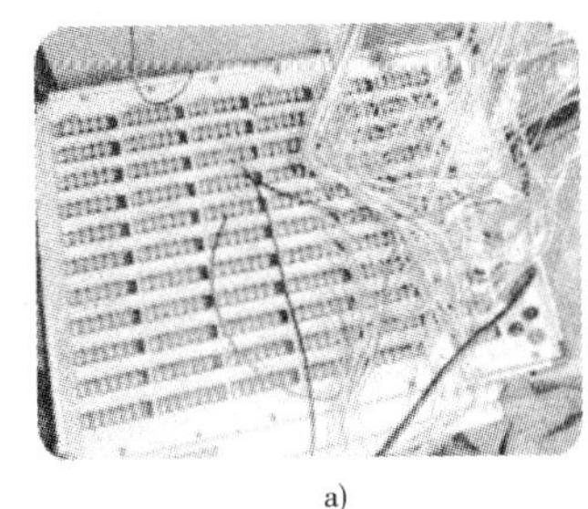
a)

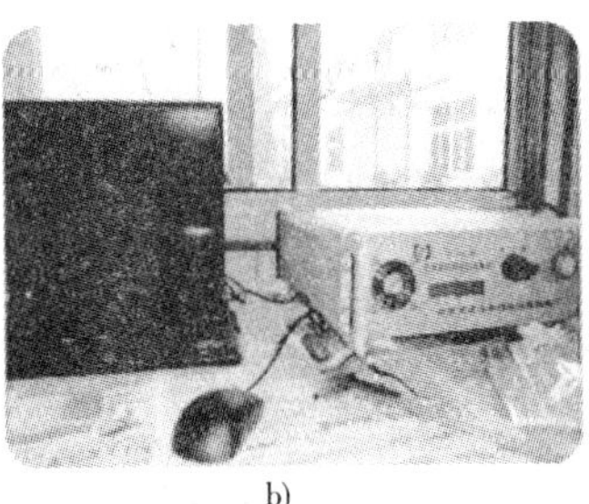
b)

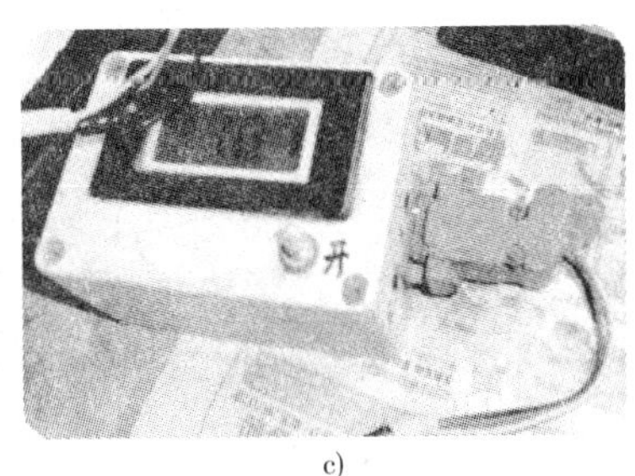

c)

图 5-7　数据采集系统

a) DH3816；b) DY20 数据采集仪及计算机存储系统；c) 桩端位移采集仪

4. 模型桩固定及槽内混合砂浆浇筑

模型桩制作完毕后安置于试验槽内，模型桩上端利用螺钉与放置在试验槽上方的槽钢连接(图 5-8)，模型桩固定后进行槽内混合砂浆浇筑(图 5-8 ~ 图 5-10)。

图 5-8　模型试验桩固定

图 5-9　槽内浇筑混合砂浆

图 5-10　施工完成

5. 模型试验桩加载

浇筑完毕 20 天后进行加载测试。加载前先将各测量元件焊接或连接到采集箱，并与数据采集室的电脑相连。加载量以桩顶沉降量进行控制。据以往嵌岩桩模型试验分析，当桩嵌入一定强度的岩石后，其桩顶荷载位移曲线多为缓变型，无法量测曲线的陡降段，Jubenville &

Hepworth(1981)则定义当桩顶位移值为桩径10%时所对应的荷载为嵌岩桩极限荷载。本次试验考虑到加压油泵的额定加载值,以桩顶加至30mm所对应的荷载为最终加载值。

5.1.1.2 试验依据

(1)建筑基桩检测技术规范(JGJ 106—2003);

(2)建筑桩基技术规范(JGJ 94—2008);

(3)建筑地基基础设计规范(GB 50007—2002);

(4)公路桥涵地基与基础设计规范(JTG D63—2007)。

5.1.1.3 模型试验数据处理

1. 试验测得的数据

(1)桩顶荷载 P;

(2)桩顶沉降 s;

(3)桩侧应变片实测应变数值 ε;

(4)桩端压力应变值 X;

(5)桩端沉降值。

2. 数据处理方法

(1)桩身截面应变

$$\varepsilon_i = (\varepsilon_{i1} + \varepsilon_{i2})/2c \quad i = 1,2,3,4,5 \tag{5-1}$$

式中:ε_{i1},ε_{i2}——桩截面对称两个应变片所测得的应变。

(2)桩身截面轴力

$$N_i = E_P A \varepsilon_i \quad i = 1,2,\cdots,5 \tag{5-2}$$

式中:E_P——桩身弹性模量;

A——桩身截面积;

ε_i——桩身截面应变。

(3) 每一段桩侧平均侧阻力

$$q_{si} = (N_i - N_{i+1})/A \tag{5-3}$$

式中:N_i——第 i 断面轴力。

(4)第 i 段的桩~土相对位移量 = 桩顶沉降 - 第 i 段土中部以上土体压缩量

(5)桩端土压力值:

$$p = A + BX \tag{5-4}$$

式中:p——桩端土压力,kPa;

X——测得的微应变,$\mu\varepsilon$;

A,B——压力盒标定系数。

5.1.2 室内模型试验数据处理与分析

如取桩顶位移值为桩径的10%时所对应的荷载为嵌岩桩极限荷载,由于模型试验桩桩径极小,计算出来的数值均小于9mm,此时对应实测曲线处于初始阶段,考虑到模型试验柱与工程桩的不同,本文以桩顶位移达到30mm时的桩顶加载值来研究全嵌岩模型桩的承载性能。

5.1.2.1 模型嵌岩桩桩顶荷载位移曲线（$Q\sim s$）分析

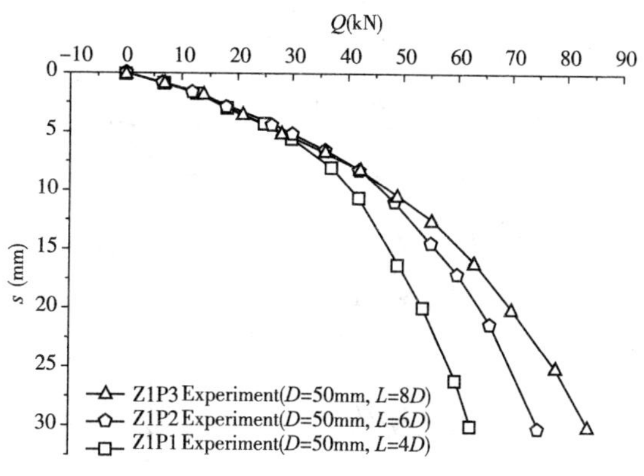

图 5-11 第一组各根桩 $Q\sim s$ 曲线（$D=50$mm）

桩顶位移达 30mm 时，各根试桩 $Q\sim s$（桩顶荷载和位移）曲线如图 5-11 ~ 图 5-13 所示，从图中反映出当模型桩桩径不变，嵌岩比（$n=h_r/D$）由 $4D$ 变到 $8D$ 时各试桩 $Q\sim s$ 曲线会随着嵌岩比的增大而变得平缓，在相同桩顶荷载作用下，其桩顶沉降会随嵌岩比的增大而减小；当桩径相同而嵌岩比增加时，其桩顶荷载增加量如图 5-13 所示，图中三条直线的斜率总的来说会随嵌岩比的增加而变得越平缓，这一趋势与《建筑桩基技术规范》（JGJ 94—2008）第 5.3.9 条规定的嵌岩段侧阻和端阻综合系数 ζ_r 随嵌岩比的增加而提高，但提高的幅度会随嵌岩比的增加而变得平缓所反映的现象相一致。当试桩的嵌岩比相同，而桩径改变时试桩承载力增加的幅度提高迅速，如图 5-14 和图 5-15 所示。

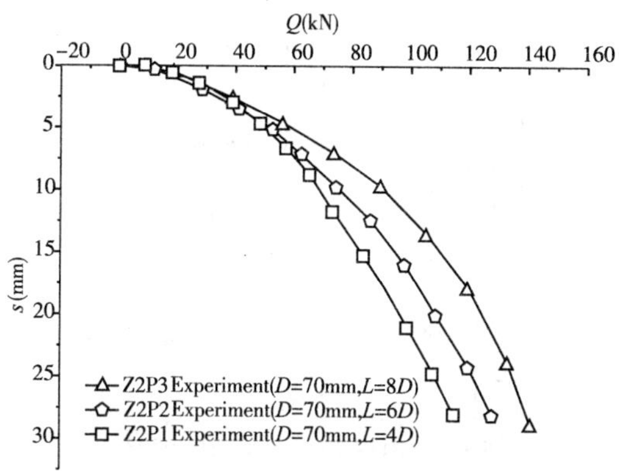

图 5-12 第二组各根桩 $Q\sim s$ 曲线（$D=70$mm）

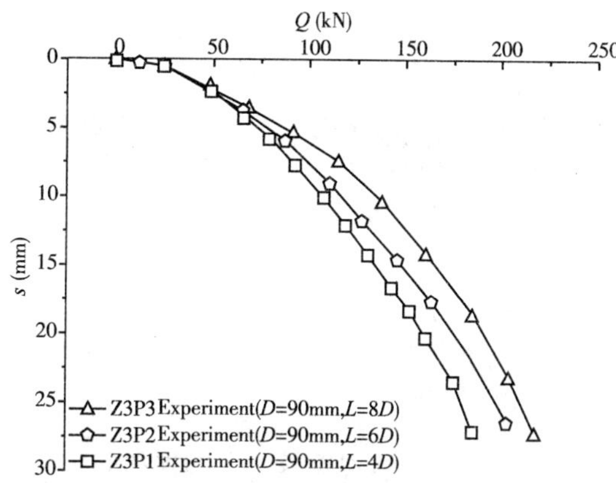

图 5-13 第三组各根桩 $Q\sim s$ 曲线（$D=90$mm）

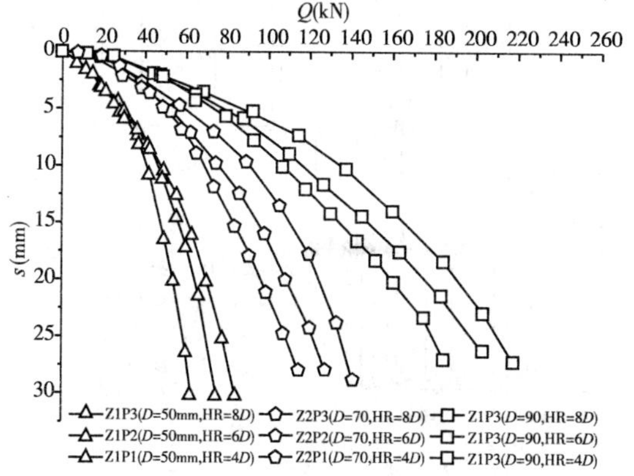

图 5-14 各组各根桩 $Q\sim s$ 曲线对比图

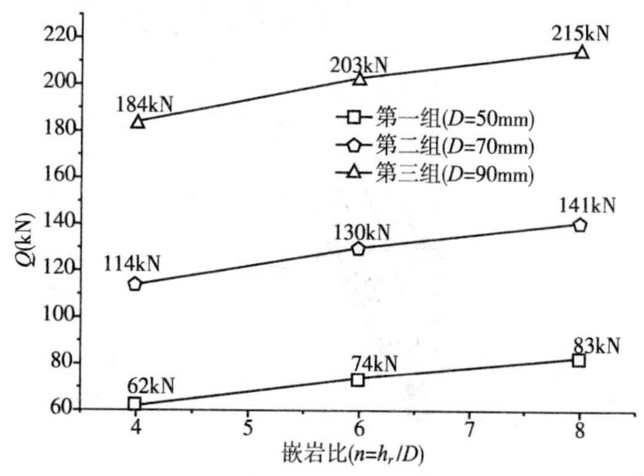

图 5-15 嵌岩比和桩径改变时对桩顶荷载的影响

5.1.2.2 模型嵌岩桩桩身轴力及侧摩阻力分析

(1)第一组(桩径 $D=50\text{mm}$)(图 5-16 ~ 图 5-21)

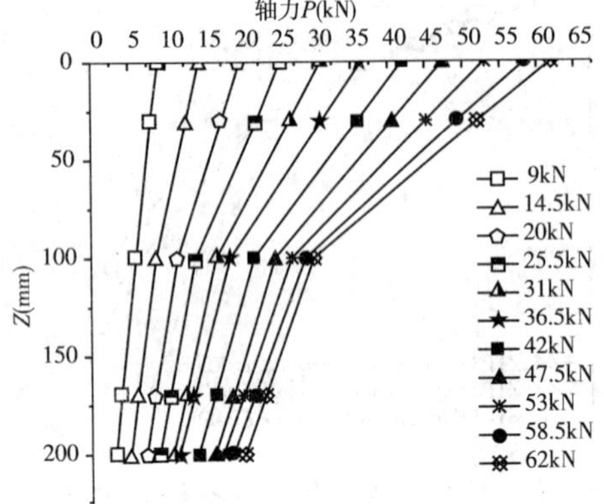

图 5-16 Z1P1 模型嵌岩桩轴力图

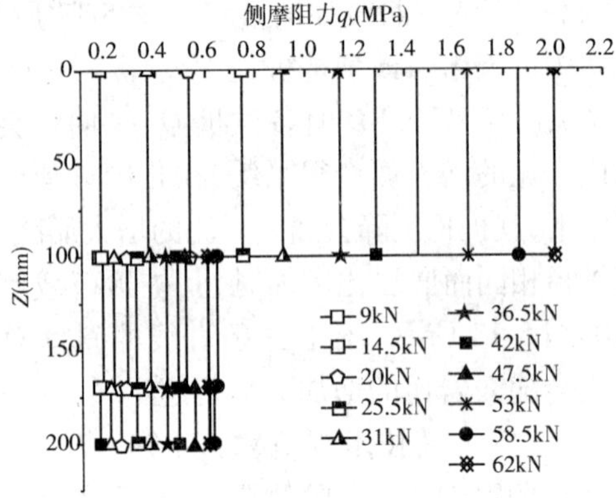

图 5-17 Z1P1 模型嵌岩桩侧阻力图

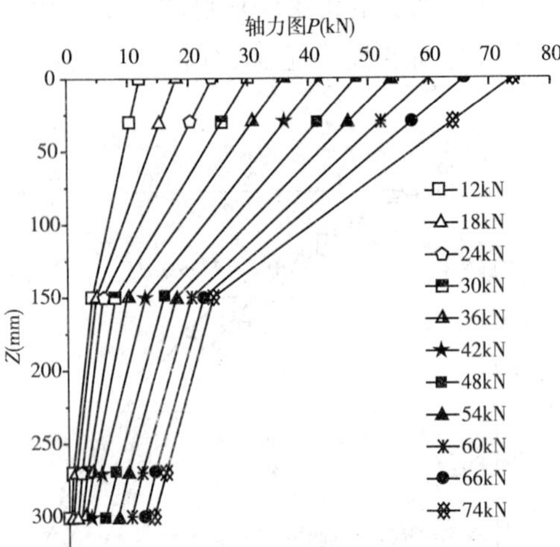

图 5-18 Z1P2 模型嵌岩桩轴力图

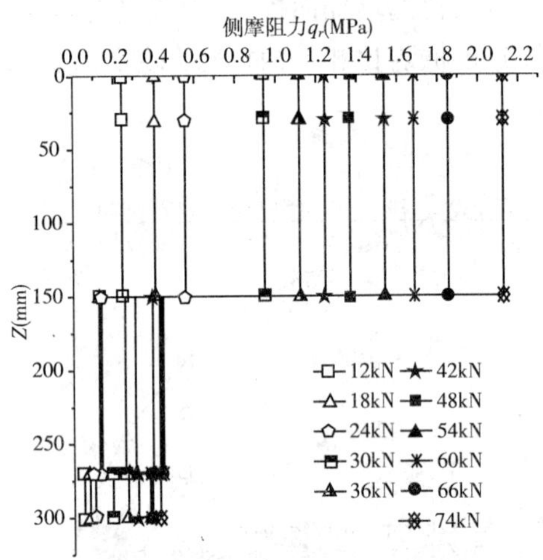

图 5-19 Z1P2 模型嵌岩桩侧阻力图

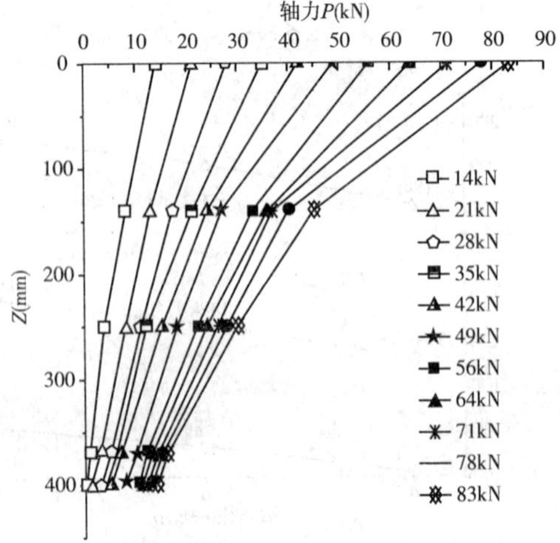

图 5-20 Z1P3 模型嵌岩桩轴力图

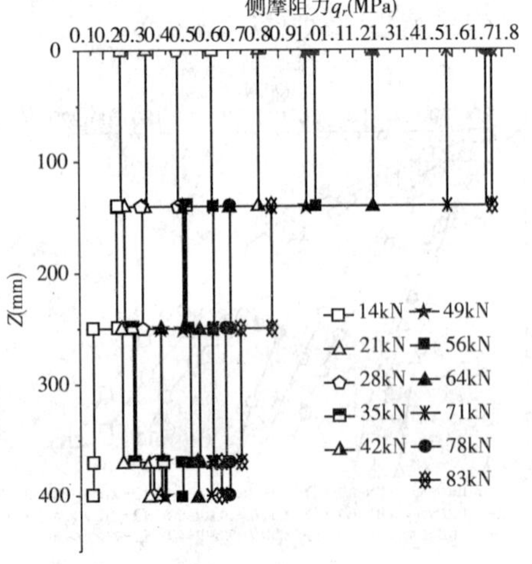

图 5-21 Z1P3 模型嵌岩桩桩侧阻力图

(2)第二组(桩径 $D=70\text{mm}$)(图 5-22 ~ 图 5-27)

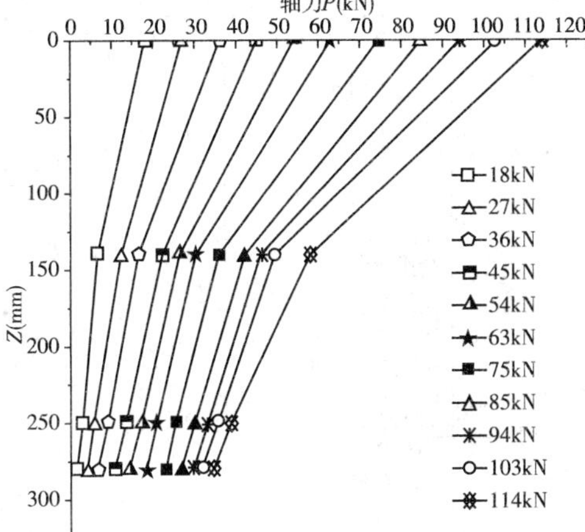

图 5-22 Z2P1 模型嵌岩桩轴力图

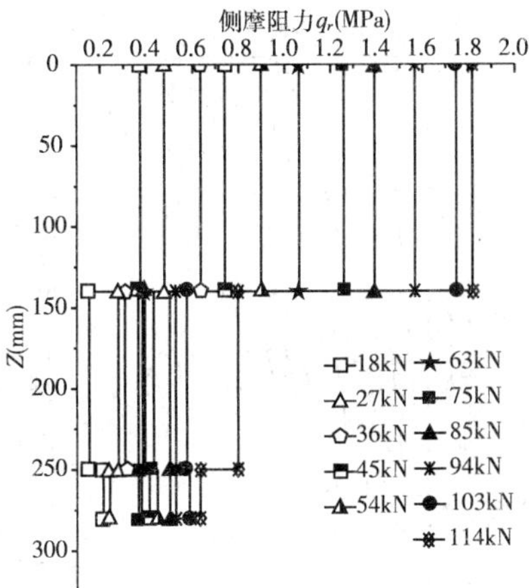

图 5-23 Z2P1 模型嵌岩桩桩侧阻力图

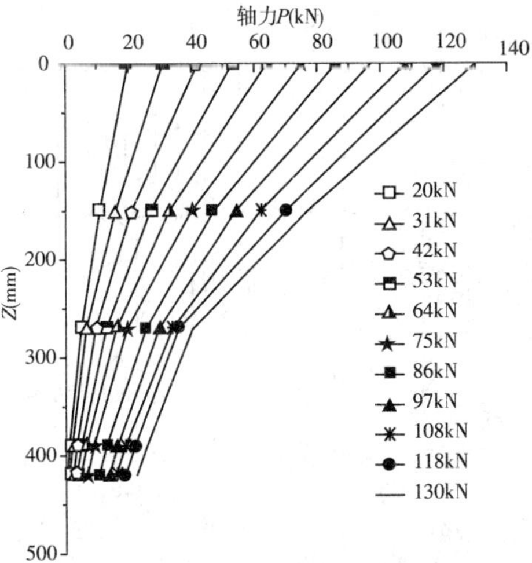

图 5-24 Z2P2 模型嵌岩桩轴力图

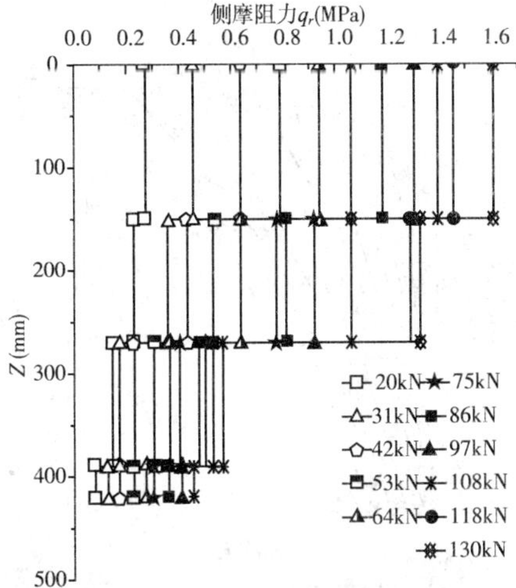

图 5-25 Z2P2 模型嵌岩桩桩侧阻力图

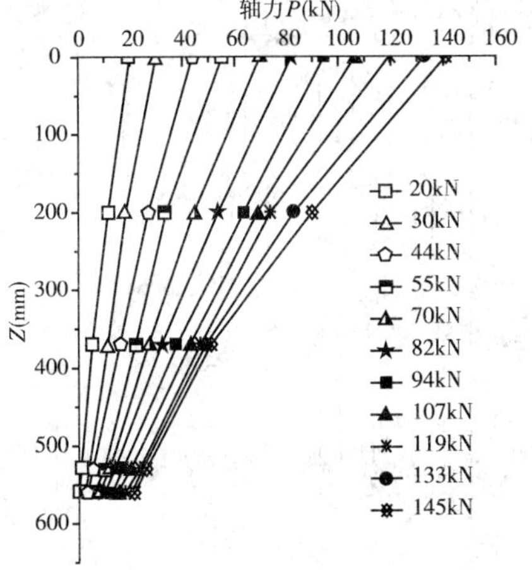

图 5-26 Z2P3 模型嵌岩桩轴力图

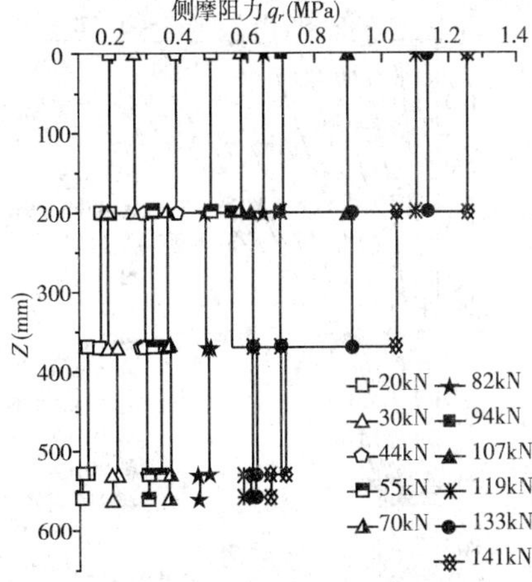

图 5-27 Z2P3 模型嵌岩桩桩侧阻力图

(3)第三组(桩径 D = 90mm)(图 5-28 ~ 图 5-33)

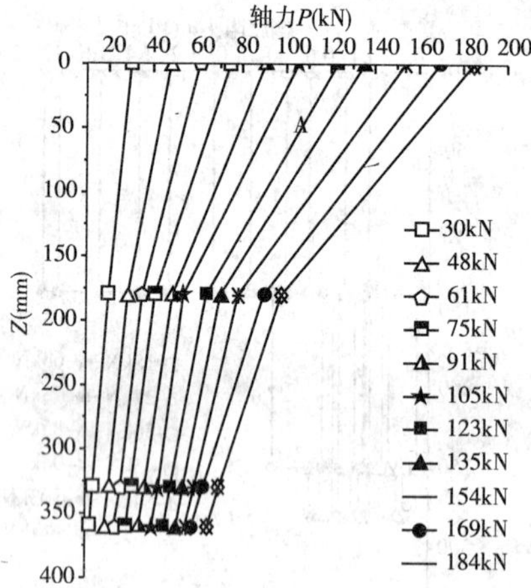

图 5-28　Z3P1 模型嵌岩桩轴力图

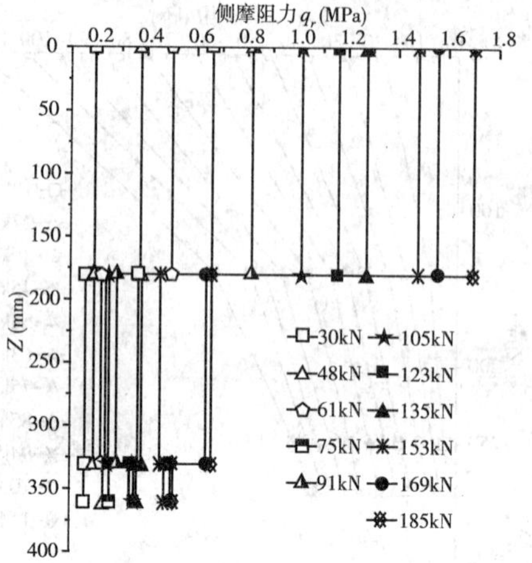

图 5-29　Z3P1 模型嵌岩桩桩侧阻力图

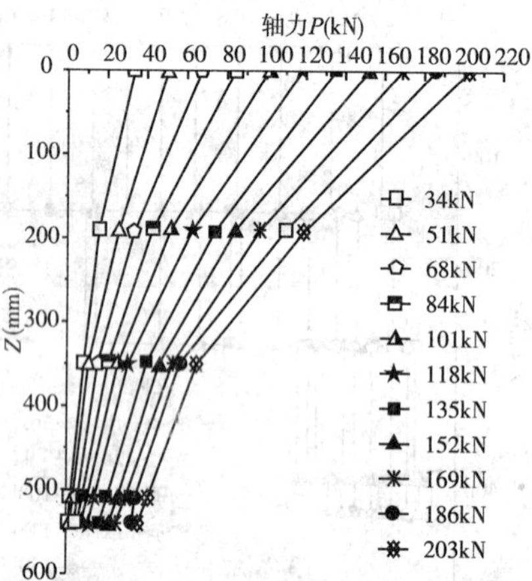

图 5-30　Z3P2 模型嵌岩桩轴力图

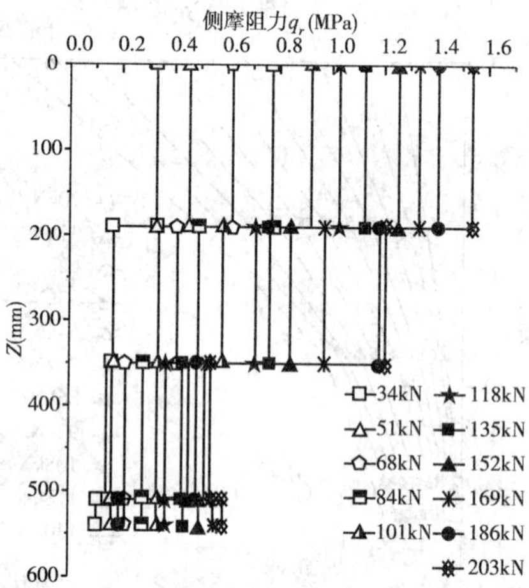

图 5-31　Z3P2 模型嵌岩桩桩侧阻力图

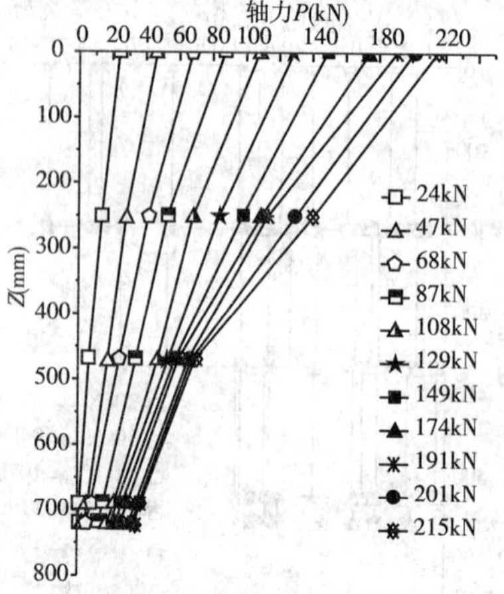

图 5-32　Z3P3 模型嵌岩桩轴力图

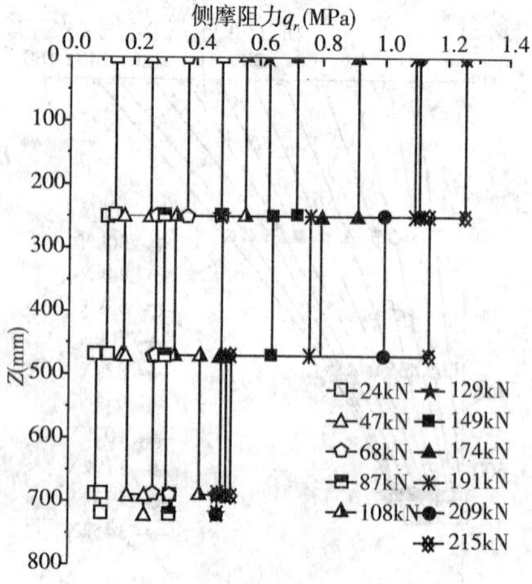

图 5-33　Z3P3 模型嵌岩桩桩侧阻力图

根据所测的轴力曲线，可以计算出桩-岩石界面上的摩阻力分布曲线，模型桩侧摩阻力主要分布于桩身的上部区域，形成“上大下小”的桩侧摩阻力分布模式，桩顶位移为30mm时所对应的桩侧摩阻力如表5-2所示，桩—岩界面间的平均极限摩阻力τ_s一般按下式进行计算：

$$\tau_s = \alpha\sigma_c^{0.5}$$

式中：σ_c——岩石无侧限抗压强度（当桩体材料强度低于岩石强度时，取桩体材料单轴抗压强度）；

α——与岩层类别有关的系数，取值0.1～0.8。

根据单轴抗压强度试验结果，混合砂浆18天单轴抗压强度标准值为6MPa，以式(5-3)进行估算，桩—岩界面间的侧摩阻力值为0.24～2MPa之间，其表5-2中所测桩顶位移为30mm所对应的桩侧摩阻力大部分在此范围之内。

Pells(1979)提出当桩径小于500mm时，桩侧摩阻力随桩径的增加而减小，当桩径大于500mm之后，这个现象将不太明显，本次试验采用三种桩径$D=50$mm、70mm和90mm，当桩径增加时，其侧摩阻力变化如图5-34和表5-2所示，桩侧摩阻力随桩径增加减小的现象明显，其试验结果与Pells(1979)桩侧摩阻力与桩径关系一致。桩径增大，在桩身轴力的作用下，桩的侧向变形将会减小，作用在桩周岩石上的法向应力随之减小，势必导致切向应力亦即桩侧摩阻力的下降；从图5-34可以看出桩侧摩阻力与嵌岩比的关系不明显。

由图5-35可知：Q_b/Q(%)（桩端荷载占桩顶荷载百分比）随嵌岩比$n=h_r/D$增大而逐渐减小，嵌岩比$n=h_r/D$越大，端阻发挥的作用越小，$4\leqslant n<6$时，Q_b/Q(%)递减明显；当$6\leqslant n<8$时，Q_b/Q(%)递减平缓，此时，桩顶荷载主要由桩—岩侧阻力来承担。分析原因认为，桩较长时，桩顶受荷后，桩身弹性压缩较大，桩与岩土间的相对位移较大，足以使侧阻充分发挥。

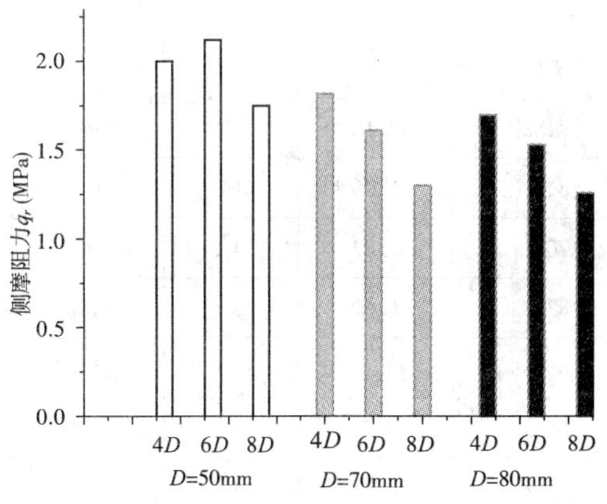

图5-34 模型嵌岩桩桩径、嵌岩比与桩侧摩阻力的关系

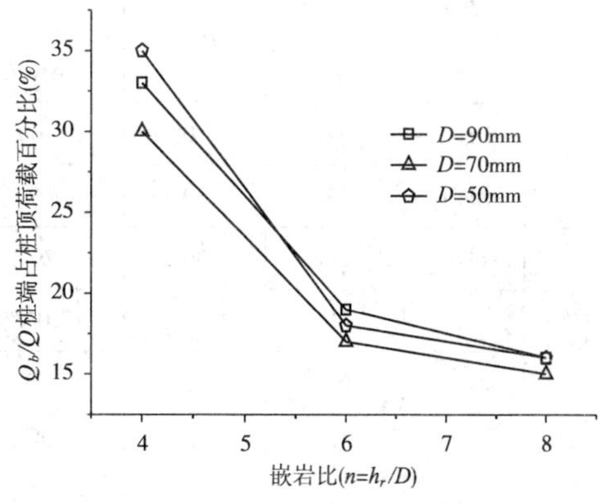

图5-35 模型嵌岩桩嵌岩比与桩端荷载占桩顶荷载百分比的关系

桩身轴力传递率(P_z/P)随嵌岩比$n=h_r/D$的提高而增大（图5-36），也就是说在其他条件相同的情况下，随着$n=h_r/D$的增大，在同一断面上的轴力就越大。因此，随着桩长的增加，桩顶荷载向桩身上部集中的趋势是极明显的。

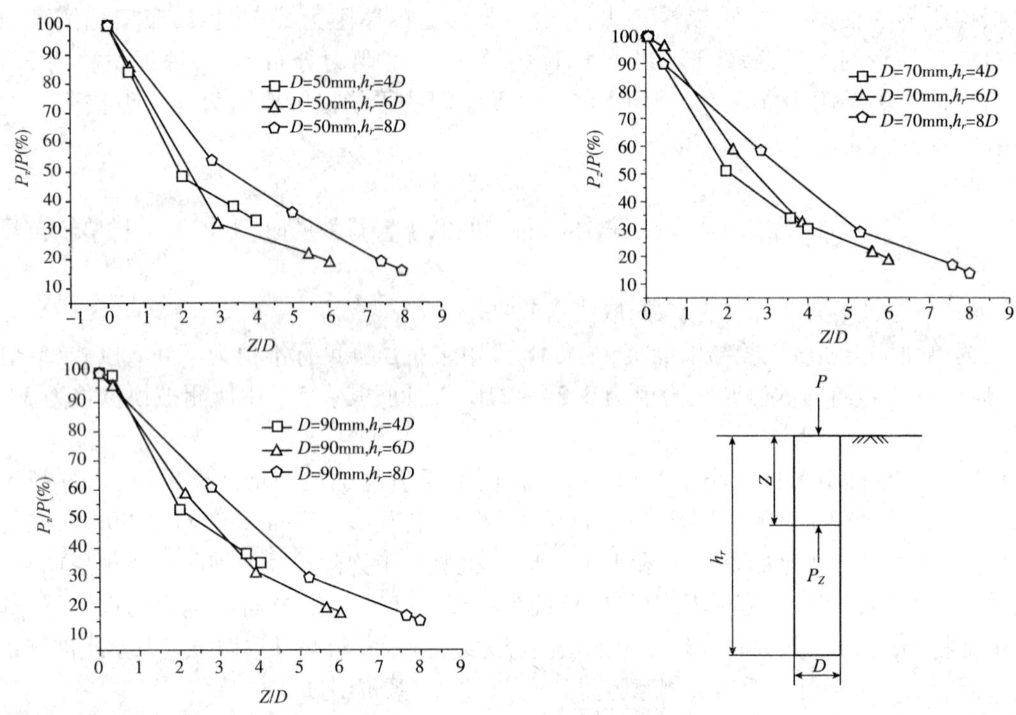

图 5-36　嵌岩桩轴力传递率与嵌岩深度的关系

试桩试验成果表　　表 5-2

组号	桩号	桩顶最大加载量 Q(kN)	相应桩顶位移量 s(mm)	相应嵌岩段桩侧总阻力 Q_r(kN)	侧阻占总桩顶加载量的比例 Q_r/Q(%)	桩侧摩阻力 q_r(MPa) 最大值	桩端阻力 Q_b(kN)	端阻占总桩顶加载量的比例 Q_b/Q(%)
第一组 $D=50$mm	Z1P1	62	30	41.52	67%	2	20.48	33%
	Z1P1	74	30	60	81%	2.12	14	19%
	Z1P1	83	30	69	84%	1.75	14	16%
第二组 $D=70$mm	Z1P1	114	30	79.5	70%	1.82	34.5	30%
	Z1P1	130	30	107.5	83%	1.61	22.5	17%
	Z1P1	141	30	119.4	85%	1.3	21.6	15%
第三组 $D=90$mm	Z1P1	184	30	119	65%	1.7	65	35%
	Z1P1	203	30	167	82%	1.53	36	18%
	Z1P1	215	30	181	84%	1.26	34	16%

5.1.3　嵌岩桩有限元承载力分析

1. 问题描述

为了研究嵌岩桩的某些工作性状，尤其是嵌岩桩嵌岩段桩岩共同作用问题，并考虑到问题的轴对称性，用轴对称问题(Axial symmetry)进行模拟，桩体采用 CAX8R(8 结点、轴对称、减缩积分)，土体采用 CAX4R(4 结点，轴对称，减缩积分单元)对模型离散，对桩、土、岩分别形成单元，嵌岩桩模型尺寸如表 5-3 所示(桩全长嵌入岩层 $L = h_r$)。

桩体尺寸表 表 5-3

桩径	$D = 50$mm				$D = 70$mm				$D = 90$mm			
桩长	$L = 2D$	$L = 4D$	$L = 6D$	$L = 8D$	$L = 2D$	$L = 4D$	$L = 6D$	$L = 8D$	$L = 2D$	$L = 4D$	$L = 6D$	$L = 8D$

2. 本构选取

ABAQUS 软件中能提供的本构有限，选取 Mohr-Coulomb 塑性模型模拟岩石的弹塑性行为，桩体采用弹性模性，模型参数见表 5-4。

材料参数表 表 5-4

类别	弹性模量(Pa)	泊松比 ν	重度 γ	粘聚力 C(kPa)	内摩擦角 φ(°)
桩	2.7×10^9	0.22	21		
砂岩	6E8	0.3	24	522	20

3. 模型尺寸及网格划分

为研究嵌岩桩承载变形性状随桩长、桩径、桩体模量、嵌岩深度等因素的变化情况，对竖向荷载作用下的计算模型进行了不同桩长、不同桩径、不同桩体模量以及不同嵌岩深度的有限元计算：桩径 $D = 50$mm、70mm、90mm，嵌岩深度取 $L = 2D$、$4D$、$6D$、$8D$，桩体弹性模量 E_{pile} 取 2.7×10^9Pa，岩石弹性模量 E_{rock} 分别取 6×10^8Pa、2.7×10^9Pa、8.1×10^9Pa、13.5×10^9Pa、18.9×10^9Pa；E_{rock}/E_{pile}(岩石弹性模量与桩体弹性模量比值)分别等于 0.22、1、3、5、7，边界条件为：模型的底部径向和竖向位移均约束，模型外侧的径向位移约束模型尺寸及网格划分如图 5-37 所示。

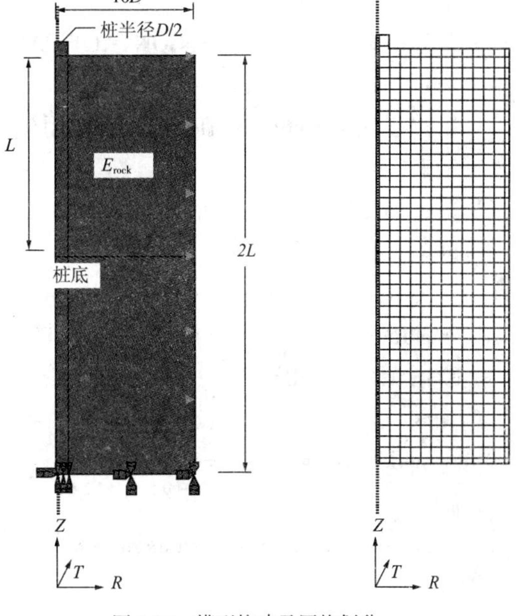

图 5-37 模型构建及网格划分

4. 分析步骤及方法

(1)分析步骤

①桩移除，土在天然状态下自重应力平衡 ⟶ ②桩添加，并设置桩—岩接触对 ↓ ③在桩顶施加荷载，并监测桩顶荷载和位移曲线

(2)分析方法

第一步为 * Geostatic 分析步，进行初始应力场的平衡，在初始地应力平衡时考虑桩基的施工过程，应不对桩进行自重应力平衡，并移除桩—岩接触对。自重应力平衡的方法采用如下方法：

```
*INITIAL CONDITIONS,TYPE = STRESS,GEOSTATIC
Rock,STRESS1,COORD1,STRESS2,COORD2,K0
```

数据行意义:岩体的集名,竖向应力,竖向坐标,竖向应力,竖向坐标,侧向压力系数

```
*Step,Name = Step - 1
*Step, name = geo, unsymm = YES
*Static
0.1, 1., 1e-05, 1.
*MODEL CHANGE,TYPE = ELEMENT,REMOVE
PILE
*Geostatic
*Dload
,GRAV, 9.8, , -1.
** Interaction: Int - 1
*Model Change, type = CONTACT PAIR, remove
soil - side_CNS_, pile - side
** Interaction: Int - 2
*Model Change, type = CONTACT PAIR, remove
soil - base_CNS_, pile - base
```

第二步为*Static 步,在该步中,利用生死单元技术,移除桩所对应的土单元,并添加桩—岩接触对。

```
** STEP: remove - sr - add - pile
**
*Step, name = remove - sr - add - pile, unsymm = YES
*Static
0.1, 1., 1e-05, 1.
**
*model change,type = element,remove
sr1
*model change,type = element,add
pile
** INTERACTIONS
**
** Interaction: Int - 1
*Model Change, type = CONTACT PAIR, add
soil - side_CNS_, pile - side
** Interaction: Int - 2
*Model Change, type = CONTACT PAIR, add
soil - base_CNS_, pile - base
```

＊＊

第三步为＊Static步，在该步中，桩顶施加竖向荷载，采用自动增量步长，为了控制每个增量步的荷载变化量，最大的增量步长设为一较小值0.05。此外，由于岩体为非线性相关联流动，所以刚度矩阵为非对称，应设置unsymm = YES。

```
*Step,name = Step - 2,unsymm = YES
*Static
0.001,1.0,1e-05,0.05
```

5. 计算结果分析

(1)嵌岩比($n = h_r/D$)对嵌岩桩承载力的影响

有限元计算结果如图5-38所示。

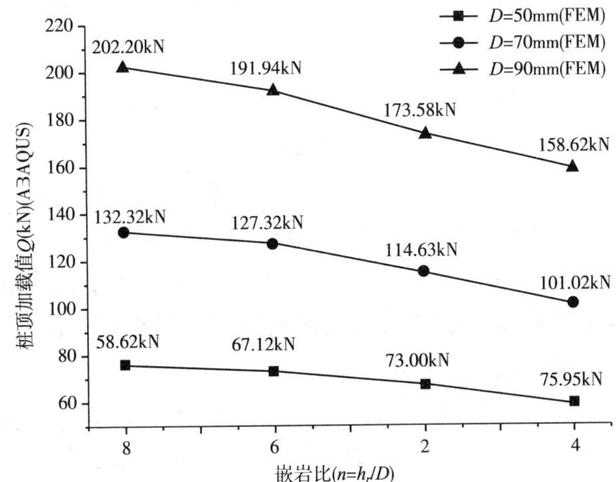

图5-38　按有限元计算出来的桩顶位移30mm对应的桩顶荷载与嵌岩比($n = h_r/D$)的关系

有限元计算结果，取桩顶位移达30mm对应的桩顶荷载进行研究，不同嵌岩比($n = h_r/D$)条件下，桩顶荷载与位移曲线($Q \sim s$曲线)如图5-39～图5-42所示。

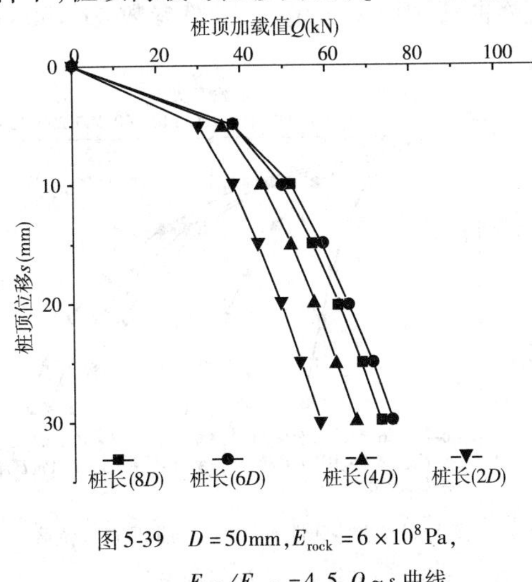

图5-39　$D = 50\text{mm}, E_{rock} = 6 \times 10^8\text{Pa}$，$E_{pile}/E_{rock} = 4.5$，$Q \sim s$曲线

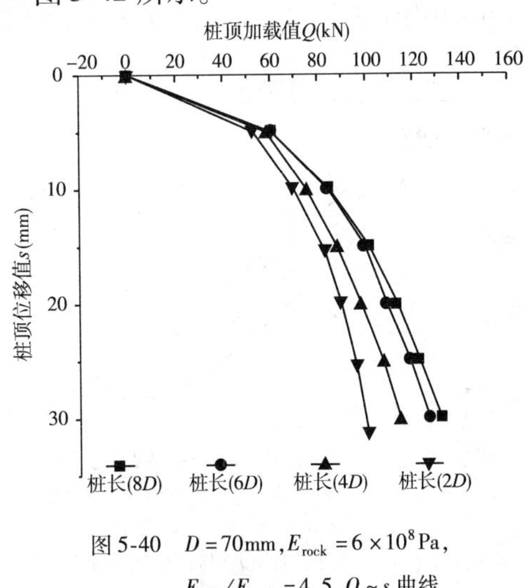

图5-40　$D = 70\text{mm}, E_{rock} = 6 \times 10^8\text{Pa}$，$E_{pile}/E_{rock} = 4.5$，$Q \sim s$曲线

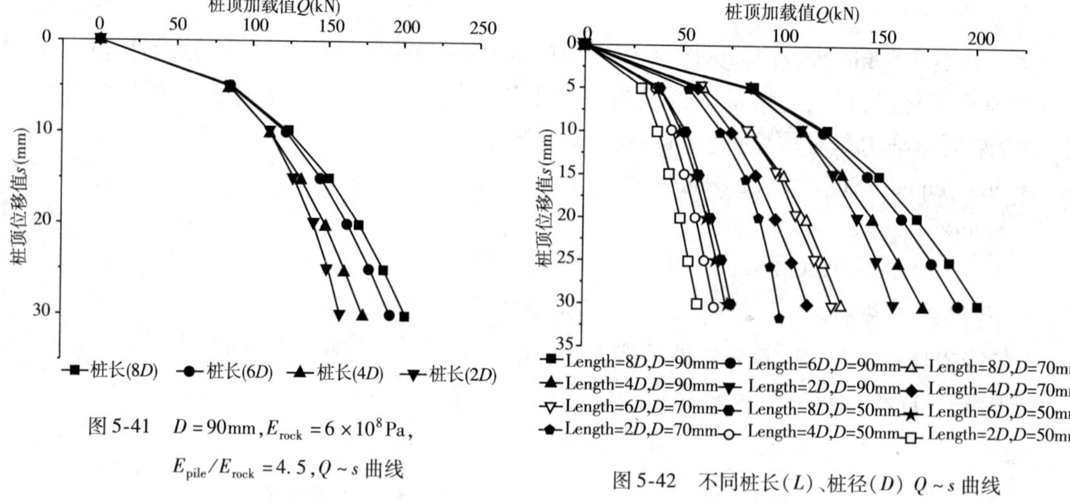

图 5-41　$D = 90\text{mm}, E_{\text{rock}} = 6 \times 10^8\text{Pa}$, $E_{\text{pile}}/E_{\text{rock}} = 4.5$, $Q \sim s$ 曲线

图 5-42　不同桩长(L)、桩径(D) $Q \sim s$ 曲线

当模型桩桩径不变,嵌岩比($n = h_r/D$)由 $2D$ 变到 $8D$ 时各试桩 $Q \sim s$ 曲线会随着嵌岩比的增大而变得平缓,在相同桩顶荷载作用下,其桩顶沉降会随嵌岩比的增大而减小;当桩径相同而嵌岩比增加时,其桩顶荷载增加量如图 5-38 所示,图中三条直线的斜率会随嵌岩比的增加而变得平缓,这一趋势与《建筑桩基技术规范》(JGJ 94—2008)嵌岩段侧阻和端阻综合系数 ζ_r 随嵌岩比的增加而提高,但提高的幅度会随嵌岩比的增加而变得平缓相一致。当试桩的嵌岩比相同,而桩径改变时试桩承载力增加的幅度比通过仅仅增加试桩嵌岩比的方法提高的迅速。

(2)桩径(D)对嵌岩桩承载力的影响

图 5-43 表示嵌岩桩在桩径为 $D = 90\text{mm}$、$D = 70\text{mm}$、$D = 50\text{mm}$ 三种不同桩径下,荷载—沉降变化曲线,计算参数:桩长 Length $= 2D$、$4D$、$6D$、$8D$;桩体弹性模量 $E_{\text{pile}} = 2.7 \times 10^9\text{Pa}$;岩体弹性模量 $E_{\text{rock}} = 6 \times 10^8\text{Pa}$;桩岩刚度比值 $E_{\text{rock}}/E_{\text{pile}} = 0.22$。

(3)岩石弹性模量与桩体弹模比值不同 $E_{\text{rock}}/E_{\text{pile}}$ 对嵌岩桩承载力的影响

从图 5-44 表示基岩强度 E_{rock} 分别为 $6 \times 10^8\text{Pa}$、$2.7 \times 10^9\text{Pa}$、$8.1 \times 10^9\text{Pa}$、$13.5 \times 10^9\text{Pa}$、$18.9 \times 10^9\text{Pa}$,$E_{\text{rock}}/E_{\text{pile}} = 0.22$、1、3、5、7 时荷载—沉降曲线($Q \sim s$ 曲线)。计算参数:$D = 90\text{mm}$,

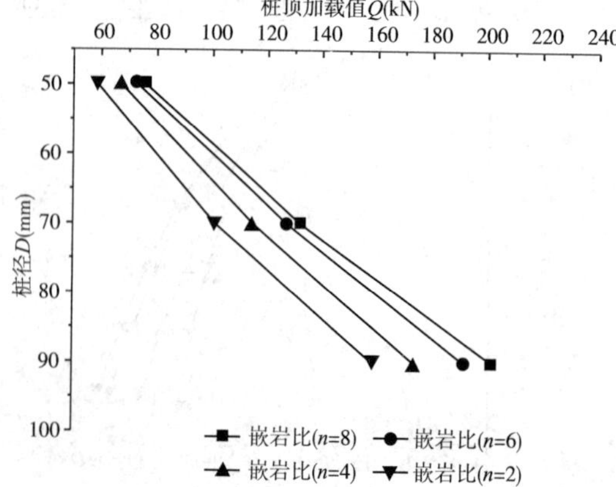

图 5-43　桩径(D)、嵌岩比(n)与桩顶加载量(Q)的关系

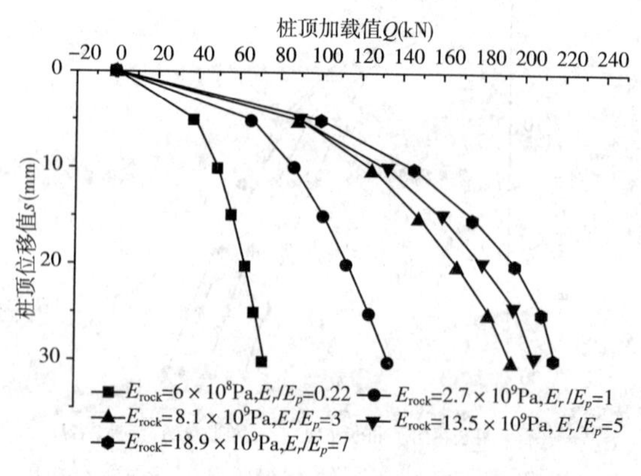

图 5-44　岩体弹性模量 E_{rock} 与桩顶荷载位移曲线关系($Q \sim s$)的关系

$L=9D,E_p=2.7\times10^9\text{Pa}$。同一荷载水平下，当基岩强度较小时，沉降很大。$E_r/E_p$的比值较小时，增加岩石的强度将有效地提高桩基承载力，但利用增大岩石强度的方向提高嵌岩桩承载能力是有限的。

图5-45和图5-46表示在不同$E_{\text{rock}}/E_{\text{pile}}$情况下，单桩极限承载力变化的趋势，从图中可以看出岩石弹模对嵌岩桩承载力的影响$Q(\text{kN})\sim\lg(E_{\text{rock}}/E_{\text{pile}})$之间的关系近乎线性。

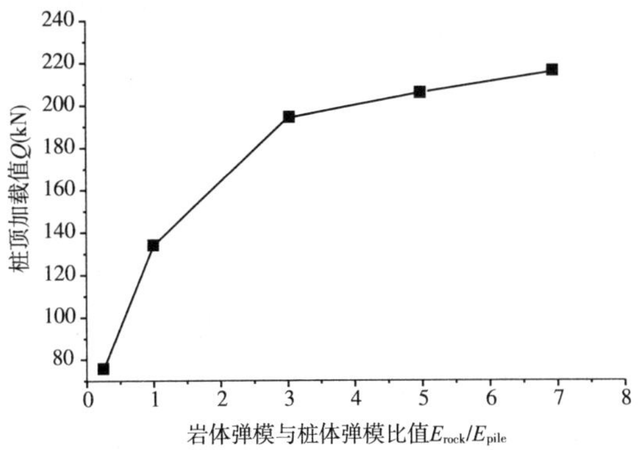

图5-45 $E_{\text{rock}}/E_{\text{pile}}$与桩顶加载量$Q(\text{kN})$的关系

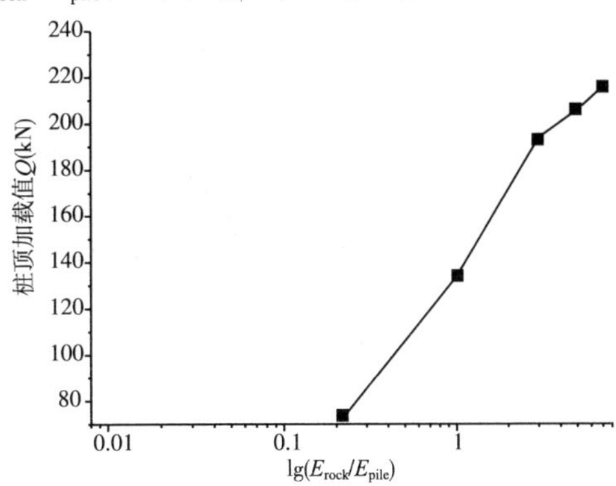

图5-46 $\lg(E_{\text{rock}}/E_{\text{pile}})$与桩顶加载量的关系

5.1.4 小结

本节对模型嵌岩桩的测试数据处理分析后，发现模型嵌岩桩承载性能与桩径(D)、桩长(桩全长嵌岩时$L=h_r$)、嵌岩比($n=h_r/D$)有关，具体关系如下：

(1)模型嵌岩桩桩径(D)增加，相同桩顶位移时桩顶荷载增加，增加的幅度比简单的通过增加嵌岩比($n=h_r/D$)的方法要高很多。

(2)当桩径相同，嵌岩比不同时，桩端承担桩顶的荷载随嵌岩比的增大而减小，$4\leqslant n<6$时，$Q_b/Q(\%)$递减明显；当$6\leqslant n<8$时，$Q_b/Q(\%)$递减平缓。

(3)桩侧摩阻力$q_r(\text{MPa})$随桩径(D)的增大而减小。

(4)桩身轴力传递率(P_z/P)随着h_r/D(嵌岩比)的提高而增大。

5.2 孔壁粗糙度及桩底沉渣室内模型研究

施工中成桩工艺、成孔时间、泥皮都在某种程度上影响孔壁粗糙度和桩底沉渣，进而影响嵌岩桩的承载性状。原位静载试验很难确定孔壁粗糙度和桩底沉渣对嵌岩桩承载性状的影响，唯有通过室内模拟试验，获得粗糙度因子和沉渣对嵌岩桩承载性状的影响数据。随着技术手段的进步，嵌岩桩孔壁的粗糙度和桩底沉渣定能够准确的测量出来。由于进行嵌岩桩原型试验需要花费大量的人力、物力和时间，或因场地条件或其他因素的限制无法进行原型试验，在这种情况下，模型试验成为研究、探索和解决问题的一种有效方法。嵌岩桩室内模型试验能够对嵌岩桩加载到极限荷载，从而使嵌岩桩真正意义上达到破坏，近年来成为研究嵌岩桩承载性状的主要方法之一。以前人们对孔壁粗糙度及桩底沉渣对嵌岩桩承载特性的研究不多，而且都是小尺寸的桩基模型和试验槽，因此对这个领域的研究比较落后。本试验采用大型试验槽对试验桩进行加载,得到与原位试验更接近的数据,为设计和施工提供重要参数。

5.2.1 室内模型试验设计

本试验采用加拿大 Horvath 提出的凹凸度因子 RF 来描述孔壁粗糙度的定量方法,形式不再是规则的带棱凹凸,而是更接近实际岩石界面的圆弧状接触。其中:

$$RF = \frac{\overline{\Delta r}}{r_s} \cdot \frac{L_l}{L_S}$$

式中:$\overline{\Delta r}$——凹凸出部分径向尺寸平均值;

r_s——孔壁半径平均值;

L_l——沿钻孔深度方向剖面曲线的总长度;

L_S——钻孔深度(图 5-47)。

桩底沉渣的模拟和实际有些差别,桩底沉渣在实际工程中弹模很小,变形很大,基本不具备太大的承载力,为了减小试验的难度,决定采用 3cm 厚泡沫模模拟(图 5-48 和图 5-49)。

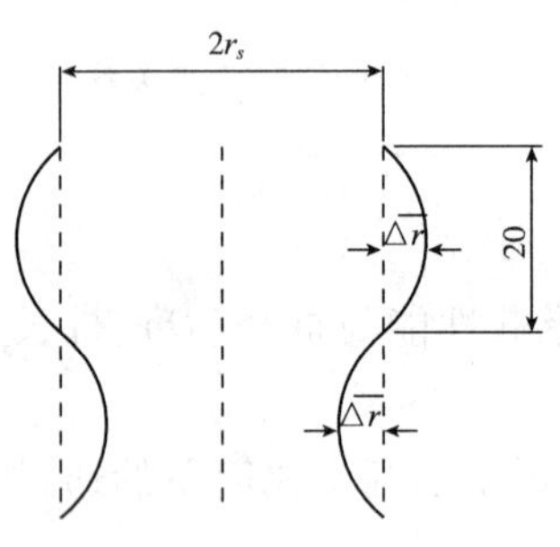

图 5-47 粗糙度因子定义图

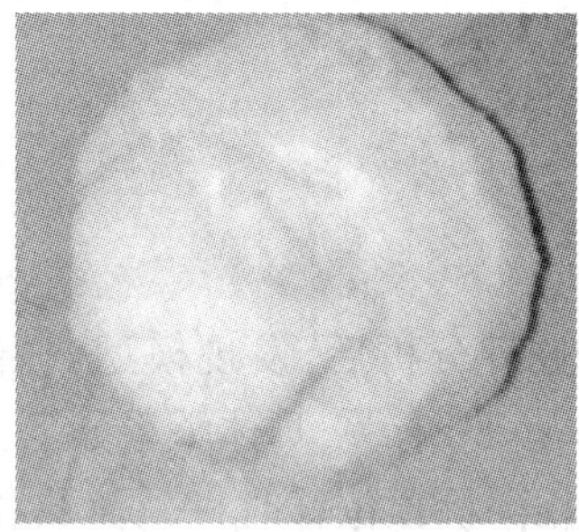
图 5-48 桩底泡沫

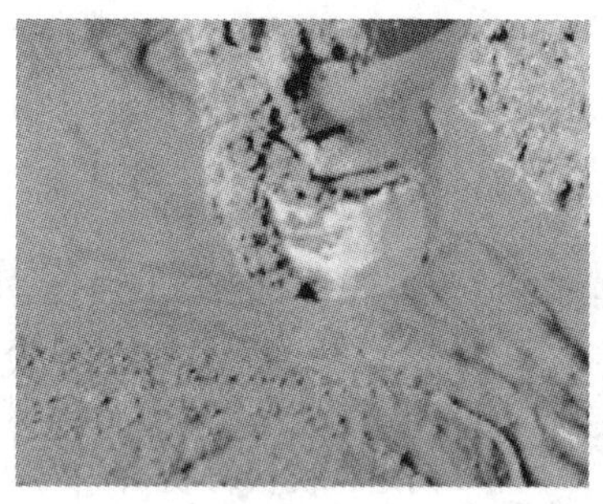
图 5-49 桩底泡沫固定

5.2.1.1 试验方案

为了考察不同孔壁粗糙度及桩底沉渣对嵌岩桩承载特性的影响,课题组将模拟桩分为五组,每组两根(表 5-5),每组粗糙度因子及桩长桩径都一样,区别是单号桩桩底用 3cm 厚泡沫模模拟沉渣,双号桩桩底密实,从第一组粗糙度为零起,以后每组粗糙度因子依次增大,试桩及在试验槽中的位置见图 5-50 和图 5-51。各组试验桩平面和实物图见图 5-52 ~ 图 5-61。

试桩方案参数表 表 5-5

组数	桩号	桩径(mm)	嵌入桩长(mm)	粗糙度因子 *RF*	桩底情况
第一组	P1	50	450	0.000	有沉渣
	P2	50	450	0.000	密实
第二组	P3	50	450	0.040	有沉渣
	P4	50	450	0.040	密实

续上表

组数	桩号	桩径(mm)	嵌入桩长(mm)	粗糙度因子 *RF*	桩底情况
第三组	P5	50	450	0.082	有沉渣
	P6	50	450	0.082	密实
第四组	P7	50	450	0.127	有沉渣
	P8	50	450	0.127	密实
第五组	P9	50	450	0.232	有沉渣
	P10	50	450	0.232	密实

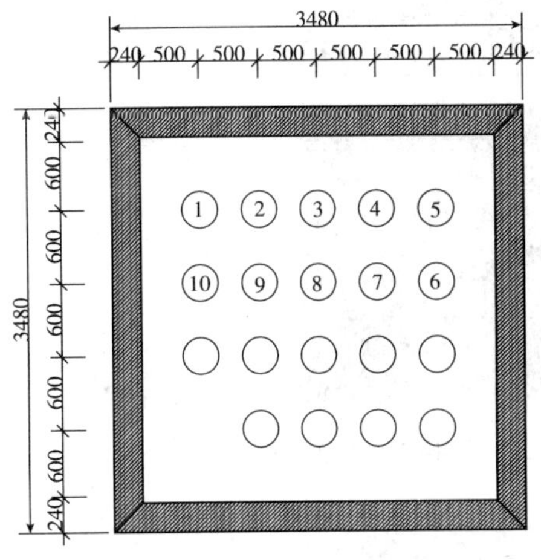

图 5-50　试验桩布置图

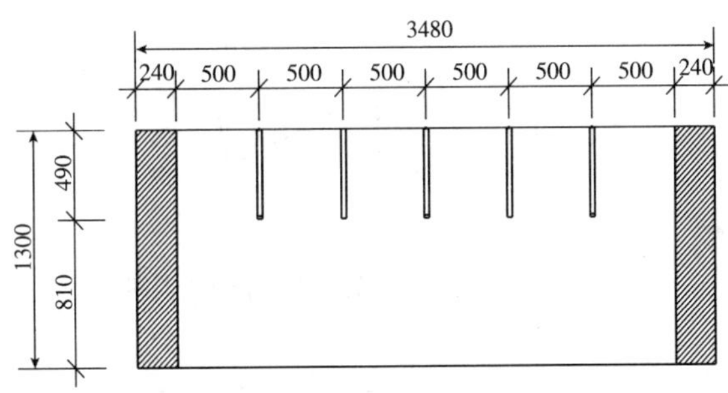

图 5-51　试验槽剖面图

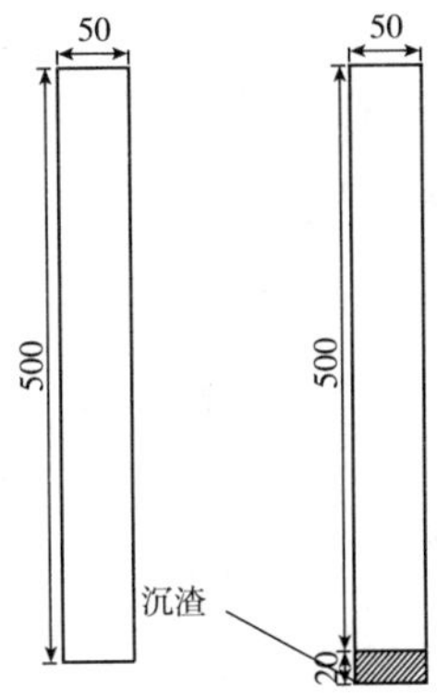

图 5-52　第一组试验桩平面图

图 5-53　第一组试验桩实物图

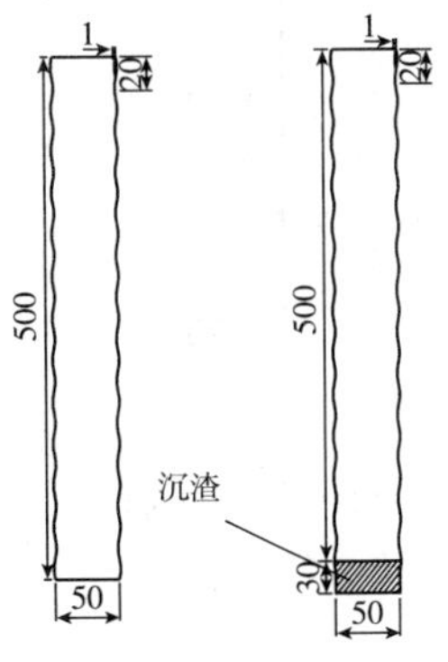

图 5-54　第二组试验桩平面图

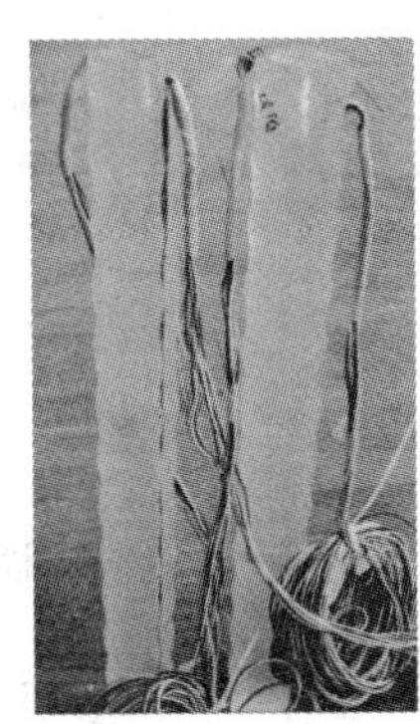

图 5-55　第二组试验桩实物图

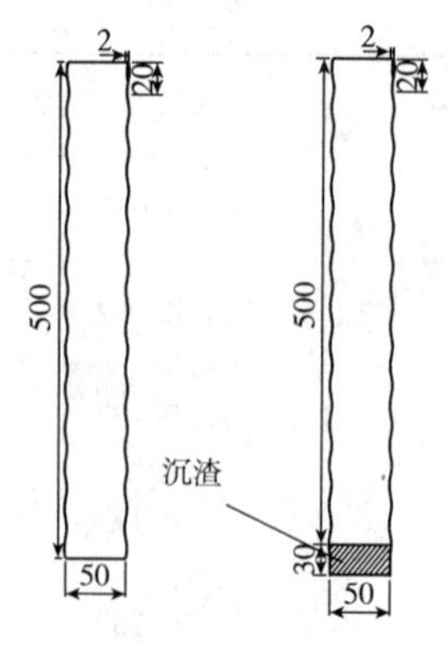

图 5-56　第三组试验桩平面图

图 5-57　第三组试验桩实物图

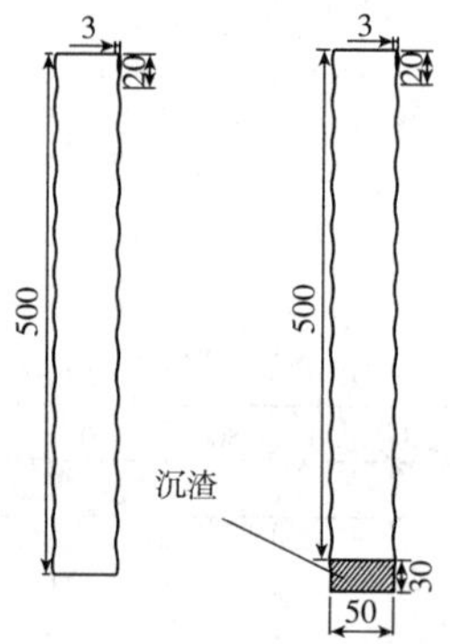

图 5-58　第四组试验桩平面图

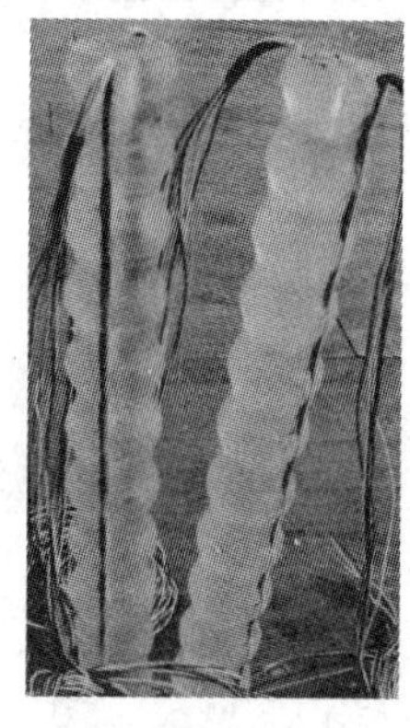
图 5-59　第四组试验桩实物图

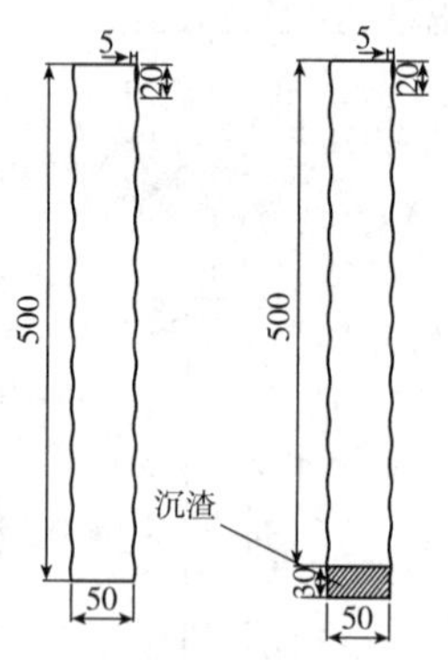

图 5-60　第五组试验桩平面图

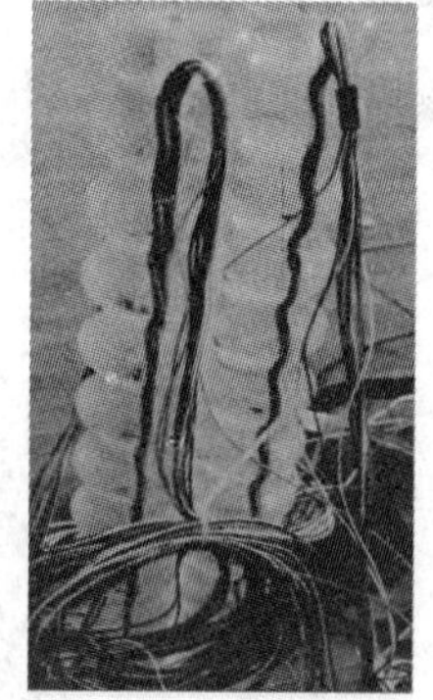
图 5-61　第五组试验桩实物图

5.2.1.2　试验设施

1. 试验槽与反力装置

试验槽为独立的 3m×3m×1.3m 的混凝土池中进行，如图 5-62 所示。与池壁相连的是钢反力架，能提供 2000kN 的反力，对池中的岩体不产生影响。

图 5-62　试验独立槽及反力装置

2. 加载系统

嵌岩桩室内模型试验利用电动油压千斤顶，最大量程为 12t，通过钢反力梁加载，采用快速维持荷载加载法，每级一小时，加载装置图如图 5-63 所示。

a)加载油泵

b)加载千斤顶

图 5-63　加载装置

3. 数据采集系统

试验过程中需要采集的数据有桩顶位移、桩端位移、桩身各截面应变、桩底土压力盒数据。其中各截面应变值及土压力盒数据采用 DH3816 静态应变采集仪采集，桩顶位移采用 DY20 位移采集仪采集，桩端位移数据采用精密仪器采集，试验数据采集、显示和存储系统如图 5-64 所示。

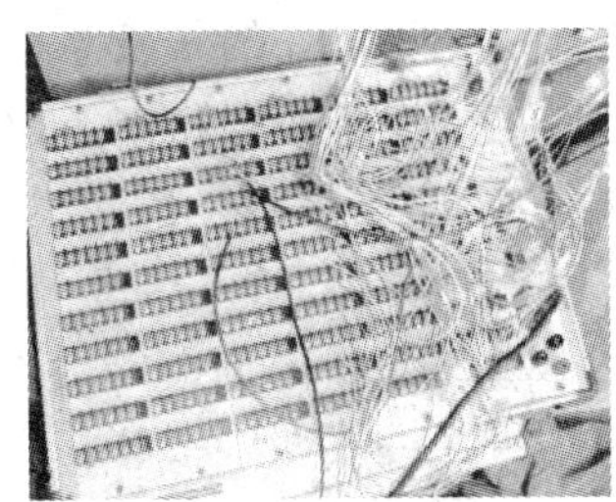

a)DH3816

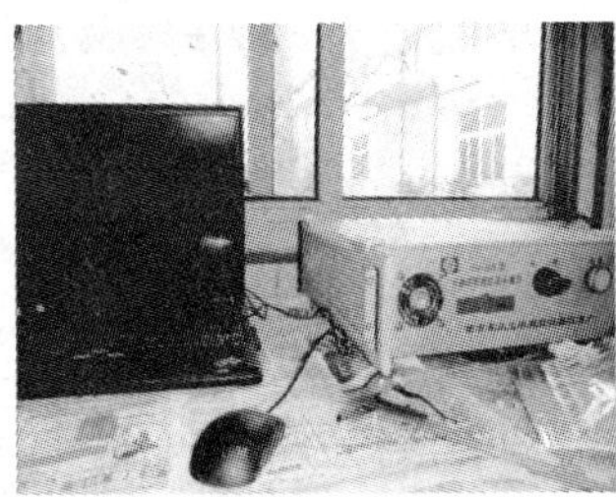

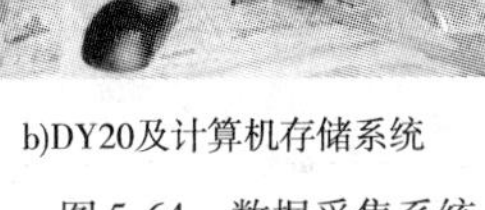

b)DY20及计算机存储系统

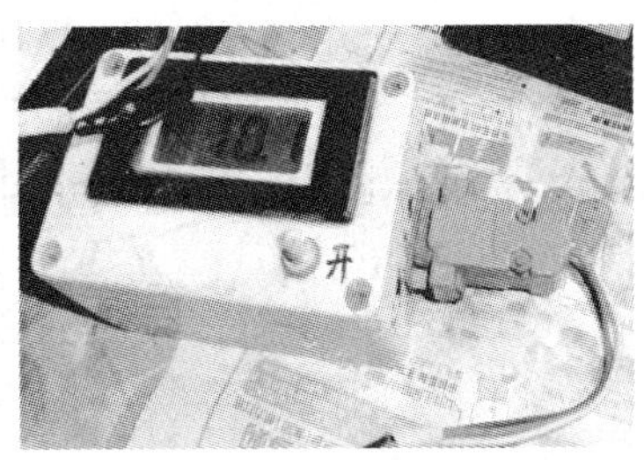

c)桩端位移采集仪

图 5-64　数据采集系统

5.2.1.3 模型材料的确定

1. 模型桩

桩采用实心有机玻璃管模拟，有机玻璃学名聚甲基丙烯酸甲酯(PMMA)，一般称之为压克力，弹性模量约为 $E \approx 2.787 \times 10^3$ MPa(由试验实测所得)，抗拉强度 55 ~ 77MPa，抗压强度 100MPa 以上，玻璃管的截面如图 5-65 所示，直径为 $D = 50$mm，桩长为 500mm，为了布置应变片和导线，在桩对称侧面各开一个宽 6mm，深 5mm 的凹槽，这样既能保证导线在试验中不致损坏，对桩横截面削弱又不多，如图 5-65 所示。

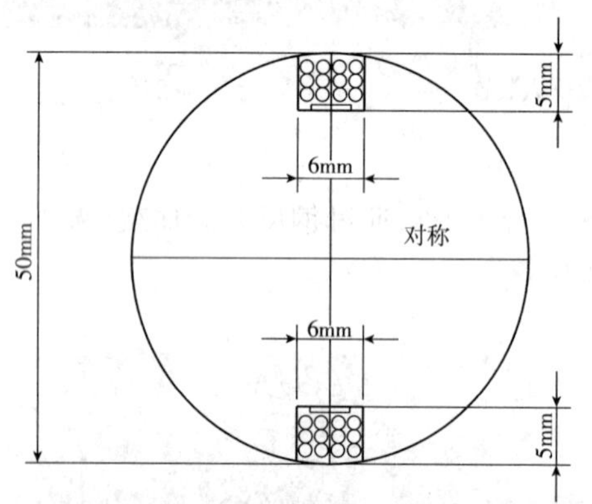

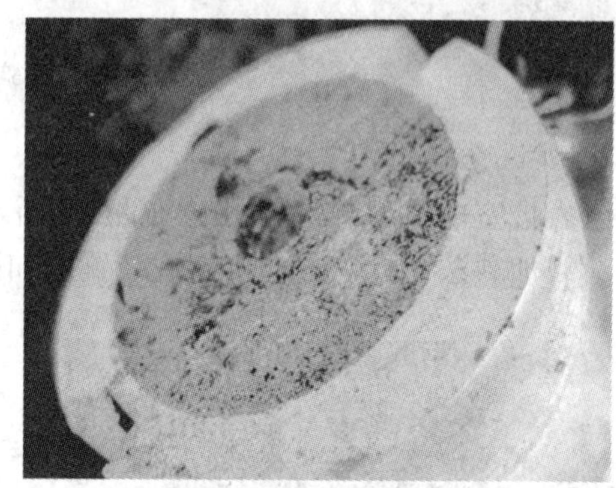

图 5-65 试桩断面图

2. 模拟岩石

嵌岩桩周围的模拟岩石采用砂子、水泥、石膏粉、水的搅拌混合体，砂子为河中细砂，石膏为建筑石膏粉，各材料的配比不同，其强度参数不同，在确定本次试验配合比前，已多次进行不同配合比的试验，最终确定本试验砂子、水泥、石膏粉、水的比例为：450:100:27:60，20 天后单轴抗压强度为 6MPa，弹性模量为 6.08×10^2 MPa，重度 22kN/m^3，内摩擦角 20°，粘聚力522×10^3Pa。

5.2.1.4 模型试验量测技术

量测技术在试验中处于比较重要的地位，直接决定试验数据的可信度，选择稳定、精度高的量测元件和测量方法可以增加室内试验的准确度。

1. 桩应变、应力量测

电阻应变片选用基底为 8 ×4.4mm、电阻值为 119 ±0.3Ω、具有一定防水性的聚胺酯精密级应变片，应变片测试灵敏系数为 2.08。用 502 胶水粘贴。测出应变后，经计算和修正得到桩侧轴力、桩侧摩阻力。每根桩分四个截面，每个截面对称贴了 2 个应变片，采用半桥接线法，如图 5-66 和图 5-67 所示。

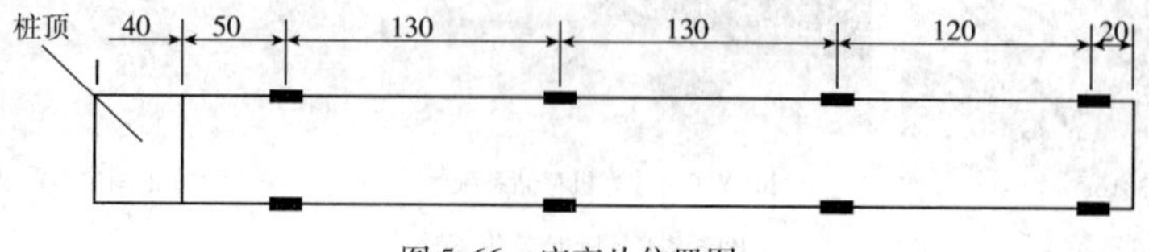

图 5-66 应变片位置图

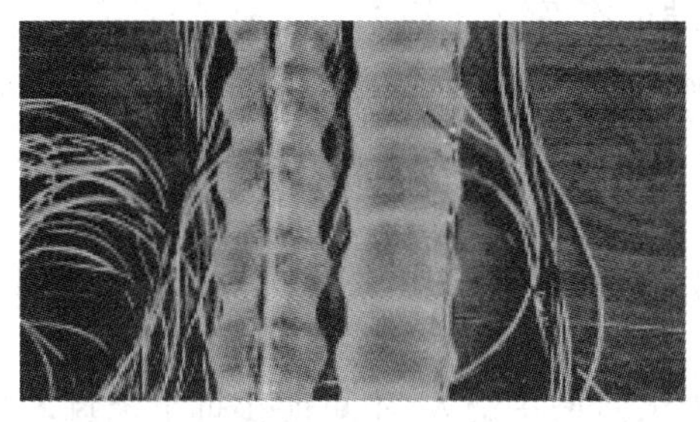

图 5-67　应变片及固定后图

应变片的处理方法：

为了保证应变片在加载过程中不被破坏，对应变片作了一些保护措施，沿着玻璃棒模拟桩通长方向对称开两道宽 6mm、深 5mm 的沟槽，每一个应变片粘贴位置应经过仔细打磨平整，粘贴前用丙酮洗净，粘贴完毕后采用环氧树脂进行防水处理，应变片沿桩身从上到下粘贴，由应变片接出的导线整齐排列好放在沟槽底部，导线统一沿桩身向上布置，待应变片全部粘贴完毕后，用硅胶把沟槽填平。

2. 桩端阻力量测技术

桩端阻力采用直径 28mm，量程为 2MPa 的微型电阻应变式土压力盒。用硅胶将土压力盒与有机玻璃模拟桩底粘结。测出应变后，经公式换算可以得到各级荷载作用下桩端阻力。

3. 桩顶位移量测器

本系列试验中，桩顶位移的量测采用高精度的位移传感器如图 5-68 所示。

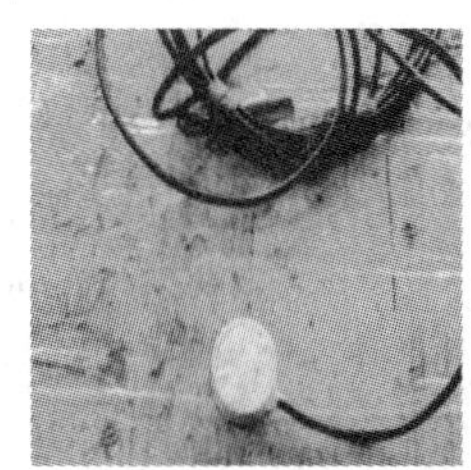
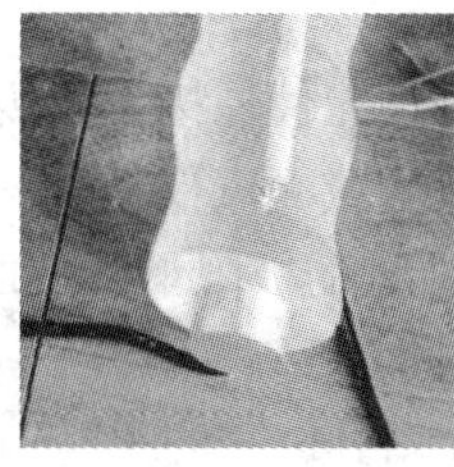

图 5-68　量测仪器装置图

4. 桩端沉降量测

桩端沉降量测的难度有点大。在靠近桩端处用一带有钢丝的螺钉与桩端附近固定，钢丝外面套一直径为 6mm 塑料管，用硅胶将塑料管与有机玻璃桩粘结，这样在当桩浇筑到岩石里以后钢丝可以在塑料管内自由滑动。钢丝上端与位移传感器相连，电子读数，精度满足试验要求。

5.2.1.5　试验准备工作

1. 模型桩及沉降管的制作与加工

首先是模型桩制作，模型桩成型分为初步成型、机床加工、开槽、贴应变片、铺线和封胶等工序。由于本次试验模型桩表面为曲线，给桩的成型带来了困难，按照设计图纸，在车床上进行高精度加工，成型后开槽也由有机玻璃厂完成，开槽后检查其光滑度，满足精度要求。应变片用 502 胶粘在设计位置的槽底，粘贴前将槽底局部打磨光滑，并用酒精擦洗干净。待应变片全部粘贴完毕，将导线与应变片焊牢，并从桩顶至桩端依次平铺于槽内，用有机胶封平。

桩端位置用以小螺钉套上钢丝，把螺钉嵌入桩端附近，然后把线穿入沉降管中，再把沉降管用硅胶粘在桩身上。

2. 模型桩的固定及模拟岩石的浇筑

为了固定桩的位置，先在桩顶钻一直径8mm，深20mm的螺丝孔，然后按照桩距在固定梁上进行打孔，再把每个桩固定到梁上。

模拟岩石的浇筑是一件很困难的事情，首先因为试验槽特别大，不可能小批量浇筑，大批量浇筑很难控制比例，最后，用小车斗当做量测工具，一车斗砂子为250斤，每一次批量模拟岩石用两车砂子，一袋水泥(100斤)，一袋石膏粉(27斤)，60斤水，保证了比例的误差减小到最小。搅拌好的模拟岩石再用翻斗车大批量浇筑，用人工在槽内进行搅拌均匀(图5-69)。

图5-69　模型桩固定及岩石浇筑过程

3. 加载

浇筑完毕20天后进行加载测试。加载前将各测量元件焊接或插接到采集箱，再与电脑相连；将桩顶、桩端测试位移仪器架到平衡梁上，再与电脑或测试仪相连，进行预压和调试仪器。

根据试验前所测试的直径50mm、桩长30cm的试桩的极限承载力以及对岩石所做的剪切试验获得的参数，对各试桩极限承载力进行了预估，见表5-6。

各试桩极限承载力预估值　表5-6

试桩	P1	P2	P3	P4	P5	P6	P7	P8	P9	P10
预估值(kN)	18	30	30	40	40	60	50	70	60	80

由于课题是模拟的嵌岩桩承载特性，极限承载力非常高，当按预定级荷载加载并不能使其破坏时，继续增加荷载。终止加载标准为本级荷载下累计位移超过2 cm，且比上一级荷载下累计位移增大9~10mm以上，及油压表稳定不住。每一级加载过程中电脑自动完成数据采集，试验人员进行旁站加载和观察试验现象。

5.2.1.6　试验测得的数据

(1)桩顶荷载 P；

(2)桩顶沉降 s；

(3)桩侧应变片实测应变数值 ε；

(4)桩端压力应变值 X；

(5)桩端沉降值。

5.2.1.7　数据处理方法

(1)桩身截面应变

$$\varepsilon_i = (\varepsilon_{i1} + \varepsilon_{i2})/2 \quad i = 1,2,3,4 \tag{5-5}$$

式中：ε_{i1}，ε_{i2}——桩截面对称两个应变片所测得的应变。

(2)桩身截面轴力

$$N_i = E_P A \varepsilon_i \quad i = 1,2,\cdots,4 \tag{5-6}$$

式中：E_P——桩身弹性模量；

A——桩身截面积；

ε_i——桩身截面应变。

(3) 每一段桩侧平均侧阻力

$$q_{si} = (N_i - N_{i+1})/A \tag{5-7}$$

式中：N_i——第 i 断面轴力；

A——对应段桩身侧面积。

(4)第 i 段的桩 ~ 土(岩)相对位移量 = 桩顶沉降 - 第 i 段土中部以上桩体压缩量　(5-8)

(5)桩端土(岩)压力值：

$$p = A + BX \tag{5-9}$$

式中：p——桩端土压力，kPa；

X——测得的微应变，$\mu\varepsilon$；

A,B——压力盒标定系数。

5.2.2　室内模型试验结果及分析

水泥砂浆浇筑 20 天后，依次对 10 根试桩进行加载，得到各级荷载作用下的桩顶位移、桩端位移、各截面应变计应变值、压力盒数据，经计算转换，得到各试桩桩顶荷载 ~ 桩顶位移曲线、桩顶荷载 ~ 桩端位移曲线、桩端阻力 ~ 桩端位移图、桩身轴力传递图、桩身侧摩阻力发挥图、各桩段平均侧摩阻力与桩岩相对位移关系图。通过分析各种曲线图，了解嵌岩桩在粗糙度及桩底沉渣影响下的承载特性。

对于本次室内模拟试验的 10 根嵌岩桩，虚底桩都是恶劣性脆性破坏，认为最后一级荷载为破坏荷载，破坏前一级荷载为极限承载力，实底桩虽然没有出现像虚底桩那样的突然变位，但大部分桩最后两级荷载的变位也都在 10mm 以上，属于轻微性脆性破坏，故也认为最后一级荷载为破坏荷载，破坏前一级荷载为极限承载力。

5.2.2.1　第一组试验桩测试结果及分析

由 P1、P2 试桩各级荷载作用下的桩顶位移、桩端位移、各截面应变计应变值、压力盒数据，再经计算转换，我们可以绘出 P1、P2 试桩桩顶荷载 ~ 桩顶位移曲线(图 5-70、5-71、5-72)、桩顶荷载 ~ 桩端位移曲线(图 5-73、5-74)、桩端阻力 ~ 桩端位移图(图 5-75、5-76)、桩身轴力传递图(图 5-77、5-78)、桩身侧摩阻力分布图(图 5-79、5-80)、各桩段平均侧摩阻力与桩岩相对位移关系图(图 5-81)，通过分析测试数据及相应曲线，更加直观地了解其承载特性。

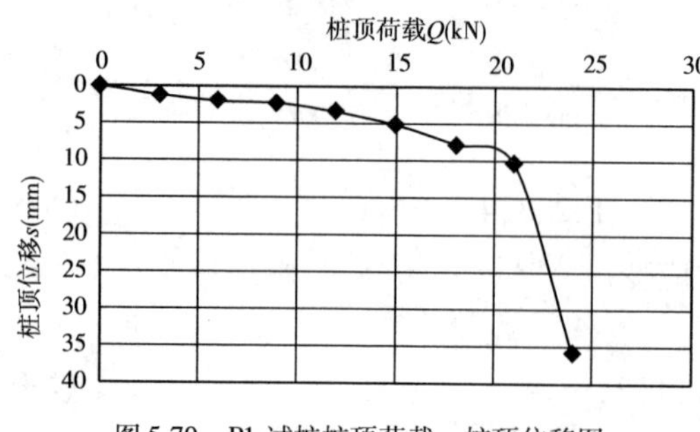

图 5-70 P1 试桩桩顶荷载～桩顶位移图

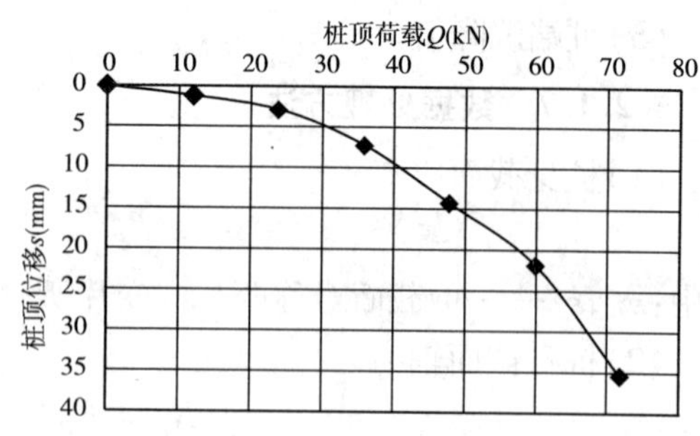

图 5-71 P2 试桩桩顶荷载～桩顶位移图

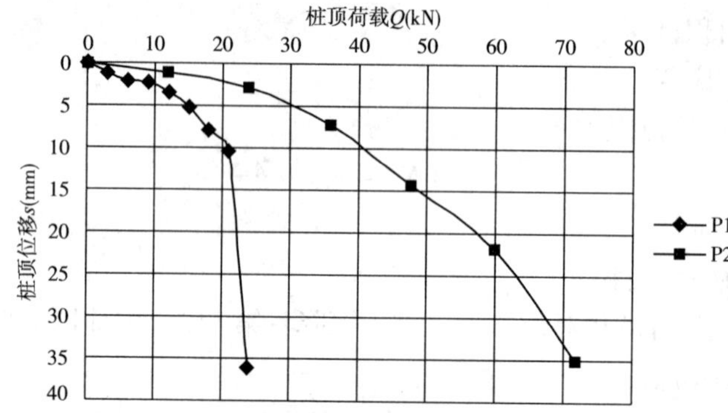

图 5-72 P1、P2 试桩桩顶荷载～桩顶位移对比图

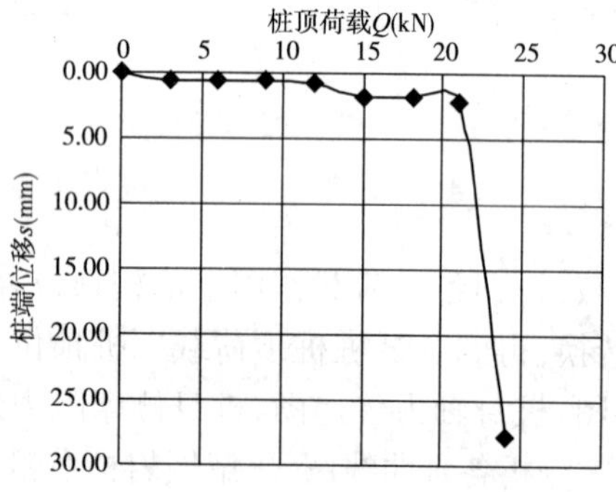

图 5-73 P1 试桩桩顶荷载～桩端位移图

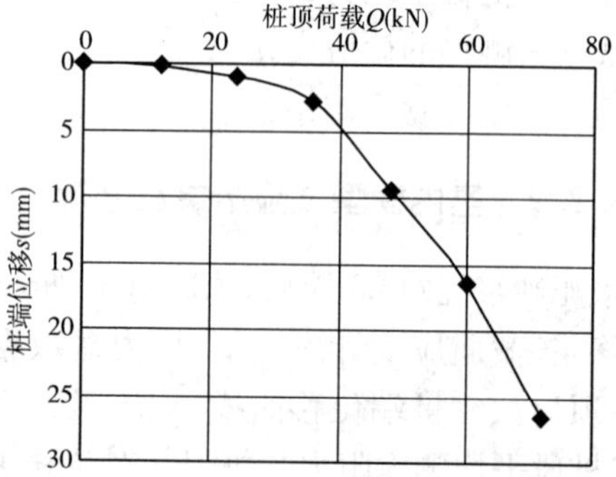

图 5-74 P2 试桩桩顶荷载～桩端位移图

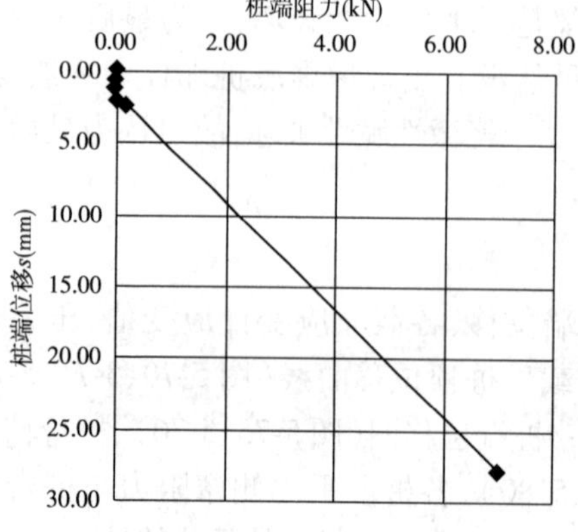

图 5-75 P1 试桩桩端阻力～桩端位移

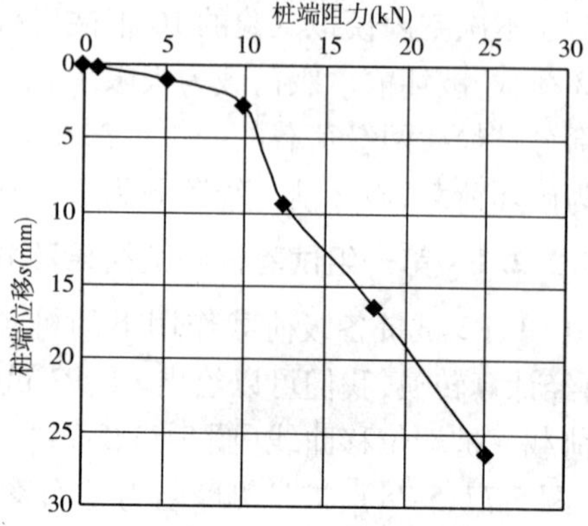

图 5-76 P2 试桩桩端阻力～桩端位移图

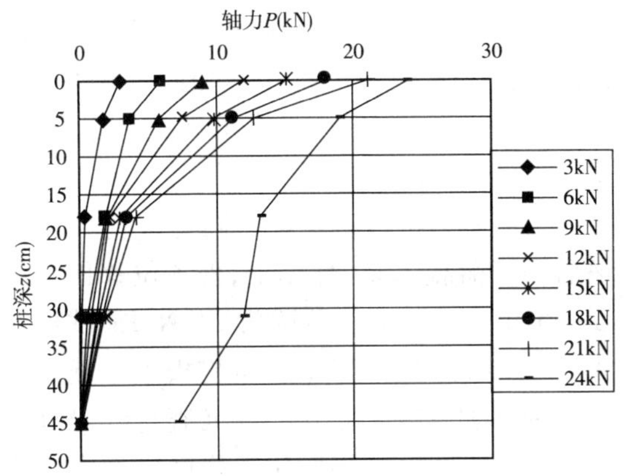

图 5-77　P1 试桩桩身轴力传递图

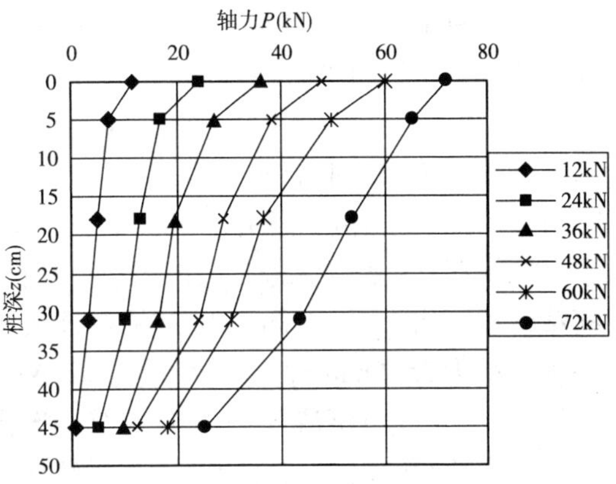

图 5-78　P2 试桩桩身轴力传递图

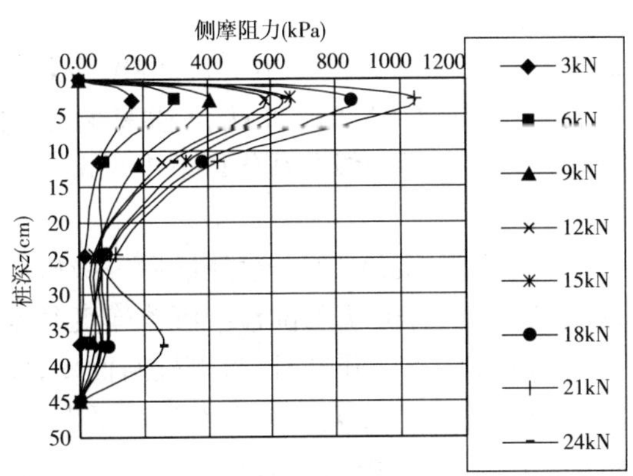

图 5-79　P1 试桩桩身侧摩阻力分布图

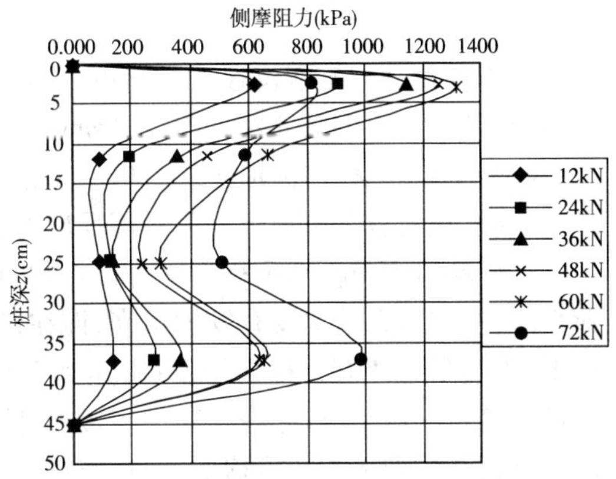

图 5-80　P2 试桩桩身侧摩阻力分布图

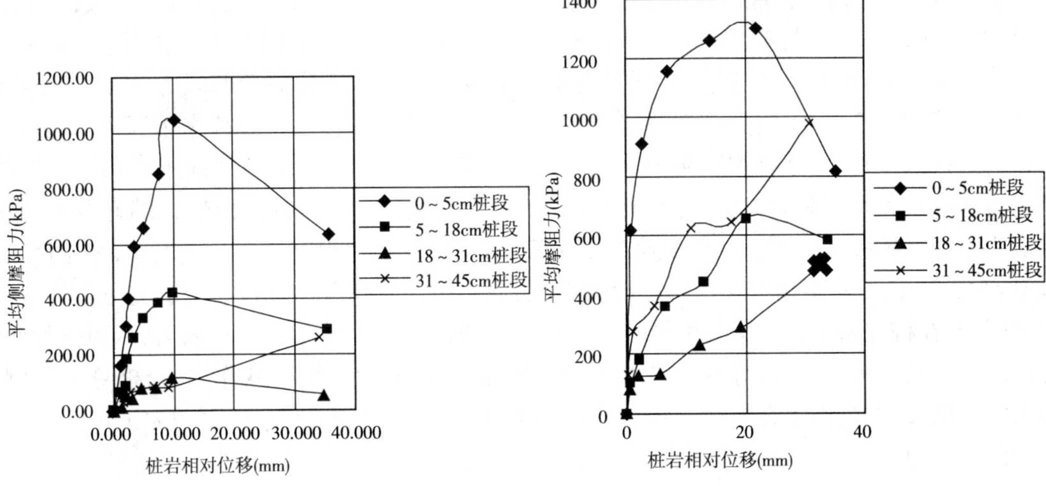

图 5-81　P1、P2 试桩各桩段侧摩阻力～桩岩相对位移图

试验桩 P1 和 P2 的粗糙度为零，并不是表面绝对光滑，而是经过砂轮打磨，桩表面没有曲线变化。试桩 P1 的桩底有 3cm 厚的泡沫，用于模拟桩底沉渣，其他条件基本相同。从 P1、P2 的 $Q \sim s$ 曲线可以看出，P1 试桩在前几级的加载过程中，位移变化平缓，没有出现大的变位，当荷载加载到 24kN 时，桩顶出现大的变位，累计沉降为 35.9mm，由加载记录可知，油压表读数一直往下降，说明侧摩阻力已发挥到最大程度。相比于 P1 试桩，P2 试桩在同等级荷载作用下，桩顶沉降明显较小，$Q \sim s$ 曲线比较平缓，只在最后一级荷载 72kN 作用下，桩顶位移比上级荷载作用下增大 13.7mm。P1 试桩在桩顶位移达到 35.9mm 时，桩顶荷载为 24kN，P2 试桩在桩顶位移为 35.6mm 时，桩顶荷载为 72kN，P1 试桩极限承载力为 21kN，P2 试桩极限承载力为 63kN，一个桩底有沉渣，一个桩底密实，极限承载力差别如此之大，可见桩端沉渣对嵌岩桩极限承载力的影响之大，而且 P1 试桩在破坏前的荷载作用下，桩顶位移变化平稳而且最大位移只有 10.44mm，而在下一级荷载作用下位移突然达到 35.9mm，发生突然破坏。相比于 P1 试桩，P2 试桩在桩顶荷载作用下，前期位移沉降较为平稳，在最后一级荷载作用下，位移变化偏大，属于轻微性脆性破坏。

从桩顶荷载与桩端位移关系图可以看出，P1 试桩在破坏前的荷载作用下，桩端位移非常小，在桩顶荷载 21kN 时，只有 2.1mm，而在桩顶荷载达到 24kN 时，桩端位移突然达到 27.7mm，而 P2 试桩的桩顶荷载与桩端位移图总体比较平缓，最后一级荷载作用下出现偏大的变化，和桩顶荷载与桩顶位移关系图反应的情况基本吻合。

从桩端阻力与桩端位移图也可以看出，P1 试桩因为桩底有沉渣，在未达到最后一级破坏荷载时，桩端阻力基本没有发挥出来，而在最后一级荷载作用下，桩端总位移与沉渣厚度基本持平，桩端阻力才有了很大的发挥，达到 7.03kN，在试验结束后，剖开岩石，露出桩断面图，发现桩已把泡沫压平，桩底嵌入实底。P2 试桩的桩端阻力与桩端位移关系图也不是太平滑，最后一级荷载作用下桩端位移偏大，在前期较小荷载作用下，桩端承担的阻力和位移均较小，这与侧摩阻力承担很大的荷载有关。

从桩身轴力传递图和桩身侧摩阻力分布图可以看出，桩顶荷载通过克服桩侧摩阻力，轴力依次减小，P1 试桩由于桩底有沉渣，桩顶荷载基本上全部有桩侧承担，只在最后一级破坏荷载时，桩端才承担一部分荷载，而对于 P2 试桩，前几级荷载作用下，桩端基本上也不承担荷载，在加载中后期，随着桩端位移的增加，端阻力才开始慢慢地发挥。从桩身摩阻力分布可以看出，在各级荷载作用下，侧摩阻力的发挥趋势基本相同，只有在最后一级荷载作用下，桩—岩相对位移超过极限位移，上部桩侧摩阻力达到峰值后下降，侧摩阻力重心开始向下转移，下部桩侧摩阻力开始增大。端阻力对侧摩阻力的发挥也产生一定影响，P1 试桩由于桩端有沉渣，下部桩侧摩阻力发挥程度很小，而 P2 试桩桩底密实，桩下部摩阻力得到一定程度发挥，整个摩阻力呈 R 型分布，就是桩顶和桩底部分摩阻力很大，而中间部分摩阻力并没有得到充分发挥，这主要是因为，在桩底密实条件下，随着桩端位移增加，桩底对桩身施加一个反向力，从而桩身底部的径向力就会加大，增大桩底部的侧摩阻力。P1 试桩在最后一级荷载作用下，桩身下部侧摩阻力突然增大，这是由于在最后一级荷载作用下，桩底嵌入桩端岩石，从而增大了桩底附近部分的侧摩阻力。

从各桩段侧摩阻力与桩岩相对位移可以看出，P1、P2 试桩的 0 ~ 5cm 桩段的侧摩阻力得到了充分的发挥，P1 试桩 0 ~ 5cm 桩段最大达到了 1044kPa，P2 试桩的 0 ~ 5cm 桩段最大达到了

1301kPa，在最后一级荷载作用下，两试桩此桩段的侧摩阻力都大幅度下降，但还都基本高于下部桩段的平均侧摩阻力。P1 试桩的 5 ~ 18cm、18 ~ 31cm 桩段的侧摩阻力的发挥也基本符合幂函数曲线，即达到最大值后一定程度地降低，这与桩岩相对位移过大超过极限侧摩阻力发挥所需的桩岩相对位移有关，而 31 ~ 45cm 桩段在破坏前的荷载作用下，侧摩阻力基本上没得到发挥，这与桩岩相对位移小及径向力小有关，而在最后一级荷载作用下，桩岩相对位移及径向力都突然增大，侧摩阻力有了大幅度的提高。而对于桩底为实底的 P2 试桩，由于桩岩相对位移没有发生突变，各桩段随着位移的增大，侧摩阻力逐渐发挥，0 ~ 5cm 桩段发挥最为充分，相对于 P1 试桩，P2 试桩 31 ~ 45cm 桩段侧摩阻力发挥较中部桩段 5 ~ 18cm、18 ~ 31cm 发挥更为充分，这主要是因为桩端对桩侧的强化效应。0 ~ 5cm、5 ~ 18cm 桩段在最后一级荷载作用下侧摩阻力一定幅度下降。

从试验过后剖开的桩岩断面可以看出，桩身没有破坏，桩与岩石接触面有一定的损坏，P1、P2 桩底岩石有细微破坏（图 5-82 和图 5-83）。

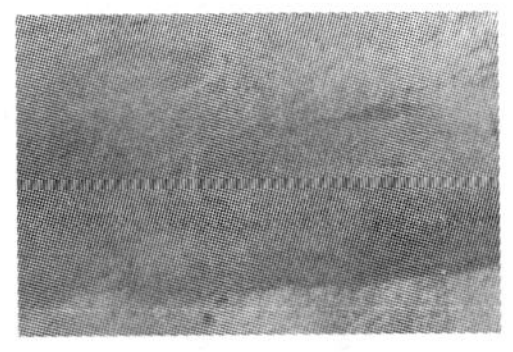
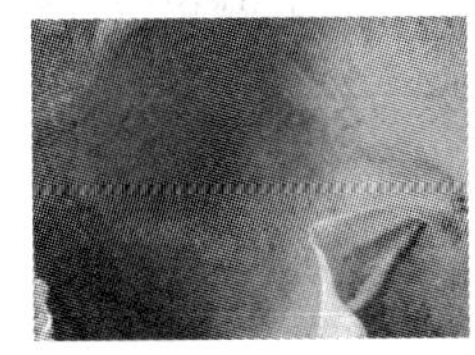
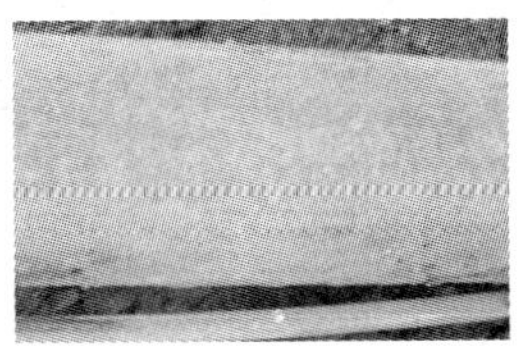

图 5-82　P1 桩岩断面图

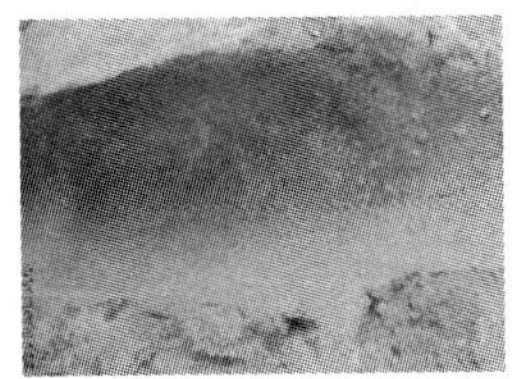
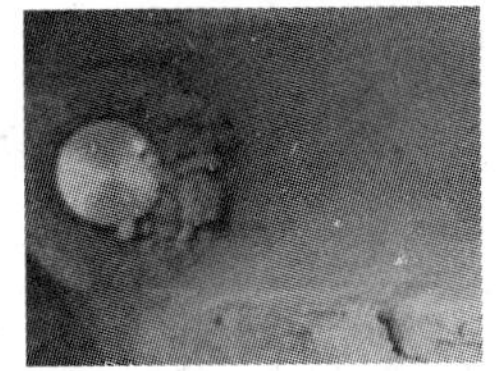
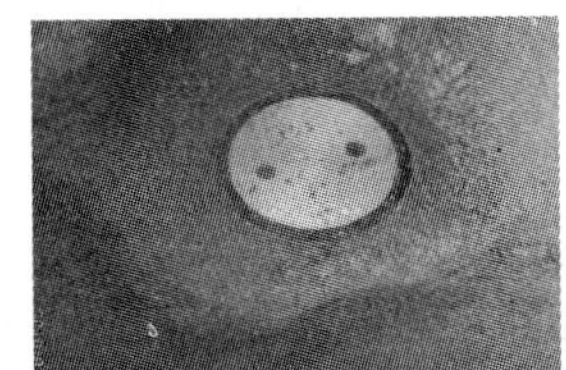
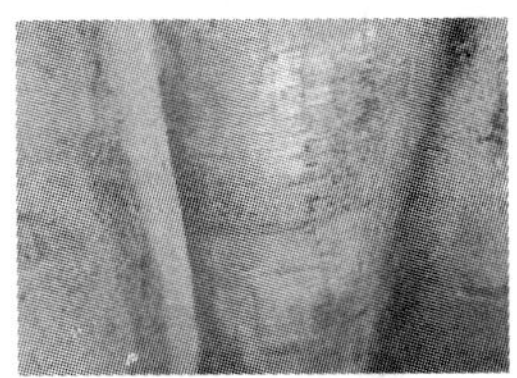

图 5-83　P2 桩岩断面图

5.2.2.2　第二组试验桩测试结果及分析

由 P3、P4 试桩各级荷载作用下的桩顶位移、桩端位移、各截面应变计应变值、压力盒数据，再经计算转换，我们可以绘出 P3、P4 试桩桩顶荷载 ~ 桩顶位移曲线（图 5-84、5-85、5-86）、桩顶荷载 ~ 桩端位移曲线（图 5-87、5-88）、桩端阻力 ~ 桩端位移图（图 5-89、5-90）、桩身轴力传递图（图 5-91、5-92）、桩身侧摩阻力分布图（图 5-93、5-94）、各桩段平均侧摩阻力与桩岩相对位移关系图（图 5-95），通过分析测试数据及相应曲线，更加直观地了解 P3、P4 试桩的承载特性。

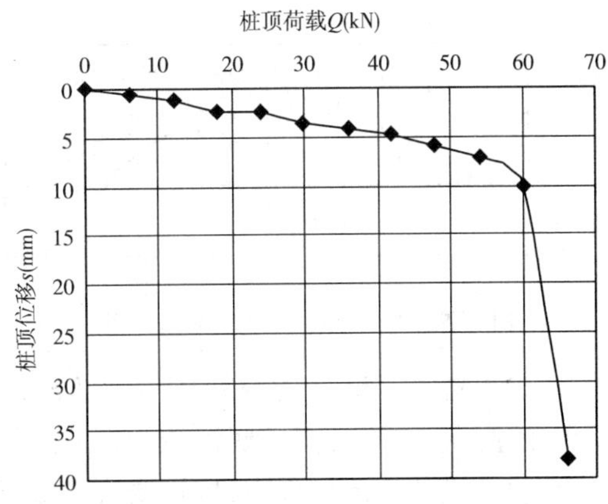

图 5-84　P3 试桩桩顶荷载 ~ 桩顶位移图

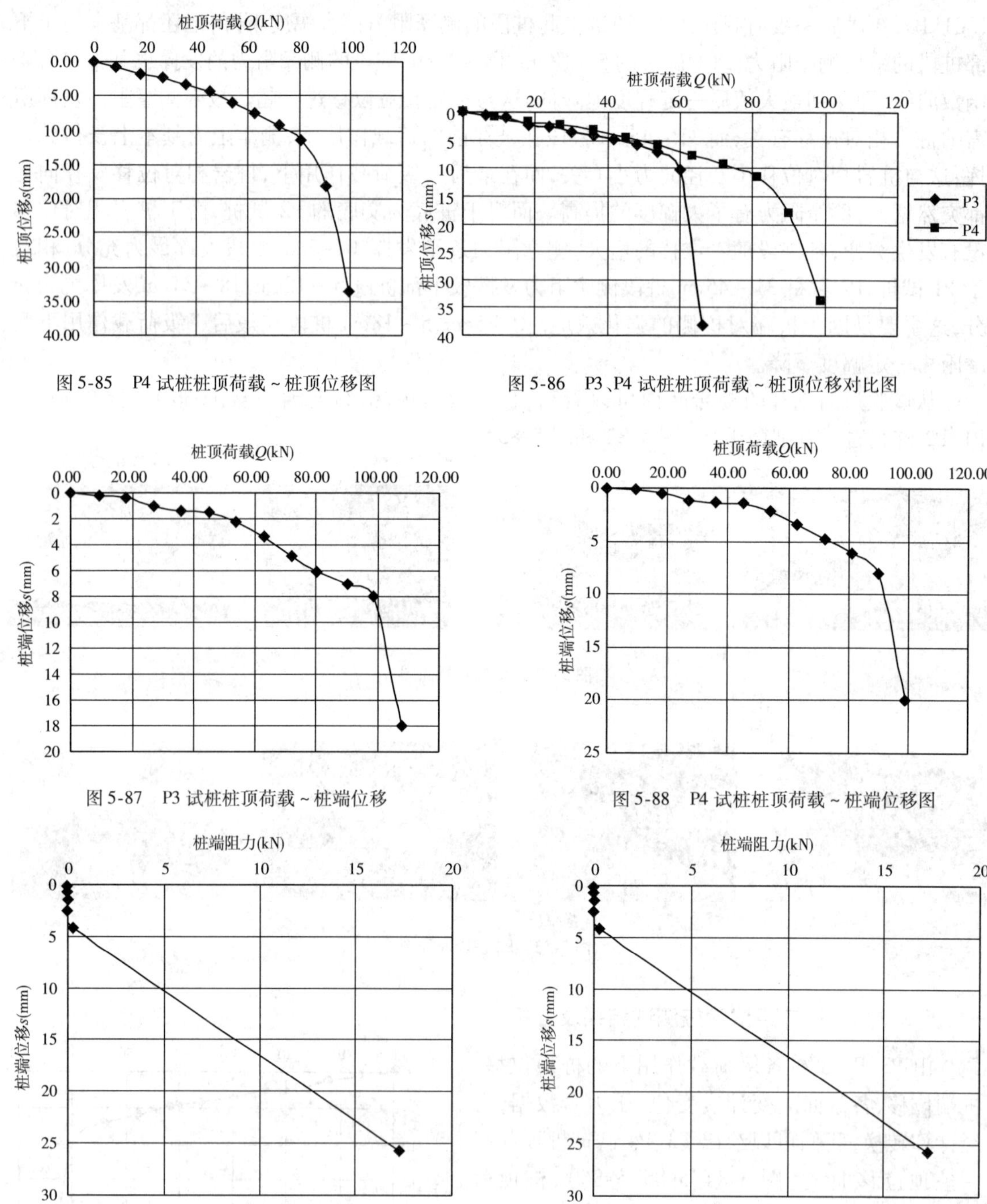

图 5-85　P4 试桩桩顶荷载～桩顶位移图

图 5-86　P3、P4 试桩桩顶荷载～桩顶位移对比图

图 5-87　P3 试桩桩顶荷载～桩端位移

图 5-88　P4 试桩桩顶荷载～桩端位移图

图 5-89　P3 试桩桩端阻力～桩端位移图

图 5-90　P4 试桩桩端阻力～桩端位移图

试验桩 P3 和 P4 的粗糙度因子 *RF* 为 0.04，桩身表面为圆弧曲线形，试桩 P3 的桩底有 3cm 的泡沫，用于模拟桩底沉渣，其他条件基本相同。从 P3、P4 的 $Q \sim s$ 曲线可以看出，P3 试桩在前几级的加载过程中，位移变换平缓，没有出现大的变位，当荷载加载到 66kN 时，桩顶出现大的变位，累计沉降为 38mm，由加载记录可知，桩顶持续下沉，油压表读数一直往下降，说

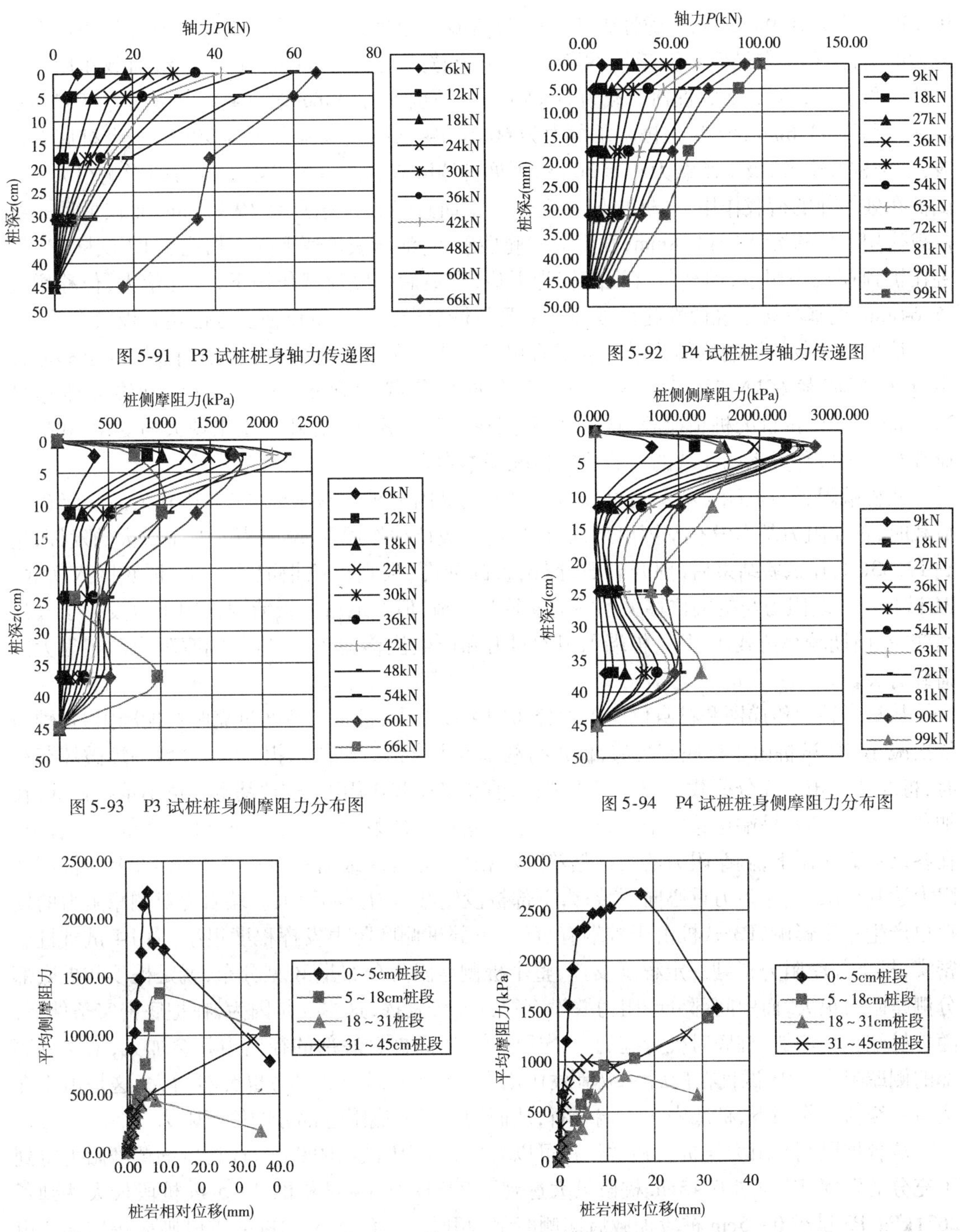

图 5-91 P3 试桩桩身轴力传递图

图 5-92 P4 试桩桩身轴力传递图

图 5-93 P3 试桩桩身侧摩阻力分布图

图 5-94 P4 试桩桩身侧摩阻力分布图

图 5-95 P3、P4 试桩各桩段侧摩阻力～桩岩相对位移图

明侧摩阻力已发挥到最大程度，桩已达到破坏状态。相比于 P3 试桩，P4 试桩在前几级荷载作用下，位移与 P3 试桩相差不大，$Q \sim s$ 曲线都比较平缓，只是 P3 试桩在最后两级荷载作用下，桩顶位移明显比 P4 桩顶位移大，特别是在最后一级荷载作用下，桩顶位移突然从上一级的

10.21mm 增大到38mm，属于脆性破坏。P4 试桩 $Q \sim s$ 曲线在破坏前的各级荷载作用下没有出现大的变位，只是在最后一级荷载99kN 作用下位移达到33.6mm 时，比上一级荷载作用下产生的位移多15.64mm，P3 桩顶荷载为66kN 时，桩顶位移为38mm 时，P4 桩顶荷载为99kN 时，桩顶位移为33.6mm，P3 试桩极限承载力为60kN，P4 试桩极限承载力为90kN，一个桩底有沉渣，一个桩底密实，极限承载力相差30kN，可见桩端沉渣对嵌岩桩极限承载力的影响很大，P3 试桩在破坏前的荷载作用下，桩顶位移变化平稳而且最大位移只有10.21mm，而在最后一级荷载作用下位移突然达到38mm，发生突然脆性破坏，油压表迅速下降。相比于P3 试桩，P4 试桩在桩顶荷载作用下，前期位移沉降较为平稳，在最后一级荷载作用下，位移偏大，位移增大15.64mm，也基本属于轻微性脆性破坏。主要与桩端岩石三向抗压强度也已达到极限有关。

从桩顶荷载与桩端位移关系图可以看出，P3 试桩在破坏前的荷载作用下，桩端位移非常小，在桩顶荷载60kN 时，只有4.1mm，而在桩顶荷载达到66kN 时，桩端位移突然达到25.7mm，而P4 试桩的桩顶荷载与桩端位移图在最后一级荷载作用下也出现大的变化，和桩顶荷载与桩顶位移关系图反映的荷载传递情况基本吻合。

从桩端阻力与桩端位移图也可以看出，P3 试桩因为桩底有沉渣，在未达到最后一级破坏荷载时，桩端阻力基本没有发挥出来，而在最后一级荷载作用下，端阻力才有了很大的发挥，达到17.33kN，在试验结束后，剖开岩石，露出桩断面图，发现桩已把泡沫压平，桩底嵌入实底。P4 试桩的桩端阻力与桩端位移关系图前期较为平滑，但在最后一级荷载作用下也发生了大的突变，在前期较小荷载作用下，桩端承担的阻力和产生位移均较小，这与侧摩阻力承担很大的荷载有关。

从桩身轴力传递图和桩身侧摩阻力分布图可以看出，桩顶荷载通过克服桩侧摩阻力，轴力依次减小，P3 试桩由于桩底有沉渣，桩顶荷载基本上全部有桩侧承担，只在最后一级破坏荷载时，桩端才承担一部分荷载，而对于P4 试桩，前几级荷载作用下，桩端基本上也不承担荷载，在加载中后期，随着桩端位移的增加，端阻力才开始慢慢的发挥。从桩身摩阻力分布可以看出，在各级荷载作用下，侧摩阻力的发挥趋势基本相同，只有在最后一级荷载作用下，上部桩侧摩阻力达到极限，侧摩阻力重心向下转移，下部桩段侧摩阻力开始增大。端阻力对侧摩阻力的发挥也产生一定影响，P3 试桩由于桩端有沉渣，下部桩侧摩阻力发挥程度很小，而P4 试桩桩底密实，桩下部摩阻力得到一定程度发挥，整个桩侧摩阻力分布呈R 型分布，就是桩顶和桩底部分侧摩阻力很大，而中间部分摩阻力并没有得到充分发挥，这主要是因为，在桩底密实条件下，随着桩端位移增加，桩底对桩身施加一个反向力，从而桩身底部的径向力就会加大，增大桩底部的侧摩阻力。P3 试桩在最后一级荷载作用下，桩身下部侧摩阻力也突然增大，这是由于在最后一级荷载作用下，桩底嵌入桩端岩石，从而增大了桩底附近部分的侧摩阻力。

从各桩段侧摩阻力与桩岩相对位移可以看出，P3、P4 试桩的0 ~5cm 桩段的侧摩阻力得到了充分的发挥，P3 试桩0 ~5cm 桩段最大达到了2234kPa，P4 试桩的0 ~5cm 桩段最大达到了2671kPa，P3 试桩0 ~5cm 桩段加载后期侧摩阻力开始下降，而5 ~18cm 桩段则大幅增加。由于桩底是实底的缘故，P4 试桩在最后一级荷载作用下，0 ~5cm 桩段侧摩阻力才大幅度下降，下部各桩段则也一定幅度增长。P3 试桩的0 ~5cm、5 ~18cm、18 ~31cm 桩段的侧摩阻力的发挥也基本符合幂函数曲线，即达到最大值后一定程度的降低，这与桩岩相对位移过大超过极限侧摩阻力发挥所需的桩岩相对位移有关，而31 ~45cm 桩段在破坏前的荷载作用下，侧摩阻力基本上没得到充分发挥，这与桩岩相对位移小及径向力小有关，而在最后一级荷载作用下，桩岩相对位移及径向力都突然增大，侧摩阻力有了大幅度的提高，还有增长的趋势。而对于桩底为实底的P4试桩，由于桩岩相对位移在最后一级荷载作用下发生较大变化，上部桩段0～5cm的侧摩阻力都得到了充分的发挥，在最后一级荷载作用下侧摩阻力大幅回落，而5～18cm桩段则有一定幅度的上升，18～31cm中部桩段则一定幅度减小。相对于P3试桩，31～45cm桩段侧摩阻力发挥在后期也强劲一些，这主要是因为桩端对下部桩侧的强化效应。

从试验过后剖开的桩岩断面可以看出，桩身没有破坏，桩与岩石接触面有一定的损坏，P3、P4桩底岩石有细微破坏（图5-96和图5-97）。

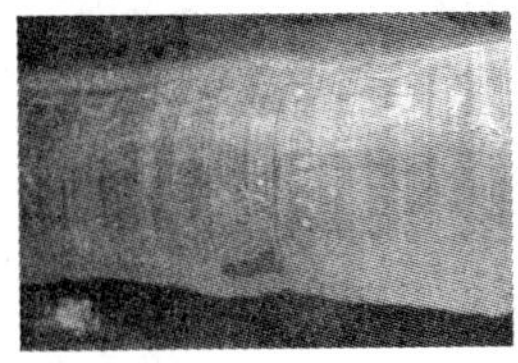
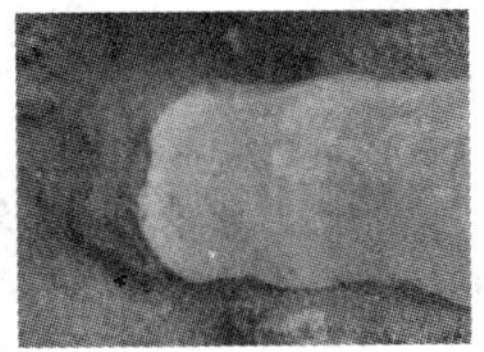
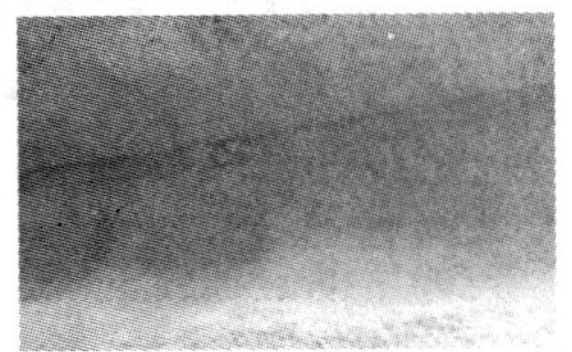
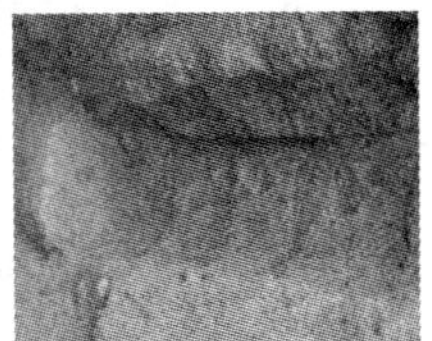

图5-96　P3试桩桩岩断面图

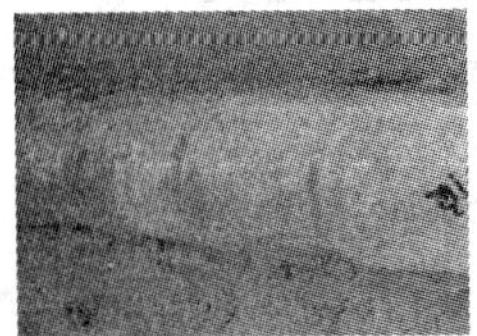

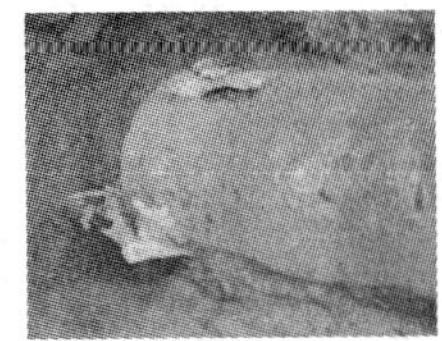
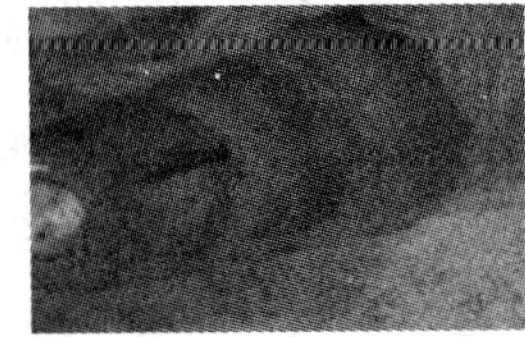

图5-97　P4试桩桩岩断面图

5.2.2.3　第三组试验桩测试结果及分析

由P5、P6试桩各级荷载作用下的桩顶位移、桩端位移、各截面应变计应变值、压力盒数据，再经计算转换，我们可以绘出P5、P6试桩桩顶荷载～桩顶位移曲线（图5-98、5-99、5-100）、桩顶荷载～桩端位移曲线（图5-101、5-102）、桩端阻力～桩端位移图（图5-103、5-104）、桩身轴力传递图（图5-105、5-106）、桩身侧摩阻力分布图（图5-107、5-108）、各桩段平均侧摩阻力与桩岩相对位移关系图（图5-109），通过分析测试数据及相应曲线，更加直观地了解P5、P6试桩的承载特性。

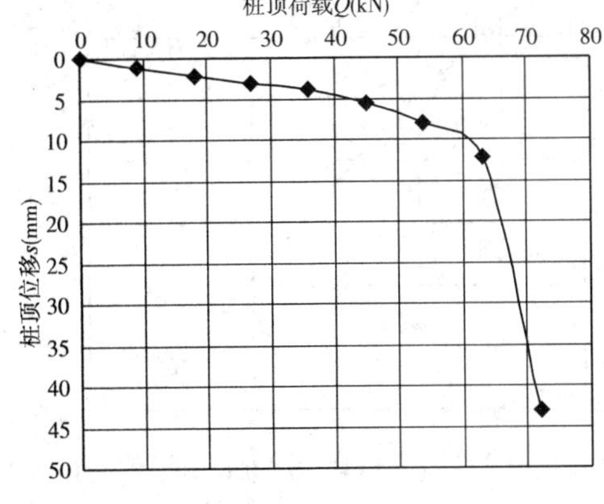

图5-98　P5试桩桩顶荷载～桩顶位移图

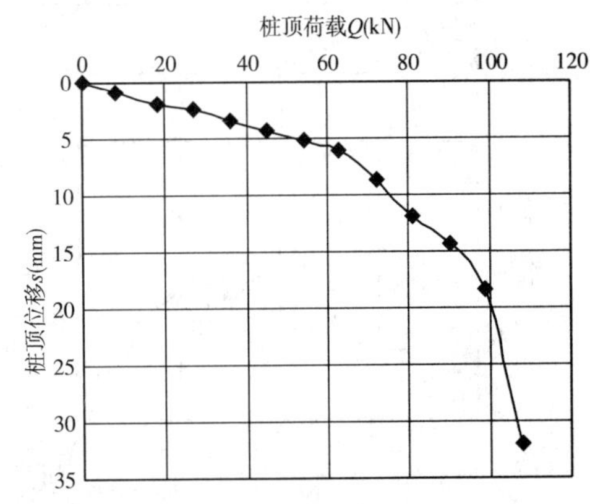

图5-99　P6试桩桩顶荷载～桩顶位移图

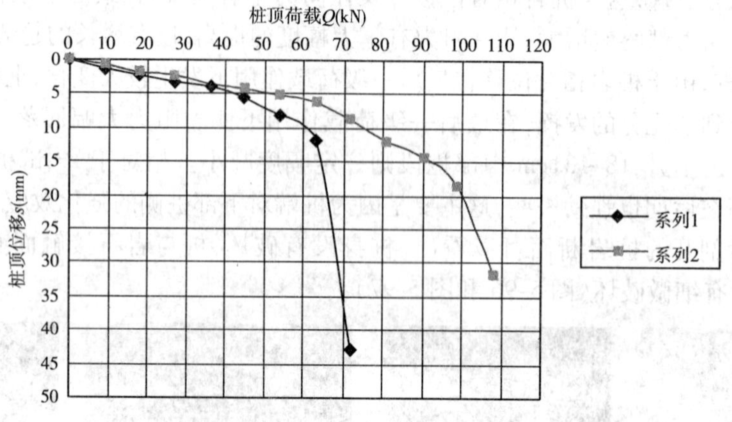

图 5-100　P5、P6 试桩桩顶荷载～桩顶位移对比图

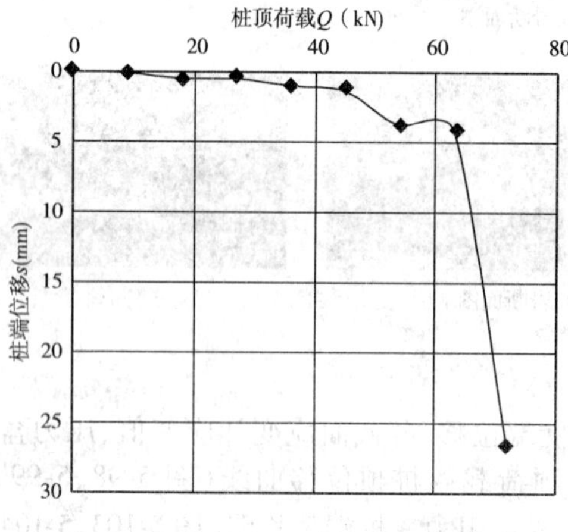

图 5-101　P5 试桩桩顶荷载～桩端位移图

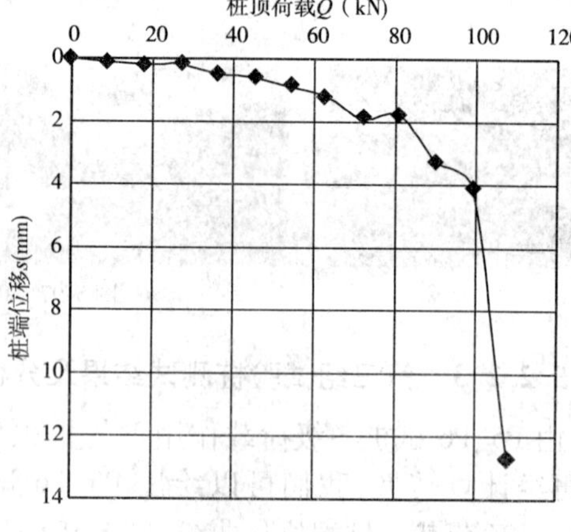

图 5-102　P6 试桩桩顶荷载～桩端位移图

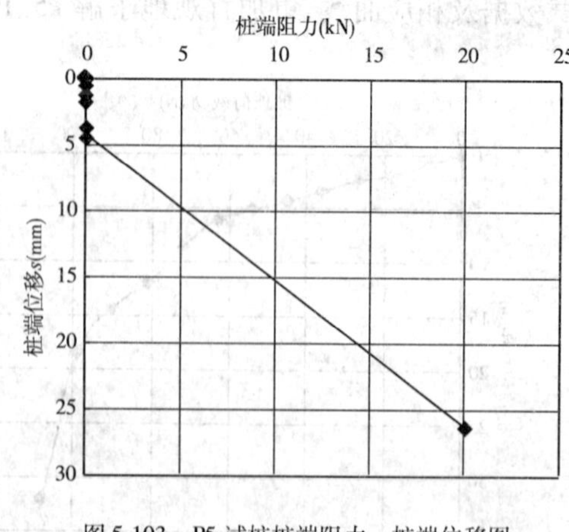

图 5-103　P5 试桩桩端阻力～桩端位移图

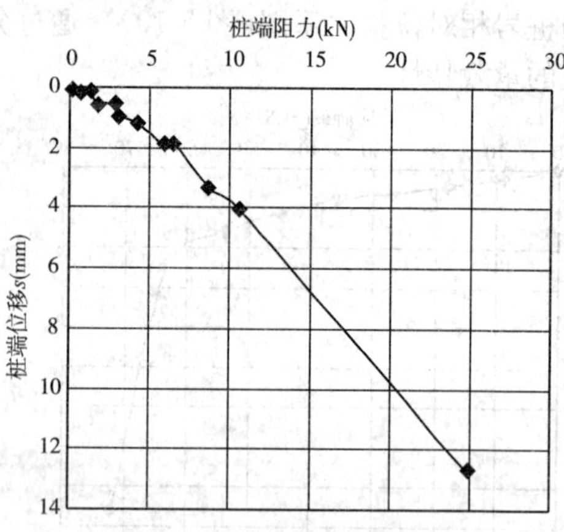

图 5-104　P6 试桩桩端阻力～桩端位移图

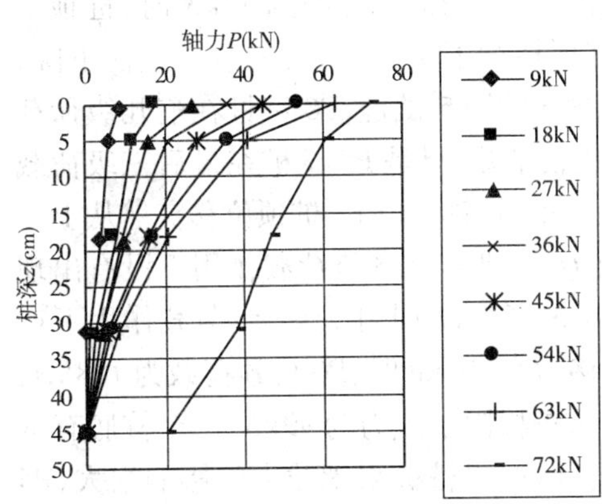

图 5-105　P5 试桩桩身轴力传递图

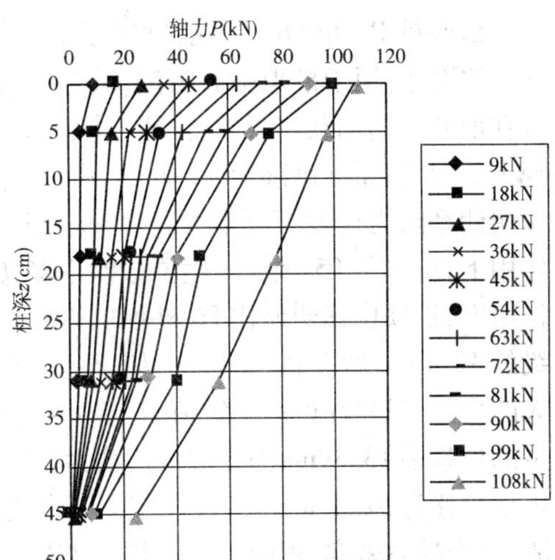

图 5-106　P6 试桩桩身轴力传递图

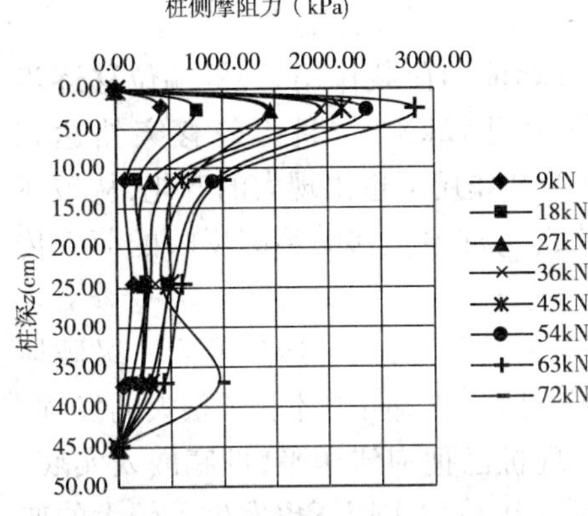

图 5-107　P5 试桩桩身侧摩阻力分布图

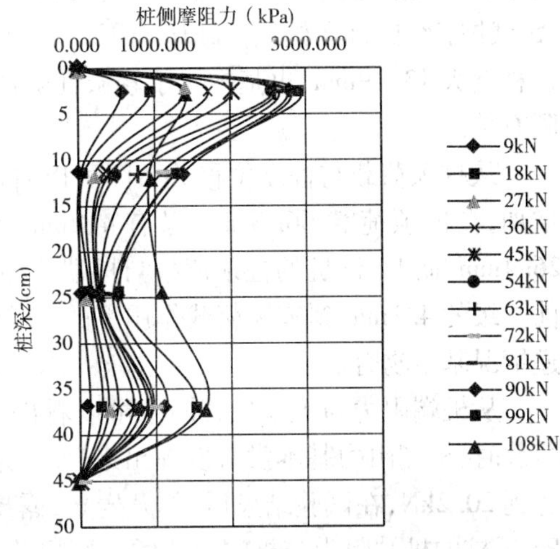

图 5-108　P6 试桩桩身侧摩阻力分布图

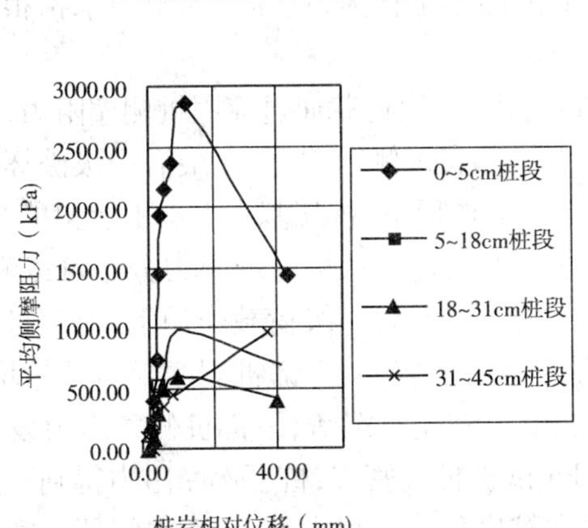

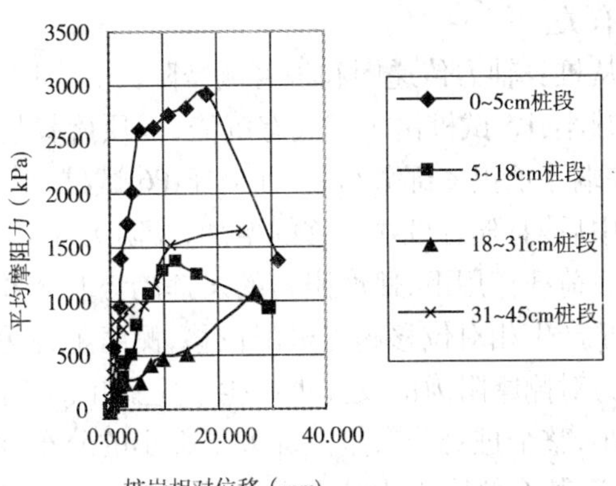

图 5-109　P5、P6 试桩各桩段侧摩阻力～桩岩相对位移图

试验桩 P5 和 P6 的粗糙度因子 *RF* 为 0. 087，桩身表面为圆弧曲线形，试桩 P5 的桩底有 3cm 的泡沫，用于模拟桩底沉渣，其他条件基本相同。从 P5、P6 的 $Q \sim s$ 曲线可以看出，P5 试桩在前几级的加载过程中，位移变换平缓，没有出现大的变位，当荷载加载到 72kN 时，桩顶出现大的变位，累计沉降为 42. 9mm，由加载记录可知，桩顶持续下沉，油压表读数一直往下降，说明侧摩阻力已发挥到最大程度，桩已达到破坏状态，相比于 P5 试桩，P6 试桩在前几级荷载作用下，位移和 P5 试桩产生位移差不多，$Q \sim s$ 曲线都比较平缓，只是 P5 试桩在最后三级荷载作用下，桩顶位移明显比 P6 桩顶位移大，特别是在最后一级荷载作用下，桩顶位移突然从上一级的 12. 1mm 增大到 42. 9mm，属于脆性破坏。P6 试桩 $Q \sim s$ 曲线在各级荷载作用下没有出现大的变位，只是在最后一级荷载 108kN 作用下位移达到 31. 87mm 时，比上一级荷载作用下产生的位移多 13. 39mm，P5 桩顶荷载为 72kN 时，桩顶位移为 42. 9mm 时，P6 桩顶荷载为 108kN，桩顶位移为 31. 87mm，P5 试桩极限承载力为 66kN，P6 试桩极限承载力为 99kN，一个桩底有沉渣，一个桩底密实，极限承载力相差 33kN，可见桩端沉渣对嵌岩桩极限承载力的影响很大，P5 试桩在破坏前的荷载作用下，桩顶位移变化平稳而且最大位移只有 12. 1mm，而在最后一级作用下位移突然达到 42. 9mm，位移增大 30. 8mm，发生突然脆性破坏，油压表迅速下降。相比于 P5 试桩，P6 试桩在桩顶荷载作用下，位移沉降较为平稳，在最后一级荷载作用下，位移偏大，位移增大 13. 39mm，也基本属于轻微性脆性破坏。主要与桩端岩石三向抗压强度也已达到极限有关。

从桩顶荷载与桩端位移关系图可以看出，P5 试桩在破坏前的荷载作用下，桩端位移逐步增加，在桩顶荷载 66kN 时，只有 4. 2mm，而在桩顶荷载达到 72kN 时，桩端位移突然达到 26. 4mm，而 P6 试桩的桩顶荷载与桩端位移图在最后一级荷载作用下也出现大的变化，从破坏前一级的 4. 1mm 到破坏荷载作用下的 12. 7mm，和桩顶荷载与桩顶位移关系图反映的荷载传递情况基本吻合。

从桩端阻力与桩端位移图也可以看出，P5 试桩因为桩底有沉渣，在未达到最后一级破坏荷载时，桩端阻力基本没有发挥出来，而在最后一级荷载作用下，桩端阻力才有了很大的发挥，达到 20. 2kN，在试验结束后，剖开岩石，露出桩断面图，发现桩已把泡沫压平，桩底嵌入实底。P6 试桩的桩端阻力与桩端位移关系图也并不平滑，在最后一级荷载作用下也发生了较大的变位，在前期较小荷载作用下，桩端承担的阻力和产生位移不是很大，这与侧摩阻力承担很大的荷载有关。

从桩身轴力传递图和桩身侧摩阻力分布图可以看出，桩顶荷载通过克服桩侧摩阻力，轴力依次减小，P5 试桩由于桩底有沉渣，桩顶荷载基本上全部有桩侧承担，只在最后一级破坏荷载时，桩端才承担一部分荷载，而对于 P6 试桩，前几级荷载作用下，桩端基本上也不承担荷载，在加载中后期，随着桩端位移的增加，端阻力才开始慢慢地发挥。从桩身摩阻力分布可以看出，在各级荷载作用下，侧摩阻力的发挥趋势基本相同，只有在最后一级荷载作用下，上部桩—岩段由于产生相对位移超过极限位移，侧摩阻力重心开始向下转移，下部桩侧摩阻力开始增大。端阻力对侧摩阻力的发挥也产生一定影响，P5 试桩由于桩端有沉渣，下部桩侧摩阻力发挥程度很小，整个桩身分布呈上部大下部小的分布，而 P6 试桩桩底密实，桩下部摩阻力得到一定程度发挥，整个侧摩阻力分布呈 R 型分布，就是桩顶和桩底部分摩阻力很大，而中间部分摩阻力并没有得到充分发挥，这主要是因为，在桩底密实条件下，随着桩端位移增加，桩底对桩身施加一个反向力,从而桩身底部的径向力就会加大,增大桩底部的侧摩阻力。P5 试桩在最后一级荷载作用下,桩身下部侧摩阻力也突然增大,这是由于在最后一级荷载作用下,桩底嵌入桩端岩石,从而增大了桩底部分的侧摩阻力。

从各桩段侧摩阻力与桩岩相对位移可以看出,P5、P6 试桩的 0 ~ 5cm 桩段的侧摩阻力得到了充分的发挥,P5 试桩 0 ~ 5cm 桩段最大达到了 2822kPa,P6 试桩的 0 ~ 5cm 桩段最大达到了 2929kPa,P5 试桩 0 ~ 5cm 桩段最后一级荷载作用下侧摩阻力下降,而 5 ~ 18cm 桩段也大幅减小,P6 试桩在最后一级荷载作用下,0 ~ 5cm、5 ~ 18cm 桩段侧摩阻力也大幅度下降,下部 18 ~ 31cm、31 ~ 45cm 桩段则大幅增长。P5 试桩的 0 ~ 5cm、5 ~ 18cm、18 ~ 31cm 桩段的侧摩阻力的发挥也基本符合幂函数曲线,即达到最大值后一定程度地降低,这与桩岩相对位移过大超过极限侧摩阻力发挥所需的桩岩相对位移有关,而 31 ~ 45cm 桩段在破坏前的荷载作用下,侧摩阻力基本上没得到充分发挥,这与桩岩相对位移小及径向力小有关,而在最后一级荷载作用下,桩岩相对位移及径向力都突然增大,侧摩阻力有了大幅度的提高,还有增长的趋势。而对于桩底为实底的 P6 试桩,由于桩岩相对位移在最后一级荷载作用下发生大的变化,上部桩段 0 ~ 5cm、5 ~ 18cm 的侧摩阻力都得到了充分的发挥,在最后一级荷载作用下侧摩阻力大幅回落,而 18 ~ 31cm、31 ~ 45cm 桩段则有一定幅度和大幅的上升。相对于 P5 试桩,P6 试桩 31 ~ 45cm 桩段侧摩阻力发挥较中部桩段 5 ~ 18cm、18 ~ 31cm 发挥更为强劲,这主要是因为桩端对下部桩侧的强化效应。

从试验过后剖开的桩岩断面可以看出,桩身没有破坏,桩与岩石接触面有一定的损坏,P5、P6 桩底岩石有细微破坏(图 5-110 和图 5-111)。

图 5-110　P5 试桩桩岩断面图

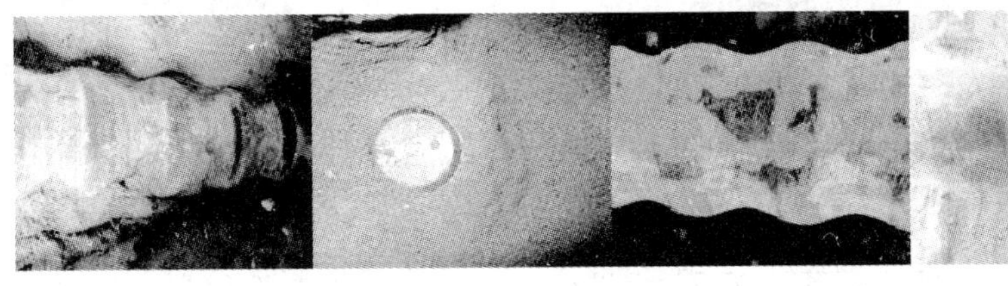

图 5-111　P6 试桩桩岩断面图

5.2.2.4　第四组试验桩测试结果及分析

由 P7、P8 试桩各级荷载作用下的桩顶位移、桩端位移、各截面应变计应变值、压力盒数据,再经计算转换,我们可以绘出 P7、P8 试桩桩顶荷载 ~ 桩顶位移曲线(图 5-112、5-113、5-114)、桩顶荷载 ~ 桩端位移曲线(图 5-115、5-116)、桩端阻力 ~ 桩端位移图(图 5-117、5-118)、桩身轴力传递图(图 5-119、5-120)、桩身侧摩阻力分布图(图 5-121、5-122)、各桩段平均侧摩阻力与桩岩相对位移关系图(图 5-123),通过分析测试数据及相应曲线,更加直观地了解 P7、P8 试桩的承载特性。

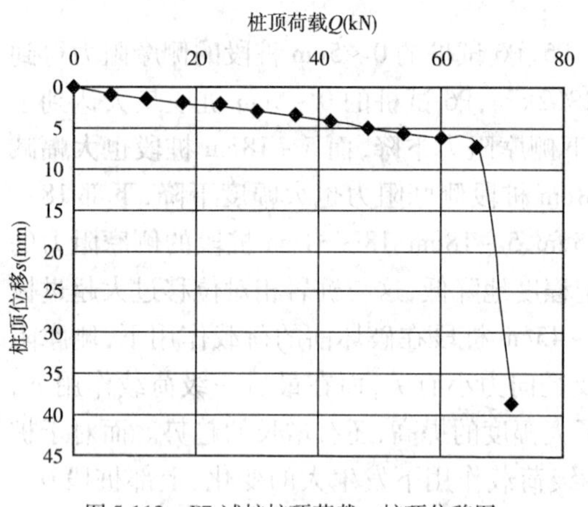

图 5-112　P7 试桩桩顶荷载～桩顶位移图

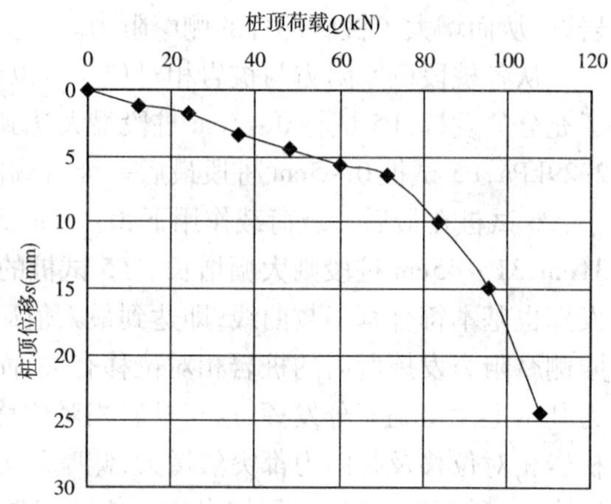

图 5-113　P8 试桩桩顶荷载～桩顶位移图

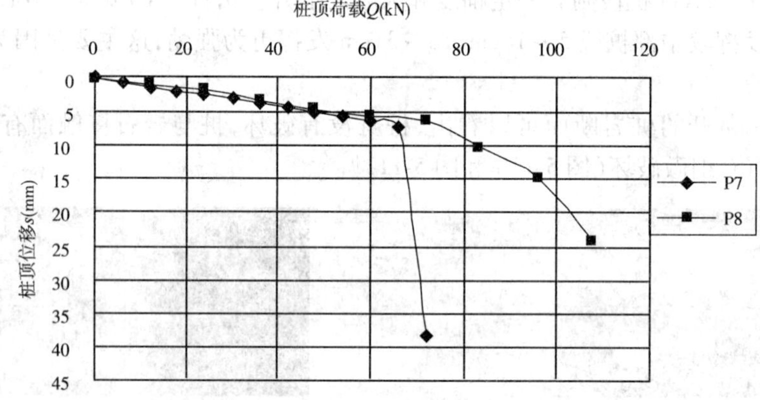

图 5-114　P7、P8 试桩桩顶荷载～桩顶位移对比图

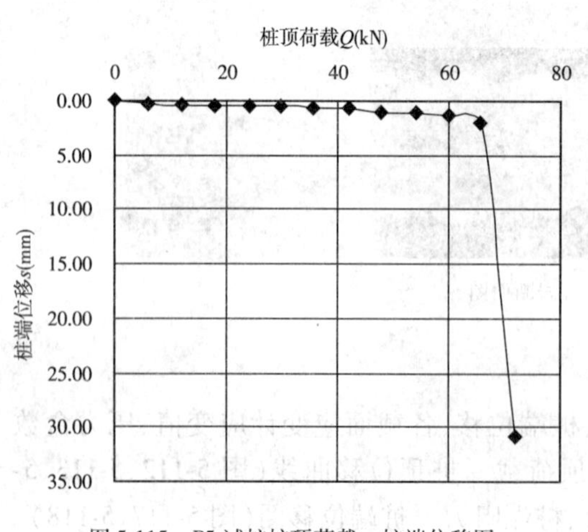

图 5-115　P5 试桩桩顶荷载～桩端位移图

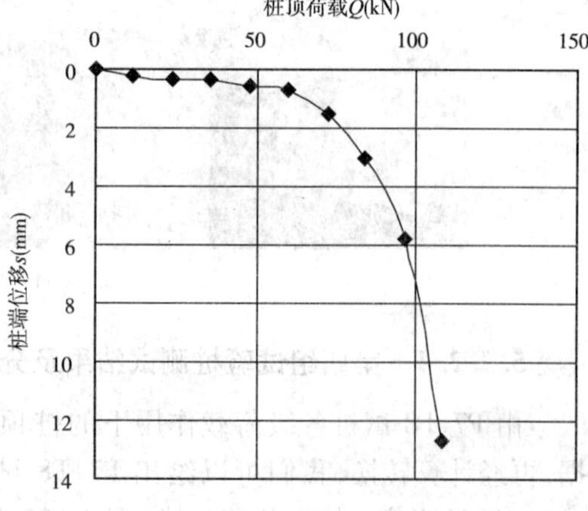

图 5-116　P6 试桩桩顶荷载～桩端位移图

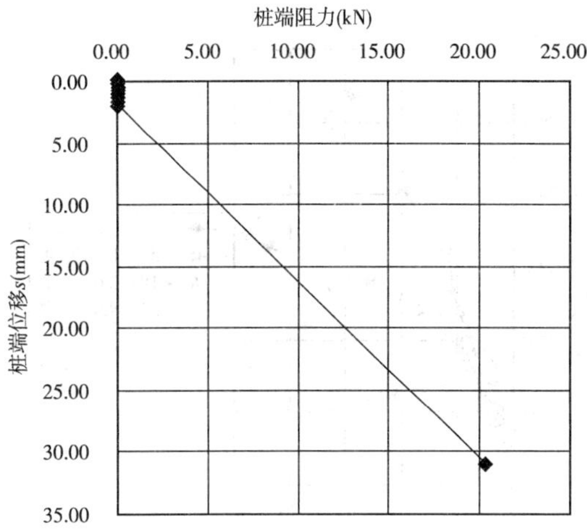

图 5-117　P7 试桩桩端阻力 ~ 桩端位移图

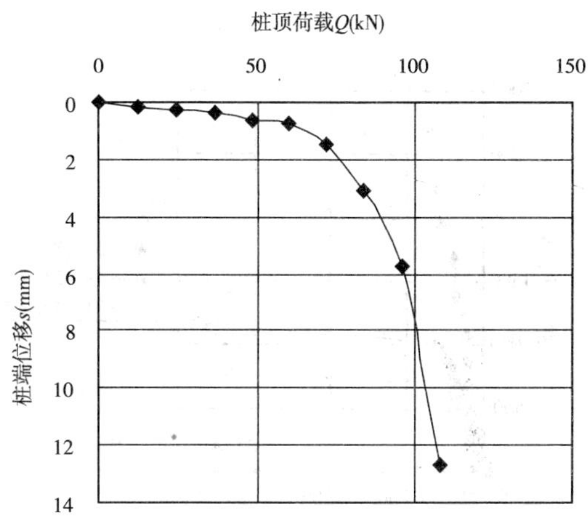

图 5-118　P8 试桩桩端阻力 ~ 桩端位移图

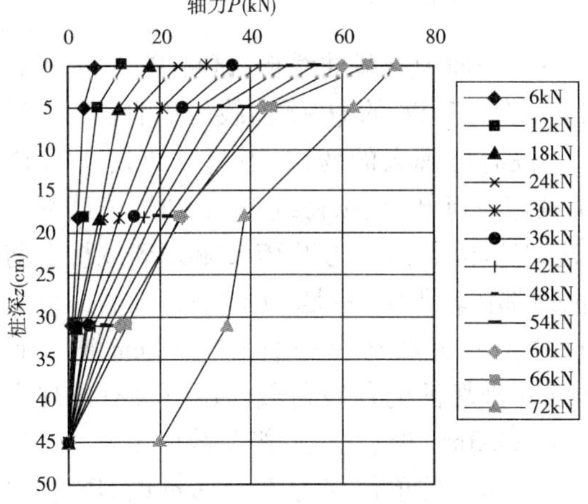

图 5-119　P7 试桩桩身轴力传递图

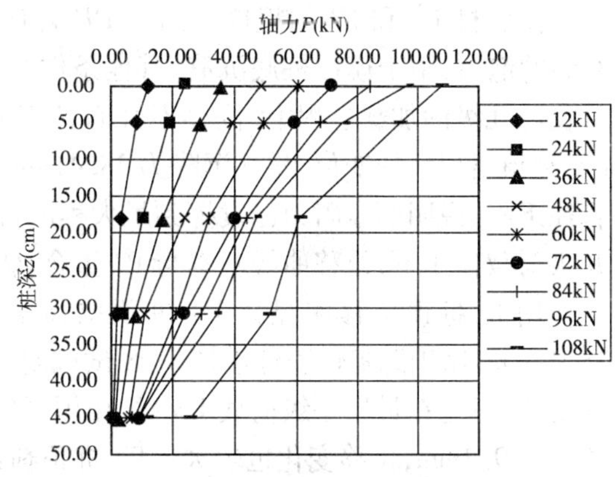

图 5-120　P8 试桩桩身轴力传递图

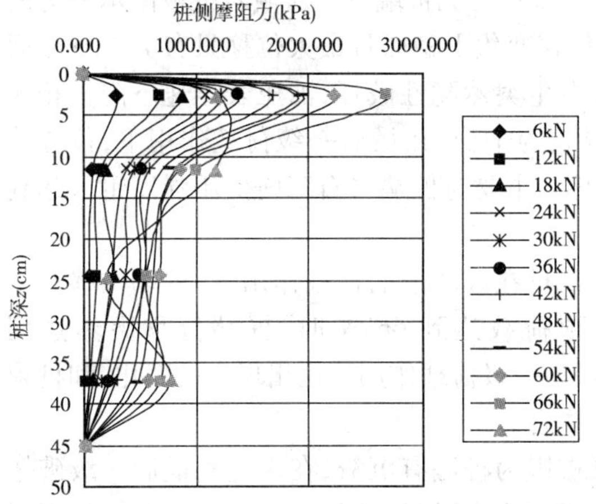

图 5-121　P7 试桩桩身侧摩阻力分布图

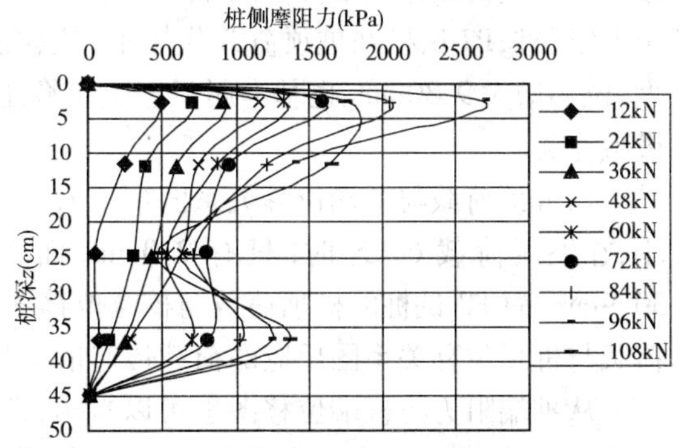

图 5-122　P8 试桩桩身侧摩阻力分布图

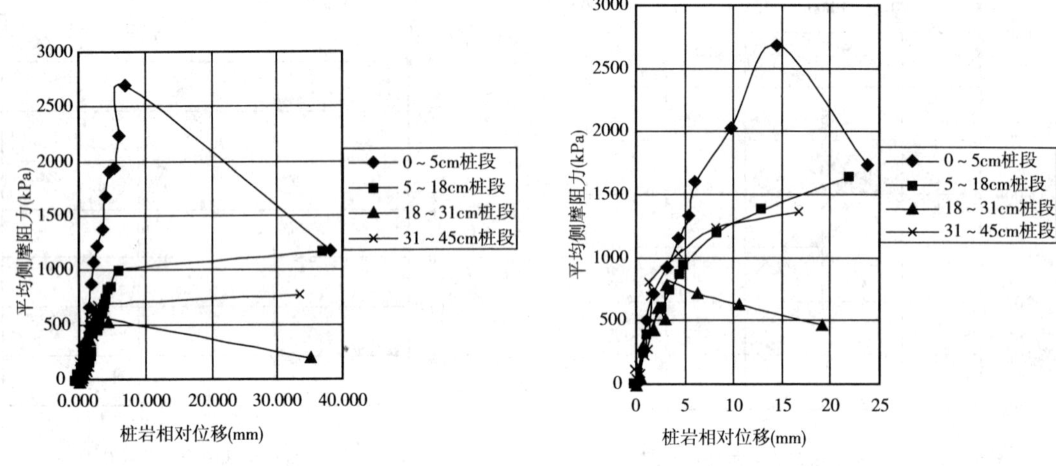

图 5-123 P7、P8 试桩各桩段侧摩阻力～桩岩相对位移图

试验桩 P7 和 P8 的粗糙度因子 *RF* 为 0.127，桩身表面为圆弧曲线形，试桩 P7 的桩底有 3cm 的泡沫，用于模拟桩底沉渣，其他条件基本相同。从 P7、P8 的 $Q\sim s$ 曲线可以看出，P7 试桩在前几级的加载过程中，位移不大而且变换平缓，没有出现大的变位，当荷载加载到 72kN 时，桩顶出现大的变位，累计沉降为 38.41mm，由加载记录可知，桩顶持续下沉，油压表读数一直往下降，说明侧摩阻力已发挥到最大程度，桩已达到破坏状态，相比于 P7 试桩，P8 试桩在前几级荷载作用下，位移曲线基本与 P7 重合，$Q\sim s$ 曲线都比较平缓，只是 P7 试桩在最后一级荷载作用下，桩顶位移明显比 P4 桩顶位移增大，桩顶位移突然从上一级的 7.42mm 增大到 38.41mm，属于恶劣性脆性破坏。P8 试桩 $Q\sim s$ 曲线在破坏前的各级荷载作用下没有出现大的变位，只是在最后一级荷载 108kN 作用下位移达到 24.3mm 时，比上一级荷载作用下产生的位移多 9.3mm，位移变化也较大。P7 桩顶荷载为 72kN 时，桩顶位移为 38.41mm 时，P8 桩顶荷载为 108kN，桩顶位移为 24.3mm，P7 试桩极限承载力为 66kN，P8 试桩极限承载力为 96kN，一个桩底有沉渣，一个桩底密实，极限承载力相差 30kN，可见桩端沉渣对嵌岩桩极限承载力的影响很大，P7 试桩在破坏前的荷载作用下，桩顶位移变化平稳而且最大位移只有 7.42mm，而在最后一级荷载作用下位移突然达到 38.41mm，发生突然脆性破坏，油压表迅速下降。相比于 P7 试桩，P8 试桩在桩顶荷载作用下，位移沉降较为平稳，在最后一级荷载作用下，位移偏大，位移增大 9.30mm，也基本属于轻微性脆性破坏。主要与桩端岩石三向抗压强度也已达到极限有关。

从桩顶荷载与桩端位移关系图可以看出，P7 试桩在破坏前的荷载作用下，桩端位移非常小，在桩顶荷载 66kN 时，只有 2.0mm，而在桩顶荷载达到 66kN 时，桩端位移突然达到 30.9mm，而 P8 试桩的桩顶荷载与桩端位移图在最后一级荷载作用下也出现大的变化，和桩顶荷载与桩顶位移关系图反应的荷载传递情况基本吻合。

从桩端阻力与桩端位移图也可以看出，P7 试桩因为桩底有沉渣，在未达到最后一级破坏荷载时，桩端阻力基本没有发挥出来，而在最后一级荷载作用下，桩端已基本嵌入岩石，桩端阻力才有了很大的发挥，达到 20.26kN，在试验结束后，剖开岩石，露出桩断面图，发现桩已把泡沫压平，桩底嵌入实底。P8 试桩的桩端阻力与桩端位移关系图前期较为平滑，但在最后一级荷载作用下也发生了大的变化，在前期较小荷载作用下，桩端承担的阻力和产生位移均较小，这与侧摩阻力承担很大的荷载有关。

从桩身轴力传递图和桩身侧摩阻力分布图可以看出，桩顶荷载通过克服桩侧摩阻力，轴力依次减小，P7 试桩由于桩底有沉渣，桩顶荷载基本上全部有桩侧承担，只在最后一级破坏荷载时，桩端才承担一部分荷载，而对于 P8 试桩，前几级荷载作用下，桩端基本上也不承担荷载，在加载中后期，随着桩端位移的增加，端阻力才开始慢慢地发挥。从桩身摩阻力分布可以看出，在各级荷载作用下，侧摩阻力的发挥趋势基本相同，只有在最后一级荷载作用下，上部桩一岩段由于产生相对位移超过极限位移，侧摩阻力重心开始向下转移，下部桩侧摩阻力开始增大。端阻力对侧摩阻力的发挥也产生一定影响，P7 试桩由于桩端有沉渣，下部桩侧摩阻力发挥程度很小，而 P8 试桩桩底密实，桩下部摩阻力得到一定程度发挥，整个侧摩阻力分布呈 R 型分布，就是桩顶和桩底部分摩阻力很大，而中间部分摩阻力并没有得到充分发挥，这主要是因为，在桩底密实条件下，随着桩端位移增加，桩底对桩身施加一个反向力，从而桩身底部的径向力就会加大，增大桩底部的侧摩阻力。P7 试桩在最后一级荷载作用下，桩身下部侧摩阻力也突然增大，这是由于在最后一级荷载作用下，桩底嵌入桩端岩石，从而增大了桩底部分的侧摩阻力。

从各桩段侧摩阻力与桩岩相对位移可以看出，P7、P8 试桩的 0 ~ 5cm 桩段的侧摩阻力得到了充分的发挥，P7 试桩 0 ~ 5cm 桩段最大达到了 2689kPa，P8 试桩的 0 ~ 5cm 桩段最大达到了 2687kPa，P7 试桩 0 ~ 5cm 桩段最后一级荷载作用下侧摩阻力下降，而 5 ~ 18cm 桩段也小幅上升，P8 试桩在最后一级荷载作用下，0 ~ 5cm 桩段侧摩阻力才大幅度下降，下部各桩段则大幅增长。P7 试桩的 0 ~ 5cm、18 ~ 31cm 桩段的侧摩阻力的发挥也基本符合幂函数曲线，即达到最大值后一定程度的降低，这与桩岩相对位移过大超过极限侧摩阻力发挥所需的桩岩相对位移及桩径向压力有关，而 31 ~ 45cm 桩段在破坏前的荷载作用下，侧摩阻力基本上没得到充分发挥，这与桩岩相对位移小及径向力小有关，而在最后一级荷载作用下，桩岩相对位移及径向力都突然增大，侧摩阻力有了大幅度的提高，还有增长的趋势。而对于桩底为实底的 P8 试桩，由于桩岩相对位移在最后一级荷载作用下发生突变，上部桩段 0 ~ 5cm 的侧摩阻力得到了充分的发挥，在最后一级荷载作用下侧摩阻力大幅回落，而 5 ~ 18cm、18 ~ 31cm、31 ~ 45cm 桩段则有一定幅度的上升。相对于 P7 试桩，31 ~ 45cm 桩段侧摩阻力发挥较中部桩段 5 ~ 18cm、18 ~ 31cm 发挥更为强劲，这主要是因为桩端对下部桩侧的强化效应。

从试验过后剖开的桩岩断面可以看出，桩身没有破坏，完好无损，桩与岩石接触面有一定的损坏，P7、P8 桩底岩石有细微破坏（图 5-124 和图 5-125）。

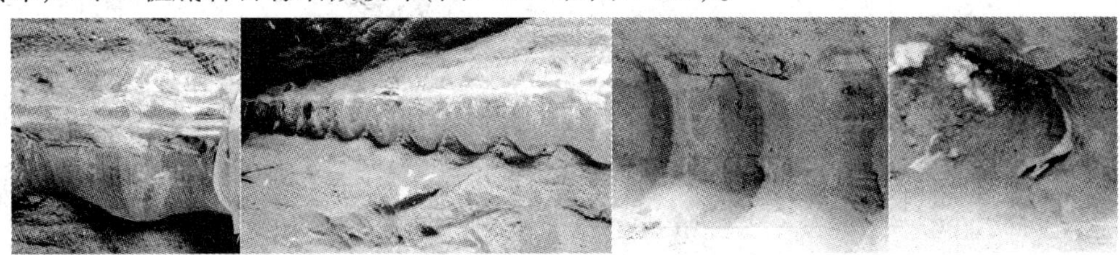

图 5-124　P7 试桩桩岩断面图

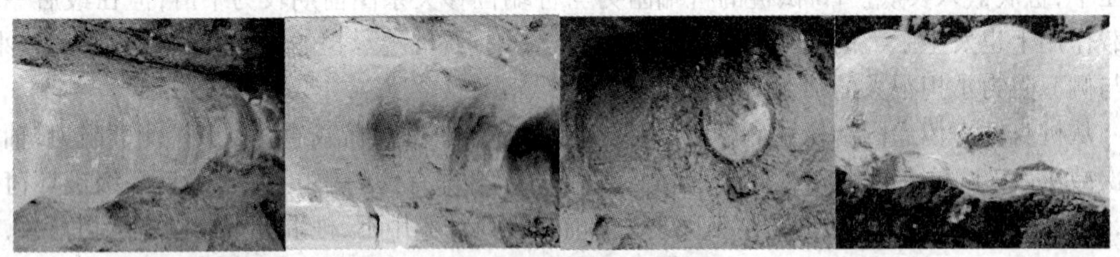

图 5-125　P8 试桩桩岩断面图

5.2.2.5　第五组试验桩测试结果及分析

由 P9、P10 试桩各级荷载作用下的桩顶位移、桩端位移、各截面应变计应变值、压力盒数据，再经计算转换，我们可以绘出 P9、P10 试桩桩顶荷载 ~ 桩顶位移曲线（图 5-126、5-127、5-128）、桩顶荷载 ~ 桩端位移曲线（图 5-129、5-130）、桩端阻力 ~ 桩端位移图（图 5-131、5-132）、桩身轴力传递图（图 5-133、5-134）、桩身侧摩阻力分布图（图 5-135、5-136）、各桩段平均侧摩阻力与桩岩相对位移关系图（图 5-137），通过分析测试数据及相应曲线，更加直观地了解 P9、P10 试桩的承载特性。

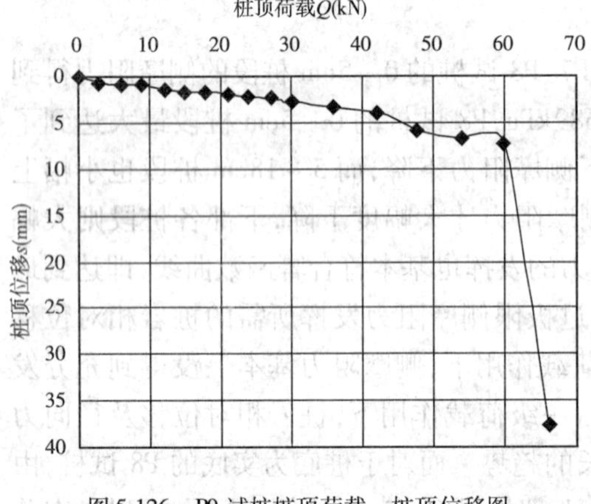

图 5-126　P9 试桩桩顶荷载 ~ 桩顶位移图

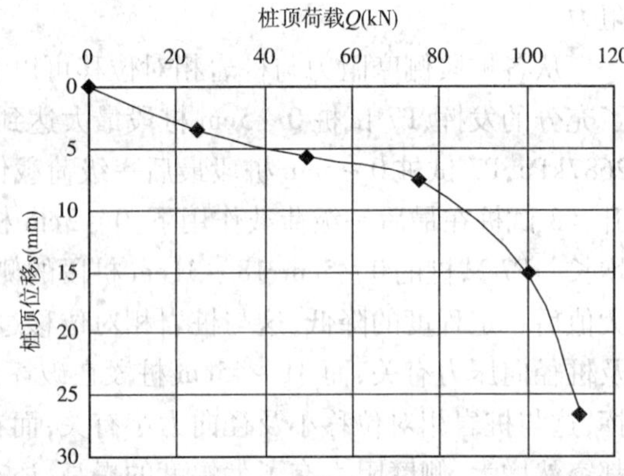

图 5-127　P10 试桩桩顶荷载 ~ 桩顶位移图

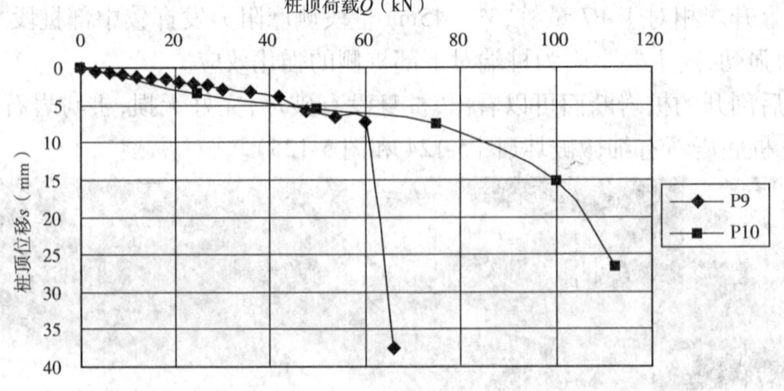

图 5-128　P9、P10 试桩桩顶荷载 ~ 桩顶位移对比图

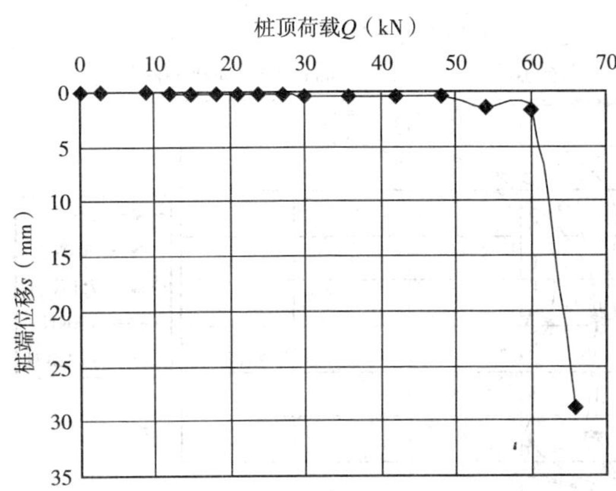

图 5-129 P9 试桩桩顶荷载 ~ 桩端位移图

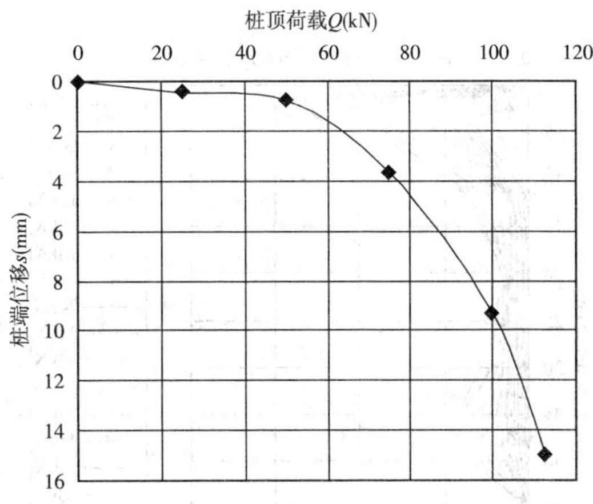

图 5-130 P10 试桩桩顶荷载 ~ 桩端位移图

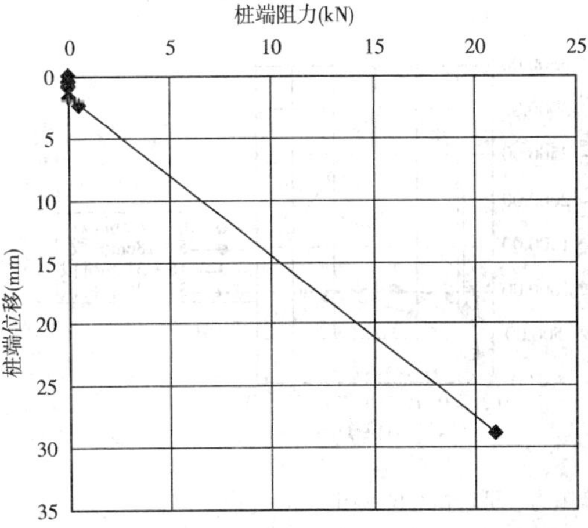

图 5-131 P9 试桩桩端阻力 ~ 桩端位移图

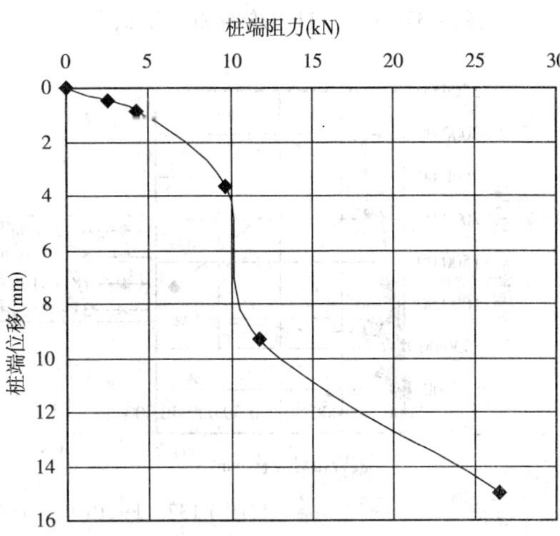

图 5-132 P10 试桩桩端阻力 ~ 桩端位移图

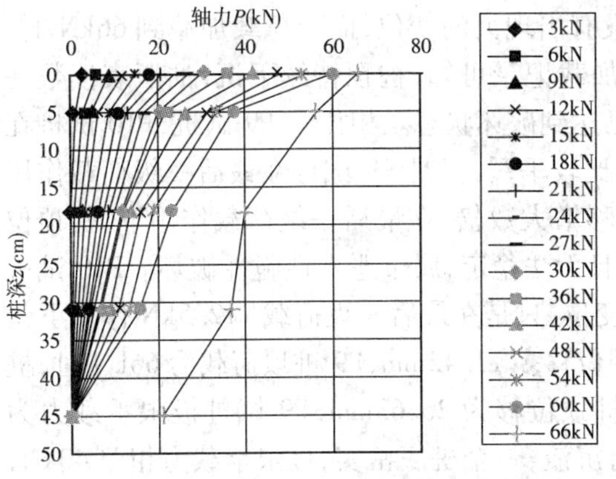

图 5-133 P9 试桩桩身轴力传递图

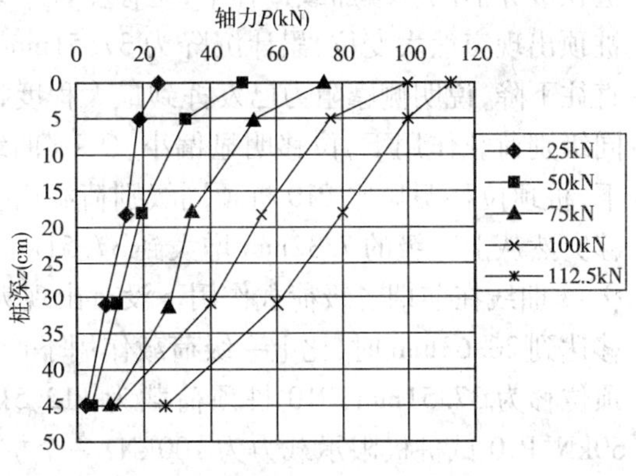

图 5-134 P10 试桩桩身轴力传递图

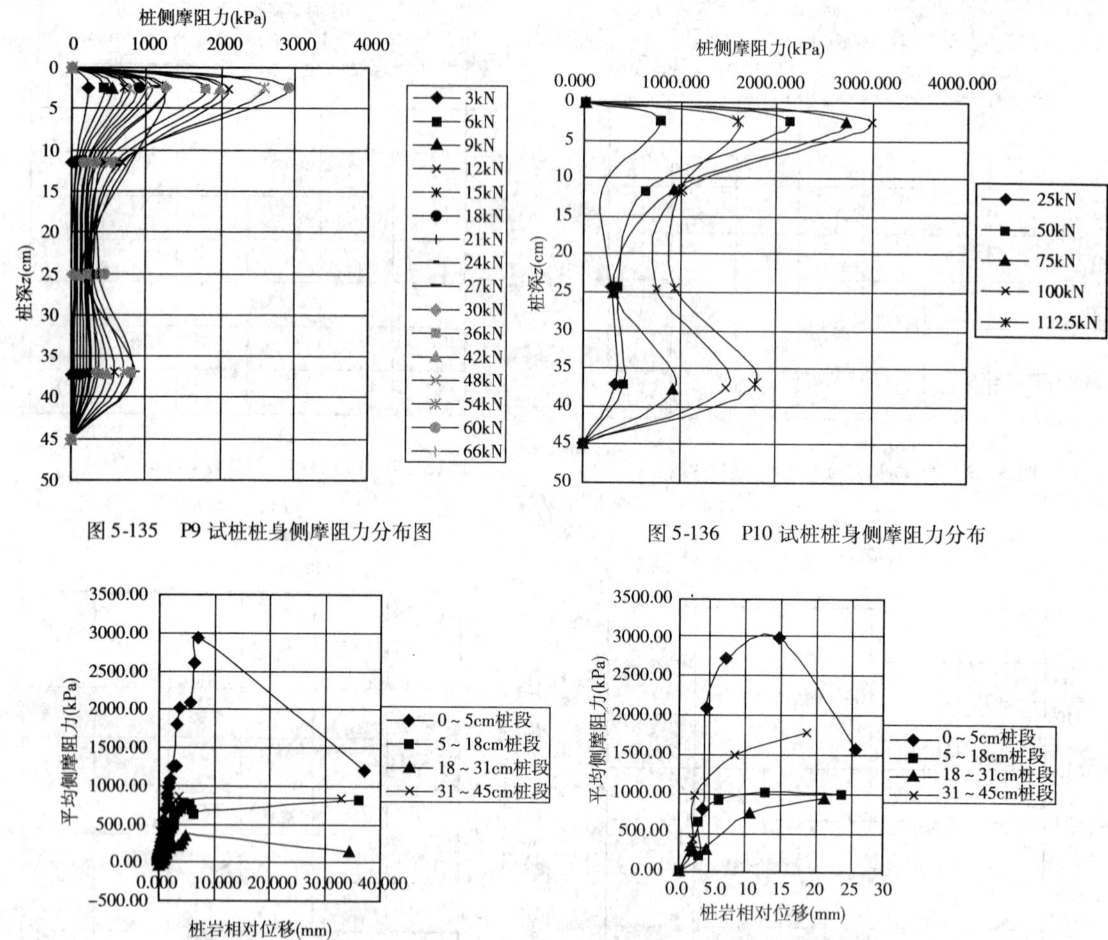

图 5-135 P9 试桩桩身侧摩阻力分布图

图 5-136 P10 试桩桩身侧摩阻力分布

图 5-137 P9、P10 试桩各桩段侧摩阻力～桩岩相对位移图

试验桩 P9 和 P10 的粗糙度因子 *RF* 为 0.232，桩身表面为圆弧曲线形，试桩 P9 的桩底有 3cm 的泡沫，用于模拟桩底沉渣，其他条件基本相同。从 P9、P10 的 $Q \sim s$ 曲线可以看出，P9 试桩在破坏前的各级加载过程中，位移变换平缓，没有出现大的变位，而当荷载加载到 66kN 时，桩顶出现突然大变位，累计沉降为 37.51mm，由加载记录可知，桩顶持续下沉，油压表读数一直往下降，说明侧摩阻力已发挥到最大程度，桩已达到破坏状态。相比于 P9 试桩，P10 试桩在同级别荷载作用下，位移明显偏小，$Q \sim s$ 曲线都比较平缓，只是 P9 试桩在最后一级荷载作用下，桩顶位移明显比 P10 桩顶同级别荷载产生位移增大数倍，在最后一级荷载作用下，桩顶位移突然从上一级的 7.32mm 增大到 37.51mm，而且无法稳定，属于恶劣性脆性破坏。P10 试桩 $Q \sim s$ 曲线在前期各级荷载作用下没有出现大的变位，只是在最后一级荷载 112.5kN 作用下位移达到 26.63mm 时，比上一级荷载作用下产生的位移多 11.42mm，P9 桩顶荷载为 66kN 时，桩顶位移为 37.51mm，P10 桩顶荷载为 112.5kN，桩顶位移为 26.63mm，P9 试桩极限承载力为 60kN，P10 试桩极限承载力为 100kN，一个桩底有沉渣，一个桩底密实，极限承载力相差 40kN，可见桩端沉渣对嵌岩桩极限承载力的影响很大，P9 试桩在破坏前的荷载作用下，桩顶位移变化平稳而且最大位移只有 7.32mm，而在最后一级荷载作用下位移突然达到 37.51mm，发生突

然脆性破坏,油压表迅速下降。相比于 P9 试桩,P10 试桩在桩顶荷载作用下,位移沉降较为平稳,在最后一级荷载作用下,位移变位偏大,属于轻微性脆性破坏。主要与桩端岩石三向抗压强度也已达到极限有关。

从桩顶荷载与桩端位移关系图可以看出,P9 试桩在破坏前的荷载作用下,桩端位移非常小,这主要与试桩表面粗糙度比较大,桩侧承担很大的承载力有关,在桩顶荷载 60kN 时,只有 1.7mm,而在桩顶荷载达到 66kN 时,桩端位移突然达到 28.8mm,而 P10 试桩的桩顶荷载与桩端位移图在最后一级荷载作用下出现较大的变化,和桩顶荷载与桩顶位移关系图反映的荷载传递情况基本吻合。

从桩端阻力与桩端位移图也可以看出,P9 试桩因为桩底有沉渣,在未达到最后一级破坏荷载时,桩端阻力基本没有发挥出来,而在最后一级荷载作用下,桩端已基本嵌入岩石,桩端阻力才有了很大的发挥,达到 20.98kN,在试验结束后,剖开岩石,露出桩断面图,发现桩已把泡沫压平,桩底嵌入实底。P10 试桩的桩端阻力与桩端位移关系图整体较为平滑,但在最后一级荷载作用下也发生了 5.7mm 的变位,在前期较小荷载作用下,桩端承担的阻力和产生位移均较小,这与侧摩阻力承担很大的荷载有关。

从桩身轴力传递图和桩身侧摩阻力分布图可以看出,桩顶荷载通过克服桩侧摩阻力,轴力依次减小,P9 试桩由于桩底有沉渣,桩顶荷载基本上全部由桩侧承担,只在最后一级破坏荷载时,桩端才承担一部分荷载,而对于 P10 试桩,前几级荷载作用下,桩端基本上也不承担荷载,在加载中后期,随着桩端位移的增加,端阻力才开始慢慢地发挥。从桩身摩阻力分布可以看出,在各级荷载作用下,侧摩阻力的发挥趋势基本相同,只有在最后一级荷载作用下,上部桩—岩段由于产生相对位移超过极限位移,侧摩阻力重心开始向下转移,下部桩侧摩阻力开始增大。端阻力对侧摩阻力的发挥也产生一定影响,P9 试桩由于桩端有沉渣,下部桩侧摩阻力发挥程度很小,而 P10 试桩桩底密实,桩下部摩阻力得到一定程度发挥,整个侧摩阻力分布呈 R 型分布,就是桩顶和桩底部分摩阻力很大,而中间部分摩阻力并没有得到充分发挥,这主要是因为,在桩底密实条件下,随着桩端位移增加,桩底对桩身施加一个反向力,从而桩身底部的径向力就会加大,增大桩底部的侧摩阻力。P9 试桩在最后一级荷载作用下,桩身下部侧摩阻力也突然增大,这是由于在最后一级荷载作用下,桩底嵌入桩端岩石,从而增大了桩底部分的侧摩阻力。

从各桩段侧摩阻力与桩岩相对位移可以看出,P9、P10 试桩的 0 ~ 5cm 桩段的侧摩阻力得到了充分的发挥,P9 试桩 0 ~ 5cm 桩段最大达到了 2932kPa,P10 试桩的 0 ~ 5cm 桩段最大达到了 2985kPa,P9 试桩 0 ~ 5cm 桩段加载最后一级侧摩阻力大幅下降,而 5 ~ 18cm 桩段也有所上升,P10 试桩在最后一级荷载作用下,0 ~ 5cm 桩段侧摩阻力也大幅度下降,下部 5 ~ 18cm、31 ~ 45cm 桩段则大幅增长,而 18 ~ 31cm 桩段则大幅减小。P9 试桩的 0 ~ 5cm、5 ~ 18cm、18 ~ 31cm、31 ~ 45cm 桩段的侧摩阻力的发挥也基本符合幂函数曲线,即达到最大值后一定程度地降低,这与桩岩相对位移过大超过极限侧摩阻力发挥所需的桩岩相对位移有关,31 ~ 45cm 桩段在破坏前的荷载作用下,侧摩阻力基本上没得到充分发挥,这与桩岩相对位移小及径向力小有关,而在最后一级荷载作用下,桩岩相对位移突然增大,侧摩阻力并没有提高多少,但有增长趋势。而对于桩底为实底的 P10 试桩,由于桩岩相对位移在最后一级荷载作用下发生大的变位,上部桩段 0 ~ 5cm 的侧摩阻力都得到了充分的发挥,而 5 ~ 18cm 桩段显然还没有达到极限值,还有增长的趋势。在最后一级荷载作用下 18 ~ 31cm 桩段侧摩阻力大幅回落,相对于 P9 试桩,31 ~ 45cm 桩段侧摩阻力发挥较中部桩段 5 ~ 18cm、18 ~ 31cm 发挥更为强劲,这主要是因为桩端对下部桩侧的强化效应。

从试验过后剖开的桩岩断面可以看出,桩身没有破坏,桩与岩石接触面有一定的损坏,P9、P10 桩底岩石有细微破坏(图 5-138 和图 5-139)。

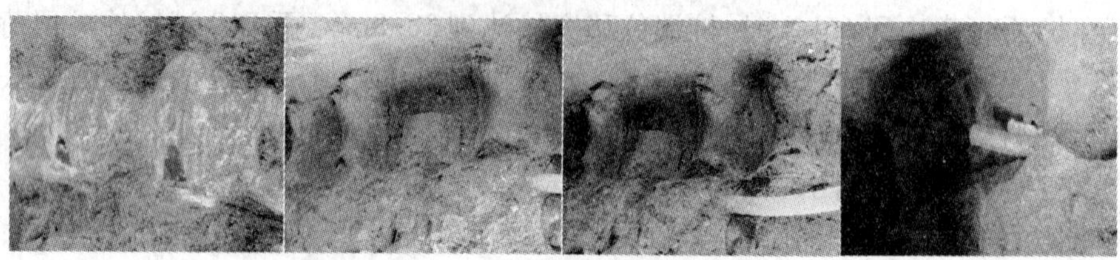

图 5-138　P9 试桩断面图

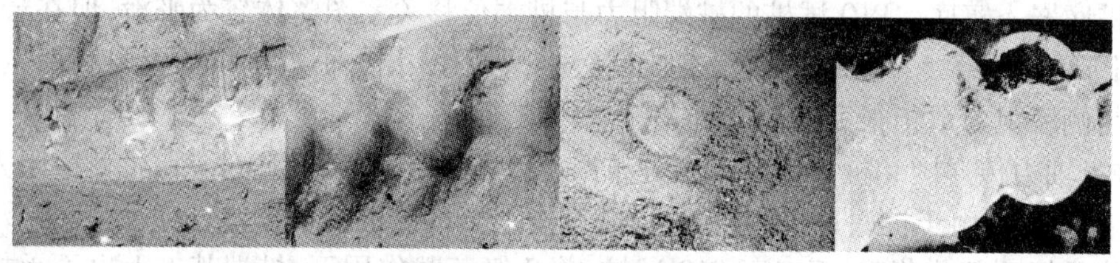

图 5-139　P10 试桩断面图

5.2.2.6　全部试验桩测试结果综合分析

1. 五组嵌岩桩整体承载力及沉降综合分析(图 5-140 和图 5-141,表 5-7 和表 5-8)

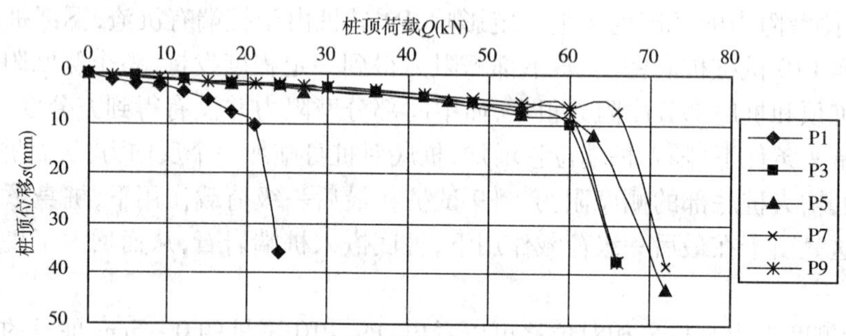

图 5-140　桩底虚底试桩 P1、P3、P5、P7、P9 $Q \sim s$ 曲线对比图

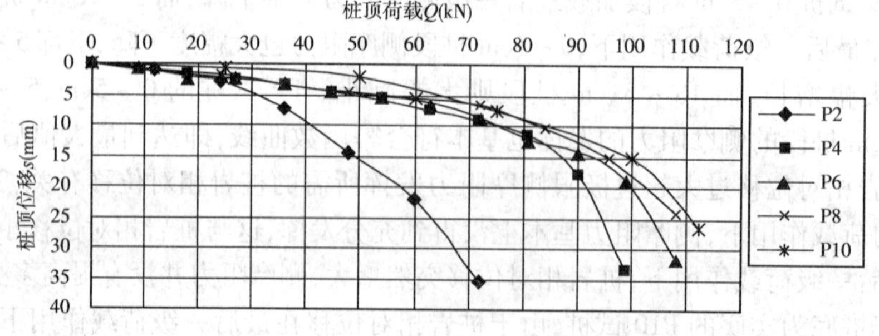

图 5-141　桩底实底试桩 P2、P4、P6、P8、P10 $Q \sim s$ 曲线对比图

桩底虚底试桩承载及沉降结果　　表 5-7

试 桩 编 号	P1	P3	P5	P7	P9
粗糙度因子	0	0.04	0.082	0.127	0.232
桩底情况	沉渣	沉渣	沉渣	沉渣	沉渣
破坏荷载(kN)	24	66	72	72	66
桩顶最大位移(mm)	35.9	38	42.9	38.41	37.51
极限承载力(kN)	21	60	63	66	60
极限承载力下桩顶位移(mm)	10.44	10.21	12.1	7.42	7.32
极限承载力下桩端位移(mm)	2.1	4.1	4.2	2	1.7
破坏荷载作用下桩端位移(mm)	27.7	25.7	26.4	30.9	28.8
极限承载力下侧摩阻力(kN)	20.9	59.8	62.97	65.85	59.89
极限承载力作用下端阻力(kN)	0.1	0.2	0.03	0.15	0.11
破坏荷载作用下侧摩阻力(kN)	16.97	48.67	51.8	51.74	45.02
破坏荷载作用下端阻力(kN)	7.03	17.33	20.2	20.26	20.98

桩底实底试桩承载及沉降结果　　表 5-8

试 桩 编 号	P2	P4	P6	P8	P10
粗糙度因子	0	0.04	0.082	0.127	0.232
桩底情况	实底	实底	实底	实底	实底
破坏荷载(kN)	72	99	108	108	112.5
桩顶最大位移(mm)	35.6	33.6	31.87	24.3	26.63
极限承载力(kN)	60	90	99	96	100
极限承载力下桩顶位移(mm)	21.9	17.96	18.48	15	15.21
极限承载力下桩端位移(mm)	16.4	8	4.1	5.8	9.3
破坏荷载作用下桩端位移(mm)	26.4	20	12.7	12.7	15
极限承载力下侧摩阻力(kN)	41.88	77.22	88.34	85.37	88.35
极限承载力作用下端阻力(kN)	18.12	12.78	10.66	10.63	11.65
破坏荷载作用下侧摩阻力(kN)	46.86	78.22	83.21	82.48	85.92
破坏荷载作用下端阻力(kN)	25.14	20.78	25.29	25.52	26.58

对于桩底虚底的五根试桩 P1、P3、P5、P7、P9，承载力及沉降与桩底实底的五根试桩 P2、P4、P6、P8、P10 有所不同。对于 P1 试桩，粗糙度因子为零，即为考虑桩岩界面绝对规则，其破坏荷载为 24kN，对应桩顶位移为 35.9mm，极限承载力为 21kN，当粗糙度因子为 0.04 的时候，P3 试桩的破坏荷载为 66kN 对应桩顶位移为 38mm，极限承载力为 60kN 极限承载力比粗糙度

为零时增加185%,而破坏荷载作用下的桩顶位移相差不大。当粗糙度因子为0.082时,P5试桩的破坏荷载72kN对应桩顶位移为42.9mm,极限承载力为63kN,相对于粗糙度为0.04的极限承载力增长5%,当粗糙度因子为0.127时,P7试桩的破坏荷载为72kN,对应桩顶位移为38.41mm,极限承载力为66kN,相对于粗糙度为0.082时的极限承载力增长4.7%,当粗糙度为0.232时,P9试桩的破坏荷载为66kN,极限承载力为60kN,相对于粗糙度为0.127时的极限承载力降低9%。这也印证了下述桩底实底试桩承载力分析中的孔壁凸凹度过大导致承载力下降的结论。主要就是因为桩的抗压强度相对于岩石很大,不可能破坏,而先破坏的只有桩周岩石,岩石凸出部分由于受三向挤压,有可能发生破坏,阻碍了承载力的增长。

从桩底为实底的五根试桩的试验结果看,对于P2,粗糙度因子为零,即为考虑桩岩界面绝对规则,其破坏荷载为72kN,对应桩顶位移为35.6mm,极限承载力为60kN,当粗糙度因子为0.04的时候,P4试桩的破坏荷载为99kN对应桩顶位移为33.6mm,极限承载力为90kN极限承载力比粗糙度为零时增加50%,而破坏荷载作用下的桩顶位移相差不大。当粗糙度因子为0.082时,P6试桩的破坏荷载108kN对应桩顶位移为31.87mm,极限承载力为99kN,相对于粗糙度为0.04的极限承载力增长10%,增长幅度较小,当粗糙度因子为0.127时,P8试桩的破坏荷载为108kN,对应桩顶位移为24.3mm,极限承载力为96kN,相对于粗糙度为0.082时的极限承载力有点下降,但破坏荷载下的对应位移明显小于前两级粗糙度下的位移,可以看出,极限承载力还不是严格意义上的减少,当粗糙度为0.232时,P10试桩的破坏荷载为112.5kN,对应桩顶位移为26.63mm,极限承载力为100kN,相对于前几级粗糙度下的极限承载力,增长幅度特别小,几乎没有什么增长。从桩底为实底的五根试桩的破坏荷载、破坏荷载对应位移、极限承载力可以看出,当粗糙度由零增大到0.04时,极限承载力有很大的提高,当粗糙度高于0.04时,极限承载力提高的幅度变小。这主要与有孔壁粗糙度的桩受力机理有关。在桩顶荷载作用下,桩首先发生竖向位移,而凹凸不平的桩岩界面阻碍桩的位移,并且沿孔壁方向发生侧向剪胀,桩与岩石之间的法向力及斜向挤压力迅速增加,极大地增加了桩侧的承载能力,随着粗糙度因子的增大,凸凹程度增大,岩石凸出部分有可能被挤压破坏,承载力就不再增长,甚至有可能下降,这在底部有沉渣试桩的承载力大小方面有所体现。

2. 五组试验桩侧摩阻力与端阻力发挥情况及分析

从整体看,桩底虚底的P1、P3、P5、P7、P9试桩在破坏前的荷载作用下,端阻力基本上没有发挥,因为桩底根本就没有接触到实底,桩顶荷载几乎全部由桩侧承担,承担侧摩阻力随粗糙度因子的增大而增大,到了一定程度不再增长,主要是由于桩周岩石凸凹面被挤压破坏,而且是从桩顶依次往下破坏,这从桩身各级荷载作用下侧摩阻力分布图可以看出,对各试桩,基本上在最后几级荷载以前的各级荷载作用下,侧摩阻力的分布趋势基本相同,但在最后几级荷载作用下,侧摩阻力的重心有明显的下移趋势,也说明了上部桩段的侧摩阻力已发挥到了极限,开始出现下降趋势,在最后一级荷载作用下,虚底桩底端阻力才开始发挥作用,从图表中可以看出,对于虚底桩,端阻力在最后一级荷载作用下,承担的荷载相差不是太大,基本占桩顶破坏荷载的30%左右,而对于实底桩的P2、P4、P6、P8、P10桩端阻力在破坏前的几级荷载作用下就已经开始发挥了作用,在破坏前一级荷载作用下,桩端承担的阻力的百分比有随粗糙度因子增大而减小的趋势,破坏荷载作用下,实底桩桩端阻力占桩顶荷载的百分比相差不大,粗糙度因子大一些的实底桩,桩端阻力发挥的较大一些,这主要与在破坏的一瞬间,粗糙度因子大的实底试桩侧摩阻力损失较大一些有关。不管对于虚底桩还是实底桩，0～5cm 桩段的侧摩阻力都发挥到了极限，在最后一级荷载作用下都大幅滑落，5～18cm 桩段也有小幅上升，最下部 31～45cm 桩段在最后一级荷载作用下摩阻力发挥呈强劲之势，而对于 18～31cm 中下部桩段基本上都没有得到充分发挥就开始大变位的情况下回落，可见侧摩阻力的发挥不仅仅和桩岩相对位移有关，还与桩端对侧摩阻力的增强作用有关。从侧摩阻力的整体发挥而言，在粗糙度因子的影响下，侧摩阻力的极限值非常高，甚至达到孔壁光滑时侧摩阻力极限值的 3 倍左右，这主要是因为，桩岩界面凸凹面使得桩岩之间的破坏不仅仅是剪切破坏，而是一种三向挤压破坏，这有助于大大增强平均侧摩阻力。

总体而言，对桩底都为实底的 P2、P4、P6、P8、P10 试桩，$Q \sim s$ 曲线都较为虚底桩 $Q \sim s$ 曲线平缓，在最后一级荷载作用下，都出现了一些较大的变位，也基本属于轻微性的脆性破坏，粗糙度因子从 0 变为 0.04 时试桩的极限承载力增大 30kN，增长幅度达 50%，其后粗糙度因子从 0.04 到 0.082 再到 0.127 及 0.232 的过程中，承载力增长幅度不大，特别是粗糙度因子超过 0.082 以后，极限承载力几乎没有增长，而对于桩底为虚底的 P1、P3、P5、P7、P9，$Q \sim s$ 曲线在最后一级荷载作用下全部发生突变，在突变前位移变化都不是很大，在粗糙度因子为零时极限承载力为 21kN，当粗糙度因子为 0.04 时的极限承载力为 60kN，极限承载力增长了近 39kN 增长幅度达 185%，粗糙度因子为 0.127 时，极限承载力达到最大，当粗糙度因子为 0.232 时，极限承载力反而下降了。这就说明了在桩身强度强于桩周岩石的情况下，试验桩的极限承载力并不是随着粗糙度因子的增大而无限增大，相反在桩底为虚底的情况下极限承载力反而会下降。所以一味地去增加桩侧孔壁粗糙度也并不一定能起到增加极限承载力的效果，应适可而止，孔壁达到一定的粗糙就行，这对于软岩是适用的，对于硬岩的承载影响有待研究。桩底沉渣（用桩底虚底模拟）对嵌岩桩承载力的影响更为大些，在粗糙度因子为零时，实底桩和虚底桩的承载力相差近三倍，可以看出桩端阻力及其对增加桩侧摩阻力的重要性，随着粗糙度因子的增大，实底桩和虚底桩的极限承载力相差才有所减小，主要是因为带孔壁粗糙度的桩侧提供了更为强劲的承载力。因此，桩底沉渣对工程来说，是一个大的隐患，对于工程上嵌岩桩，安全系数较大，一般达不到其极限承载力，一旦达到就有可能发生脆性破坏，就会给工程带来危害。

5.2.3　有限元模拟分析

室内试验的结果能否适合原位工程桩的设计与施工，以现在的技术和财力，还很难做到在原位试验中去精确模拟粗糙度和桩底沉渣对嵌岩桩承载性状的影响状况，但我们可以利用功能强大的有限元软件去模拟粗糙度和桩底沉渣影响下嵌岩桩的承载性状，原型嵌岩桩有限元模拟结果是否与室内模拟结果所反映的承载力特性存在一定的相似性。

5.2.3.1　有限元模拟材料参数确定

室内模拟当中，有机玻璃桩的单轴抗压强度在 100MPa 以上，桩周模拟岩石单轴抗压强度只有 6MPa，根据以往的工程经验，不可能发生桩身先于桩周模拟岩石破坏，这从室内模拟试验结束后嵌岩桩剖面图可以看出，有机玻璃状完好无损，在桩周岩石抗压强度远低于桩身强度的情况下，嵌岩桩的承载力决定于桩周岩石强度及弹性模量。因此本次有限元模拟桩周岩石各参数仍采用室内模拟试验中所得参数，即单轴抗压强度为 6MPa，弹性模量为 6.08×10^2 MPa，重度为22kN/m^3，泊松比0.28，内摩擦角20°，粘聚力522×10^{3}Pa，而桩身弹性模量如果仍采用有机玻璃的弹性模量，桩身压缩所占桩顶沉降比例太大，与实际工程不符，因而桩身材料采用原型混凝土材料参数，单轴抗压强度30MPa，弹性模量取3.0×10^{4}MPa，重度25kN/m^3，泊松比0.167，这样尽可能做到在室内模拟的基础上去探索原型嵌岩桩的承载性状。

5.2.3.2 有限元模型建立

原型嵌岩桩模型桩径取1m，嵌岩深度为9m，粗糙度因子保持与室内模型相同，同样建立五组模型（表5-9和表5-10），每组两个模型，一个桩底实地，一个桩底有沉渣，用弹性模量极小的粘土模拟，五组粗糙度依次增大。粗糙度因子公式仍采用室内模型桩所用公式：

$$RF=\frac{\overline{\Delta r}}{r_s}\cdot\frac{L_l}{L_S}$$

式中：$\overline{\Delta r}$——凸凹出部分径向尺寸平均值；

r_s——孔壁半径平均值；

L_l——沿钻孔深度方向剖面曲线的总长度；

L_S——钻孔深度。

为了保证粗糙度因子的相同，有限元模拟和室内模拟的粗糙度因子定义中，$\overline{\Delta r}$和凸凹圆弧弦长有比例关系（图5-142）。

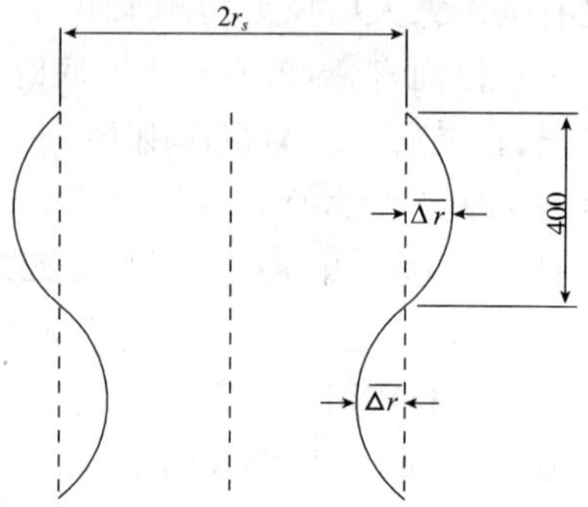

图5-142　有限元模拟粗糙度因子定义图

室内模拟和有限元模拟桩粗糙度因子定义$\overline{\Delta r}$值　　表5-9

组　　数	第一组	第二组	第三组	第四组	第五组
室内模拟$\overline{\Delta r}$(mm)	0	1	2	3	5
有限元模拟$\overline{\Delta r}$(mm)	0	20	40	60	100

有限元模拟方案　　表5-10

组　　数	桩号	桩径(cm)	嵌入桩长(cm)	粗糙度因子 *RF*	桩底情况
第一组	MP1	100	900	0.000	有沉渣
	MP2	100	900	0.000	密实
第二组	MP3	100	900	0.040	有沉渣
	MP4	100	900	0.040	密实
第三组	MP5	100	900	0.082	有沉渣
	MP6	100	900	0.082	密实
第四组	MP7	100	900	0.127	有沉渣
	MP8	100	900	0.127	密实
第五组	MP9	100	900	0.232	有沉渣
	MP10	100	900	0.232	密实

根据对称性，模型取轴对称平面的一半进行分析，减少计算过程中的运算量和计算时间。边界条件：桩岩模型两侧限制水平位移，模型底部限制垂直和水平位移。

五组试验模型如图 5-143 ~ 图 5-152 所示。

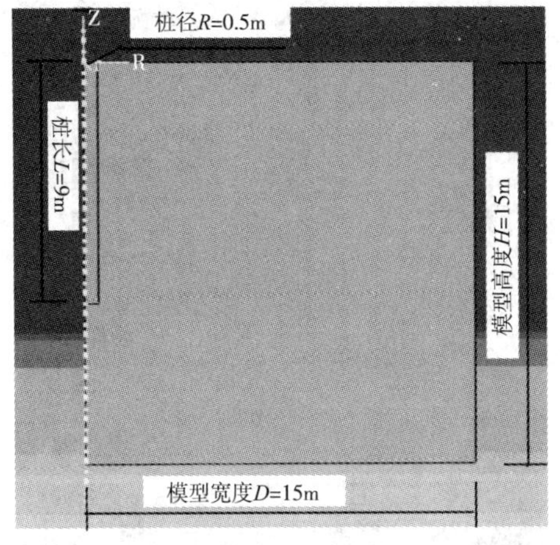

图 5-143 MP1 模型

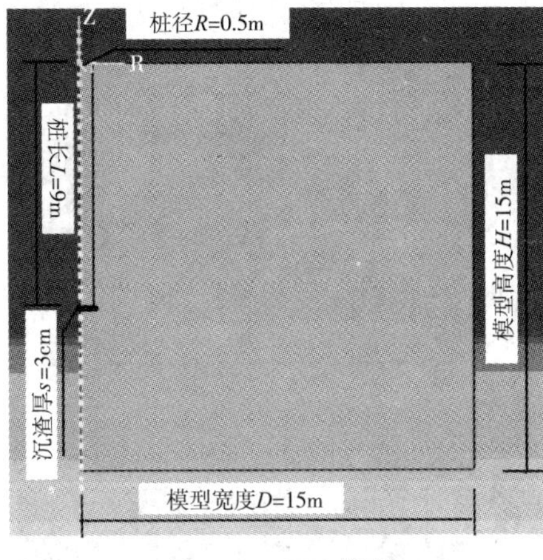

图 5-144 MP2 模型

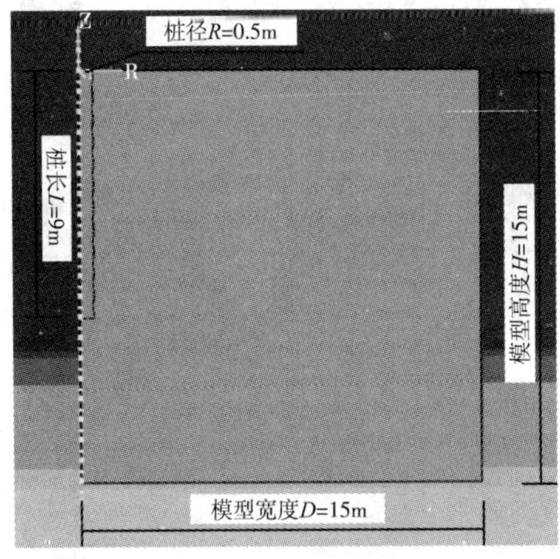

图 5-145 MP3 模型

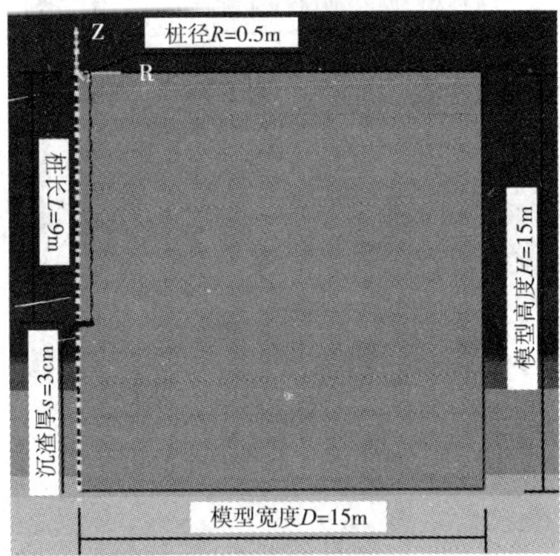

图 5-146 MP4 模型

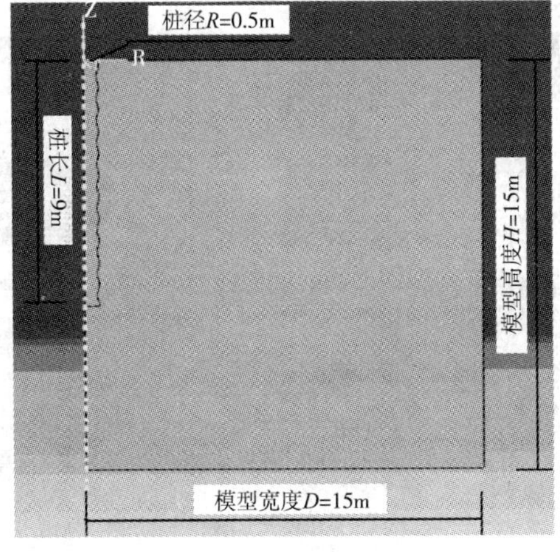

图 5-147 MP5 模型

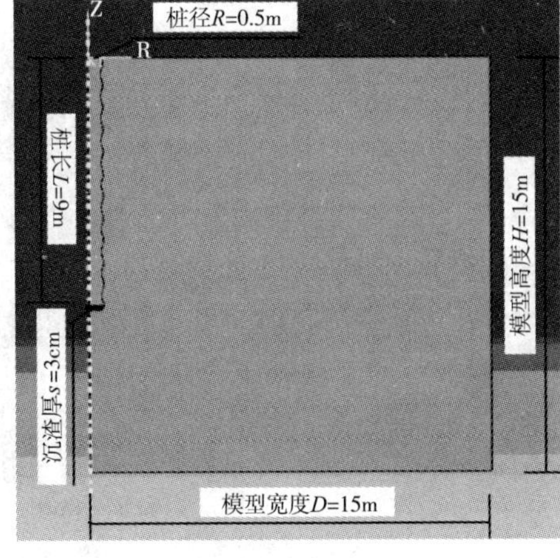

图 5-148 MP6 模型

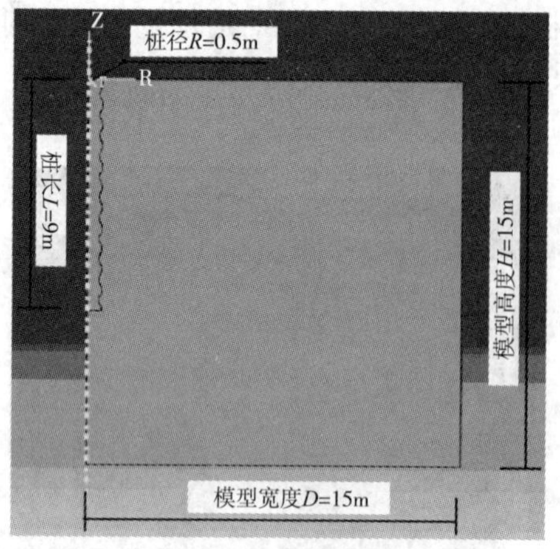

图 5-149　MP7 模型

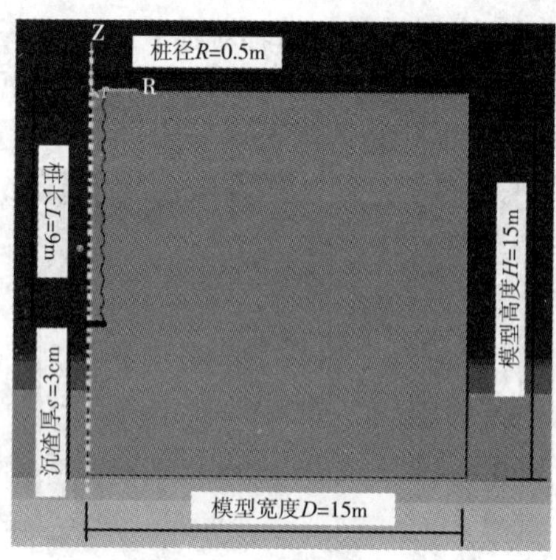

图 5-150　MP8 模型

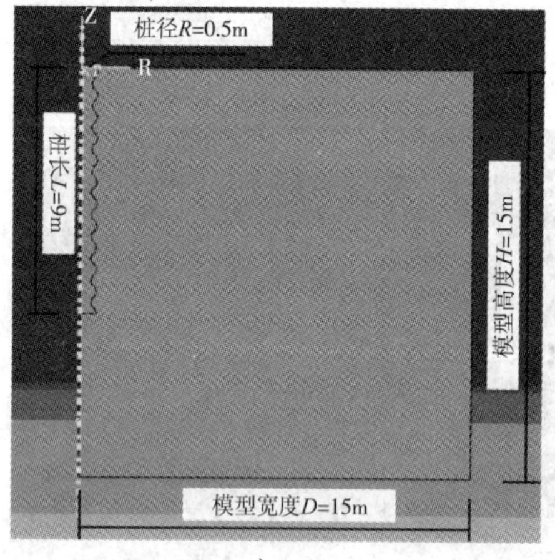

图 5-151　MP9 模型

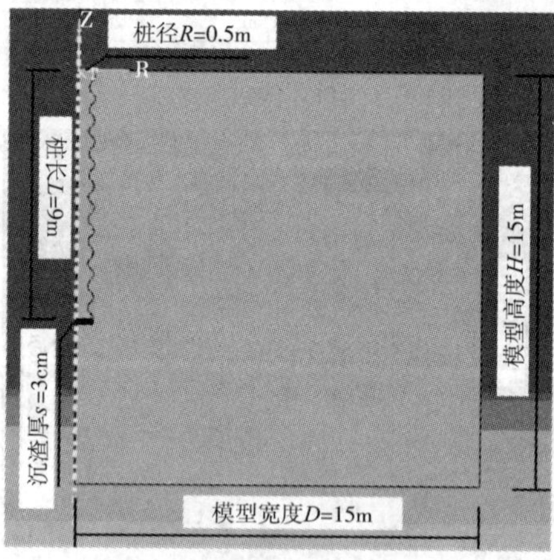

图 5-152　MP10 模型

5.2.3.3　有限元模拟结果及分析

1. 五组桩最后一级加载结果位移图(图 5-153 ~ 5-162)

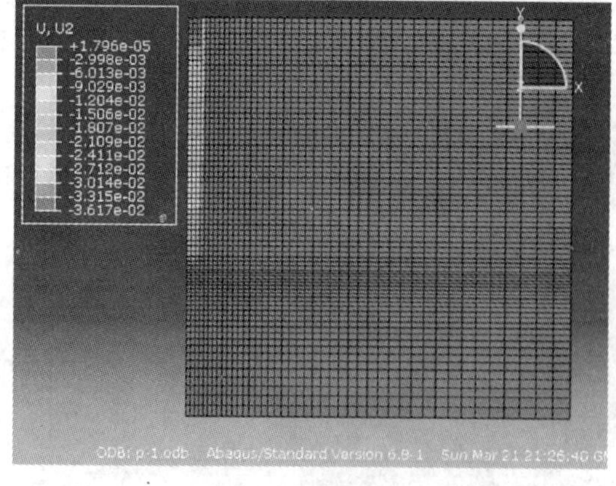

图 5-153　MP1 模拟桩最后一级加载云图

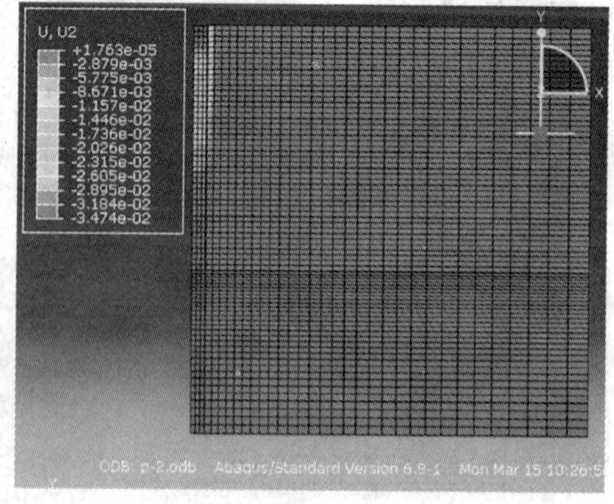

图 5-154　MP2 模拟桩最后一级加载云图

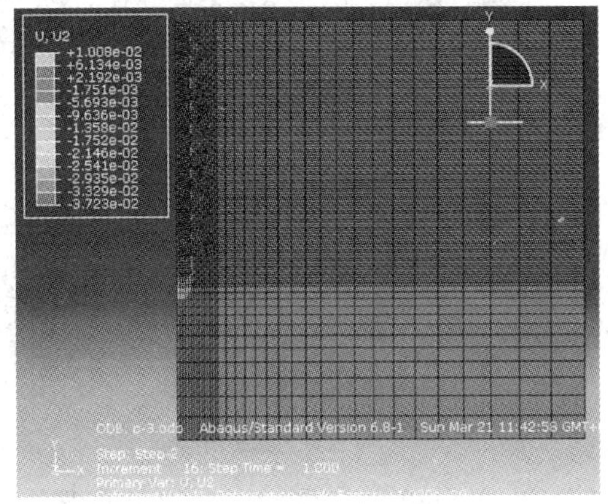

图 5-155 MP3 模拟桩最后一级加载云图

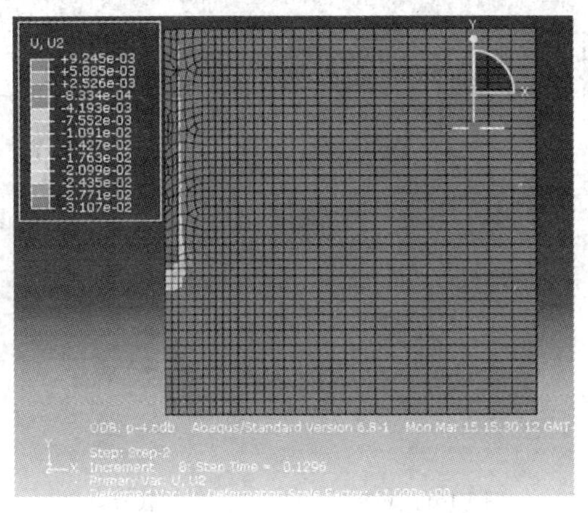

图 5-156 MP4 模拟桩最后一级加载云图

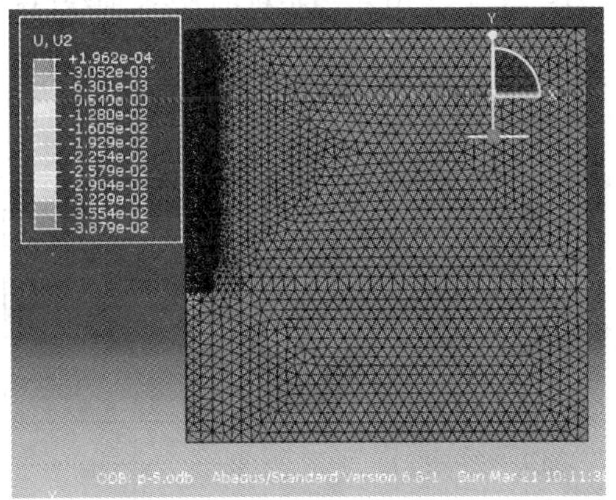

图 5-157 MP5 模拟桩最后一级加载云图

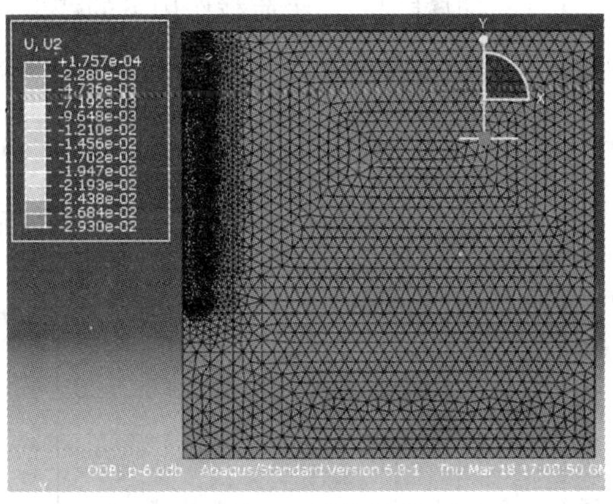

图 5-158 MP6 模拟桩最后一级加载云图

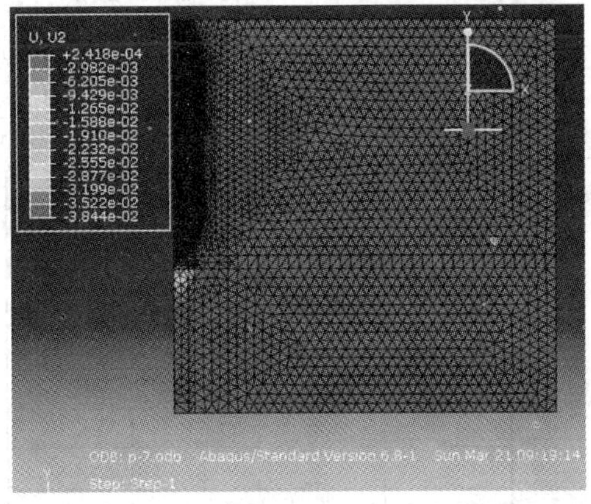

图 5-159 MP7 模拟桩最后一级加载云图

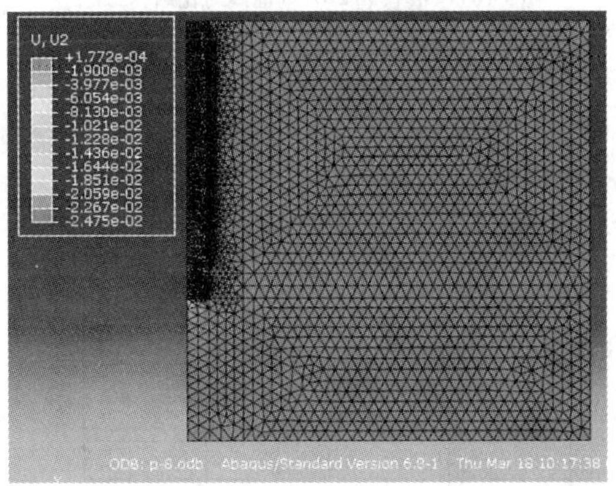

图 5-160 MP8 模拟桩最后一级加载云图

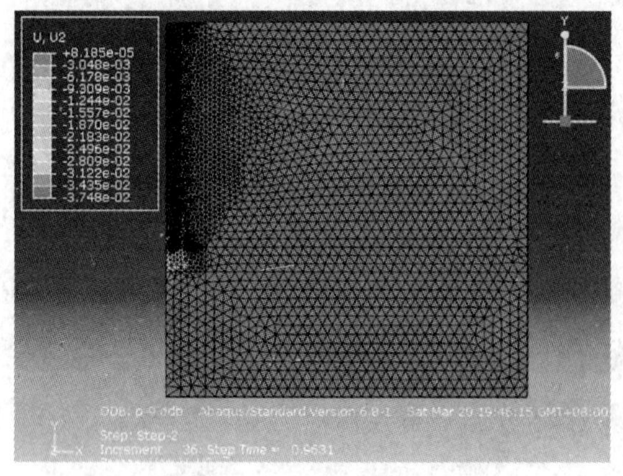

图 5-161 MP9 模拟桩最后一级加载云图

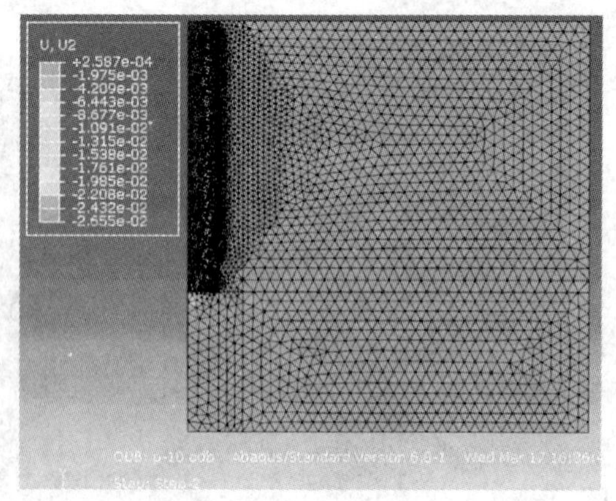

图 5-162 MP10 模拟桩最后一级加载云图

2. 五组模拟结果的 $Q \sim s$ 图

根据模拟过程中各级荷载作用下的产生位移云图，绘制出10根模拟桩的 $Q \sim s$ 曲线（图5-163～图5-169）。

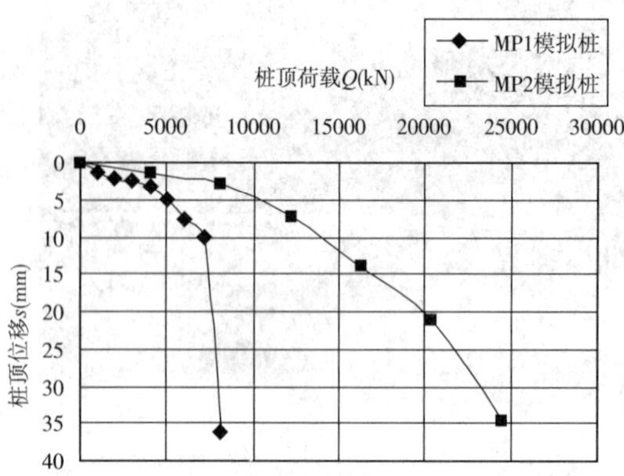

图 5-163 MP1、MP2 $Q \sim s$ 曲线对比图

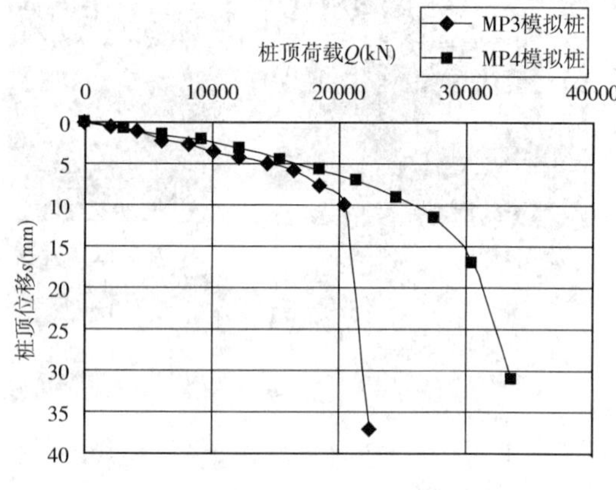

图 5-164 MP3、MP4 $Q \sim s$ 曲线对比图

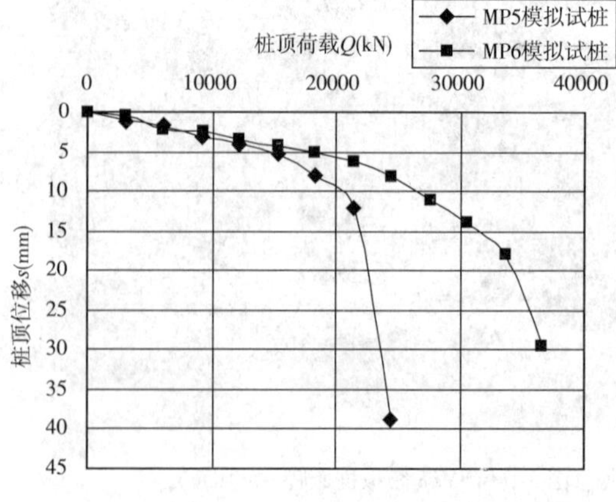

图 5-165 MP5、MP6 $Q \sim s$ 曲线对比图

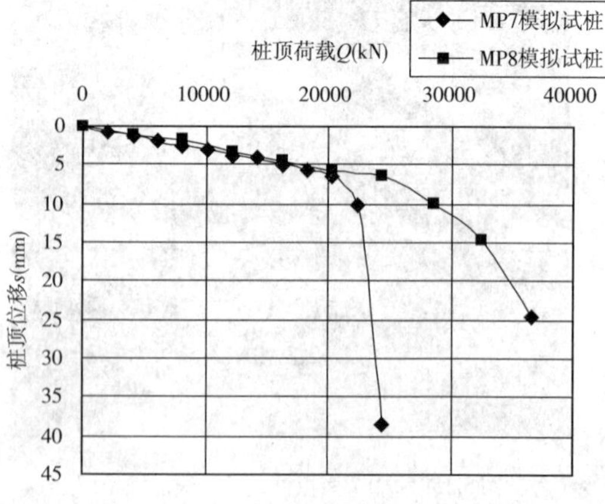

图 5-166 MP7、MP8 $Q \sim s$ 曲线对比图

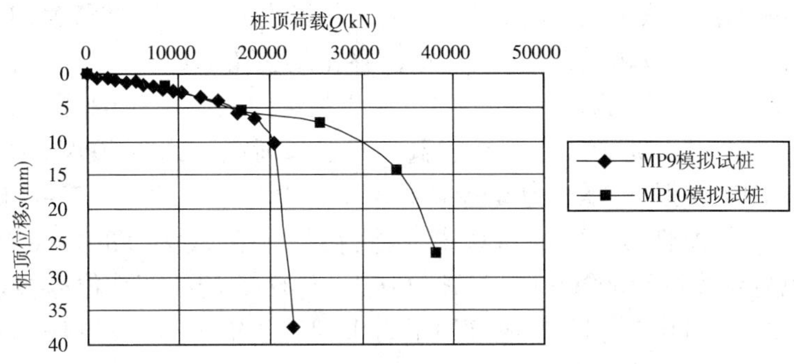

图 5-167　MP9、MP10 $Q \sim s$ 曲线对比图

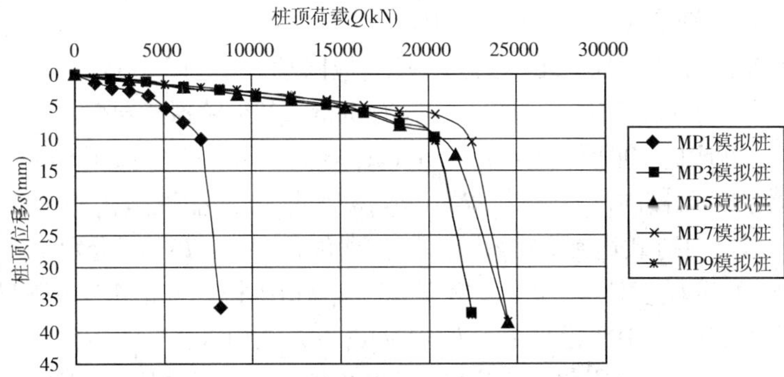

图 5-168　MP1、MP3、MP5、MP7、MP9 $Q \sim s$ 曲线对比

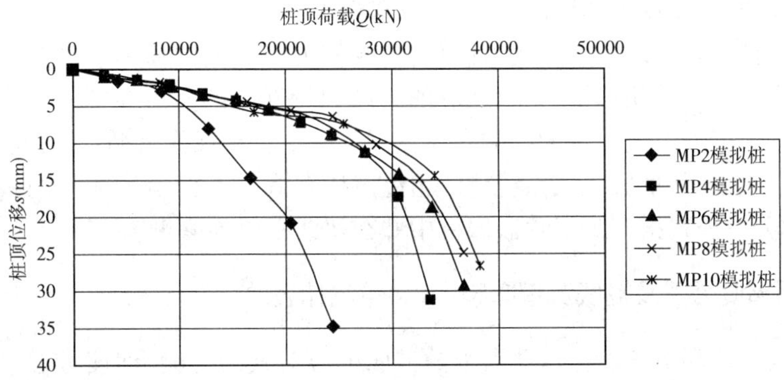

图 5-169　MP2、MP4、MP6、MP8、MP10 $Q \sim s$ 曲线对比

3. 模拟结果综合分析

从最后一级荷载作用下各模拟桩位移云图（图 5-153 ~ 图 5-162），我们可以明显地看出同一组中桩底实底桩比虚底桩承载力发挥更为强劲一些，而且可以很大程度地调动下部桩侧的摩阻力和桩端阻力。由各级荷载作用下的位移云图所确定的 $Q \sim s$ 曲线可以进一步了解模拟桩的承载特性。对于粗糙度因子为零的 MP1、MP2 模拟桩，除了桩端条件其他条件基本相同，但承载力却有很大的差别。MP1 试桩由于桩底有沉渣，在桩顶荷载为 7140kN 时，桩顶位移只有 10.24cm，而当荷载达到 8160kN 时，位移却突然增大到 36.2cm，属于脆性破坏，极限承载力

为7140kN;MP2模拟桩桩底为实底,在桩顶荷载为20400kN时,桩顶位移为21cm,而当荷载达到24480kN时,位移为34.7cm,虽然两级荷载位移相差也在1cm以上,但没有像MP1试桩那样在最后两级荷载作用下产生那么大的变位。对于粗糙度因子为0.04的MP3、MP4试桩,承载力相对于MP1、MP2模拟桩有了明显的提高。在桩顶荷载达到20400kN时,桩顶位移只有10.01cm,相比于MP1模拟桩,承载力提高了2倍以上,当桩顶荷载达到22400kN时,桩顶位移为37.2cm,也发生了脆性破坏,而MP4模拟桩在桩顶荷载为30600kN时,桩顶位移为17.06cm,当桩顶荷载达到33660kN时,桩顶位移为31.1cm,两级荷载位移相差1.44cm,发生破坏,极限承载力为30600kN;对于粗糙度因子为0.082的MP5、MP6模拟桩,MP5模拟桩为桩底有沉渣,MP6模拟桩桩底为实底。MP5模拟桩在桩顶荷载为21420kN时,桩顶位移为12.01cm,当桩顶荷载达到24480kN时,桩顶位移为38.88cm,发生脆性破坏,极限承载力为21420kN,MP6模拟桩在桩顶荷载为33660kN时,桩顶位移为18.18cm,当桩顶荷载达到36720kN时,桩顶位移为29.31cm,也发生了破坏,极限承载力为33660kN。对于粗糙度因子为0.127的MP7、MP8模拟桩,MP7模拟桩为桩底有沉渣,MP8模拟桩桩底为实底。MP7模拟桩在桩顶荷载为22440kN时,桩顶位移为10.56cm,当桩顶荷载达到24480kN时,桩顶位移为38.44cm,发生脆性破坏,极限承载力为22440kN,MP8模拟桩在桩顶荷载为32640kN时,桩顶位移为14.84cm,当桩顶荷载达到36720kN时,桩顶位移为24.75cm,也发生了破坏,极限承载力为32640kN。对于粗糙度因子为0.232的MP9、MP10模拟桩,MP9模拟桩桩底有沉渣,MP10模拟桩桩底为实底。MP9模拟桩在桩顶荷载为20400kN时,桩顶位移为10.39cm,当桩顶荷载达到22440kN时,桩顶位移为37.48cm,发生脆性破坏,极限承载力为20400kN,MP10模拟桩在桩顶荷载为34000kN时,桩顶位移为14.31cm,当桩顶荷载达到38250kN时,桩顶位移为26.55cm,也发生了破坏,极限承载力为34000kN。

综合各个模拟桩在各级荷载作用下的位移,我们可以看出,原型嵌岩桩的$Q \sim s$曲线特点与室内模拟结果有很大的相似性,其所反应的承载力特性与的室内模拟桩结果相似。这说明粗糙度因子和桩底沉渣对嵌岩桩的影响在原型嵌岩桩中也有规律可循。因而我们可以把室内模拟结果进行量化分析,形成比较系统化的粗糙度因子和桩底沉渣影响下的嵌岩桩承载力公式,进而把量化分析公式推广到工程嵌岩桩中并在实践中得到修正。

5.2.4 粗糙度因子及桩底沉渣影响嵌岩桩的量化分析

大部分规范设计都不考虑粗糙度因子及桩底沉渣对其的影响,即使考虑也是根据施工情况粗略修正系数,而不是定量的去修正承载力。通过室内模拟试验分析,并在室内模拟的基础上进行原型嵌岩桩有限元模拟,结果表明,桩底沉渣和粗糙度对嵌岩桩的影响是有一定规律可循的,因此我们可以通过一定的数学手段建立室内模拟嵌岩桩在桩底沉渣和粗糙度影响下的定量影响公式,但是在真正的原位工程桩中,粗糙度因子和桩底沉渣的准确度量及由室内模拟试验所确定的定量影响公式能否适合原位工程桩都将是我们努力探索的方向,也终将会得到解决。

我们把本次嵌岩试桩的极限承载力看做函数,把粗糙度因子看做变量,通过室内模拟试验获得了不同粗糙度因子下对应的极限承载力,又通过原型有限元模拟,不同粗糙度因子下的承载力特点与室内模拟相似,因此我们可以根据室内模拟结果建立嵌岩承载力与粗糙度因子的函数关系。进而可以在各种版本规范的基础上去修正嵌岩桩的极限承载力，从而为设计施工提供可靠的参数。为了使结果清晰和降低量化的难度，按有无沉渣两种情况建立嵌岩承载力与粗糙度因子的函数关系。

1. Lagrange 插值简介

设函数$f(x)$在区间$[a,b]$上有定义，且已知$f(x)$在$[a,b]$上$n+1$个互异节点$x_0,x_1,\cdots,x_n$上的函数值：

$$f(x_0),f(x_1),\cdots,f(x_n)$$

若存在一个不超过n次的多项式$p_n(x)$，满足：

$$p_n(x_i)=f(x_i)\quad(i=0,1,2,\cdots,n)\tag{5-10}$$

则称$p_n(x)$为$f(x)$的n次插值多项式，称式(5-10)为插值条件，称x_i为插值节点，称$f(x)$为插值函数。

2. 基本插值多项式

求一个n次多项式$l_k(x)$，是满足：

$$l_k(x_0)=0,\cdots,l_k(x_{k-1})=0,l_k(x_k)=1,l_k(x_{k+1})=0,\cdots,l_k(x_n)=0\tag{5-11}$$

即：

$$l_k(x_j)=\begin{cases}1 & (j=k)\\0 & (j\neq k)\end{cases}\tag{5-12}$$

由于$x_0,x_1,\cdots,x_{k-1},x_{k+1},\cdots,x_n$为$n$次多项式$l_k(x)$的零点，所以$l_k(x)$含有$n$个一次因子：

$$x-x_0,x-x_1,\cdots,x-x_{k-1},x-x_{k+1},\cdots,x-x_n$$

于是$l_k(x)$可以写成：

$$\begin{aligned}l_k(x)&=A_k(x-x_0)(x-x_1)\cdots(x-x_{k-1})(x-x_{k+1})\cdots(x-x_n)\\&=A_k\prod_{\substack{i=0\\i\neq k}}^{n}(x-x_i)\end{aligned}\tag{5-13}$$

其中A_k为待定常数。再由$l_k(x_k)=1$，得到：

$$A_k\prod_{\substack{i=0\\i\neq k}}^{n}(x_k-x_i)=1$$

于是

$$A_k=\frac{1}{\prod\limits_{\substack{i=0\\i\neq k}}^{n}(x_k-x_i)}$$

将其代入式(5-13)，得到：

$$l_k=\frac{\prod\limits_{\substack{i=0\\i\neq k}}^{n}(x-x_i)}{\prod\limits_{\substack{i=0\\i\neq k}}^{n}(x_k-x_i)}=\prod_{\substack{i=0\\i\neq k}}^{n}\left(\frac{x-x_i}{x_k-x_i}\right)\tag{5-14}$$

显然由式(5-14)定义的$l_k(x)$满足插值条件(5-11)。称$l_k(x)$为n次插值问题的(第k个)基本插值多项式。当$k=0,1,\cdots,n$时，我们依然得到基本插值多项式$l_0(x),l_1(x),\cdots,$

$l_n(x)$。

3. Langrange 插值多项式

利用基本插值多项式容易得出满足插值条件(5-10)的 n 次插值多项式

$$p_n(x) = \sum_{k=0}^{n} f(x_k) l_k(x) \tag{5-15}$$

事实上,由于每个基本插值多项式 $l_k(x)$ 都是 n 次多项式,因而 $p_n(x)$ 的次数不超过 n。又据:

$$p_n(x_i) = \sum_{k=0}^{n} f(x_k) l_k(x) = f(x_i) l_i(x_i) = f(x_i)\ (i=0,1,\cdots,n)$$

即 $p_n(x)$ 满足插值条件(5-10)。因而式(5-15)表示的 $p_n(x)$ 即为所求的满足插值条件(5-10)的 n 次插值多项式。称式(5-15)为 n 次 Langrange 插值多项式,常记为 $L_n(x)$,即

$$L_n(x) = \sum_{k=0}^{n} f(x_k) l_k(x) = \sum_{k=0}^{n} f(x_k) \prod_{\substack{i=0 \\ i\neq k}}^{n} \left(\frac{x - x_i}{x_k - x_i} \right)$$

由于基本插值多项式 $l_0(x), l_1(x), \cdots, l_n(x)$ 是线性无关的,且 n 次插值多项式 $L_n(x)$ 可由他们线性表示,因此又称 $l_0(x), l_1(x), \cdots, l_n(x)$ 为 n 次插值基函数。

4. 插值多项式的存在唯一性

前已得出满足插值条件(5-10)的 n 次插值多项式是存在的,并且可表示成 Langrange 插值多项式的形式。满足式(5-10)的 n 次插值多项式是唯一性证明。

假设另有多项式 $q_n(x)$ 也满足插值条件(5-10),即:

$$q_n(x_i) = f(x_i) \quad (i=0,1,\cdots,n)$$

令

$$h(x) = p_n(x) - q_n(x)$$

则 $h(x)$ 是一个次数不超过 n 的多项式,且:

$$h(x_i) = p_n(x_i) - q_n(x_i) = f(x_i) - f(x_i) = 0 \quad (i=0,1,\cdots,n)$$

则 $h(x)=0$ 有 $n+1$ 个互异的根。由代数基本定理知 n 次代数方程有且仅有 n 个根。因此 $h(x)$ 只可能是零多项式。故:

$$q_n(x) = p_n(x)$$

这样,我们得到下面的定理。

设 $x_0, x_1, \cdots, x_n$ 是互异的节点,且已经函数 $f(x)$ 在这些点上的值 $f(x_i)\ (i=0,1,\cdots,n)$,则存在唯一的次数不超过 n 的多项式 $p_n(x)$,使得:

$$p_n(x_i) = f(x_i) \quad (i=0,1,\cdots,n)$$

5. 对本次嵌岩桩实底桩整体极限承载力

$$x_0 = 0, x_1 = 0.04, x_2 = 0.082, x_3 = 0.127, x_4 = 0.232$$

$$f(x_0) = 60, f(x_1) = 90, f(x_2) = 99, f(x_3) = 96, f(x_4) = 100$$

Lagrange 四次多项式为:

$$L_4(x) = f(x_0)\frac{(x-x_1)(x-x_2)(x-x_3)(x-x_4)}{(x_0-x_1)(x_0-x_2)(x_0-x_3)(x_0-x_4)} + f(x_1)\frac{(x-x_0)(x-x_2)(x-x_3)(x-x_4)}{(x_1-x_0)(x_1-x_2)(x_1-x_3)(x_1-x_4)}$$

$$+ f(x_2)\frac{(x-x_0)(x-x_1)(x-x_3)(x-x_4)}{(x_2-x_0)(x_2-x_1)(x_2-x_3)(x_2-x_4)} + f(x_3)\frac{(x-x_0)(x-x_1)(x-x_2)(x-x_4)}{(x_3-x_0)(x_3-x_1)(x_3-x_2)(x_3-x_4)}$$

$$+f(x_4)\frac{(x-x_0)(x-x_1)(x-x_2)(x-x_3)}{(x_4-x_0)(x_4-x_1)(x_4-x_3)(x_4-x_4)}$$

$$=\frac{60}{(0-0.04)\times(0-0.082)\times(0-0.127)\times(0-0.232)}(x-0.04)(x-0.082)(x-0.127)(x-0.232)$$

$$+\frac{90}{(0.04-0)\times(0.04-0.082)\times(0.04-0.127)\times(0.04-0.232)}(x-0)(x-0.082)(x-0.127)$$

$$(x-0.232)+\frac{99}{(0.082-0)\times(0.082-0.04)\times(0.082-0.127)\times(0.082-0.232)}(x-0)(x-0.04)$$

$$(x-0.127)(x-0.232)+\frac{96}{(0.127-0)\times(0.127-0.04)\times(0.127-0.082)\times(0.127-0.232)}(x-0)$$

$$(x-0.04)(x-0.082)(x-0.232)+\frac{100}{(0.232-0)\times(0.232-0.04)\times(0.232-0.082)\times(0.232-0.127)}$$

$$(x-0)(x-0.04)(x-0.082)(x-0.127)$$

$$=620849(x-0.04)(x-0.082)(x-0.127)(x-0.232)-3207101(x-0)(x-0.082)$$

$$(x-0.127)(x-0.232)+4258614(x-0)(x-0.04)(x-0.127)(x-0.232)-1838851$$

$$(x-0)(x-0.04)(x-0.082)(x-0.232)+142538(x-0)(x-0.04)(x-0.082)(x-0.127)$$

忽略插值余项得粗糙度因子影响下实底嵌岩桩极限承载力量化公式：

$$f(x)=620849(x-0.04)(x-0.082)(x-0.127)(x-0.232)-3207101(x-0)$$

$$(x-0.082)(x-0.127)(x-0.232)+4258614(x-0)(x-0.04)(x-0.127)$$

$$(x-0.232)-1838851(x-0)(x-0.04)(x-0.082)(x-0.232)+142538(x-0)$$

$$(x-0.04)(x-0.082)(x-0.127)$$

设 $G_1(x)=\frac{f(x)}{f(x_0)}$，任意嵌岩桩在粗糙度因子影响下的公式为：

$$W_1(x)=G(x)W_1(x_0)$$

其中 $W_1(x_0)$ 为任意嵌岩桩粗糙度因子为零时按规范计算的极限承载力。为了设计上的方便，并考虑一定得安全系数，量化公式可以进一步简化成表格形式，我们在计算嵌岩桩承载力时可以先不考虑粗糙度因子的影响，把按规范计算的最后结果乘上一个粗糙度因子修正系数即可（表 5-11）。

实底嵌岩桩极限承载力的粗糙度因子修正系数 ζ_c　　表 5-11

粗糙度因子 RF	0 ~ 0.02	0.02 ~ 0.04	0.04 ~ 0.08	0.08 ~ 0.12	0.12 ~ 0.24	>0.24
修正系数 ζ_c	1.15	1.25	1.5	1.51	1.52	1.53

6. 对本次嵌岩实底桩极限侧摩阻力

从试验结果可以看出，粗糙度因子嵌岩桩承载力的影响主要表现为对极限侧摩阻力的影响，而且为了和虚底桩形成对比，有必要对粗糙度影响下的侧摩阻力进行量化分析。

$$x_0=0,x_1=0.04,x_2=0.082,x_3=0.127,x_4=0.232$$

$$f(x_0)=41.88,f(x_1)=77.22,f(x_2)=88.34,f(x_3)=85.37,f(x_4)=88.35$$

Lagrange 四次多项式为：

$$L_4(x)=f(x_0)\frac{(x-x_1)(x-x_2)(x-x_3)(x-x_4)}{(x_0-x_1)(x_0-x_2)(x_0-x_3)(x_0-x_4)}+f(x_1)\frac{(x-x_0)(x-x_2)(x-x_3)(x-x_4)}{(x_1-x_0)(x_1-x_2)(x_1-x_3)(x_1-x_4)}$$

$$+f(x_2)\frac{(x-x_0)(x-x_1)(x-x_3)(x-x_4)}{(x_2-x_0)(x_2-x_1)(x_2-x_3)(x_2-x_4)}+f(x_3)\frac{(x-x_0)(x-x_1)(x-x_2)(x-x_4)}{(x_3-x_0)(x_3-x_1)(x_3-x_2)(x_3-x_4)}$$

$$+f(x_4)\frac{(x-x_0)(x-x_1)(x-x_2)(x-x_3)}{(x_4-x_0)(x_4-x_1)(x_4-x_3)(x_4-x_4)}$$

$$=\frac{41.88}{(0-0.04)\times(0-0.082)\times(0-0.127)\times(0-0.232)}(x-0.04)(x-0.082)(x-0.127)(x-0.232)$$
$$+\frac{77.22}{(0.04-0)\times(0.04-0.082)\times(0.04-0.127)\times(0.04-0.232)}(x-0)(x-0.082)(x-0.127)$$
$$(x-0.232)+\frac{88.34}{(0.082-0)\times(0.082-0.04)\times(0.082-0.127)\times(0.082-0.232)}(x-0)(x-0.04)$$
$$(x-0.127)(x-0.232)+\frac{85.37}{(0.127-0)\times(0.127-0.04)\times(0.127-0.082)\times(0.127-0.232)}(x-0)$$
$$(x-0.04)(x-0.082)(x-0.232)+\frac{88.35}{(0.232-0)\times(0.232-0.04)\times(0.232-0.082)\times(0.232-0.127)}$$
$$(x-0)(x-0.04)(x-0.082)(x-0.127)=433352(x-0.04)(x-0.082)(x-0.127)(x-0.232)$$
$$-2751693(x-0)(x-0.082)(x-0.127)(x-0.232)+3800060(x-0)(x-0.04)$$
$$(x-0.127)(x-0.232)-1635236(x-0)(x-0.04)(x-0.082)(x-0.232)+125933(x-0)$$
$$(x-0.04)(x-0.082)(x-0.127)$$

忽略插值余项得粗糙度因子影响下实底嵌岩桩极限侧摩阻力量化公式：

$$f(x)=433352(x-0.04)(x-0.082)(x-0.127)(x-0.232)-2751693(x-0)$$
$$(x-0.082)(x-0.127)(x-0.232)+3800060(x-0)(x-0.04)(x-0.127)$$
$$(x-0.232)-1635236(x-0)(x-0.04)(x-0.082)(x-0.232)+125933(x-0)$$
$$(x-0.04)(x-0.082)(x-0.127)$$

设 $G_2(x)=\dfrac{f(x)}{f(x_0)}$，任意嵌岩桩在粗糙度因子及沉渣影响下的公式为：

$$W_2(x)=G_2(x)W(x_0)$$

其中 $W_2(x_0)$ 为任意虚底嵌岩桩粗糙度因子为零时按规范计算的极限侧摩阻力。

为了设计上的方便，并考虑一定得安全系数，量化公式可以进一步简化成表格形式，我们在计算嵌岩桩承载力时可以先不考虑粗糙度因子的影响，把按规范计算的最后结果乘上一个粗糙度因子修正系数即可（表5-12）。

实底嵌岩桩极限侧摩阻力的粗糙度因子修正系数 ζ_c 表5-12

粗糙度因子 RF	0~0.02	0.02~0.04	0.04~0.08	0.08~0.12	0.12~0.24	>0.24
修正系数 ζ_c	1.2	1.35	1.6	1.91	1.92	1.93

7. 对本次嵌岩虚底桩整体极限承载力（即极限侧摩阻力）

$$x_0=0, x_1=0.04, x_2=0.082, x_3=0.127, x_4=0.232$$

$$f(x_0)=21, f(x_1)=60, f(x_2)=63, f(x_3)=66, f(x_4)=60$$

Lagrange 四次多项式为：

$$L_4(x)=f(x_0)\frac{(x-x_1)(x-x_2)(x-x_3)(x-x_4)}{(x_0-x_1)(x_0-x_2)(x_0-x_3)(x_0-x_4)}+f(x_1)\frac{(x-x_0)(x-x_2)(x-x_3)(x-x_4)}{(x_1-x_0)(x_1-x_2)(x_1-x_3)(x_1-x_4)}$$

$$+f(x_2)\frac{(x-x_0)(x-x_1)(x-x_3)(x-x_4)}{(x_2-x_0)(x_2-x_1)(x_2-x_3)(x_2-x_4)}+f(x_3)\frac{(x-x_0)(x-x_1)(x-x_2)(x-x_4)}{(x_3-x_0)(x_3-x_1)(x_3-x_2)(x_3-x_4)}$$

$$+f(x_4)\frac{(x-x_0)(x-x_1)(x-x_2)(x-x_3)}{(x_4-x_0)(x_4-x_1)(x_4-x_3)(x_4-x_4)}$$

$$=\frac{21}{(0-0.04)\times(0-0.082)\times(0-0.127)\times(0-0.232)}(x-0.04)(x-0.082)(x-0.127)(x-0.232)$$

$$+\frac{60}{(0.04-0)\times(0.04-0.082)\times(0.04-0.127)\times(0.04-0.232)}(x-0)(x-0.082)(x-0.127)$$

$$(x-0.232)+\frac{63}{(0.082-0)\times(0.082-0.04)\times(0.082-0.127)\times(0.082-0.232)}(x-0)(x-0.04)$$

$$(x-0.127)(x-0.232)+\frac{66}{(0.127-0)\times(0.127-0.04)\times(0.127-0.082)\times(0.127-0.232)}(x-0)$$

$$(x-0.04)(x-0.082)(x-0.232)+\frac{60}{(0.232-0)\times(0.232-0.04)\times(0.232-0.082)\times(0.232-0.127)}$$

$$(x-0)(x-0.04)(x-0.082)(x-0.127)$$

$$=217297(x-0.04)(x-0.082)(x-0.127)(x-0.232)-2138068(x-0)(x-0.082)(x-0.127)(x-0.232)+2710027(x-0)(x-0.04)(x-0.127)(x-0.232)-1264210(x-0)(x-0.04)(x-0.082)(x-0.232)+85523(x-0)(x-0.04)(x-0.082)(x-0.127)$$

忽略插值余项得粗糙度因子影响下虚底嵌岩桩极限承载力量化公式：

$$f(x)=217297(x-0.04)(x-0.082)(x-0.127)(x-0.232)-2138068(x-0)(x-0.082)(x-0.127)(x-0.232)+2710027(x-0)(x-0.04)(x-0.127)(x-0.232)-1264210(x-0)(x-0.04)(x-0.082)(x-0.232)+85523(x-0)(x-0.04)(x-0.082)(x-0.127)$$

设 $G_2(x)=\frac{f(x)}{f(x_0)}$，任意嵌岩桩在粗糙度因子及沉渣影响下的公式为：

$$W_2(x)=G_2(x)W(x_0)$$

其中 $W_2(x_0)$ 为任意虚底嵌岩桩粗糙度因子为零时按规范计算的极限承载力。

为了设计上的方便，并考虑一定得安全系数，量化公式可以进一步简化成表格形式，我们在计算嵌岩桩承载力时可以先不考虑粗糙度因子的影响，把按规范计算的最后结果乘上一个粗糙度因子修正系数即可（表 5-13）。

虚底嵌岩桩极限承载力的粗糙度因子修正系数 ζ_c　　表 5-13

粗糙度因子 *RF*	0～0.02	0.02～0.04	0.04～0.08	0.08～0.12	0.12～0.24	>0.24
修正系数 ζ_c	1.5	2	2.5	2.55	2.60	2.65

8. 桩底沉渣对嵌岩桩承载力的影响系数 ζ_{cz}

桩底沉渣对嵌岩桩承载力的削弱作用在粗糙度不同时差别很大（表 5-14），从试验结果来看，其平均值为 0.59，在桩底清底较为彻底的情况下，不考虑此影响系数，嵌岩桩的承载力按实底嵌岩桩的承载力公式计算。在桩底沉渣厚度大于 3cm 时，嵌岩桩的承载力按虚底嵌岩桩的承载力公式计算，如不确定沉渣的厚度，为了保证工程的安全性，建议按实底嵌岩桩承载力公式计算，然后再乘以沉渣平均影响系数0.59。

桩底沉渣对嵌岩桩承载力的影响系数 ζ_{cz} 表5-14

类型，系数	第一组	第二组	第三组	第四组	第五组
实底桩极限承载力(kN)	P2/60	P4/90	P6/99	P8/96	P10/100
虚底桩极限承载力(kN)	P1/21	P3/60	P5/63	P7/66	P9/60
影响系数 ζ_{cz}	0.35	0.67	0.64	0.69	0.6

5.2.5 小结

1. 通过五组嵌岩桩室内模型试验测试结果，探讨了实底桩和虚底桩在其他条件不变的情况下，只改变粗糙度因子所引起的试桩承载特性变化的规律：对于实底桩，当粗糙度因子由0变为0.04时，极限承载力提高幅度达50%，而随着粗糙度的进一步增大，极限承载力增长幅度迅速变小，桩底虚底的时候，粗糙度因子由0变为0.04时，极限承载力提高幅度达185%，而当粗糙度继续变大时，承载力少许增长后反而出现下降的趋势。在桩周岩石强度不是太高的情况下，孔壁粗糙度对极限承载力的贡献并不是无限增长的，特别是在桩底虚底的情况下，极限承载力还有可能出现下降的趋势，这主要是因为桩周岩石凸出部分在三向挤压下发生破坏，上部桩段侧摩阻力达到极限从而使侧摩阻力减少且重心下移的结果。

2. 在粗糙度因子的影响下，侧摩阻力的极限值非常高，甚至达到孔壁光滑时侧摩阻力极限值的3倍左右，这主要是因为，桩岩界面凸凹面使得桩岩之间的破坏不单单是剪切破坏，而是一种三向挤压破坏，这大大有助于增强平均侧摩阻力。桩底沉渣即桩底虚底对嵌岩桩承载力的影响更为大些，在粗糙度因子为零时，实底桩和虚底桩的承载力能相差3倍左右，从中可以看出桩端阻力及其对增加桩侧摩阻力的重要性，随着粗糙度因子的增大，实底桩和虚底桩的极限承载力相差才有所减小，主要是因为带孔壁粗糙度的桩侧提供了更为强劲的承载力。

3. 利用有限元软件ABAQUS在室内模拟的基础上对原型嵌岩桩在粗糙度因子及桩底沉渣的影响下进行了模拟，得出其承载特性与室内模拟结果存在一定的相似性。说明粗糙度因子及桩底沉渣对原位嵌岩桩的影响也有规律可循。

4. 最后利用Langrange插值法得出了本试验实底和虚底嵌岩桩在粗糙度因子影响下量化关系式，又进一步得到任意实底和虚底嵌岩桩在粗糙度因子影响下量化关系式。为了设计上的方便，并考虑一定的安全系数，量化公式可以进一步简化成表格形式，我们在计算嵌岩桩承载力时可以先不考虑粗糙度因子的影响，按规范上的计算公式计算，把最后结果乘上一个粗糙度因子修正系数即可，如不确定沉渣的厚度，为了保证工程的安全性，建议按实底嵌岩桩承载力公式计算，然后再乘以沉渣平均影响系数0.59。

第六章 大直径深长嵌岩桩承载力计算方法

6.1 尺寸效应及岩石特性对嵌岩桩承载分项系数影响

嵌岩桩在竖向荷载作用下，桩侧阻力先于桩端阻力发挥，随着上部荷载的不断增加，桩身轴力自上而下不断向桩端传递。当桩体强度高于桩周岩石强度时，桩顶受荷后，首先在桩岩接触面上产生剪应力，并径向扩散，在桩体附近产生剪压带；随荷载增加，剪压带逐渐加深加宽，桩顶部分荷载传递至桩端，对桩端岩石产生压缩；加荷达到极限值时，剪压带逐渐贯通，甚至桩端岩石产生部分破坏，使桩身持续下沉，造成嵌岩桩破坏，破坏的原因为桩周围岩的强度不足；当桩体材料强度低于桩周岩石强度时，破坏原因为桩体材料强度不足。设计过程中首先要保证桩体材料不被压碎或屈曲破坏，在此基础上桩周摩阻力和桩端阻力才有充分发挥的可能。影响嵌岩桩侧摩阻力和端阻力发挥的因素包括桩长（L）、桩径（D）、入岩深度（h_r）、上覆土层厚度（H_S）、上覆土层性质、嵌岩比（n）、岩石强度（σ_c）和岩块质量等级 RMR（%）等有关，本章以收集到国内外嵌岩桩工程实例的试验数据和实测岩基静载荷试验为基础，结合以往学者分析的有关成果，分析判断嵌岩桩极限承载力受哪些因素的影响及影响的程度，为工程建设中嵌岩桩嵌岩极限侧摩阻力和端阻力的计算提供借鉴和参考。

6.1.1 嵌岩段桩侧阻力系数研究

6.1.1.1 嵌岩段桩侧阻力系数的影响因素及研究价值

嵌岩桩的桩侧阻力包括上覆土层所提供的桩侧阻力和嵌岩段提供的侧摩阻力，而这二部分所提供的承载力占单桩极限承载力的份额是相当可观的，考虑到上覆土层受海（河）水冲刷的影响，在有些情况下不计上覆土层的侧摩阻力也是有理可依的，但大多数情况下桩侧阻力所占份额随长径比（L/D）的增加而速增，嵌岩桩在桩侧摩阻力与桩端阻力彼此消长中发挥其极限承载力。上覆土层侧摩阻力已被很多学者所研究而嵌岩段极限侧摩阻力的研究还处于过渡阶段，笔者收集国内外近 65 根嵌岩桩试桩资料，极具典型性，分析实测数据与现行极限侧摩阻力的计算方法之间的关系，得出影响嵌岩段极限侧摩阻力发挥的控制性因素及影响的程度，为嵌岩段极限侧摩阻力计算提供借鉴。

6.1.1.2 嵌岩段桩侧极限阻力文献资料对比分析

1. 实测数据整体分析

很多学者提出的岩石无侧限抗压强度与桩侧极限摩阻力的关系，都是建立在实测数据的基础上，这些关系形如以下形式：

$$\tau_{max} = \alpha \sigma_c^{\beta} \tag{6-1}$$

式中：τ_{max}——桩侧极限摩阻力（MPa）；

α、β——系数，取值见表 6-1；

σ_c——岩石无侧限抗压强度（MPa）。

笔者收集国外近 65 根嵌岩桩试桩资料（见附录 5），并对其数据进行处理，将实测结果与表 6-1 所列 17 种计算方法进行对比。考虑到所收集的数据资料的完整性和前人研究的经验总结，主要分析岩石无侧限抗压强度 σ_c 与极限侧阻力 τ_{max} 的关系，以及将极限侧阻力 τ_{max} 看成是岩石无侧限抗压强度 σ_c 的一次多项式，分析系数 $\alpha = \tau_{max}/\sigma_c$ 与岩石无侧限抗压强度 σ_c 的关系。

桩侧摩阻力计算方法 表 6-1

设 计 方 法	序号	α	β
Horvath and Kenney(1983)	(2)	0.21	0.50
Carter and Kulhawy(1988)	(3)	0.20	0.50
Williams et al. (1980)	(4)	0.44	0.36
Rowe and Armitage(1984)	(5)	0.40	0.57
Rosenberg and Journeaux(1976)	(6)	0.34	0.51
Reynolds and Kaderbek(1980)	(7)	0.30	1.00
Gupton andLogan(1984)	(8)	0.20	1.00
Reese and O'Neil(1987)	(9)	0.15	1.00
Toh et al. (1989)	(10)	0.25	1.00
Meigh and Wolshi(1979)	(11)	0.22	0.60
Horvath(1982)(MIN)	(12)	0.20	0.50
Horvath(1982)(MAX)	(13)	0.30	0.50
Rowe and Armitage(1987)(MIN)	(14)	0.45	0.50
Rowe and Armitage(1987)(MAX)	(15)	0.60	0.50
Phoon(1993)	(16)	$\tau_{max} = \psi[Pa\sigma_c/2]^{0.5}$, $Pa \approx 0.1$MPa	$\psi = 0.5$
Phoon(1993)	(17)	$\tau_{max} = \psi[Pa\sigma_c/2]^{0.5}$, $Pa \approx 0.1$MPa	$\psi = 1.0$
Phoon(1993)	(18)	$\tau_{max} = \psi[Pa\sigma_c/2]^{0.5}$, $Pa \approx 0.1$MPa	$\psi = 2.0$
Phoon(1993)	(19)	$\tau_{max} = \psi[Pa\sigma_c/2]^{0.5}$, $Pa \approx 0.1$MPa	$\psi = 3.0$

如果将桩侧摩阻力看成是岩石无侧限抗压强度 σ_c 的一次函数，则桩侧摩阻力系数（承载力系数）α 定义为 $\alpha = \tau_{max}/\sigma_c$，图 6-1 为所收集的 65 根试桩嵌岩段侧摩阻力系数（承载力系数）与岩石无侧限抗压强度 σ_c 关系的对照图，从图中可以看出，随着岩石竖硬程度的提高桩侧摩阻力系数降低的现象，也就是说桩嵌入软质岩层中极限侧摩阻力的发挥的程度比硬质岩要高，从图 6-1 中可以看出大部分试桩极限侧摩阻力系数 α 都在 Reynolds and Kaderbek(1980)(7)，Toh et al. (1989)(10) 和 Gupton and Logan(1984)(8) 之下，系数 α 的平均值为 0.087，而

这一平均值为中国规范计算桩侧摩阻力发挥系数的最大值。

图 6-2 为岩石无侧限抗压强度 σ_c 与极限侧摩阻力的关系，图中大部分以 Phoon(1993)(19)$\psi=3.0$ 为上界，以 Phoon(1993)(16)$\psi=0.5$ 为下界所围范围内，并且除表 6-1 所列四条直线外的其余 12 条幂函数曲线均位于此界范围内(图 6-3)，据此说明 Reynolds and Kaderbek(1980)，Gupton and Logan(1984)、Reese and O'Neil(1987)，Toh et al.(1989)四条直线不能正确预测嵌岩段极限侧摩阻力。据 Phoon(1993) 的研究成果当 $\psi=0.5$ 时为粘土，而桩嵌入页岩、泥岩、砂岩、石灰岩时 ψ 值为 1.0～3.0 之间，当桩岩界面非常粗糙的页岩才有可能取到 3.0，同时也发现很少点落入 Rowe and Armitage(1987)以界面的粗糙度(R)和岩石无侧限抗压强度计算嵌岩段极限侧摩阻力的曲线内，但桩岩界面粗糙增加，其侧摩阻力增加毋庸置疑。

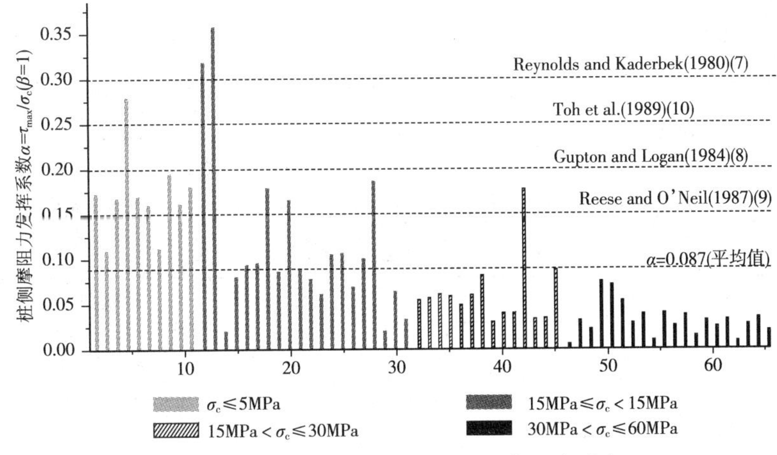

图 6-1　各根桩嵌岩段桩侧摩阻力系数 α 对照图

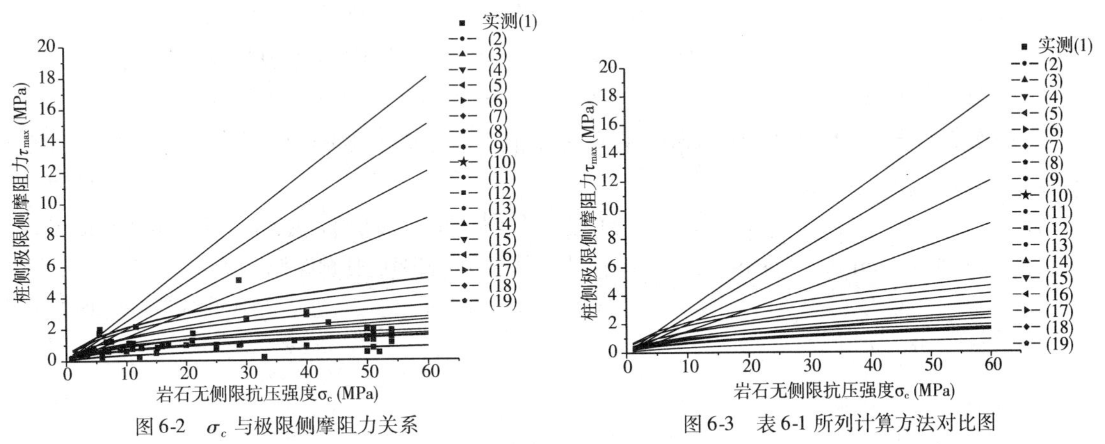

图 6-2　σ_c 与极限侧摩阻力关系　　图 6-3　表 6-1 所列计算方法对比图

图 6-4 为实测嵌岩段极限侧摩阻力数值随桩径的变化的关系图，从图中可以看出侧摩阻力峰值集中于 600mm < 桩径 D < 1000mm 范围内，从这一点来说通过增加桩径的方法来增大嵌岩段桩侧摩阻力只适用在一定的范围内。

图 6-5 为实测嵌岩段极限摩阻力与嵌岩比(n)的关系，图中反映出嵌岩段极限摩阻力的最大值发生在 1 < 嵌岩比(n) < 3 的范围内，从这一点来讲通过增加嵌岩深度来提高嵌岩段的侧摩阻力也是徒劳。

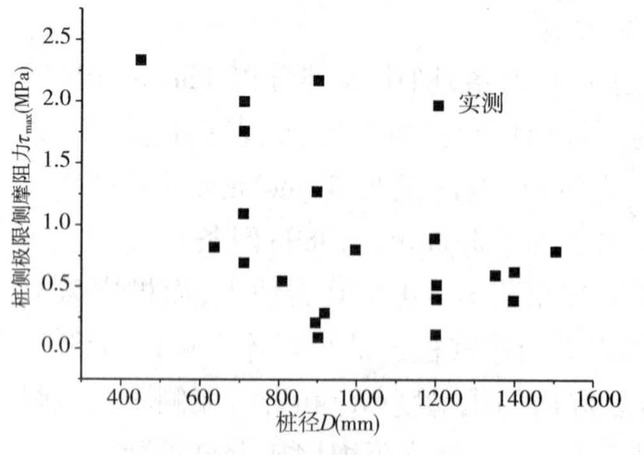

图 6-4　桩径 D 与极限侧摩阻力关系

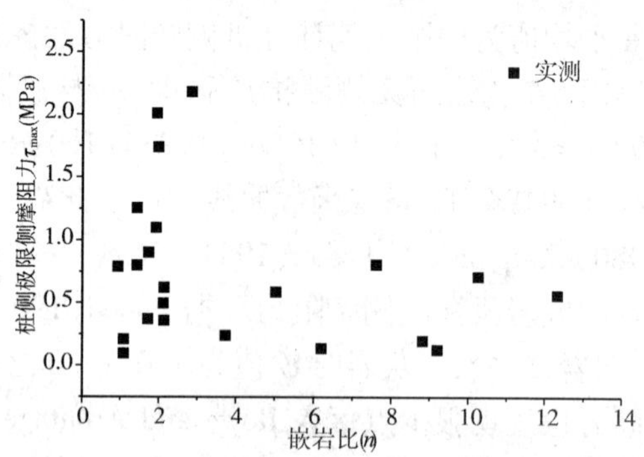

图 6-5　嵌岩比($n = h_r/D$)与极限侧阻力 $q_{\max}$ 的关系图

2. 实测数据分类分析

岩石分类是岩体评价的基础性工作。岩石的成因类型、强度、风化程度等都对岩块的完整性有着重要的影响,而岩块的完整性又决定了岩体的质量和稳定性。岩体工程分类与基岩承载力确定有着密切的联系,为此我们依据《岩土工程勘察规范》(GB 50021—2001)对岩石竖硬程度分类的规定(表 6-2),将岩石分门别类研究完整岩石无侧限抗压强度 σ_c 对嵌岩段极限 (侧摩)阻力的影响。

岩石坚硬程度分类　　表 6-2

坚硬程度类别	坚硬类	较硬类	较软类	软岩	极软岩
饱和单轴抗压强度指标 σ_c(MPa)	$\sigma_c > 60$	$60 \geqslant \sigma_c > 30$	$30 \geqslant \sigma_c > 15$	$15 \geqslant \sigma_c > 5$	$\sigma_c \leqslant 5$

第一类:岩石无侧限抗压强度 $\sigma_c \leqslant 5$MPa

当岩石的无侧限抗压强度 $\sigma_c \leqslant 5$MPa 时,《岩土工程勘察规范》(GB 50021—2001)界定为极软岩,此时桩侧极限侧摩均力均在 1MPa 以下(图 6-6),并且所有实测值均位于以 Phoon,$\psi = 2.0$(18)或 Rowe and Armitage(1987)(MIN)(14)为上界,以 Phoon(16) ,$\psi = 0.5$(16)为下界的范围内,实测值的平均值为 $\tau_{\max} = 0.17\sigma_c$ 紧靠 Reese and O' Neil(1987)(9)。

用一次直线 $\tau_{\max} = 0.013 + 0.163\sigma_c$ 拟合实测值,发现 $R^2 = 0.83$,说明实测值与岩石无侧限抗压强度 σ_c 之间有良好的关系。

图 6-7 为各根桩桩侧摩阻力发挥系数对照图,从图反映出直线 Reynolds and Kaderbek (1980) (7)和 Gupton and Logan(1984)(8) 过大估计嵌岩段极限侧摩阻力。

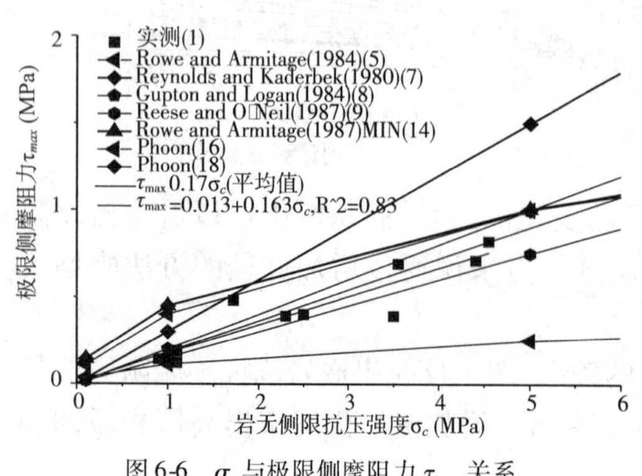

图 6-6　σ_c 与极限侧摩阻力 $\tau_{\max}$ 关系

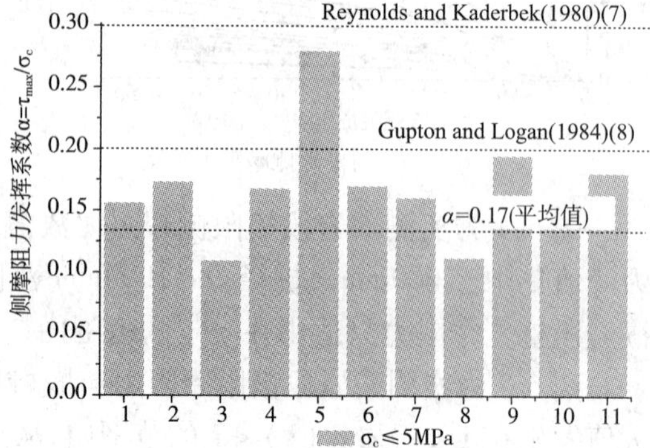

图 6-7　$\sigma_c \leqslant 5$MPa 时各根桩侧摩阻力发挥系数 α 对照图

第二类:岩石无侧限抗压强度 $5\text{MPa} < \sigma_c \leqslant 15\text{MPa}$

当岩石无侧限抗压强度 σ_c 介于 5MPa 和 15MPa 之间时为软岩。从图 6-8 反映出的桩侧摩阻力与岩石无侧限抗压强度 σ_c 之间的关系不明显,实测值大部分位于以 Phoon(1993)(18),$\psi = 2.0$ 或以 Rowe and Armitage(1987)(MIN)(14)为上限,而以 Phoon(1993)(16)$\psi = 0.5$ 为下界的范围之内,平均值为 $\tau_{max} = 0.12\sigma_c$,图 6-9 为 $5\text{MPa} < \sigma_c \leqslant 15\text{MPa}$ 时各根桩侧摩阻力发挥系数 α 对照图,从图中可以看出其平均值 $\alpha = 0.12$ 紧靠 Reese and O'Neil(1987)(9)。

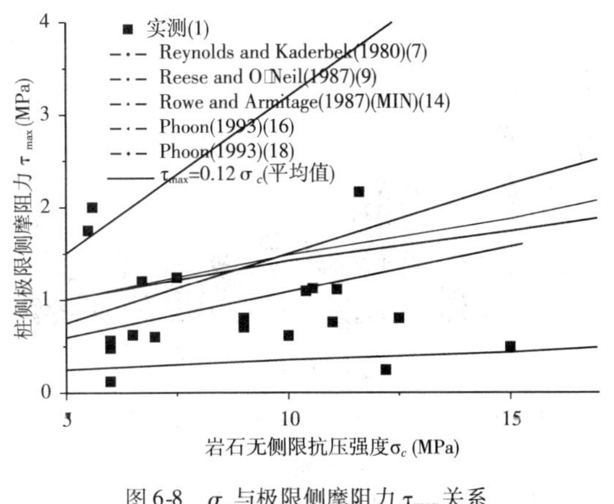

图 6-8 σ_c 与极限侧摩阻力 τ_{max} 关系

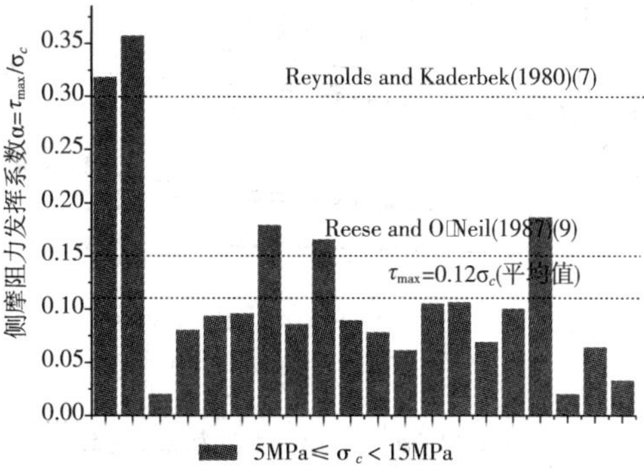

图 6-9 $5\text{MPa} < \sigma_c \leqslant 15\text{MPa}$ 时各根桩侧摩阻力发挥系数 α 对照图

第三类:岩石无侧限抗压强度 $15\text{MPa} < \sigma_c \leqslant 30\text{MPa}$

当岩石无侧限抗压强度 σ_c 介于 15MPa 和 30MPa 之间时为较软岩,图 6-10 反映出岩石无侧限抗压强度 σ_c 与极限侧阻力之间关系比图 6-8 反映的关系还要不明显,实测值介于以 Reese and O'Neil(1987)为上界,以 Phoon(16)$\psi = 0.5$ 为下界范围内,极限侧摩阻力系数的平均值为 $\alpha = 0.062$,此平均值与线 Horvath(1982)(MAX)(13)、Meigh and Wolshi(1979)(11)、Williams et al.(1980)(4)几乎重合。图 6-11 为当 $15\text{MPa} < \sigma_c \leqslant 30\text{MPa}$ 各根桩桩侧极限阻力系数 α 对照图,实测值的桩侧极限阻力系数 α 以 Reese and O'Neil(1987)(9)为上界。

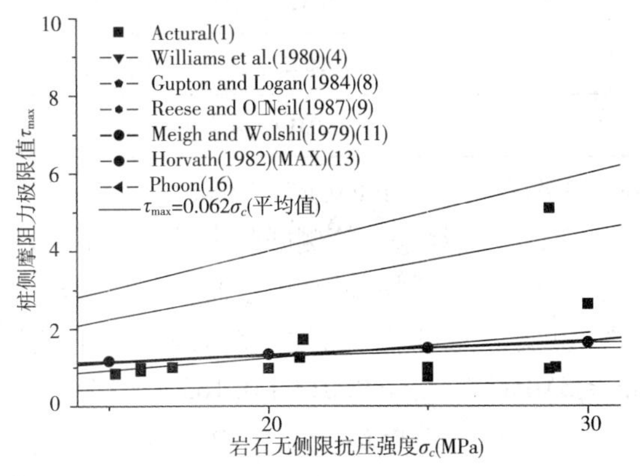

图 6-10 σ_c 与极限侧摩阻力 τ_{max} 关系

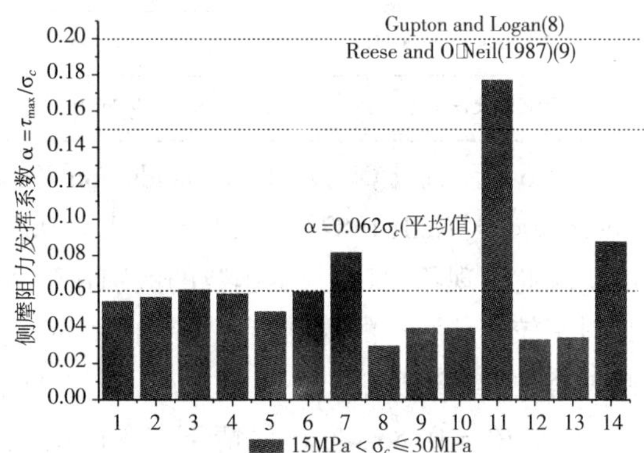

图 6-11 当 $15\text{MPa} < \sigma_c \leqslant 30\text{MPa}$ 时各根桩侧摩阻力发挥系数 α 对照图

第四类:岩石无侧限抗压强度 $30\text{MPa} < \sigma_c \leqslant 60\text{MPa}$

当岩石无侧限抗压强度 σ_c 介于 30MPa 和 60MPa 之间时为较硬岩,图 6-12 反映出的 4 岩

石无侧限抗压强度 σ_c 与极限侧阻力之间关系不明显，实测值介于以 Rowe and Armitage（1984）（5）为上界，以 Phoon（16）$\psi=0.5$（16）为下界所围范围内，嵌岩段极限侧摩阻力系数的平均值为0.0345，此平均值与线 Horvath and Kenney（1979）（2）靠近。图6-13 为此种情况下各根桩桩侧极限摩阻力系数 α 对照图，所有桩侧极限摩阻力实测值的系数 α 均位于0.09以下。

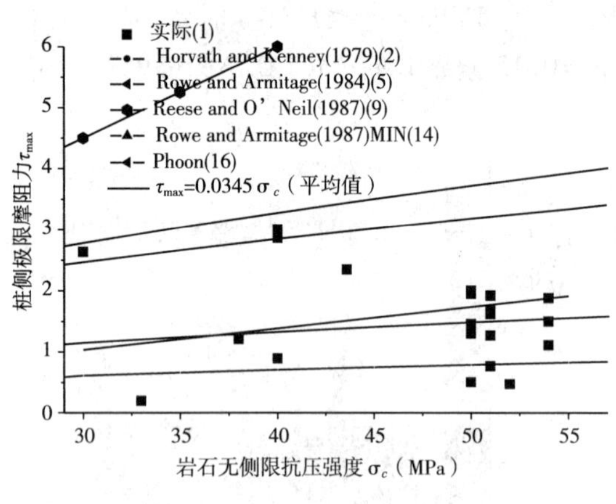

图 6-12　σ_c 与极限侧摩阻力 τ_{max} 关系

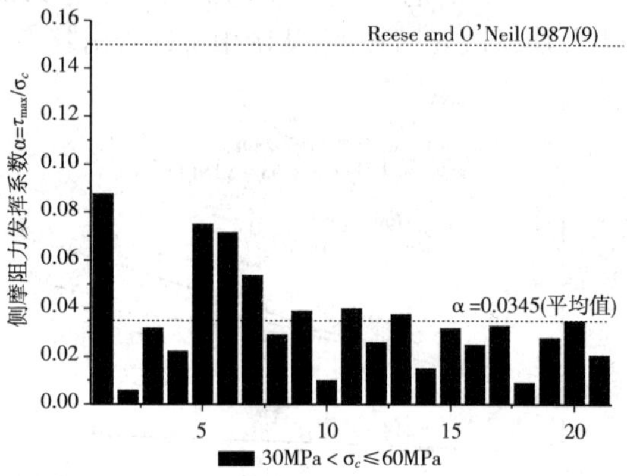

图 6-13　当 30MPa < σ_c ≤60MPa 时各根桩侧摩阻力发挥系数 α 对照图

从上述情况分析看来（整体分析和分类分析），嵌岩桩嵌岩极限侧摩阻力受下列 5 方面影响：

（1）岩石无侧限抗压强度 σ_c

桩侧极限摩阻力系数 α 随岩石坚硬程度的增加而减小，其实测值的平均值如表 6-3 所示。

实测桩侧阻力发挥系数平均值　　表 6-3

岩石无侧限抗压强度 σ_c	岩石坚硬程度	实测桩侧极限摩阻力发挥系数 α 平均值
σ_c≤5MPa	极软岩	0.17
5MPa < σ_c≤15MPa	软岩	0.12
15MPa < σ_c≤30MPa	较软岩	0.062
30MPa < σ_c≤60MPa	较硬岩	0.0319

表 6-1 所列计算方法中 Reynolds and Kaderbek（1980）（7），Gupton and Logan（1984）（8），Reese and O'Neil（1987）（9），Toh et al.（1989）（10）以线性曲线来计算侧摩阻力的方法不能正确反映此种现象，直线与幂函数的区别在于直线以一固定斜率增加，而幂函数曲线的初始阶段其斜率较大，随 σ_c 的提高，后续段曲线斜率变平缓，也就是说侧摩阻力发挥系数减小，幂函数此种特性能正确反映 τ_{max} 与 σ_c 的关系，并且在 σ_c≤5MPa 以 $\tau_{max}=0.013+0.163\sigma_c$ 拟合实测值，发现 $R^2=0.83$，在此种情下，增加 σ_c 是提高嵌岩段极限摩阻力最有效的方法，而当 σ_c >5MPa时，嵌岩段极限摩阻力与 σ_c 之间关系减弱，图 6-8 反映的情况与图 6-10 和图 6-12 反映的情况类似，以此可以做一个假设，当 σ_c >5MPa，σ_c 与嵌岩段桩侧极限摩阻力关系不明显，通过提高桩岩界面粗糙度或改变岩石类型的方法会获得更好的效果，并且所有的分类情况其极限侧摩阻力都以 Phoon（1993）（16）$\psi=0.5$ 为下界。

如将桩侧极限阻力看成是岩石无侧限抗压强度的一次函数，则 $\alpha = \tau_{max}/\sigma_c$ 随岩石的坚硬程度的提高而减小(图 6-14)。

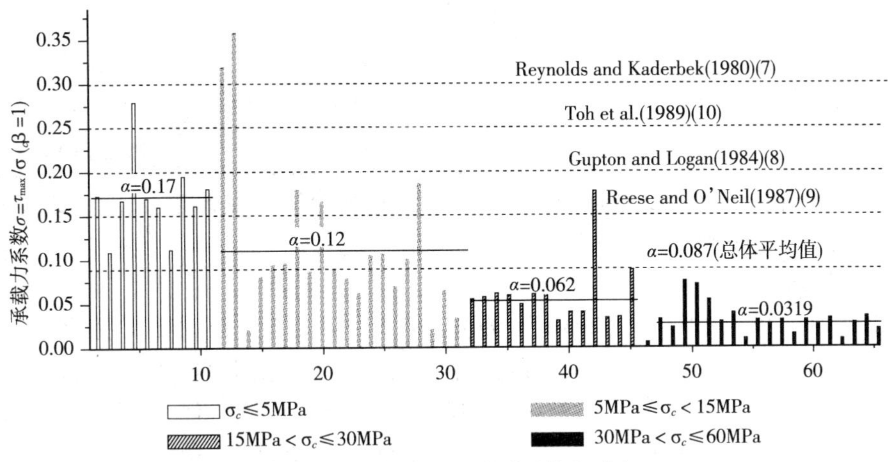

图 6-14　桩侧摩阻力承载力系数对照图

注：图中横线为坚硬程度不同时桩侧阻力发挥系数平均值。

各分类中各根桩桩侧阻力发挥系数 $\alpha = \tau_{max}/\sigma_c$ 统计如表 6-4 所示。

桩侧极限摩阻力系数统计表　　表 6-4

类别	σ_c 取值	统计个数	α 平均值	删除异常点后统计的个数	α 的取值范围（删除异常点后）
第一类	$\sigma_c \leqslant 5$MPa	11	0.17	10	0.11～0.19
第二类	5MPa < $\sigma_c \leqslant 15$MPa	20	0.12	15	0.061～0.19
第三类	15MPa < $\sigma_c \leqslant 30$MPa	14	0.062	13	0.03～0.09
第四组	30MPa < $\sigma_c \leqslant 60$MPa	20	0.0319	19	0.01～0.05

类别	α 的平均值 μ_f（删除异常点后）	标准差 σ_f（删除异常点后）	变异系数 δ_f（删除异常点后）	正态分布标准值 α_k（删除异常点后）	对数正态分布标准值 α_k（删除异常点后）
第一类	0.158	0.0276	0.174684	0.112598	0.118539
第二类	0.103	0.0404	0.392233	0.036542	0.054028
第三类	0.053	0.0178	0.335849	0.023719	0.030503
第四类	0.03	0.0105	0.35	0.012728	0.016868

按《建筑结构可靠度设计统一标准》的规定，如各根桩桩侧摩阻力系数按正态分布时，其标准值为：

$$\alpha_k = \mu_f - 1.645\sigma_f \tag{6-2}$$

当按对数正态分布时，标准值近似为：

$$\alpha_k = \mu_f \exp(-1.645\delta_f) \tag{6-3}$$

如取正态分布时的标准值计算，则极限侧摩阻力与 α_k 值见表 6-5。

具有95%的保证率嵌岩段桩侧极限摩阻力计算式　　表6-5

类别	σ_c取值	正态分布标准值α_k	$\tau_{max}=\alpha_k\sigma_c$
第一类	$\sigma_c \leq 5MPa$	0.112598	$\tau_{max}=0.113\sigma_c$
第二类	$5MPa < \sigma_c \leq 15MPa$	0.036542	$\tau_{max}=0.037\sigma_c$
第三类	$15MPa < \sigma_c \leq 30MPa$	0.023719	$\tau_{max}=0.024\sigma_c$
第三组	$30MPa < \sigma_c \leq 60MPa$	0.012728	$\tau_{max}=0.013\sigma_c$

从表6-5看出利用对坚硬岩石分类的方法定义桩侧摩阻力发挥系数，能正确反应桩侧摩阻力发挥系数与岩石坚硬程度的关系。

(2)岩石类别

表6-1所列计算方法其中以Phoon(1993)$\psi=0.5$、1.0、2.0、3.0的计算方法能与实测值之间保持良好的关系，但Phoon(1993)指出此方法能反映实测数据平均值的规律，而对于单个实测数据其拟合性较差，但从总体上来讲用ψ的取值来区分岩石类别对嵌岩段桩侧极限侧摩阻力的影响比以往只用一个式子一个系数来表达τ_{max}与σ_c要更进了一步。

(3)桩径

如图6-4所示，桩侧极限摩阻力峰值集中于600mm≤桩径$D<1000$mm范围内，理论上分析并不是在任何情况下增大桩径都能有效地提高桩的承载力。换句话说，增大桩径导致承载力的提高只是在一定范围内比较明显。一方面是由于大直径桩的应力松弛效应现象比较明显；另一方面，由于随着桩径的增大，在桩身轴力的作用下，桩的侧向变形将会减小，作用在桩周岩石上的法向应力随之减小，势必导致切向应力亦即桩侧摩阻力的下降。因此过度增加桩径来提高桩侧极限摩阻力只会带来相反的效果。

(4)嵌岩比

如图6-5所示，嵌岩段极限摩阻力的峰值发生在1<嵌岩比(n)<3的范围内。

(5)孔壁粗糙度(R)

从图6-2可以看出，对于大部分实测数值位于Rowe and Armitage(1987)(MIN)(14)的下方，该计算方法适用于桩岩界面的粗糙度为R1、R2、R3三种情况，当桩岩界面的粗糙度增加时，变为R4时，其桩侧摩阻计算变为Rowe and Armitage(1987)(MAX)(15)，从图6-2可以看出较少实测点位于该曲线之上，所以增加桩岩界面的粗糙度对增加桩侧极限摩阻力来说是行之有效的方法。

6.1.2 桩端阻力系数研究

国内外嵌岩桩桩端极限承载力的计算公式都是以实测数据为基础上的，大多数都是建立极限端阻力与岩石无侧限抗压强度σ_c的关系，从这一方面来说极限端阻力很大部分取决于岩石无侧限抗压强度的高低，同时忽略其他因素对极限端阻力的影响。单从受力上说，桩端岩石处于围压下，其受力性质不同于单轴抗压，而原位静载试验是反映桩端实际受力状态和桩端岩性最有效的方法。

6.1.2.1 岩基砂岩(泥岩)静载荷试验研究

承压板静载荷试验是工程地质勘察工作中一项基本原位测试试验。试验前先在基坑中竖立载荷架，使施加的荷载通过承压板传到土（岩）层中，以便测试浅部地基附加应力影响范围内土（岩）的力学性质，包括土（岩）的变形模量、地基承载力等。

1. 工程实例一

1）工程概况

拟建的山水黔城三区高层 11 ~ 13 号楼位于贵州省贵阳市小河后巢乡四方河村，南明河左岸狗跳冲内，相邻于正在建设的山水黔城一期建筑物西部，距南明河 100 ~ 300m，2006 年 8 月 16 日至 2006 年 9 月 19 日对山水黔城三区高层中风化泥岩和砂岩地基进行了载荷试验，测试中风化泥岩和砂岩地基承载力。

（1）地形地貌

场地原始地貌为剥蚀低山丘陵槽谷，拟建场地原为四方河村水库，后改为贵阳市垃圾场，填筑有大量建筑、生活及工业垃圾。场地位于贵阳向斜西翼南段，北西向距离场区约 800m 处有南西—北东向正断层通过，倾向南东，倾角 15°，规模相对较小；南东向距离场区约 400m 处为区域性断层—花溪逆断层通过，该断层走向北东—南西，倾向南东，倾角 60°，其规模较大。场地下伏基岩为侏罗系自流井群（Jzl）砂岩、泥层夹透镜状灰岩，受断层影响，场地内小型褶曲发育，局部地层相对较陡，但总体呈单斜产出，产状为倾向 SE110° ~ 150°，倾角 45° ~ 63°，厚度变化较大，一般为 270m。

（2）岩土构成条件

经钻探揭露，场地岩土构成主要零星分布的人工填土、粉质粘土用下伏基岩组成，各单元地层由上而下分述如下：

①杂填土（Qml）：主要由建筑垃圾（砖块、混凝土）、生活垃圾和少量粘土填成，填堆时间 12 个月，结构松散，主要分布在场地西部，厚 0.0 ~ 11.5m。

②粉质粘土（Qel + pl）：为残积成因，浅黄色，紫红色，切面光滑，粘性一般，呈硬 ~ 可塑状，略有砂感，主要分布于场地北部和西部，厚 0 ~ 7.5m。

③泥岩（J1 – 2zl）：紫褐色，厚层 ~ 块状，节理裂隙较发育，节理面平直度较差。岩质极软，按其风化程度，可分为强风化和中风化岩。

强风化泥岩（IA）：紫褐色，风化节理裂隙极发育，岩芯一般呈砂状，属极破碎岩体，一般厚 1.0 ~ 7.5m。

中风化泥岩（IB）：紫褐色，褐黑色，隐节理发育，遇水浸泡软化明显，失水易崩解，岩芯多呈块状、柱状，该层一般埋深 0 ~ 8.0m。

④中风化泥质粉砂岩（ⅡB）：主要为透镜体产出，灰色，中厚层。位于场地东南部，岩质较硬，难钻进，岩芯呈块状、柱状，岩石的隐节理发育，属较破碎的软体。

（3）地下水

地下水水位在 1090.0 ~ 1092.0m 标高，地下水由西向东泾流，其水文地质特征如下：

①第四系松散土体内的上层滞水：主要分布于场地表层的残坡积土层和杂填土中的孔隙水，含水层呈透镜状，大气降水补给，顺杂填土层下渗，沿岩土结合面泾流，在场地低洼带排出地表，水量随降雨量大小变化。

②基岩裂隙水：主要分布于下伏基岩侏罗系自流井群泥质粉砂岩中的地下水。该类地下水接受大气补给，沿基岩的节理裂泾流，在狗跳冲一带排出地表，地下水稳定水位在现地面下

8～10m，距场地北侧 50m，11 号楼载荷试验基坑面积（10×12m^2），深度 8.2m，其涌水量 20～30m^3/日，一般一台 2kW 潜水泵排水，方能满足桩孔施工要求。

（4）岩石物理力学指标（表 6-6）

岩石物理力学指标统计表 表 6-6

岩性	范围值（MPa）	平均值 f_{rm}（MPa）	标准差 σ	变异系数 δ	修正系数	标准值 f_{rk}（MPa）	统计样数	备注
中风化泥岩	1.14～4.42	2.63	0.731	0.278	0.861	2.26	13	自然
中风化泥质粉砂岩	10.757～22.789	17.10	3.282	0.191	0.88	15.05	9	饱和抗压

注：标准值公式：$f_{rk}=\gamma_s f_{rm}$，$\gamma_s=\left(\frac{1.704}{\sqrt{n}}+\frac{4.678}{n^2}\right)\delta$

2）试点概况及测试方法

（1）试点概况

据相关规范、地勘资料提供的现场工程地质条件及是否便于试验正常进行等因素综合考虑，本次试验进行 2 组载荷试验，中风化泥岩三个试验点，中风化砂岩三个试验点，共对 6 个代表性试验点进行试验，试验在开挖基坑底部进行。试坑开挖到中风化岩层后，清除岩体表面扰动部分，避免扰动，保持其天然状态和原始结构，磨平，并用水平尺找平，四周设置排水沟并及时抽水。试验点概况见表 6-7。

试 点 概 况 表 6-7

岩石名称	试点编号	试点岩性概述
中风化泥岩	06090101	灰、灰绿、褐紫色、节理极育，遇水浸泡软化明显，失水易崩解，岩芯多呈碎块状、短柱状、少量呈柱状。
	06090102	
	06090103	
中风化砂岩	06090104	灰色，中厚层，岩芯呈长柱状、柱状，隐节理发育。
	06090105	
	06090106	

（2）测试方法

①中风化泥岩

本次试验选用面积为 0.25m^2 的圆形承压板进行试验，静载荷试验的载荷由矩形反力平台提供，堆载重量为 900kN，用 200t 千斤顶施加载荷，采用分级加载，并由力传感器测定，沉降变形由对称分布 2 个量程为 50.00mm 的位移传感器测读，通过静力载荷测试仪直接显示。

②中风化砂岩

本次试验选用直径为 300mm，面积为 0.07m^2 的圆形承压析进行试验，静载荷试验的载荷由矩形反力平台提供，堆载重量为 1100kN，用 200t 千斤顶施加载荷，采用分级加载，并由力传感器测定，沉降变形由对称分布 2 个量程为 50.00mm 的位移传感器测读，通过静力载荷测试仪直接显示。

(3)加载标准

第一级按2000kPa加载,此后各级荷载按1000kPa逐级递增。

3)试验结果(表6-8)

岩基泥(砂)静载荷试验成果汇总表　　表6-8

试验点	试验内容	直线段回归方程	最大加载荷载(kPa)	比例界限荷载(kPa)	极限或终上荷载(kPa)	变形模量(MPa)
06090101	中风化泥岩	$S=0.00832P+0.3720;r=1.000$	2900	2500	2700	48.44
06090102		$S=0.00869P+0.7340;r=1.000$	3000	2000	2800	46.38
06090103		$S=0.00947P-1.5267;r=0.999$	3000	1200	2700	42.56
06090104	中风化砂岩	$S=0.00090P-0.1520;r=0.997$	10000	6000	9000	245.31
06090105		$S=0.0096P+0.8000;r=1.000$	11000	6000	10000	230.00
06090106		$S=0.00138P-0.0083;r=1.000$	10000	4000	9000	160.00

2. 工程实例二

1)工程概况

拟建的山水黔城东区商住楼位于贵州省贵阳市小河后巢乡四方河村沿南明河地段,背靠南明河左岸的低山斜坡部位,对该商住楼岩石地基进行静载荷试验。

(1)地形地貌

场地为四方河村干平巷拆迁地段的低山斜坡地带,自然坡体植被茂密,23号楼处在斜坡地带,地库基本位于南明河一级阶地之上。场区地质构造处于中槽司向斜西翼南段,基岩为侏罗系自流井群紫红色泥岩,岩层产状倾向135°,倾角55°~83°,区内无断层通过。山体大部分基岩裸露,开挖剖面清楚。

(2)岩土构成条件

经钻探揭露,场地岩土构成主要由人工填土、砂、泥岩组成,各岩土层的性状及特征分述如下:

①人工填土(Qml):黄褐色以粉质粘土为主,夹块石,碎石,无分选性,结构松散,场地表层均有分布,厚0~5.0m,为近期平场弃土。

②强风化泥岩(Jzl)紫红色,风化节理裂隙极发育,岩芯呈土状、碎块状,极易钻进,属极破碎岩体,厚0.0~13.00m。

③中风化泥岩(Jzl):紫红色,中至厚层状,微节理极发育,节理面平直度差,遇水浸泡易软化,风化快,失水易开裂,崩解,据现场岩芯鉴定及天然湿度单轴抗压强度平均值为1.405MPa,为较破碎的软岩,岩体基本质量等级为Ⅴ级,厚度大而稳定。埋深一般8.0~12.0m,最深可在13.00m以下,最浅为6m左右。

④强风化砂岩(Jzl):黄灰色,节理裂隙发育,钙质胶结,岩芯呈砂砾状碎状。

⑤中风化砂岩(Jzl):黄灰、灰绿色,中厚层状,岩芯较破碎多呈块,短柱状及柱状,据现场岩芯鉴定及单轴抗压强度平均值16.61MPa,属较硬岩,较完整岩体,岩体完整性指数 $C_m=0.47$,纵波速平均值 $V_p=3100\text{m/s}$。岩体基本质量等级Ⅳ级。

(3)地下水

拟建场地及周边基岩为相对弱性含水的砂、泥岩组成，为基岩裂隙水，水量很小，流经场地东南的南明河段的水位标高在枯水季为1068.73m，比场地最低自然地面1082.00m低13.27m左右。

(4)岩石物理力学指标(表6-9)

砂岩物理力学指标统计表　　表6-9

岩性	范围值(MPa)	平均值f_{rm}(MPa)	标准差σ	变异系数δ	修正系数	标准值f_{rk}(MPa)	统计样数
中风化泥质粉砂岩	13.3~21.3	16.61	2.19	0.13	0.94	15.61	15

注：由于泥岩样指标过低，不予提出。

2)试点概况及测试方法

(1)试点概况

据相关规范、地勘资料提供的现场工程地质条件及是否便于试验正常进行等因素综合考虑，本次试验进行2组载荷试验，中风化泥岩四个试验点，中风化砂岩四个试验点，共对8个代表性试验点进行试验，试验在开挖基坑底部进行。试坑开挖到中风化岩层后，清除岩体表面扰动部分，避免扰动，保持其天然状态和原始结构，磨平，并用水平尺找平，四周设置排水沟并及时抽水。试验点概况见表6-10。

试　验　点　概　况　　表6-10

岩石名称	试点编号	试点岩性概述
砂岩	1号	岩石为砂岩、粉砂岩，中厚层至厚层，灰黄色至灰白色，岩体完整性较好，中等风化。
	2号	
	3号	
	4号	
泥岩	5号	岩石为泥岩，薄层至中厚层，紫红色，岩体节理裂隙发育，为强风化至中风化过渡层。
	6号	
	7号	
	8号	

(2)测试方法

本次试验选用直径300mm的圆形承压板进行试验，静载荷试验的载荷由矩形反力平台提供，堆载重量为1100kN，用200t千斤顶施加载荷，采用分级加载，并由力传感器测定，沉降变形由对称分布2个量程为50.00mm的位移传感器测读，通过静力载荷测试仪直接显示。

(3)加载标准

第一级按1000kPa(砂岩)/200kPa(泥岩)加载，此后每级荷载按1000kPa(砂岩)/200kPa(泥岩)逐级递增。

3)试验结果(表6-11)

岩基泥(砂)静载荷试验汇总表 表 6-11

试验点	试验内容	直线段回归方程	最大加载荷载(kPa)	比例界限荷载(kPa)	极限或终止荷载(kPa)	变形模量(MPa)	备 注
1号	砂岩	$S=0.00174P-0.031$ $r=1.000$	10000	7000	10000	128.6	岩石为砂岩、粉砂岩,中厚层至厚层,灰黄色至灰白色,岩体完整性较好,中等风化,试验范围内岩体主要呈现弹性变形特征及塑性变形特征,受场地所限试验按设计荷载的4倍考虑反力及设备,试验至压力无法继续向上施加而终止加荷。
2号		$S=0.00229P-0.287$ $r=0.999$	10000	7000	10000	97.7	
3号		$S=0.00065P+0.695$ $r=0.995$	11000	9000	11000	346.9	
4号		$S=0.001P+0.268$ $r=0.999$	11000	8000	11000	223.7	

①试验过程中保持岩体的原状结构及天然湿度状态。

②1、3、4号点为砂岩、粉砂岩,试验过程中岩体主要呈现弹塑性变形特征,试验至最后一级荷载时,压力无法继续向上施加而终止加载;2号点为砂岩夹泥岩,岩体主要呈现弹塑性变形特征,试验至后二级荷载时,塑性变形增大,至10000kPa时压力无法继续向上施加而终止加荷。

试验点	试验内容	直线段回归方程	最大加载荷载(kPa)	比例界限荷载(kPa)	极限或终止荷载(kPa)	变形模量(MPa)	备 注
6号	泥岩	$S=0.00902P-0.0715$ $r=0.999$	1600	800	1500	24.8	岩石为泥岩,薄层至中厚层,紫红色,岩体节理裂隙发育,为强风化至中风化过渡层,$P \sim s$曲线有较明显的比例荷载及破碎荷载。
7号		$S=0.01069P-0.199$ $r=0.999$	1550	1000	1500	20.9	
8号		$S=0.0078P-0.0361$ $r=0.999$	2000	1000	1800	28.7	
9号		$S=0.01023P-0.1985$ $r=0.999$	1580	800	1500	21.9	

①试验过程中保持岩体的原状结构及天然湿度状态。

②试验至后二级荷载时,承压板四周裂缝明显增加,至最后一级荷载时,承压板周围岩体节理裂隙面侧向挤出,沉降速率增大,压力无法保持稳定而终止加载。

3. 试验结果对比分析(表6-12)

泥岩试验结果对比表 表 6-12

试点编号	岩石名称	天然湿度单轴抗压强度平均值f_{rm}(MPa)	极限加载量(MPa)
06090101	中风化泥岩	2.63	2.7
06090102		2.63	2.8
06090103		2.63	2.7
5号	强风化至中风化过渡层泥岩	1.405	1.5
6号		1.405	1.5
7号		1.405	1.8
8号		1.405	1.5

(1)岩石风化程度对极限承载力的影响(泥岩)

嵌岩桩的桩端荷载直接作用于基岩上,基岩的抗压强度高低直接影响着桩端承载力的大小,而岩石抗压强度的高低取决于岩石的风化程度、含水量、节理状态、节理间距、倾角。通过对不同状态下泥岩的静载试验可知虽岩石类型相同但岩石风化程度不同对其极限承载力的影响(表 6-13)。图 6-15 为泥岩静载试验的 $q \sim s$ 曲线,泥岩风化程度不尽相同,但其初如直线段斜率相差不大。

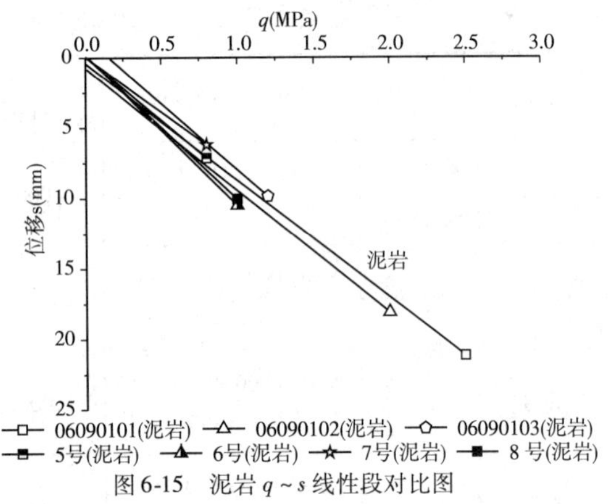

图 6-15 泥岩 $q \sim s$ 线性段对比图

泥岩(砂岩)试验结果对比表 表 6-13

试点编号	岩石名称	单轴抗压强度标准值 f_{rk} (MPa)	极限加载量 q_{max} (MPa)	$N_\sigma = q_{max}/f_{rk}$	变形模量 E_0 (MPa)
06090101	中风化泥岩	2.26	2.7	1.19	48.44
06090102		2.26	2.8	1.24	46.38
06090103		2.26	2.7	1.19	42.56
06090104	中风化砂岩	15.05	9	0.60	245.31
06090105		15.05	10	0.66	230.00
06090106		15.05	9	0.60	160.00
1 号		15.61	10	0.64	128.6
2 号		15.61	10	0.64	97.7
3 号		15.61	11	0.70	346.9
4 号		15.61	11	0.70	223.7

(2)岩石种类对端阻极限承载力的影响

桩端阻力的大小直接与岩石单轴抗压强度成正比,桩端阻力是岩石单轴抗压强度与承载力系数 N_σ 的乘积,而承载力系数 N_σ 的大小与岩石种类、嵌岩深度 h_r、RMR(%)的大小有直接的关系。通过对不同岩石的静载荷试验测得的极限承载力与岩石的单轴抗压强度的比值可知,极软岩(泥岩)其计算出来的系数 N_σ 的数值远远大于软岩(砂岩)计算出来的数值(图 6-16 和表 6-13),这一点与图 6-17 所反映的现象是一致的,说明实际工程中极软岩在围压作用下其实际极限承载力比无侧限下单轴抗压强度要高得多;而对于强度比较高的极限承载力,其岩石无侧限抗压强度不再是决定性因素,而岩块的结构、节理间距、节理状态、含水量、倾角(RMR(%))值对其极限承载力的影响也不容忽视。

图 6-17 为不同岩石静载荷试验 $q \sim s$ 曲线线性段对比图,从图中清晰可见砂岩承载性能明

显高于泥岩，在同一级荷载作用下砂岩的沉降远远小于泥岩的沉降，砂岩初始直线段的斜率高于泥岩，砂岩的变形模量是泥岩的 2 ~6 倍（图 6-17 和表 6-13）。

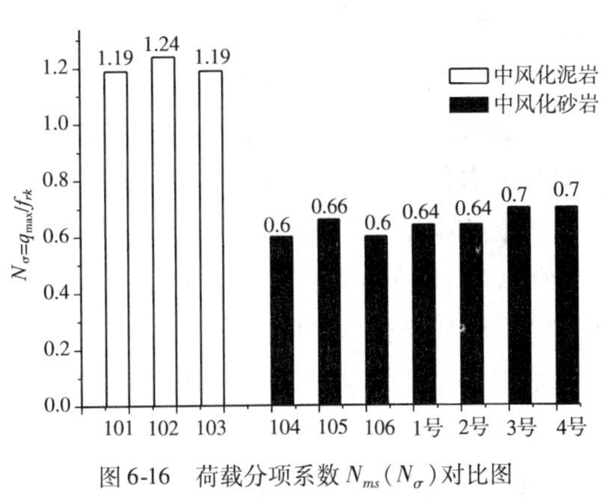

图 6-16　荷载分项系数 N_{ms}（N_σ）对比图

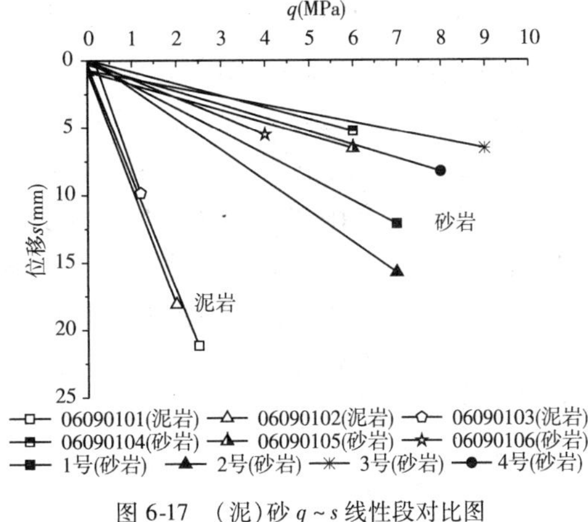

图 6-17　（泥）砂 $q \sim s$ 线性段对比图

6.1.2.2　嵌岩段极限端阻力文献资料对比分析

1. 实测数据整体分析

收集国内外 31 根嵌岩桩试桩资料（见附录 6），并对其数据进行处理，将桩端极限阻力看成是岩石无侧限抗压强度的函数，并把由表 6-14 所列计算方法计算得出的桩端极限端阻力和实测值一并绘于图 6-18 中，从图 6-18 中 6 条曲线与实测值之间的关系可以看出，Zhang and Einstein（1998）曲线与实测值之间匹配关系最好；而其他 5 条曲线在岩石无侧限抗压强度 $\sigma_c \leq 5$MPa 时与实测值之间关系良好，当岩石无侧限抗压强度 σ_c 超过 5MPa，其曲线对极限端阻力的预测性很差，5 条曲线都位于实测值左上部，其预测值明显高于实测值。

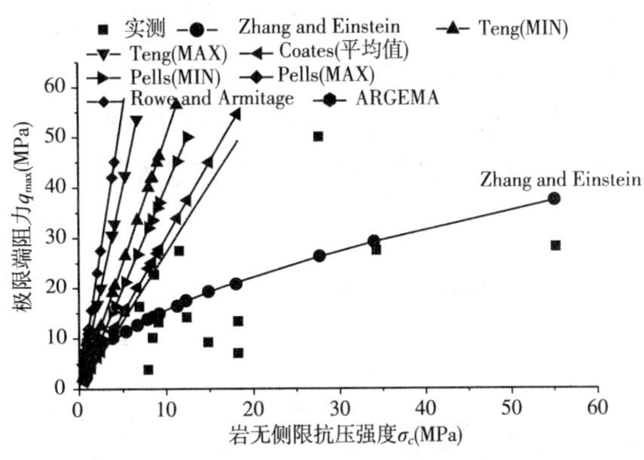

图 6-18　极限端阻力 q_{max} 与 σ_c 的关系

极限端阻力计算方法　　表 6-14

计 算 方 法	公　　式
Zhang and Einstein（1998）	$q_{max}=4.853\sigma_c^{0.51}$
Teng（1962）	$q_{max}=(5\sim8)\sigma_c$
Coates（1967）	$q_{max}=3\sigma_c$
Pells（1977）	$q_{max}=(4\sim11)\sigma_c$
Rowe and Armitage（1987）	$q_{max}=2.7\sigma_c$
ARGEMA（1992）	$q_{max}=4.5\sigma_c\leq 10$MPa（软岩）

如果将桩端承载力系数(极限端阻力发挥系数)看成是极限端阻力与岩石无侧限抗压强度 σ_c 的比值 $N_{ms}(N_\sigma)=\tau_{max}/\sigma_c$,并且与 RMR(%)(附录4)建立起关系,把 AASHTO(1989)和表4-29中其他5条曲线(除 Zhang and Einstein(1998))规定的 $N_{ms}(N_\sigma)$ 与 RMR(%)关系与实际的承载力系数 $N_{ms}(N_\sigma)$ 与 RMR(%)的关系绘于同一张图上(图6-19),从图中我们可以了解到 AASHTO(1989)的 $N_{ms}(N_\sigma)$ 的取值为由实际数据所组成的散点图的外包线的下限,而 Pells(MAX)(1977)和 Teng(MAX)(1977)为由实际数据所组成的散点图的上限,Coates(1967)为其 $N_{ms}(N_\sigma)$ 的平均值,说明 $N_{ms}(N_\sigma)$ 的取值是与 RMR(%)相关联的,也就是说 $N_{ms}(N_\sigma)$ 是岩块质量、岩石种类的函数,而岩块质量实质上与岩块的节理情况、风化程度息息相关。并且从图中 AASHTO(1989)可以看出岩块质量对 $N_{ms}(N_\sigma)$ 的影响比岩石种类对 $N_{ms}(N_\sigma)$ 的影响要大。对于给定的岩块质量,$N_{ms}(N_\sigma)$ 对于不同的岩石种类(A、B、C、D、E)其取值幅度变化很小,但如果岩块质量(RMR(%))差异很大 $N_{ms}(N_\sigma)$ 取值幅度的空间会很宽。对于完整岩石无侧限抗压强度 σ_c 的不同,桩端承载力分项式数(极限端阻力发挥系数)$N_{ms}(N_\sigma)$ 的差异是明显的,从图6-20反映的趋势上看,岩石无侧限抗压强度 $\sigma_c \leqslant 5$MPa 时,其桩端承载力系数(极限端阻力发挥系数)$N_{ms}(N_\sigma)$ 的数值90%都在 Coates(1967)(平均值)之上,而当岩石无侧限抗压强度 $\sigma_c >$ 5MPa 时,桩端承载力系数(极限端阻力发挥系数)$N_{ms}(N_\sigma)$ 几乎都位于 Coates(1967)(平均值)或 Rowe and Armitage(1987)之下,并且其整体趋势呈下降的趋势;而中国规范对于承载力系数 $N_{ms}(N_\sigma)$ 的取值偏于保守都小于1,位于图6-19的最底层,其计算结果相对于表6-14和 AASHTO(1989)来说偏于保守。

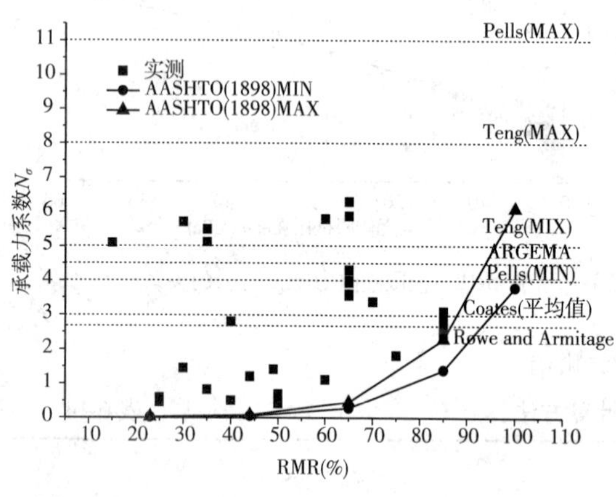

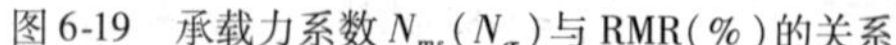

图6-19 承载力系数 $N_{ms}(N_\sigma)$ 与 RMR(%)的关系

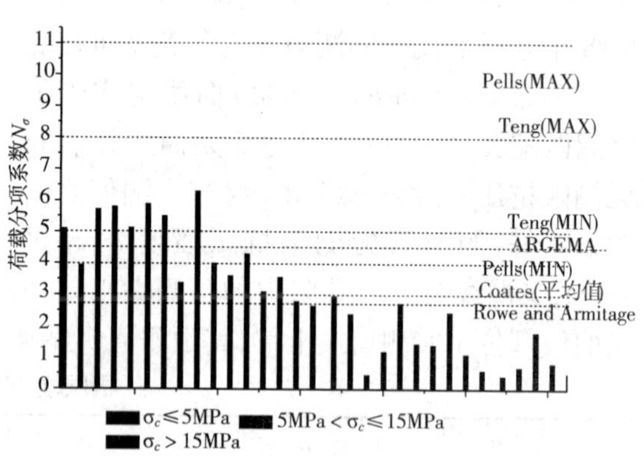

图6-20 荷载分项系数 $N_{ms}(N_\sigma)$ 对比图

图6-21为嵌岩比(n)与极限端阻力关系图,从图中可以看出31根嵌岩桩大部分嵌岩比($n=h_r/D$)均位于1~5之间,且当嵌岩比($n=h_r/D$)超过5时,极限端阻力都在15MPa以下,从另一方面来讲过度的增加嵌岩深度对提高极限端阻力起到相反的效果。

图6-22为桩径 D(m)与极限端阻力关系图,从图中可以看出随桩径 D(m)的增加极限端阻力增大的现象,仔细考虑一下不难发现增加桩径的同时反而减小了嵌岩比(n),桩顶荷载传至桩端的荷载由于嵌岩比(n)减小的缘故反而增加,桩端极限端阻力增大。

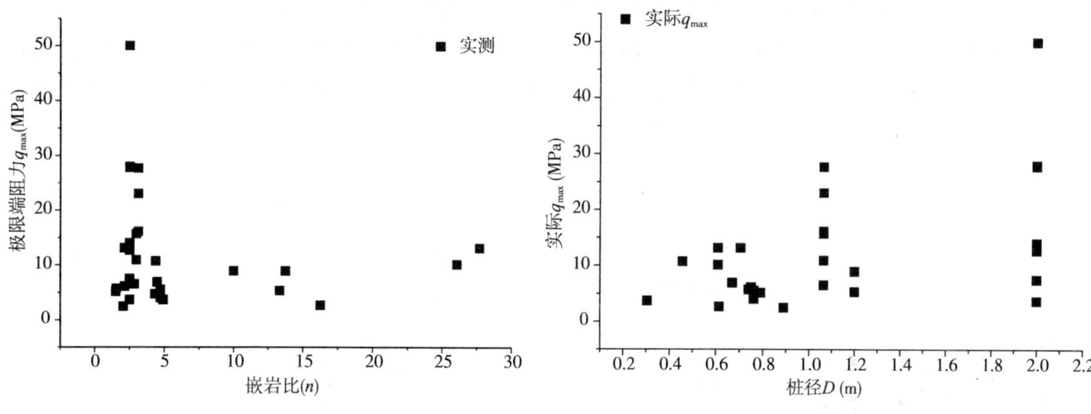

图 6-21 嵌岩比($n=h_r/D$)与 q_{max}的关系　　图 6-22 桩径 D(m)和极限端阻力关系

2. 实测数据分类分析

第一类:岩石无侧限抗压强度 $\sigma_c \leqslant 5$MPa

当岩无侧限抗压强度 $\sigma_c \leqslant 5$MPa 时,从图 6-23 可以看出 σ_c与极限端阻力 q_{max}之间关系良好,用幂函数曲线拟合实测数值,得到 $q_{max}=4.625\sigma_c^{0.641}$曲线($R^2$为 0.83),拟合曲线与实测值之间匹配良好,并且其趋势与 Zhang and Einstein(1998)反应的趋势相同;从实测值与表 6-14 所列曲线的关系来看,其实测值大部分位于 Rowe and Armitage(1987)(下限)和 Teng(MAX)(1962)(上限)之间,表 6-14 所列计算方法适用于岩无侧限抗压强度 $\sigma_c \leqslant 5$MPa 时的情况。

图 6-24 为桩端承载力系数 N_{ms}(N_σ)与 RMR(%)的关系图,图中反映的趋势与图 6-23 反应的趋势相同,实测值位于 Rowe and Armitage(1987)(下限)和 Teng(MAX)(1962)(上限)之间,实测值的平均值为 ARGEMA(1992),但实测的 RMR(%)与桩端承载力系数 N_{ms}(N_σ)之间关系不明显,并且当 RMR(%)≤80 时,用 AASHTO(1989)计算出来的数值明显小于实测数值,而用中国规范计算出来的数值位于图 6-23 的右下角,位于图 6-24 的底端,其计算数值小于 AASHTO(1989)计算出来的结果,其保守程度相当。

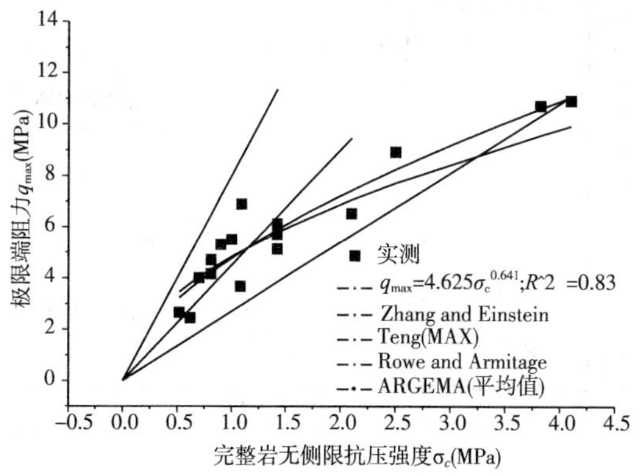

图 6-23 极限端阻力 q_{max}与 σ_c的关系

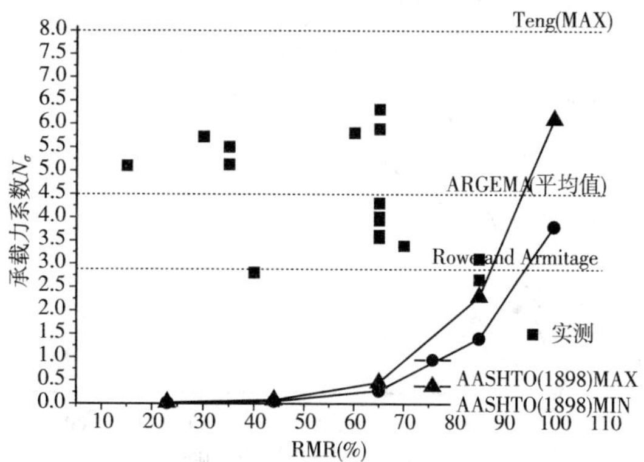

图 6-24 承载力系数 N_{ms}(N_σ)与 RMR(%)的关系

图6-25为岩无侧限抗压强度 $\sigma_c \leq 5\text{MPa}$ 时各根桩桩端承载力系数 $N_{ms}(N_\sigma)$ 对照图。

图6-26为嵌岩比（$n = h_r/D$）与极限端阻力 q_{max} 关系图，图中反映嵌岩比（n）与极限端阻力 q_{max} 关系比图6-21增强很多，从大的范围来看极限端阻力嵌岩比（n）的增加而减小。

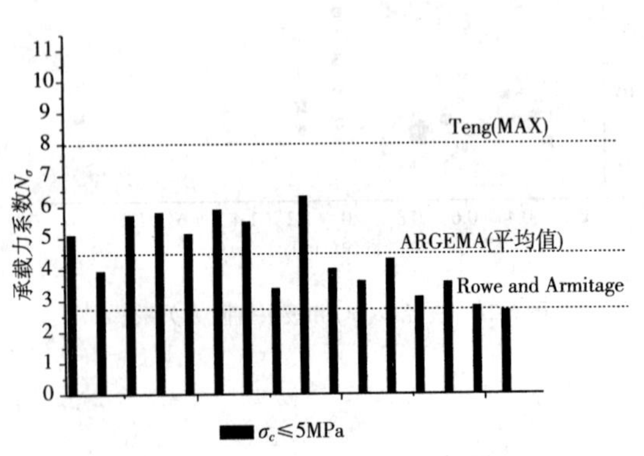

图6-25　荷载分项系数 $N_{ms}(N_\sigma)$ 对照表（$\sigma_c \leq 5\text{MPa}$）

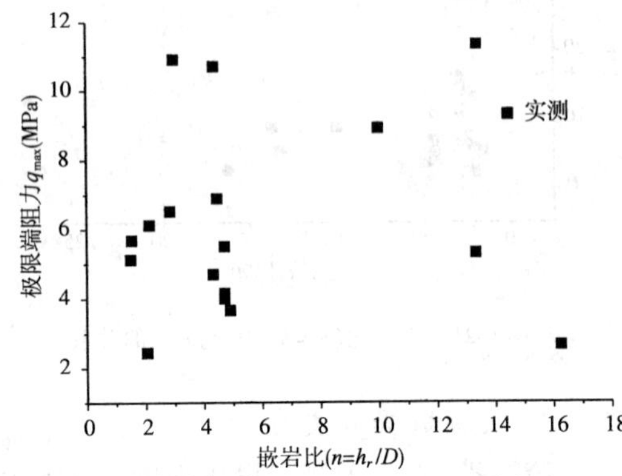

图6-26　嵌岩比 n 与极限端阻力 q_{max} 的关系

第二类：岩石无侧限抗压强度 $5\text{MPa} < \sigma_c \leq 15\text{MPa}$

图6-27反映了岩石无侧限抗压强度 $5\text{MPa} < \sigma_c \leq 15\text{MPa}$ 与极限端阻力 q_{max} 关系图，实测数值与岩石无侧限抗压强度 σ_c 关系不明确，并且实测值位于Pells（MIN）（1977）（上限）和 $q_{max} = (0.3 \sim 0.4)\sigma_c$（下限）之间，平均值为 $q_{max} = 1.68\sigma_c$，而中国规范规定的数值大部分位于 $q_{max} = (0.3 \sim 0.4)\sigma_c$ 线上下，再一次证明由中国规范计算出来的极限端阻力数值偏于保守。

图6-28反映桩端承载力系数 $N_{ms}(N_\sigma)$ 与RMR（%）之间的关系，此时 $N_{ms}(N_\sigma)$ 与RMR（%）之间关系良好，用线性曲线 $N_\sigma = 0.0315\text{RMR} - 0.1255$ 拟合实测数据，$R^2 = 0.83$。

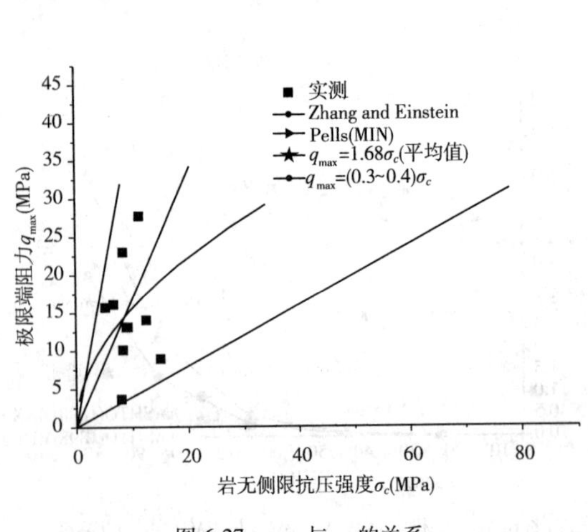

图6-27　q_{max} 与 σ_c 的关系

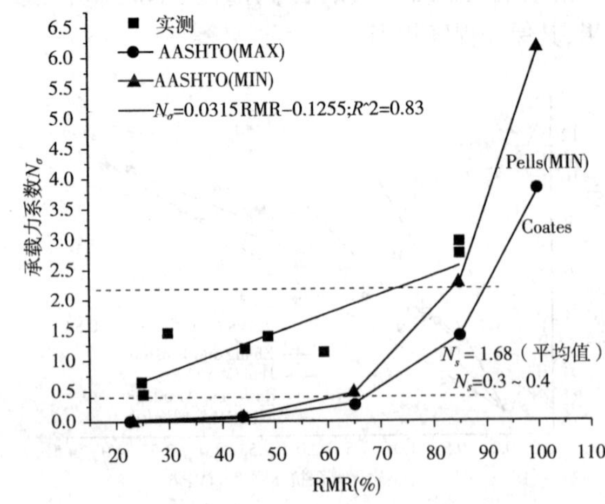

图6-28　承载力系数 $N_{ms}(N_\sigma)$ 与RMR（%）的关系

图 6-29 为岩石无侧限抗压强度 5MPa < σ_c ≤15MPa 时各根桩桩端承载力系数 $N_{ms}(N_\sigma)$ 对照图，其值位于 Pells(MIN)(1977)(上限)和 $q_{max}=(0.3\sim0.4)\sigma_c$(下限)之间。

图 6-30 嵌岩比($n=h_r/D$)与极限端阻力 q_{max} 之间的关系图，总体趋势为随嵌岩比(n)的增加，极限端阻力减小。

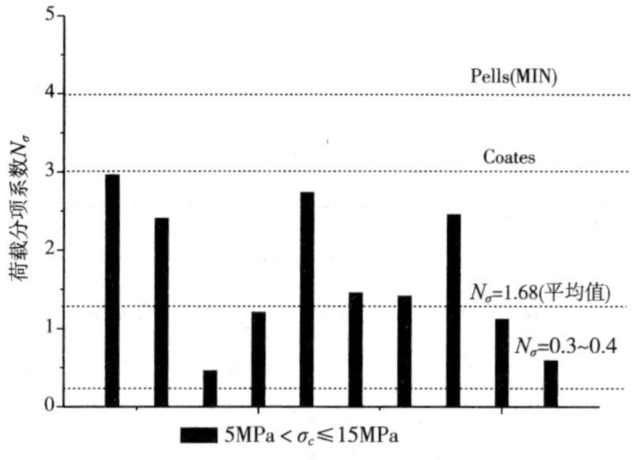

图 6-29　荷载分项系数 $N_{ms}(N_\sigma)$ 对照表

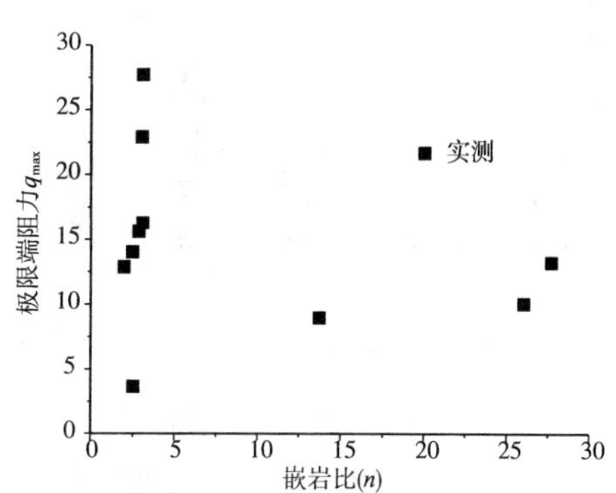

图 6-30　嵌岩比 n 与极限端阻力 q_{max} 的关系

第三类：岩石无侧限抗压强度 σ_c > 15MPa

当岩石无侧限抗压强度 σ_c > 15MPa 时，图 6-31 所有数据点位于 $q_{max}=0.4\sigma_c$ 和 Rowe and Armitage(1987)之间，平均值为 $q_{max}=0.85\sigma_c$。图 6-31 中 Zhang and Einstein(1998)[20] 计算出来的曲线能反映岩石无侧限抗压强度 σ_c 与极限端阻力 q_{max} 的关系，中国规范计算出来的数值位于下限 $q_{max}=0.4\sigma_c$ 附近。

图 6-32 桩端承载力系数 $N_{ms}(N_\sigma)$ 与 RMR(%)之间的关系，用一次多项式 $N_\sigma=0.02952\text{RMR}-0.6247$，$R^2=0.52$，其趋势没有当完整岩石无侧限抗压强度 5MPa < σ_c ≤15MPa 时桩端承载力系数 $N_{ms}(N_\sigma)$ 与 RMR(%)之间的关系(图 6-28)明显。

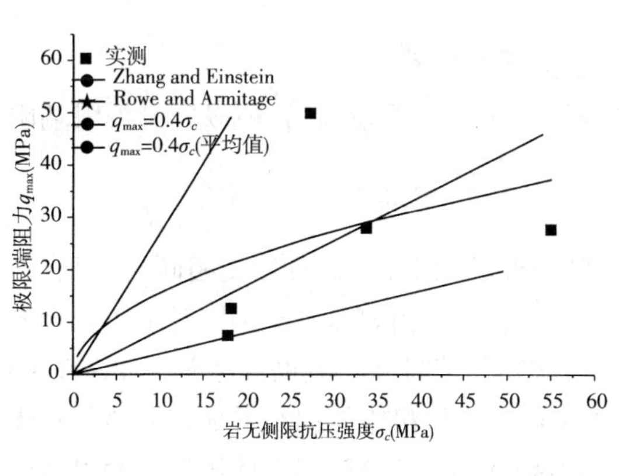

图 6-31　q_{max} 与 σ_c 的关系

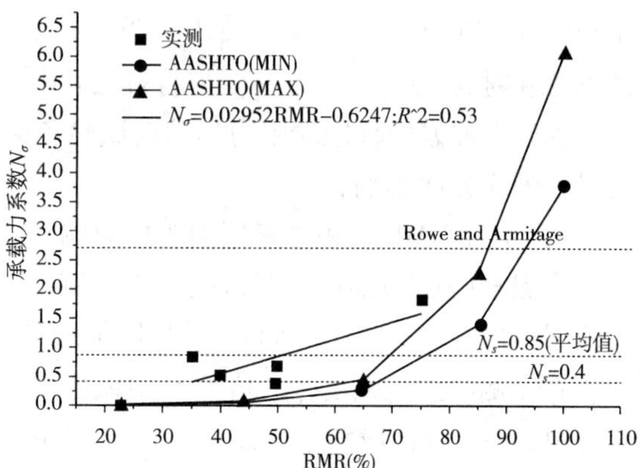

图 6-32　承载力系数 $N_{ms}(N_\sigma)$ 与 RMR(%)的关系

图 6-33 为 σ_c > 15MPa 时，各根桩桩端承载力分项系数 $N_{ms}(N_\sigma)$ 对照图。

图 6-34 为嵌岩比($n=h_r/D$)与极限端阻力 q_{max} 的关系，因所收集的数集点过少从图中不能反映任何规律。

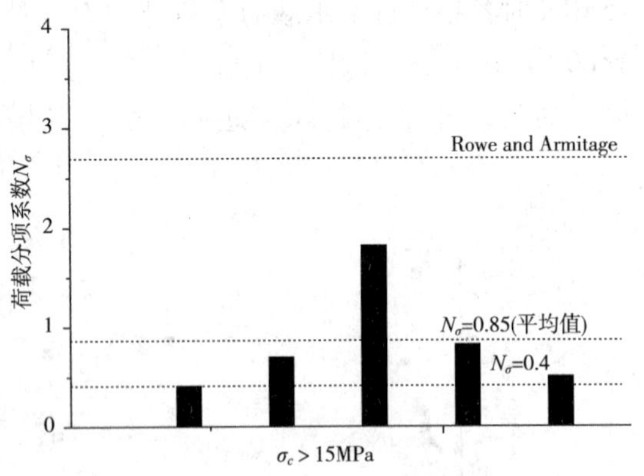

图 6-33　荷载分项系数 $N_{ms}(N_\sigma)$ 对照表

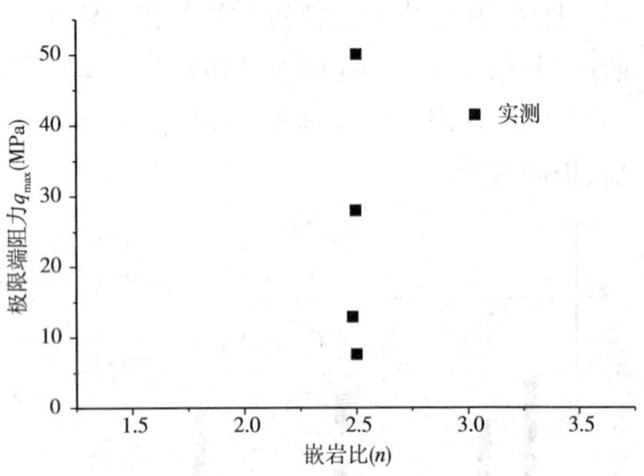

图 6-34　嵌岩比 n 与极限端阻力 q_{max} 的关系

第四类：σ_c 对嵌岩桩桩端阻应力的影响

Leung and Ko(1993)提供的实测数据，为研究上覆土层 $H_s=0$、RMR(%)相等、嵌入岩层中深度相差不大、桩径(D)相同和 m_0 相同的情况下，桩端极限阻力与岩石无侧限抗压强度 σ_c 之间的关系提供了一个很好的平台。实测数据如图 6-35 所示，用一次多项 $q_{max}=1.8206+2.3479\sigma_c$ 进行拟合，R^2 为 0.97，其拟合曲线与实测数值之间匹配良好，说明 σ_c 提高时，桩端阻力随岩石无侧限抗压强度 σ_c 的增加而提高，增长的速度为线性关系，上述现象说明表 6-14 建立极限端阻力与岩石无侧限抗压强度 σ_c 之间为线性关系只适用于当其他条件不改变时，桩端极限阻力 q_{max} 与岩石无侧限抗压强度 σ_c 的关系。

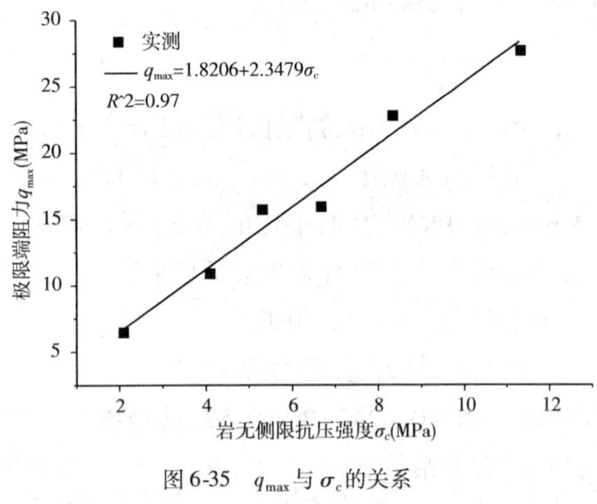

图 6-35　q_{max} 与 σ_c 的关系

据以上嵌岩段极限端阻力静载荷试验和文献资料对比分析看来，嵌岩桩嵌岩段极限端阻力受下列 5 方面影响：

(1)σ_c 和 RMR 对桩端极限阻力的影响。

从泥岩(砂岩)的静载荷试验工程实例试验数据分析对比中，当岩石种类相同时，但岩石无侧限抗压强度平均值不同时，其极限加载量的差异是明显的；当岩石种类不同时中风化砂岩的岩石无侧限抗压强度标准值 f_{rk} 是中风化泥岩的好几倍，其端阻极限值也自然而然相差 2 ~ 3 倍；并且 $q \sim s$ 线性段斜率差异很大(变形模量)。如果将嵌岩段极限端阻力看成是完整岩石无侧限抗压强度的一次函数，则一次方的系数(承载力系数 $N_{ms}(N_\sigma)$)随岩石坚硬程度的提高而减小(图 6-36)，这一规律与用线性计算公式 Teng(1962)，Coates(1967)，Pells(1977)、Rowe and Armitage(1987)计算桩端极限端阻力不符合。

据所收集文献试桩资料计算出来的极限端阻力发挥系数平均值与岩石坚硬程度之间的关系如表 6-15 所示。

实测桩端阻力发挥系数平均值 表 6-15

岩石无侧限抗压强度 σ_c	岩石坚硬程度	实测桩端极限端阻力发挥系数 $N_{ms}(N_\sigma)$ 平均值
$\sigma_c \leqslant 5$MPa	极软岩	4.5(ARGEMA(1992)[3,22])
5MPa < $\sigma_c \leqslant 15$MPa	软岩	1.68
σ_c > 15MPa	较软岩	0.85

当岩石无侧限抗压强度 $\sigma_c \leqslant 5$MPa 时,用幂函数曲线 $q_{max} = 4.625\sigma_c^{0.641}$($R^2$ 为 0.8) 拟合实测值,拟合曲线与实测值之间匹配良好,并且其趋势与 Zhang and Einstein(1998)[20] 反应的趋势相同,在此种情况下岩石无侧限抗压强度 σ_c 与极限端阻力关系密切,但 RMR(%)与极限端阻力 q_{max} 关系不明显;当 5MPa < $\sigma_c \leqslant 15$MPa 时,σ_c 与 q_{max} 不明显,但 RMR(%)与极限端阻力 q_{max} 关系明确,用线性曲线 $N_\sigma = 0.0315\text{RMR} - 0.1255$ 拟合实测数据,$R^2 = 0.83$;当 σ_c > 15MPa 时,σ_c 与 q_{max} 不明显,但 RMR(%)与极限端阻力 q_{max} 关系比上一种情况减弱,但仍然保持一种类似第二种情况的线性关系(图 6-32),同样用 $N_\sigma = 0.02952\text{RMR} - 0.6247$,$R^2 = 0.52$;根据上述分析,提出一个大胆的猜测当 $\sigma_c \leqslant 5$MPa 极限端阻力以岩石的无侧限抗压强度 σ_c 控制;当 σ_c > 5MPa,岩石无侧限抗压强度退居第二位,RMR(%)与桩端极限端阻力之间关系密切。并且为反映极限端阻力随岩石坚硬程度的提高而降低的现象,用表 6-14 线性计算公式 Teng (1962),Coates (1967),Pells(1977),Rowe and Armitage(1987)和 ARGEMA(1992)计算公式中将极限端阻发挥系数 $N_{ms}(N_\sigma)$ 为一常数来表示 q_{max} 与 σ_c 的关系在 $\sigma_c \leqslant 5$MPa 时是适用的,但随岩石坚硬程度的提高,其计算结果与实测值差异会增加,而用 Zhang and Einstein(1998)[20] 提出的计算公式,当 σ_c 较小时,其曲线的斜率较大,而当 σ_c 逐渐增大时,其曲线的斜率越来越平缓,说明其极限端阻力发挥系数 $N_{ms}(N_\sigma)$ 逐渐变小,利用具有此种特性的函数计算 q_{max} 与 σ_c 的关系比用直线计算要更准确。

如将桩端阻力看成是岩石无侧限抗压强度 σ_c 的一次函数,则桩端极限端阻力发挥系数 $N_{ms}(N_\sigma) = q_{max}/\sigma_c$ 随岩石的坚硬程度的提高而减小(图 6-36)。

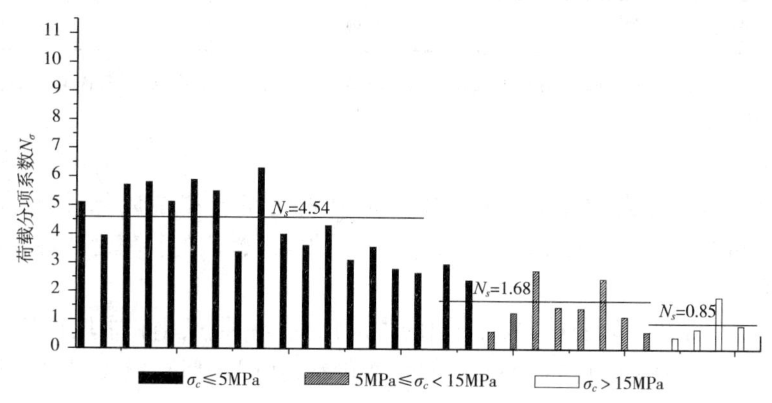

图 6-36 嵌岩段桩端阻力承载力系数对照图

注:图中黑色实线为坚硬程度不同时桩端极限阻力发挥系数平均值。

各分类中各根桩极限桩端阻力发挥系数 $N_\sigma = q_{max}/\sigma_c$ 统计如表 6-16 所示。

桩端极限阻力发挥系数统计表 表 6-16

类别	σ_c 取值	统计各数	N_σ 平均值	删除异常点后统计的个数	N_σ 的取值范围（删除异常点后）
第一类	$\sigma_c \leqslant 5$MPa	15	4.54	12	3.56 ~ 5.88
第二类	5MPa < $\sigma_c \leqslant 15$MPa	10	1.68	7	1.12 ~ 2.7
第三类	σ_c > 15MPa	5	0.85	4	0.41 ~ 0.51

类别	N_σ 的平均值 μ_f（删除异常点后）	标准差 σ_f（删除异常点后）	变异系数 δ_f（删除异常点后）	正态分布标准值 $N_{\sigma k}$（删除异常点后）	对数正态分布标准值 $N_{\sigma k}$（删除异常点后）
第一类	4.66	0.9949	0.213498	3.02339	3.279894
第二类	1.82	0.6761	0.371484	0.707816	0.98782
第三类	0.61	0.1857	0.304426	0.304524	0.369695

按《建筑结构可靠度设计统一标准》的规定，如各根桩嵌岩段桩端极限阻力发挥系数按正态分布时，其标准值为

$$N_{\sigma k} = \mu_f - 1.645\sigma_f \tag{6-4}$$

当按对数正态分布时，标准值近似为

$$N_{\sigma k} = \mu_f \exp(-1.645\delta_f) \tag{6-5}$$

如取正态分布时的标准值计算，则极限端阻力与 $N_{\sigma k}$ 变为表 6-17。

具有 95% 的保证率嵌岩段极限桩端阻力计算式 表 6-17

类别	σ_c 取值	正态分布标准值 $N_{\sigma k}$	$q_{\max} = N_{\sigma k}\sigma_c$
第一类	$\sigma_c \leqslant 5$MPa	3.02	$q_{\max} = 3.02\sigma_c$
第二类	5MPa < $\sigma_c \leqslant 15$MPa	0.71	$q_{\max} = 0.71\sigma_c$
第三类	σ_c > 15MPa	0.30	$q_{\max} = 0.30\sigma_c$

从表 6-18 看出利用对坚硬岩石分类的方法定义极限端阻力系数，能正确反应极限端阻力系数与岩石坚硬程度的关系。

(2) 岩石的类别

岩石类别不同时，带来的差异是明显的，如中风化泥岩和中风化砂岩的静载荷试验（表 6-13），其实测出的极限加载量相差好几倍，并且曲线线性段的斜率迥然各异（图 6-17）。

(3) 岩石质量

岩石风化程度不同时，如表 6-12 所列出的中风化泥岩和强风化和中风化的过渡层泥层的静载荷试验，虽然测得 $Q \sim S$ 曲线线性段的斜率变化不大（图 6-15），但实测的极限加载量差异是明显。

RMR(%) 与极限端阻力的关系在第一类 $\sigma_c \leqslant 5$MPa 反映的不是很明显，但当 σ_c > 5MPa 时，极限端阻力随 RMR(%) 增加而增大（图 6-28 和图 6-32），为反映当 σ_c > 5MPa 时，极限端阻力随 RMR(%) 增加而增大的现象，建议工程中极限端阻力的计算式的形式

应类似 AASHTO(1989)。

(4)嵌岩比

嵌岩段嵌岩比(n)增加时,其极限端阻力从总的趋势来讲是减小的,并且从图 6-21 可以看出大部分嵌岩桩的嵌岩比集中于 1~5 之间。

(5)桩径

图 6-22 为桩径 D(m)与极限端阻力 q_{max} 关系图,图中总体趋势为随桩径 D(m)的增加,其极限端阻力增大的现象。

6.1.3 嵌岩桩上覆土层分项系数探讨

根据国内规范广泛采用的由经验参数确定单桩承载力的方法,桩侧土层总侧阻力 Q_s 可以用下式表示:

$$Q_s = \zeta_s q_{sk} h_s U \tag{6-6}$$

式中:q_{sk}——土层极限侧阻力标准值的平均值(kPa);

$$q_{sk} = \frac{\sum q_{sik} \cdot l_i}{\sum l_i} \tag{6-7}$$

q_{sik}——第 i 层土的极限侧阻力标准值(kPa);

h_s——土层厚度(m);

U——嵌岩桩穿越土层部分的截面周长(m)。

将土层平均侧阻力与土层极限侧阻力标准值的加权平均值之比定义为土层侧阻系数 ζ_s,即:

$$\zeta_s = \frac{Q_s}{q_{sk} h_s U} \tag{6-8}$$

显然,这里的 ζ_s 是桩周各土层侧阻系数的加权平均值。严格意义上,ζ_s 应是各个土层侧阻的发挥系数。但由于试验资料不足和测试精度所限,仅能以平均值综合反映土层侧阻的发挥情况。

由式(6-6)知,对于某一确定的嵌岩桩而言,土层总侧阻力由土层平均侧阻和发挥系数决定。土层平均侧阻可由当地工程经验或试验得到,而土层侧阻发挥系数受桩长、桩径、成桩工艺和施工质量等因素影响。一般情况下,基岩的压缩性很下,因此,在桩顶荷载作用下,桩端位移较小,桩土间相对位移主要来源于桩身压缩。对于长为 l、直径径为 d、桩身材料弹模为 E 的桩,在荷载 P 作用下,桩身压缩量为:

$$\Delta l = \frac{4Pl}{\pi d^2 E} \tag{6-9}$$

从上式可知,在基岩压缩量很小的情况下,对于一定荷载作用下的某一根桩,其桩身压缩量仅与桩长和桩径有关。同时,桩的长径比也能从一定程度上反映成桩工艺和施工质量。因此,ζ_s 与无量纲的长径比 l/d 之间必然存在某种函数关系。下面对试桩数据进行统计分析,建立两者之间的函数。

6.1.3.1 软岩嵌岩桩土层侧阻系数数据处理与结果分析

按式(6-8)计算出桩端基岩强度 $f_{rk} \leqslant 15$MPa 的各试桩的土层侧阻系数,结果见表 6-18。

软岩嵌岩桩长径比与相应的土层侧阻系数　表 6-18

试桩编号	商茂广场 $-1^{\#}$	商茂广场 $-2^{\#}$	天安商城 $-1^{\#}$	江苏省外贸大楼 - M1	江苏省外贸大楼 - M2	新华大厦 $-1^{\#}$	新华大厦 $-2^{\#}$	颐和大厦 $-\text{II}^{\#}$	羊皮巷商住楼 $-\text{I}^{\#}$
长径比	52.0	46.0	53.5	46.0	46.0	43.5	31.4	35.5	64.3
基岩强度(kPa)	4920	3110	5200	4100	4100	4420	4420	10000	3000
ζ_s	0.91	1.08	0.99	0.95	1.11	1.09	0.77	1.01	1.13
试桩编号	新百二期主楼 $-1^{\#}$	新百二期主楼 $-2^{\#}$	同仁大厦 $-\text{II}^{\#}$	同仁大厦 $-\text{III}^{\#}$	铁 02 - 甲	铁 02 - 乙	铁 33 - ϕ75	铁 37 - ϕ75	铁 37 - ϕ125
长径比	37.5	36.7	34.8	39.6	50.6	43.8	38.3	43.8	29.6
基岩强度(kPa)	4700	4500	3000	6620	4500	2500	3000	3000	5000
ζ_s	0.72	0.86	0.97	0.75	1.01	0.81	0.97	0.66	0.66
试桩编号	某工程 $-1^{\#}$	某工程 $-3^{\#}$	某工程 $-4^{\#}$	某工程 $-6^{\#}$	某工程 $-7^{\#}$	某工程 $-8^{\#}$	某工程 $-9^{\#}$	某工程 $-11^{\#}$	
长径比	19.1	30.8	47.3	50.0	50.0	50.0	50.0	18.5	
基岩强度(kPa)	10000	3000	8000	1500	1500	4000	4000	5000	
ζ_s	0.82	0.72	0.92	0.98	0.98	1.08	1.02	0.68	

以 l/d 为横坐标、ζ_s 为纵坐标，绘出软岩嵌岩桩的长径比与土层侧阻系数散点图，见图 6-37。

为进一步求出 ζ_s 与 l/d 之间的函数关系，需对数据进行适当的取舍和处理。

将表 6-19 中数据按 l/d 及相应的土层侧阻系数由大到小排列，并对整数区间内的 l/d 及其相应的 ζ_s 求均值，如求 $18 \leqslant l/d < 19$ 区间内的长径比 l/d 及其相应 ζ_s 的平均值；然后对每个区间的数据逐个检查并舍弃偏差较大的数据。数据的取舍按三倍标准差的方法来判别，即：$X_i < \bar{X} - 3S$ 或 $X_i > \bar{X} + 3S$ 时，X_i 为异常值，其中：$\bar{X}$ 为样本的数学期望；S 为样本标准差；$3S$ 称为极限误差。

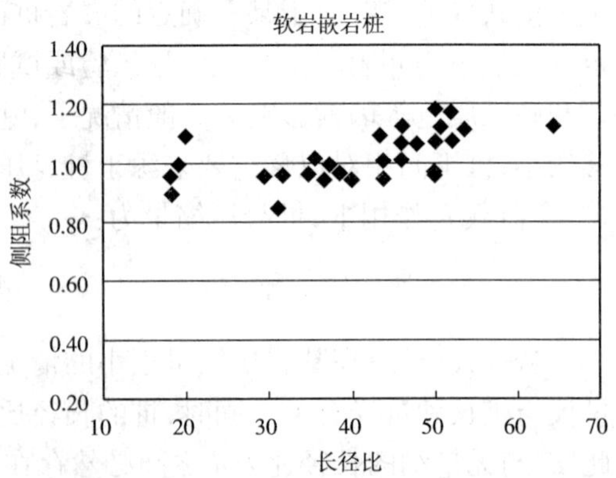

图 6-37　软岩嵌岩桩长径比与相应的土层侧阻系数散点图

处理后的试验数据按长径比由大到小排列见表 6-19。

数据处理后的软岩嵌岩桩长径比与相应土层侧阻系数的实测值和计算值 表 6-19

长径比 l/d	土层侧阻系数 ζ_s 实测值	土层侧阻系数 ζ_s 计算值
18.4	0.932	0.919
19.1	0.981	0.921
20.4	1.089	0.927
29.6	0.958	0.963
30.8	0.846	0.968
31.4	0.958	0.971
34.8	0.968	0.984
35.5	1.011	0.987
36.7	0.944	0.992
37.5	0.987	0.995
38.3	0.975	0.998
39.6	0.938	1.003
43.7	1.012	1.020
46.0	1.078	1.029
47.3	1.067	1.034
50.1	1.066	1.046
51.7	1.179	1.052
52.0	1.078	1.053
53.5	1.120	1.059
64.3	1.129	1.102

本次软岩嵌岩桩统计结果中，土层侧阻系数最小值 $\zeta_{smin}=0.85$，最大值 $\zeta_{smax}=1.18$，平均土层侧阻系数 $\overline{\zeta_s}=1.02$，样本标准差 $S=0.08$，则得具有 95% 保证率的土层侧阻系数：

$$\zeta_s=\overline{\zeta_s}-1.645S=0.89$$

按表 6-20 中数据绘制软岩嵌岩桩长径比及土层侧阻系数实测值散点图见图 6-38。

由图 6-38 所示的 l/d 与 ζ_s 的相互关系，对试验数据进行线性回归，得到 ζ_s 关于 l/d 的函数如下：

$$\zeta_s=0.004l/d+0.845 \qquad (6\text{-}10)$$

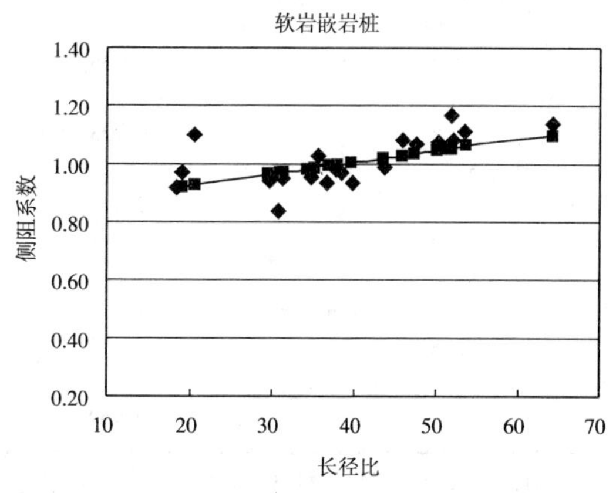

图 6-38 软岩嵌岩桩长径比与其相应的侧阻系数实测值和计算值

根据式(6-10)可得与 l/d 相应的软岩嵌岩桩土层侧阻系数 ζ_s 的计算值,并绘制 l/d 与 ζ_s 计算值的关系曲线,结果见表6-20和图6-38。

最终保守取值为:当 $2\text{MPa} \leqslant f_{rk} < 15\text{MPa}$ 时,$\zeta_s = 0.8$。

6.1.3.2 硬岩嵌岩桩土层侧阻系数数据处理与结果分析

按式(6-8)计算出各试桩的土层侧阻系数,结果见表6-20。

硬岩嵌岩桩长径比与相应的土层侧阻系数 表6-20

试桩编号	某工程-1#	某工程-2#	某工程-3#	某工程-4#	某工程-5#	某工程-6#	某工程-7#
长径比	46.3	45.8	46.0	44.5	29.2	43.2	35.8
基岩强度(kPa)	45000	45000	45000	45000	45000	45000	45000
土层侧阻系数 ζ_s	0.74	0.73	0.83	0.91	1.02	0.98	0.95

以 l/d 为横坐标、ζ_s 为纵坐标,绘出硬岩嵌岩桩的长径比与土层侧阻系数散点图,见图6-39。

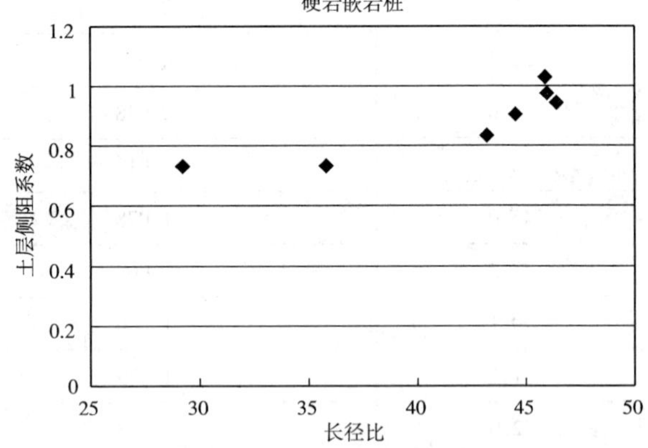

图6-39 硬岩嵌岩桩长径比与相应的土层侧阻系数散点图

按照上述相同的方法对试验数据进行处理,结果见表6-21和图6-40。

本次硬岩嵌岩桩统计结果中,土层侧阻系数最小值 $\zeta_{smin} = 0.74$,最大值 $\zeta_{smax} = 1.00$,平均土层侧阻系数 $\overline{\zeta_s} = 0.88$,样本标准差 $S = 0.117$,则得具有95%保证率的土层侧阻系数:

$$\zeta_s = \overline{\zeta_s} - 1.645S = 0.68$$

数据处理后的硬岩嵌岩桩长径比与相应土层侧阻系数的实测值和计算值 表6-21

长径比 l/d	土层侧阻系数 ζ_s 实测值	土层侧阻系数 ζ_s 计算值
29.2	0.735	0.721
35.8	0.733	0.739
43.2	0.832	0.855
44.5	0.908	0.906
45.8	1.025	0.981
46.2	0.969	1.003

由图6-40可见,对于硬岩嵌岩桩而言,土层侧阻系数随长径比的增大近似呈指数增大。因此,对试验数据采取指数回归,得到 ζ_s 关于 l/d 的函数如下:

$$\zeta_s = 3.5 \times 10 - 6e^{0.245l/d} + 0.717 \tag{6-11}$$

根据式(6-11)可得与l/d相应的硬岩嵌岩桩土层侧阻系数ζ_s的计算值，并绘制l/d与ζ_s计算值的关系曲线，结果见表6-22和图6-40。

对于桩端基岩强度15MPa$<f_{rk}\leqslant$30MPa的嵌岩桩，其土层侧阻系数取式(6-10)和(6-11)计算值的差值。

最终保守取值为：当15MPa$\leqslant f_{rk}<$30MPa时，$\zeta_s=0.5$；当$f_{rk}>$30MPa时，$\zeta_s=0.2$。

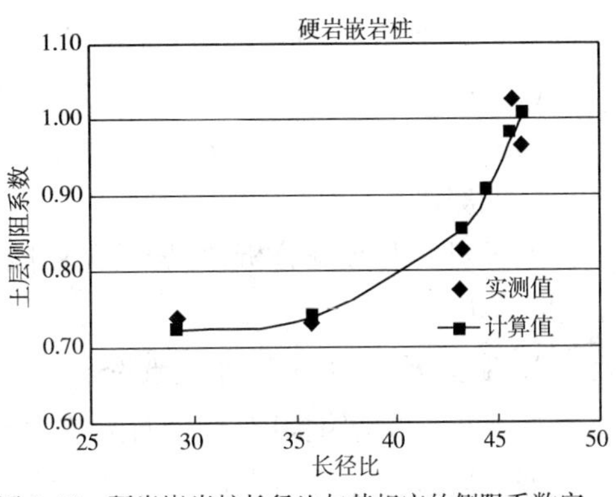

图6-40　硬岩嵌岩桩长径比与其相应的侧阻系数实测值和计算值

6.1.4　嵌岩段容许承载力折减系数

通过6.1.1及6.1.2的分析，得出了嵌岩桩嵌岩段极限侧阻力及极限端阻力系数的推荐取值，为了与《公路桥涵地基与基础设计规范》(JTG D63—2007)形式一致，并结合试桩数据，调整为嵌岩段容许承载力折减系数。c_1为根据岩石强度及完整性程度而定的端阻发挥系数；c_2为根据岩石强度及完整性程度而定的岩层的侧阻发挥系数。具体取值详见表6-22和表6-23。

当嵌岩比小于5时c_1、c_2取值　　表6-22

类别	f_{rk}取值	c_1	c_2
第一类	$f_{rk}\leqslant$5MPa	0.64	0.05
第二类	5MPa$<f_{rk}\leqslant$15MPa	0.45	0.024
第三类	15MPa$<f_{rk}\leqslant$30MPa	0.25	0.017
第四类	30MPa$<f_{rk}$	0.13	0.01

当嵌岩比大于等于5时c_1、c_2取值　　表6-23

类别	f_{rk}取值	c_1	c_2
第一类	$f_{rk}\leqslant$5MPa	0.64	0.05
第二类	5MPa$<f_{rk}\leqslant$15MPa	0.45	0.024
第三类	15MPa$<f_{rk}\leqslant$30MPa	$0.25\dfrac{5d}{h_r}$	$0.017\dfrac{5d}{h_r}$
第四类	30MPa$<f_{rk}$	$0.13\dfrac{5d}{h_r}$	$0.01\dfrac{5d}{h_r}$

6.1.5　小结

1. 嵌岩段极限侧阻力系数分析

(1)极限侧阻力与岩石无侧限抗压强度的关系

嵌岩段极限侧摩阻力系数α随岩石坚硬程度的提高而减小，为反映此现象，采用数理统的方法提出的桩侧极限摩阻力计算式，对于坚硬程度不同的岩石，其极限侧摩阻力系数α取值不同，并且随岩石坚硬程度的提高而递减。

(2)极限侧阻力与岩石类别关系

本文通过实测数据与Phoon(1993)计算公式对比发现对于不同的岩石类型，其桩侧摩阻力的变化幅度如 Phoon(1993)计算式所描述的一样,ψ 从0.5到3.0变化。

(3)极限侧阻力与桩径关系

通过对实测数据分析,通过增大桩径(D)的方法来增大桩侧极限摩阻力只会得到相反的结论。

(4)极限侧阻力与孔壁粗糙度(R)的关系

通过对实测数据分析,当岩石无侧限抗压强度一定时,可以通过增大孔壁粗糙度(R)的方法增大侧摩阻力。

2. 嵌岩段极限端阻力系数分析

(1) 桩端极限端阻力与岩石无侧限抗压强度的关系

嵌岩段极限端阻力发挥系数 N_{ms}(N_σ)随岩石坚硬程度的提高而减小,为反映此现象,采用数理统的方法提出的极限端阻力计算式,对于坚硬程度不同的岩石,其极限端阻力系数 N_{ms}(N_σ)取值不同,并且随岩石坚硬程度的提高而递减。

(2)桩端极限端阻力与岩石的类别的关系

岩石类别不同时,带来的差异是明显的,如中风化泥岩和中风化砂岩的静载荷试验其实测出的极限端阻力相差好几倍,并且 $q\sim s$ 线性段的斜率迥然各异,并且从 AASHTO (1989)中 N_{ms}(N_σ)的取值同样反映极限端阻力与岩石类别的关系,通过改变岩石类型(A、B、C、D、E)的方法只能在小幅度范围内提高极限端阻力。

(3)桩端极限端阻力与岩石质量(RMR(%))

从本文分析可知,当岩石(RMR(%))较高时,其极限端阻力的发挥系数也较大,并且当 $\sigma_c>$ 5MPa 时,极限端阻力与 RMR(%)的关系明显。通过提高 RMR(%)来增加极限端阻力能得到较好的效果,从 AASHTO(1989)对于 RMR(%)不同,其嵌岩段桩端阻力发挥系数的取值 N_{ms} 的差异是明显的。对于工程上选址布设大桥桩基,可选择岩块质量等级 RMR(%)较高的地段。

(4)桩端极限端阻力与嵌岩比的关系

通过对实测极限端阻力与嵌岩比(n)关系分析可知,嵌岩比(n)提高对增加极限端阻力的效果不明,桩端极限端阻力与嵌岩比(n)的关系还需进一步证实。

(5)桩端极限端阻力与桩径的关系

通过对实测极限端阻力与桩径(D)的分析可知,当桩径增大时其极限端阻力会增加,但增加的幅度还需进一步证实。

3. 上覆土层侧阻修正系数

通过对实测数据的分析,统计回归得出软岩及硬岩嵌岩桩上覆土层侧阻发挥系数,保守取值同于《公路桥涵地基与基础设计规范》(JTG D63—2007)的相关系数取值。

6.2 规范中有关嵌岩桩承载力的计算方法

6.2.1 建筑地基基础设计规范

现行《建筑地基基础设计规范》(GB 50007—2002)对嵌岩桩设计尚未明确设计方法,当桩端嵌入完整及较完整的硬质岩石中,按端承桩公式估算单桩竖向承载力。

$$R_a = q_{pa} \cdot A_p \tag{6-12}$$

式中：q_{pa}——桩端岩石承载力特征值。

该规范指出，“桩端进入破碎岩石或软质岩的桩，按一般桩来计算桩端进入持力层的深度。桩端进入完整和较完整的未风化、微风化、中风化硬质岩时，入岩施工困难，同时硬质岩已提供足够的端阻力”，并提出“桩周边嵌岩最小深度为0.5m”以确保桩端与岩体面接触。

对于嵌入完整和较完整的未风化、微风化、中风化硬质岩的嵌岩桩，规范给出了单桩竖向承载力特征值的估算式，只计其端阻力。规范认为“简化计算的意义在于硬质岩强度超过桩身混凝土强度，设计以桩身强度控制，不必要计入侧阻、嵌岩阻力等不定因素”。

6.2.2　建筑桩基技术规范

《建筑桩基技术规范》(JGJ 94—94)提出了嵌岩桩极限承载力由土的总极限侧阻力、嵌岩段总极限侧阻力和桩端总极限端阻力标准值三部分组成，并给出了半经验公式：

$$Q_{uk} = Q_{sk} + Q_{rk} + Q_{pk} \tag{6-13}$$

$$Q_{sk} = u\sum_{1}^{n}\zeta_{si} \cdot q_{sik} \cdot l_i \tag{6-14}$$

$$Q_{rk} = u \cdot \zeta_s \cdot f_{rc} \cdot h_r \tag{6-15}$$

$$Q_{pk} = \zeta_p \cdot f_{rc} \cdot A_p \tag{6-16}$$

式中：Q_{sk}——土的总极限侧阻力；

Q_{rk}——嵌岩段总极限侧阻力；

Q_{pk}——总极限端阻力标准值；

ζ_{si}——覆盖层第 i 层土的侧阻力发挥系数；当桩的长径比不大($l/d<30$)，桩端置于新鲜或微风化硬质岩中且桩底无沉渣时，对于粘性土、粉土，取 $\zeta_{si}=0.8$；对于砂类土及碎石类土，取 $\zeta_{si}=0.7$；对于其他情况，取 $\zeta_{si}=1$；

q_{sik}——桩周第 i 层土的极限侧阻力标准值；

f_{rc}——岩石饱和单轴抗压强度标准值；

h_r——桩身嵌岩(中等风化、微风化、新鲜基岩)深度，超过 $5d$ 时，取 $h_r=5d$；当岩层表面倾斜时，以坡下方的嵌岩深度为准；

ζ_s、ζ_p——嵌岩段侧阻力和端阻力修正系数，与嵌岩比 h_r/d 有关，按表6-24采用。

嵌岩段侧阻和端阻修正系数　　表6-24

嵌岩深径比 h_r/d	0	0.5	1	2	3	4	≥5
侧阻修正系数 ζ_r	0.000	0.025	0.055	0.070	0.065	0.062	0.050
端阻修正系数 ζ_p	0.500	0.500	0.400	0.300	0.200	0.100	0.000

该规范突破了以往凡嵌岩桩必为端承桩的概念，凡端承桩均不考虑上覆土层侧阻力。在计算嵌岩桩承载力时考虑上覆土层的侧阻力作用。规范认为，嵌岩桩除与岩石饱和单轴抗压强度 f_{rc}、嵌岩深度 h_r 及桩的几何尺寸有关外，公式中还存在嵌岩段侧阻、端阻的修正系数 ζ_s、

ζ_p，该系数考虑了深度效应，按嵌岩深径比(h_r/d)取值，它们决定了桩侧阻力和桩端阻力各自的发挥程度，这也是和其他规范认同不一的地方。

6.2.3 公路桥涵地基与基础设计规范

《公路桥涵地基与基础设计规范》(JTJ 024—85)规定支承在基岩上或嵌入基岩内的单桩轴向受压容许承载力按式(6-17)计算：

$$[P]=(c_1\cdot A+c_2\cdot U_p\cdot h_r)\cdot R_a \tag{6-17}$$

式中：A——桩端横截面面积，对于钻孔桩和管桩按设计直径采用；

U_p——桩嵌入基岩部分的横截面周长(m)，对于钻孔桩和管桩按设计直径采用；

h_r——桩嵌入基岩深度(m)，不包括风化层；

R_a——岩石天然湿度的单轴抗压强度(kPa)；试件直径7～10cm，试件高度与试件直径相等；

c_1、c_2——根据清孔情况、岩石破碎程度等因素而定的系数，按表6-25采用。

系数 c_1、c_2 取值 表6-25

条件	c_1	c_2
良好的	0.6	0.05
一般的	0.5	0.04
较差的	0.4	0.03

注：当 $h_r\leqslant 0.5$m 时，c_1 采用表列数值的0.75倍，$c_2=0$；对于钻孔桩，系数 c_1、c_2 值可降低20%采用。

该规范强调的是嵌入新鲜基岩的计算方法，但实际应用时常对中等风化和微风化基岩中的嵌岩桩也参照使用。公式中未计入上覆土层的侧阻力可能是考虑到桥桩基础受水流冲刷的影响。但规范未能考虑嵌岩深度对桩的侧阻力和端阻力的分担比的影响，这就意味着桩端阻力的发挥同深度无关；而系数 c_1、c_2 也只与是否清孔及岩石风化程度有关，因此并没有反映出嵌岩桩的荷载传递特性。

6.2.4 建筑桩基技术规范

《建筑桩基技术规范》(JGJ 94—2008)规定桩端置于完整、较完整基岩的嵌岩桩单桩竖向极限承载力，由桩周土总极限侧阻力和嵌岩段总极限阻力组成。当根据岩石单轴抗压强度确定单桩竖向极限承载力标准值时，可按下列公式计算：

$$Q_{uk}=Q_{sk}+Q_{rk} \tag{6-18}$$

$$Q_{sk}=u\sum q_{sik}l_i \tag{6-19}$$

$$Q_{rk}=\zeta_r\cdot f_{rk}\cdot A_p \tag{6-20}$$

式中：Q_{sk}——土的总极限侧阻力；

Q_{rk}——嵌岩段总极限阻力；

q_{sik}——桩周第 i 层土的极限侧阻力；

f_{rk}——岩石饱和单轴抗压强度标准值；

ζ_r——嵌岩段侧阻力和端阻力修正系数，与嵌岩比 h_r/d、岩石软硬程度和成桩工艺有关，表 6-26 中数值适用于泥浆护壁成桩，对于干作业成桩（清底干净）和泥浆护壁成桩后注浆，ζ_r 应取表 6-26 中数值的 1.2 倍。

嵌岩段侧阻和端阻修正系数　　表 6-26

嵌岩深径比 h_r/d	0.00	0.50	1.00	2.00	3.00	4.00	5.00	6.00	7.00	8.00
极软岩、软岩	0.60	0.80	0.95	1.18	1.35	1.48	1.57	1.63	1.66	1.70
较软岩、坚硬岩	0.45	0.65	0.81	0.90	1.00	1.04				

注：极软岩、软岩指 f_{rk} 小于等于 15MPa，较硬岩、坚硬岩指 f_{rk} 大于 30MPa，介于二者之间可内差值。hr 为桩身嵌岩深度，当岩面倾斜时，以坡下方嵌岩深度为准，当 hr/d 为非表列值时，ζ_r 可内差取值。

该规范在《建筑桩基设计规范》（JGJ 94—94）的基础上对嵌岩段侧摩阻力和端阻力进行综合修订，按嵌岩深径比（h_r/d）的不同取相应的系数，计算公式简单，更有利于设计，是近十年嵌岩桩工程和试验资料总结的基础上得出的，但是在旧规范和新规范中，嵌岩桩承载力公式都没有考虑粗糙度因子这一很重要的影响因素，对桩底沉渣也只是考虑清底干净乘以相应的扩大系数。

6.2.5　公路桥涵地基与基础设计规范

《公路桥涵地基与基础设计规范》（JTG D63—2007）规定支承在基岩上或嵌入基岩内的单桩轴向受压容许承载力按式（6-21）计算：

$$[R_a] = c_1 \cdot A_p f_{rk} + u\sum_{i=1}^{m} c_{2i} h_i f_{rki} + 0.5\zeta_s u \sum_{i=1}^{n} l_i q_{ik} \tag{6-21}$$

式中：R_a——单桩轴向竖向承载力容许值（kN）；桩身自重与置换土重（当自重计入浮力时，置换土重也计入浮力）的差值作为荷载考虑；

c_1——根据清孔情况、岩石破碎程度等因素而确定的端阻力发挥系数（表 6-27）；

A_p——桩端截面面积（m^2），对于扩底桩，取扩底截面面积；

f_{rk}——桩端岩石饱和单轴抗压强度标准值（kPa），粘土质岩取天然湿度单轴抗压强度标准值，当 f_{rk} 小于 2MPa 时按摩擦桩计算；

c_{2i}——根据清孔情况、岩石破碎程度等因素而定的第 i 层岩层的侧阻发挥系数；

u——各土层或各岩层部分的桩身周长（m）；

h_i——桩嵌入各岩层部分的厚度（m），不包括强风化层和全风化层；

m——岩层的层数，不包括强风化层和全风化层；

ζ_s——覆盖层土的侧阻力发挥系数，根据桩端 f_{rk} 确定。当 $2\text{MPa} \leqslant f_{rk} < 15\text{MPa}$ 时，$\zeta_s = 0.8$，当 $15\text{MPa} \leqslant f_{rk} < 30\text{MPa}$ 时，$\zeta_s = 0.5$，当 $f_{rk} > 30\text{MPa}$ 时，$\zeta_s = 0.2$；

l_i——各土层的厚度（m）；

q_{ik}——桩侧第 i 层土的侧阻力标准值（kPa），宜采用单桩摩阻力试验值；

n——土层的层数，强风化和全风化岩层按土层考虑。

系数 c_1、c_2 取值　　表 6-27

条件	c_1	c_2
完整较完整	0.6	0.05
较破碎	0.5	0.04
破碎极破碎	0.4	0.03

注：①当嵌岩深度≤0.5m 时，c_1 采用表列数值的 0.75 倍，$c_2=0$；

②对于钻孔桩，系数 c_1、c_2 值可降低20%采用。桩端沉渣厚度 t 应满足以下要求：$d\leq1.5$m 时，$t\leq50$mm；$d>1.5$m 时，$t\leq150$mm；

③对于中风化层作为持力层的情况，c_1、c_2 应分别乘以 0.75 的系数。

新规范强调嵌入中等风化以岩石的按嵌岩桩计算，公式中计入上覆土层的侧阻力；系数 c_1、c_2 也只与是否清孔、岩石破碎程度有关，考虑到沉渣对承载力的削弱作用，但没有考虑粗糙度因子的影响。

6.2.6　铁路桥涵地基与基础设计规范

《铁路桥涵地基与基础设计规范》(TB 10002.5—2005)提出的单桩承载力设计值与式(6-17)基本相同，只是 c_1、c_2 的取值不同。公路桥涵与铁路桥涵这两种规范都没考虑桩端阻力与嵌岩深度的关系，也未计入土侧摩阻力及风化岩层内的摩阻力。与嵌入强、中风化层的嵌岩桩的工程实际不符。

以上规范给出的嵌岩桩承载力的计算方法经验系数取值偏于保守。尽管一些规范中考虑了成桩工艺，以及长径比、嵌岩深度等设计参数对嵌岩桩承载性状的影响，但是相对于嵌岩桩复杂的影响因素而言，还是不够详细，不能准确地把握嵌岩桩在各种情况下的工作机理，比如说：所嵌岩石的强度、岩石的结构特征，桩岩界面的粗糙度等等。正是由于这些因素的影响，使得嵌岩桩的承载性状变得差异很大。

6.3　本课题研究成果下的嵌岩桩承载力公式

$$[R_a]=c_1\cdot A_pf_{rk}+u\sum_{i=1}^{m}c_{2i}h_if_{rki}+0.5\zeta_su\sum_{i=1}^{n}l_iq_{ik} \tag{6-22}$$

式中：R_a——单桩轴向竖向承载力容许值(kN)；桩身自重与置换土重(当自重计入浮力时，置换土重也计入浮力)的差值作为荷载考虑；

c_1——根据岩石强度、岩石破碎程度等因素而确定的端阻力发挥系数(表 6-28 和表 6-29)；

A_p——桩端截面面积(m^2)，对于扩底桩，取扩底截面面积；

f_{rk}——桩端岩石饱和单轴抗压强度标注值(kPa)，其最大值不超过混凝土抗压强度标准值，超过取混凝土抗压强度标准值；

c_{2i}——根据岩石强度、岩石破碎程度等因素而定的第 i 层岩层的侧阻发挥系数；

u——各土层或各岩层部分的桩身周长(m)；

h_i——桩嵌入各岩层部分的厚度(m)，不包括强风化层和全风化层；

m——岩层的层数，不包括强风化层和全风化层；

ζ_s——覆盖层土的侧阻力发挥系数，根据桩端 f_{rk} 确定；当 2MPa≤f_{rk}<15MPa 时，$\zeta_s=0.8$，

当 15MPa$\leqslant f_{rk}<$30MPa 时，$\zeta_s=0.5$，当 $f_{rk}>$30MPa 时，$\zeta_s=0.2$；

l_i——各土层的厚度（m）；

q_{ik}——桩侧第 i 层土的侧阻力标准值（kPa），宜采用单桩摩阻力试验值，当无试验条件时，可按表 6-31 采用；

n——土层的层数，强风化和全风化岩层按土层考虑。

当嵌岩比小于 5 时 c_1、c_2 取值　　表 6-28

类别	f_{rk}取值	c_1	c_2
第一类	$f_{rk}\leqslant$5MPa	0.64	0.05
第二类	5MPa $<f_{rk}\leqslant$15MPa	0.45	0.024
第三类	15MPa $<f_{rk}\leqslant$30MPa	0.25	0.017
第四类	30MPa $<f_{rk}$	0.13	0.01

当嵌岩比大于等于 5 时 c_1、c_2 取值　　表 6-29

类别	f_{rk}取值	c_1	c_2
第一类	$f_{rk}\leqslant$5MPa	0.64	0.05
第二类	5MPa $<f_{rk}\leqslant$15MPa	0.45	0.024
第三类	15MPa $<f_{rk}\leqslant$30MPa	$0.25\,\dfrac{5d}{h_r}$	$0.017\,\dfrac{5d}{h_r}$
第四类	30MPa $<f_{rk}$	$0.13\,\dfrac{5d}{h_r}$	$0.01\,\dfrac{5d}{h_r}$

注：①对于钻孔桩，系数 c_1、c_2 的值应减低 20% 采用；

②桩底沉渣厚度 t 应满足以下要求：$d\leqslant1.5$m 时，$t\leqslant50$mm；$d>1.5$m 时，$t\leqslant100$mm；

③当岩层孔壁粗糙度可以确定时，c_2 应乘以粗糙度影响系数 ξ，见表 6-30。

④对于中风化层作为持力层的情况，c_1、c_2 的值应乘以 0.75 的折减系数。

孔壁粗糙度影响系数 ξ　　表 6-30

粗糙度因子	0 ~ 0.02	0.02 ~ 0.04	0.04 ~ 0.08	>0.08
影响系数 ξ	1.2	1.35	1.6	1.9

桩侧土摩阻力标准值 q_{ik}　　表 6-31

土　类		q_{ik}（kPa）
粘性土	流塑 $I_L>1$	20 ~ 30
	软塑 $0.75<I_L\leqslant1$	30 ~ 50
	可塑、硬塑 $0<I_L\leqslant0.75$	50 ~ 80
	坚硬 $I_L\leqslant0$	80 ~ 120
粉土	中密	30 ~ 55
	密实	55 ~ 80
粉砂、细砂	中密	35 ~ 55
	密实	55 ~ 70
中砂	中密	45 ~ 60
	密实	60 ~ 80

续上表

土类		q_{ik}(kPa)
粗砂、砾砂	中密	60~90
	密实	90~140
圆砾、角砾	中密	120~150
	密实	150~180
碎石、卵石	中密	160~220
	密实	220~400
漂石、块石		400~600

6.4 工程实例验算

6.4.1 西堠门大桥嵌岩桩基极限承载力验算

西堠门大桥由中交公路规划设计院设计,起点位于册子岛西南侧门头山,经老虎山、终点位于金塘岛东北侧五大冲,全长约2.3km。西堠门大桥为连接册子岛、金塘岛主跨跨径为1650m的悬索桥,目前居世界第二。悬索桥的北锚碇位于册子岛上,南锚碇位于金塘岛上,北塔位于海中的老虎山上,南塔位于金塘岛上。试桩位于北塔下嵌岩桩基,桩径为2.8 m,有效桩长25m,桩身混凝土强度等级C40,地质情况见表6-32,持力层为微风化流纹斑岩,试桩采用桩基自平衡慢速维持荷载法加载。测得极限承载力为130086kN,其中,侧阻力为68000kN,端阻力为68000kN,最大沉降25.35mm。

SZ21试桩各土(岩)层摩阻力 表6-32

土(岩)层名称	标高(m)	极限侧阻力标准值 q_{sik}(kPa)	岩石饱和抗压强度(MPa)
流纹斑岩(弱风化)	0~-4	400~500	58.4
流纹斑岩(弱风化)	-4~-8	400~500	58.4
流纹斑岩(弱风化)	-8~-12	400~500	58.4
流纹斑岩(弱风化)	-12~-16	400~500	58.4
流纹斑岩(微风化)	-16~-20	500~800	72.1
流纹斑岩(微风化)	-20~-25	500~800	72.1

(1)根据建议公式计算试桩的单桩承载力

嵌岩比$\frac{h_r}{d}=\frac{25}{2.8}=8.92>5$,$f_{rk}$超过混凝土抗压强度标准值,取$f_{rk}=43.7\text{MPa}$。由于是钻孔桩,$c_1$、$c_2$均降低20%,所以$c_1$取$0.8\times0.13\times\frac{5d}{h_r}=0.05824$,$c_2$取$0.8\times0.01\times\frac{5d}{h_r}=0.00448$。

$$[R_a]=c_1A_pf_{rk}+u_1\sum_i^m c_{2i}h_if_{rki}+\frac{1}{2}u_2\sum_i^n\zeta_{si}q_{ik}l_i$$

$=0.05824\times43.7\times\pi\times1.4\times1.4\times10^3+\pi\times2.8\times0.00448\times43.7\times25\times10^3+0$

$=58695\text{kN}$

$Q_u=2[R_a]=2\times58695=117390\text{kN}$

(2)计算值与实测值对比

实测极限承载力 130086kN，其中，侧阻力为 68000kN，端阻力为 68000kN，最大沉降 25.35mm。计算极限承载力为 117390kN，侧摩阻力 86063kN，端阻力 31326 kN，总极限承载力略小于实测值，满足工程设计要求。

6.4.2 青岛海湾大桥嵌岩桩基极限承载力验算

青岛海湾大桥是国家高速公路路网规划中的青岛至兰州高速(M36)青岛段的起点，山东省"五纵四横一环"公路网主框架中南济青线的重要组成部分；是青岛市道路交通规划网络布局中胶州湾东西岸跨海通道中的"一路、一桥、一隧"重要组成部分。青岛海湾大桥东起青岛主城区 308 国道，跨越胶州湾海域，西至黄岛红石崖，路线全长新建里程约 35.4km，其中海上段长度 26.75km，青岛侧陆上桥梁 5.85km，红石崖侧陆上段桥梁及道路共 0.9km，红岛连接线长 1.9km。三根试桩参数见表 6-33。

试 桩 参 数 表 6-33

试验组	里程桩号	X 坐标	Y 坐标	桩径(cm)	桩顶标高(m)	桩底标高(m)	桩长(m)	地质钻孔
zh6#	K11 +170	114369.230	230569.761	180	5	-43	48	SZ6
zh7#	K16 +489	114181.816	225341.264	250	4	-35	39	SZ7
zh8#	K21 +590	112914.118	220412.627	250	5	-54	59	SZ8

试验桩采用桩基自平衡慢速维持荷载法加载，测得 zh6#试桩极限承载力 37880kN，相应的位移为 87.34mm，zh7#试桩极限承载力 46680kN，相应的位移为 89.71mm；zh8#试桩极限承载力 68400kN，相应的位移为 43.41mm。

试桩区地质条件分别如表 6-34 ~ 表 6-36 所示。

钻孔编号:SZ6　孔口高程: -4.92m 表 6-34

层号	层底标高(m)	层厚(m)	岩(土)层类别	推荐承载力 $[\sigma_0]$(kPa)	极限摩阻力 τ_i(kPa)	岩石天然抗压强度(MPa)	饱和强度
①$_2$	-8.27	3.35	淤泥亚粘土	70	20		
③$_1$	-15.92	7.65	亚粘土	270	55		
③$_2$	-18.32	2.4	粗砂	350	70		
⑤$_1$	-20.22	1.9	亚粘土	200	50		
⑤$_2$	-33.82	13.6	砾砂	500	100		
⑦$_2$	-37.52	3.7	强风化泥岩	400	80		
⑦$_3$	-66.12	28.60	弱风化泥岩	550	110	1.51	—
⑥$_3$	-70.02	3.90	弱风化角砾岩	550	120	3.47	0.56
⑦$_4$	-77.72	7.70	微风化泥岩	650	120	9.46	2.84

钻孔编号:SZ7　孔口高程: -3.88m　表 6-35

层号	层底标高(m)	层厚(m)	岩(土)层类别	推荐承载力 $[\sigma_0]$(kPa)	极限摩阻力 τ_i(kPa)	岩石天然抗压强度(MPa)	饱和强度
①$_2$	-12.48	8.6	淤泥质亚粘土	50	20		
③$_1$	-15.98	3.5	粘土	280	55		
③$_2$	-18.38	2.4	亚粘土混砂	280	60		
③$_1$	-21.78	3.4	粘土	310	60		
⑥$_2$	-25.18	3.4	强风化角砾岩	400	80		
⑥$_3$	-40.38	15.20	弱风化角砾岩	600	130	3.47	0.56
⑦$_3$	-42.68	2.30	弱风化含角砾粉砂质泥岩	550	110	1.51	—
⑥$_3$	-44.38	1.70	弱风化角砾岩	700	150	3.47	0.56
⑦$_3$	-46.68	2.30	弱风化含角砾粉砂质泥岩	550	110	1.51	—
⑥$_3$	-49.37	2.69	弱风化角砾岩	650	140	3.47	0.56

钻孔编号:SZ8　孔口高程: -5.63m　表 6-36

层号	层底标高(m)	层厚(m)	岩(土)层类别	推荐承载力 $[\sigma_0]$(kPa)	极限摩阻力 τ_i(kPa)	岩石天然抗压强度(MPa)	饱和强度
①$_1$	-11.63	6	淤泥	40	20		
①$_2$	-14.03	2.4	淤泥质粘土	70	20		
③$_1$	-15.73	1.7	亚粘土	240	55		
③$_2$	-18.03	2.3	中砂	350	55		
④$_1$	-19.28	1.25	粘土	260	50		
④$_2$	-23.13	3.85	粗砂	300	60		
④$_2$	-25.43	2.3	粘土	450	90		
⑤$_1$	-27.33	1.9	粘土	300	60		
⑤$_2$	-29.13	1.8	细砂	300	55		
⑤$_2$	-31.78	2.65	砾砂	450	90		
⑦$_2$	-34.63	2.85	强风化泥岩	400	80		
⑥$_2$	-39.83	5.2	强风化角砾岩	450	90		
⑥$_3$	-46.03	6.2	弱风化角砾岩	600	120	3.47	0.56
⑦$_3$	-47.83	1.8	弱风化泥岩	500	100	1.51	—
⑥$_3$	-62.78	14.95	弱风化角砾岩	600	120	3.47	0.56

(1)6 号试桩

①根据建议公式计算试桩的单桩承载力

根据地质情况表取加权平均土层侧摩阻力 $q_{sk}=73.8$kPa 土层厚度为 32.6m。

$\frac{h_r}{d}=\frac{5.48}{1.8}=3.04<5$，由于是钻孔桩，$c_1$、$c_2$均降低20%，所以$c_1$取$0.8\times0.64=0.512$，$c_2$取$0.8\times0.05=0.04$。$\zeta_s$取0.8。

$$
\begin{aligned}
[R_a] &= c_1A_pf_{rk}+u_1\sum_i^m c_{2i}h_if_{rki}+\frac{1}{2}u_2\sum_i^n\zeta_{si}q_{ik}l_i \\
&= 0.512\times3.47\times\pi\times0.9\times0.9\times10^3+\pi\times1.8\times0.04\times3.47\times5.48\times10^3+0.5\times0.8 \\
&\quad \times73.8\times32.6\times\pi\times1.8 \\
&= 14259\text{kN}
\end{aligned}
$$

$Q_u=2[R_a]=2\times14259=28518\text{kN}$

②计算值与实测值对比

实测极限承载力37880kN，计算极限承载力28518kN，与实测值相差较大，原因主要在于实测中桩顶位移较大，承载力得到了较大程度的发挥。

(2)7号试桩

①根据建议公式计算试桩的单桩承载力

根据地质情况表取加权平均土层侧摩阻力$q_{sk}=46.2\text{kPa}$，土层厚度为21.3m。

嵌岩比$\frac{h_r}{d}=\frac{9.82}{2.5}=3.928<5$，由于是钻孔桩，$c_1$、$c_2$均降低20%，所以$c_1$取$0.8\times0.64=0.512$，$c_2$取$0.8\times0.05=0.04$。$\zeta_s$取0.8。

$$
\begin{aligned}
[R_a] &= c_1A_pf_{rk}+u_1\sum_i^m c_{2i}h_if_{rki}+\frac{1}{2}u_2\sum_i^n\zeta_{si}q_{ik}l_i \\
&= 0.512\times3.47\times\pi\times1.25\times1.25\times10^3+\pi\times2.5\times0.04\times3.47\times9.82\times10^3+0.5\times \\
&\quad 0.8\times46.2\times21.3\times\pi\times2.5 \\
&= 22508\text{kN}
\end{aligned}
$$

$Q_u=2[R_a]=2\times22508=45016\text{kN}$

②计算值与实测值对比

实测极限承载力46680kN，计算极限承载力45016kN，略小于实测值，设计满足工程要求。

(3)8号试桩

①根据建议公式计算试桩的单桩承载力

根据地质情况表取加权平均土层侧摩阻力$q_{sk}=60\text{kPa}$，土层厚度为34.2m。

嵌岩比$\frac{h_r}{d}=\frac{14.17}{2.5}=5.668>5$，由于是钻孔桩，$c_1$、$c_2$均降低20%，所以$c_1$取$0.8\times0.64=0.512$，$c_2$取$0.8\times0.05=0.04$。$\zeta_s$取0.8。

$$
\begin{aligned}
[R_a] &= c_1A_pf_{rk}+u_1\sum_i^m c_{2i}h_if_{rki}+\frac{1}{2}u_2\sum_i^n\zeta_{si}q_{ik}l_i \\
&= 0.512\times3.47\times\pi\times1.25\times1.25\times10^3+\pi\times2.5\times0.04\times3.47\times14.17\times10^3+0.5\times \\
&\quad 0.8\times60\times34.2\times\pi\times2.5 \\
&= 30549\text{kN}
\end{aligned}
$$

$Q_u=2[R_a]=2\times30549=61098\text{kN}$

②计算值与实测值对比

实测极限承载力 68400kN，计算极限承载力 61098kN，与实测值相差不大，而且小于实测值，设计满足工程要求。

6.4.3 荆岳长江公路大桥嵌岩桩基极限承载力验算

荆岳长江公路大桥总建设里程为 5.42km，主桥采用主跨 816m 双塔混合梁斜拉桥方案。桥址位于湖北、湖南两省交界处，地处长江中游江汉冲湖积平原和江南低山丘陵过渡地带，北岸以平原为主，沿江一带零星分布低山残丘；南岸主要是低山丘陵地形，湖泊星罗其间。试桩位于南岸地区。29#墩 35 试桩位于南岸地区，试桩采用桩基自平衡慢速维持荷载法加载。29#墩 35#桩极限承载力为 129078kN，相应的位移为 71.07mm（表 6-37 和表 6-38）。

桩相关参数　　表 6-37

试桩位置	桩号	桩径（mm）	顶标高（m）	底标高（m）	桩长（m）	参考钻孔	容许承载力（kN）	预估加载值
长江南岸	29#墩 35#桩	2200	20.401	-59.599	80	SZK93	45300	120000kN

试桩各土（岩）层摩阻力　　表 6-38

土（岩）层名称	标高（m）	极限侧阻力标准值 q_{sik}（kPa）	岩石饱和抗压强度（MPa）
亚粘土	20.4 ~ 16.6	40	
	16.6 ~ 11	30	
泥砂	11 ~ 5.1	60	
强风化泥岩	5.1 ~ -4.2	80	
	-4.2 ~ -10.2	80	
强风化泥岩含角砾	-10.2 ~ -15.9	80	
中风化泥岩	-15.9 ~ -22.4	100	
灰色泥岩夹砾石	-22.4 ~ -26.67	150	
	-26.67 ~ -31.32	150	
灰色泥岩	-31.32 ~ -34.85	225	
	-34.85 ~ -37.65	225	
灰岩	-37.65 ~ -45.54		22.5
	-45.54 ~ -47.6		22.5
	-47.6 ~ -55.1		22.5
弱风化灰岩	-55.1 ~ -59.6		22.5

（1）根据建议公式计算试桩的单桩承载力

根据地质情况表取加权平均土层侧摩阻力 $q_{sk}=99\text{kPa}$，土层厚度为 61m。

嵌岩比 $\frac{h_r}{d}=\frac{19}{2.2}=8.64>5$，由于是钻孔桩，$c_1$、$c_2$ 均降低 20%，所以 c_1 取 $0.8\times0.25\times\frac{5d}{h_r}=0.1158$，$c_2$ 取 $0.8\times0.017\times\frac{5d}{h_r}=0.00787$。$\zeta_s$ 取 0.5。

$$[R_a]=c_1A_pf_{rk}+u_1\sum_i^m c_{2i}h_if_{rki}+\frac{1}{2}u_2\sum_i^n\zeta_{si}q_{ik}l_i$$

$$=0.1158\times22.5\times\pi\times1.1\times1.1\times10^3+\pi\times2.2\times0.00787\times22.5\times19\times10^3+0.5\times0.5\times99\times61\times\pi\times2.2$$

$$=46719\text{kN}$$

$$Q_u=2[R_a]=2\times46719=93438\text{kN}$$

(2)计算值与实测值对比

实测极限承载力 129078kN,计算极限承载力 93438kN,原因主要在于实测中桩顶位移较大,承载力得到了较大程度的发挥。

6.4.4 贵州坝陵河大桥嵌岩桩基极限承载力验算

上海至瑞丽公路是“五纵七横”国道主干线系统中的一横(GZ65),是西南地区通往华东地区的主要通道之一。拟建的镇宁至胜境关高速公路是 GZ65 公路在贵州省境内的重要路段,也是贵州省规划的“三纵三横八支八联”公路主骨架的重要组成部分。坝陵河大桥离拟建镇宁至胜境关高速公路起点约 21km,地处黔西地区的高原重丘。极限承载力为 102812kN,相应的位移为 45.94mm(表 6-39 和表 6-40)。

试桩主要参数表 表 6-39

试桩编号	试桩直径(mm)	桩顶标高(m)	桩底标高(m)	桩长(m)	成桩形式	预估加载值(kN)
SZ1(14#桩)	2500	958.000	898.000	60	人工挖孔桩	99300

SZ1 主要地层概况 表 6-40

土层编号	层底标高(m)	层厚(m)	岩性描述	土层分类名称	承载力值 τ_i(kPa)	天然抗压强度推荐值(MPa)
1	911.672	46.00	中风化泥质灰岩:深灰色,薄至中厚层状,节理较发育,岩芯呈短柱状、柱状及块状	岩石	300	50
2	906.692	4.98	微风化泥质灰岩:深灰色,中厚层状,岩石完整,岩芯呈柱状及短柱状	岩石	400	55
3	877.472	29.22	微风化砂质灰岩:深灰色,中厚层状,岩石完整,岩芯呈柱状及短柱状	岩石	600	70

(1)根据建议公式计算试桩的单桩承载力

嵌岩比$\frac{h_r}{d}=\frac{14}{2.5}=5.6>5$,$f_{rk}$超过混凝土抗压强度标准值,取$f_{rk}=30$MPa。嵌岩比由于是挖孔桩,所以$c_1$取$0.13\times\frac{5d}{h_r}=0.1161$,$c_2$取$0.01\times\frac{5d}{h_r}=0.00893$。$\zeta_s$取 0.2。

$$[R_a]=c_1A_pf_{rk}+u_1\sum_i^m c_{2i}h_if_{rki}+\frac{1}{2}u_2\sum_i^n\zeta_{si}q_{ik}l_i$$

$$=0.1161\times30\times\pi\times1.25\times1.25\times10^3+\pi\times2.5\times0.00893\times30\times14\times10^3+0.5\times0.2\times300\times46\times\pi\times2.5$$

$$=51204\text{kN}$$

$$Q_u=2[R_a]=2\times51204=102408\text{kN}$$

(2)计算值与实测值对比

实测极限承载力102812kN,计算极限承载力102408kN,小于实测极限承载力,公式偏于安全一些,满足工程要求。

为了验证建议公式的可行性与合理性,本文还列出了对于上述试桩用现行规范计算的结果和误差,详见表6-41。

计算结果对比表 表6-41

试桩号	实测值	建议公式计算值	与实测结果误差	07公路桥涵规范	与实测结果误差	05铁路桥涵规范	与实测结果误差	08桩基规范	与实测结果误差
SZ21	130086	117390	9.76%	962166	-639.64%	359540	-176.39%	461481	-254.75%
zh6	37880	28518	24.72%	27953	26.21%	17989	52.51%	25518	32.63%
zh7	46680	45015	3.57%	43926	5.90%	20399	56.30%	32925	29.47%
zh8	68400	61098	10.68%	60009	12.27%	31697	53.66%	43222	36.81%
29#墩35#桩	129078	93439	27.61%	224506	-73.93%	78461	39.21%	125320	2.91%
SZ1(14#)	102812	102409	0.39%	623902	-506.84%	434560	-322.67%	315130	-206.51%

注:①实测值为自平衡法测试值;

②误差为负值者表示比实测值大,即偏于危险。

6.5 荷载—位移计算方法研究

在工程项目的不同阶段,如何根据当时具有的资料,获得相应的单桩和群桩荷载位移模拟曲线,对于桩基工程设计具有重要的意义。为了确定单桩完整可靠的荷载~沉降关系,传统的方法就是做桩的破坏性荷载试验。而静载荷试桩的缺点是成本高、工程量大,尤其是对于超大直径桩来说。因此,如何根据室内试验得到的有关资料,利用理论分析的方法来确定桩的荷载~沉降关系,进而确定桩的竖向承载力,是近年来国内外学者广泛关注的问题。其中用的较多的即荷载传递法,具有概念明确、计算简单、实用性强的特点。根据荷载传递函数法建立的单桩模型,其求解方法有两种:解析法和位移协调法。解析法中所采用的传递函数通常为线性函数,计算比较简单。而实际的传递函数往往是非线性的,而且桩侧土体通常为分层土,采用解析法求解比较困难。位移协调法由桩端向上反算桩身轴力和变形,最后得出对应的桩顶荷载和位移。其优点是计算简单,适于手算,计算机编程也很方便,并且能考虑土体的分层情况和桩的变截面情况。而本文下面就采用位移协调法。

6.5.1　桩身荷载传递模型的建立

由前面的计算分析可知,采用 Seed 和 Reese 双曲线拟合超长大直径钻孔灌注桩的桩侧摩阻力、桩端阻力和位移的关系是可行的。即桩侧摩阻力 τ 与桩身沉降 s 之间、桩端应力 σ 与桩底沉降 s_b 之间均满足双曲线模型:

$$\tau(z)=\frac{s(z)}{a+bs(z)},\sigma=\frac{s_b}{a_b+b_bs_b},R=\frac{As_b}{a_b+b_bs_b} \tag{6-23}$$

式中,$\tau(z)$ 为 z 处的桩侧摩阻力;$s(z)$ 表示 z 位置处的桩身沉降;a 和 b 表示桩侧土传递系数;σ 为桩端应力;R 为桩端阻力;a_b 和 b_b 为桩端土传递系数;s_b 为桩底沉降。

把桩分为 n 段,深度 z 处微单元体上下截面的作用力分别为 P 和 $P+\mathrm{d}P$,桩侧作用着桩侧土对桩的侧摩阻力 $u_p\tau$(设单位摩阻力为 τ),根据静力平衡条件有:

$$\frac{\mathrm{d}P}{\mathrm{d}z}=-u_p\tau \tag{6-24}$$

微单元体的弹性压缩量为:

$$\mathrm{d}s=-\frac{P}{EA}\mathrm{d}z \tag{6-25}$$

于是,由式(6-24)和式(6-25)得:

$$\frac{\mathrm{d}P}{\mathrm{d}s}=\frac{u_pEA\tau}{P}\quad\text{或写成增量形式 }\Delta P=\frac{u_pEA\tau}{P}\Delta s \tag{6-26}$$

考虑到桩土共同作用(这实际上是位移协调条件),将式(6-23)代入式(6-26),得到:

$$\Delta P=\frac{u_pEA(s/(a+bs))}{P}\Delta s\quad\text{或}\quad\Delta P=\frac{u_pEAs}{P(a+bs)}\Delta s \tag{6-27}$$

式中,a,b 和 a_b,b_b 分别取桩侧桩土和桩端桩土传递参数。

6.5.2 荷载—位移关系迭代计算方法

根据上述,得到模拟单桩荷载位移($P\sim s$)关系曲线的算法步骤:

(1)将桩分成 n 段,输入桩径 d,桩截面弹性模量 E,以及各层地基土的埋深 h,分层数 m,参数 a、b 和 a_b、b_b。同时计算桩的截面积 $A=\pi\ (d/2)^2$。

(2)假定桩底沉降 s_b,按照式(6-23)计算第 n 段的下部作用力 $P_n=R$ 与桩侧摩阻力 τ。

(3)将 P_i 作为输入参数,对于第 i 段($i=1\sim n$)桩进行下面的迭代计算(l_i 为该段桩长):

(4)计算第 i 段的轴力增量 ΔP、上部作用力 P'_i、桩的弹性压缩量 $\Delta s'$:

$$\Delta P=u_pl_i\tau;P'_i=P_i+\Delta P;\Delta s'=\frac{(P_i+\Delta P/2)}{EA}l_i;s'=s+\Delta s';$$

(5)根据桩土共同工作原理计算第 i 段的轴力增量 $\Delta P'$、上部作用力 P''、桩侧土的沉降量 s'':

$$\Delta P'=\frac{u_pEA(s'/(a+bs')}{P'_i}\Delta s;P''_i=P_i+\Delta P';\Delta s''=\frac{(P_i'+\Delta P'/2)}{EA}l_i;s''=s+\Delta s'';$$

如果$\dfrac{(\Delta s''-\Delta s)}{\Delta s''}>0.05$,则 $P_{i-1}=P''_i$,$\Delta s=\Delta s''$,$s=s''$;回到步骤(5);

如果$\frac{(\Delta s''-\Delta s)}{\Delta s''}\leqslant 0.05$,则 $P_{i-1}=P'_i$,$\Delta s=\Delta s'$,$s=s'$;回到步骤(3);

(6)输出 $Q(1)=P_0$,$s(1)=s_0$;

(7)假设新的 s_b,回到步骤(2),得出新的 $Q(2)$,$s(2)$;

(8)重复步骤(2)~(7),得到一系列 $Q(i)$,$s(i)$;

(9)根据[$Q(i)$,$s(i)$]($i=1,2,3,\cdots,k$,k 为某一预定的整数),就可以得到单桩的荷载位移关系图。

6.5.3 荷载传递参数验证

根据上述的迭代计算方法,编写专门的计算程序,利用双曲线回归再统计分析得到的荷载传递参数,通过位移协调法由桩端向上反算桩身轴力和变形,最后得出对应的桩顶荷载和位移,从而模拟出桩的 $Q\sim s$ 曲线。在模拟计算的时候,因为桩侧非典型土层的荷载传递参数未拟合计算,故按其土性情况将之归并到土性类似的土层,采用类似典型土层的荷载传递参数。试桩 K26+689、S1 的模拟 $Q\sim s$ 曲线与实测曲线对比如图 6-41 和图 6-42 所示。

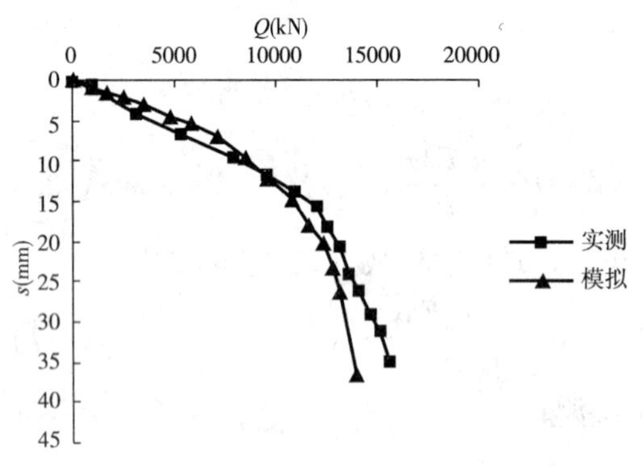

图 6-41 桩 K26+689 的实测与模拟 $Q\sim s$ 曲线对比

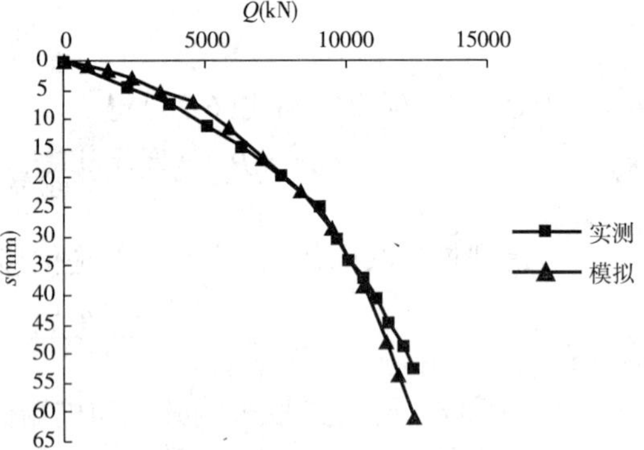

图 6-42 桩 S1 的实测与模拟 $Q\sim s$ 曲线对比

从图 6-41、6-42 中可以看出,按照双曲线模型荷载传递函数进行模拟所得到的荷载~位移关系同实测结果比较吻合。这证实了利用双曲线荷载传递函数对超长大直径桩进行模拟分析是完全可行的,统计分析得到的参数值是可靠的。

6.6 小 结

运用建议的极限承载力公式对几个特大桥嵌岩桩基极限承载力进行计算。与实测值进行对比发现,计算承载力与实测值相差不大,大部分偏于安全,这主要与嵌岩桩的加载情况有关,因为嵌岩桩的承载力很大,一般的加载设备很难使其破坏,加载到设计要求的承载力就不再加载,导致嵌岩桩的极限承载力没有发挥出来。因此建议的承载力公式可以满足工程的需要。

第七章　嵌岩桩质量检测

为了满足桩基承载力其变形要求,需对桩基工程进行检测。桩基工程检测主要包括两大方面:成孔后的检测和成桩后的检测。成孔后的检测主要有孔形、孔径、垂直度、孔壁粗糙度、孔底沉渣厚度和桩端嵌岩深度情况检测;而成桩后的检测包括桩身完整性、强度检测和桩的承载力检测。

7.1　深长嵌岩基桩成孔质量检测

7.1.1　成孔检测标准

桩基成孔质量检测的重要性及标准如表 7-1 所示。

钻、挖孔成孔质量标准　　表 7-1

项　目	允许偏差
孔的中心位置(mm)	群桩:100;单排桩:50
孔径(mm)	不小于设计桩径
倾斜度	钻孔:小于 1%;挖孔:小于 0.5%
孔深	支承桩:比设计深度超深不小于 50mm
沉淀厚度(mm)	t < 100mm
清孔后泥浆指标	相对密度:1.03 ~ 1.10;粘度:17 ~ 20Pa · s;含砂率: < 2%;胶体率: > 98%

7.1.2　桩基成孔质量检测项目及方法

1. 桩位偏差检查

桩位偏差,即实际成桩位置偏离设计位置的差值。测量仪器选用精密经纬仪或红外测距仪。桩位中心位置的偏差要求,应满足表 7-1 的规定。

2. 孔径、垂直度检测

桩孔径、垂直度检测是成孔质量检测中的两项重要内容。目前用于孔径检测的仪器大多可同时测量桩的垂直度。桩孔径、垂直度检测的方法大致分为:简易法检测,伞形孔径仪检测,声波法检测。

3. 孔壁粗糙度检测

孔壁粗糙度用前述的凹凸度因子来描述,主要量测凸出部分径向扩大尺寸的平均值、孔壁半径的平均值、钻孔的深度以及沿着钻孔深度方向剖面曲线的总长度,代入公式计算即可。

4. 简易法检测

简易的孔径、垂直度检测方法适合于在没有专用孔径、垂直度仪条件下的成孔质量检测。检测设备为制作的简单器具。其中钢筋笼检孔器是简易法检测中使用较广泛的一种检孔器具,其设备简单,检测方法方便、可行。检测原理不再详述。

5. 伞形孔径仪检测

伞形孔径仪是由孔径仪、孔斜仪、沉渣厚度测定仪三部分组成的一个测试系统,由于系统中孔径仪的孔中测头部分形状似伞形,而它也是系统中的主要部分,因此常俗称该系统为伞形孔径仪。伞形孔径仪中测量孔径、孔斜、沉渣的孔中仪器部分是独立的,地面一起为共用。

6. 超声波法检测

声波法测量孔径、垂直度主要通过两种方法对测量结果进行判断。一种是直接利用测量所得到的孔径剖面图判断孔径大小和垂直度结果:由于孔径剖面图上一般都有刻度尺寸,孔径的大致尺寸可以直接读出;垂直度可在图上量取某位置深度 H 的偏移量 E,然后以偏移量 E 与深度 H 之比值乘以 100%,即得到桩孔在深度 H 处的垂直度 K。该方法比较简便、快速,但得到的结果比较粗糙。另一种方法是利用测量得到的声学参数值,通过计算得到桩孔深度上每一测点的孔径、垂直度的具体值,该方法的优点是比较精确。

7.1.3 检测桩基孔径、垂直度时注意点

在检测桩基孔径、垂直度时主要应用超声波法,但其应用时应注意以下事项:

(1)泥浆是超声波传播的介质,泥浆的重度、粘度及含砂量等指标直接影响超声波的传播性能。以往曾经出现泥浆过稠,将探头完全封闭,造成根本没有检测信号的现象,因此,检测时孔内泥浆性能应满足仪器使用的要求。

(2)检测中,有时会出现记录信号模糊断续及空白,原因有多种,可能是仪器升降速度过快,因为超声波探头每分钟重复频率是固定的,探头行进过快,相当于拉长了测点的间距,降低了分辨精度;可能局部深度范围内泥浆过稠,而探头超声波发射功率小,或灵敏度低造成反射信号弱;可能泥浆中气泡屏蔽了超声波;可能泥浆中存在悬浮物导致超声波的散射等等。因此,可以采用降低探头升降速度,或增大灵敏度及发射功率,检查不同深度泥浆的性能指标等手段,保证检测精度。

(3)为避免出现不真实的检测结果,标定旋钮在检测过程中不得变动。

(4)探头若偏离护筒中心,一般情况下实际检测的是桩孔二个正交弦断面的弦长。所以检测中探头越接近中心,孔径检测误差越小。另外,超声波探头发射面外侧 200mm 距离范围内为超声波法检测盲区,对于小直径钻孔灌注桩桩孔检测,探头若偏离护筒中心较远,可能会因为桩孔较小的偏斜,导致探头进入盲区而无法检测。

(5)根据其他地区的检测经验,直径大于 4m 的桩孔非轴对称孔径变化现象出现的机会,较一般直径的桩孔要多。另外,根据支盘桩以往的检测经验,有时会出现局部盘高或盘径变小的现象,所以应该增加检测方位,全面了解孔壁变化。而对于一般等直径钻孔灌注桩桩孔检测,正交二方向也就可以满足要求。

(6)一旦发现非轴对称缺陷,可以通过检测方向与实际方位的关系,确定缺陷的具体位置。

7.1.4　沉渣厚度的检测

沉渣厚度的检测主要应用测锤法、电阻率法、电容法、声波法及 SSD 法。

(1)测锤法因其设备简单、操作容易、成本低,在沉渣厚度检测中一直被广泛采用。

(2)电阻率法测量沉渣厚度有两种方式:第一种是根据介质电阻率不同所产生的电压值的改变,通过电压值的变化大小来测量判断沉渣厚度;另一种是直接测量介质的电阻率,根据所测介质的电阻率变化曲线来确定沉渣厚度。

(3)电容法测定沉渣厚度是利用水、泥浆和沉渣等介质介电常数的差异,导致测头电容的改变,根据测头电容值的变化量测定沉渣厚度。

(4)声波法测定沉渣厚度的原理是利用声波在传播中遇到不同界面产生反射而制成的测定仪。测头向桩底发射声波,当声波遇到沉渣表面时,一部分声波被反射回来被测头接收,另一部分声波穿过沉渣继续向孔底传播,当遇到孔底持力层原状土后,声波再次被反射回来。测头从发射到接收第一次反射波的相隔时间为 t_1,测头从发射到接收到第二次反射波的相隔时间为 t_2,那么沉渣厚度为:

$$H = \frac{t_2 - t_1}{2} \cdot c \tag{7-1}$$

式中:H——沉渣厚度(m);

c——沉渣声波波速(m/s)。

(5)SSD 法也就是泥浆沉渣测定仪。它由地下探测系统,沉渣浮渣预测及沉渣顶面测定盘,地面升降机械系统及地面控制系统四大系统组成。

①通过机械—电子耦合系统,形成可调压力的预警器及沉渣顶面定位器,结合实际工程的土力学条件及施工工艺参数,实时预报沉渣顶面出现的情况并记录其深度位置。

②通过特制的机构及探头,在完成沉渣顶面测定后自动切换进入底面的探测,两个独立系统相互匹配,完成沉渣厚度的测定。

③地面上的自动化装置,可保证 16 芯电缆与钢缆的同步升降及计程,完成深达 100m 灌注桩基的沉渣测定。升降速度可调,最大为 10m/s,测试精度为 1.0mm。电子仪表及电脑,可完成电传感器的讯号放大、传输、显示、记录以及机械设备的自动施压、贯入和升降进尺的控制与计算。

7.2　钻芯法完整性检测

钻芯法借鉴了地质勘探技术,在混凝土中钻取芯样,通过芯样表观质量和芯样试件抗压强度试验结果,综合评价混凝土的质量是否满足设计要求。

7.2.1　受检桩的钻芯孔数和钻孔位置

(1)桩径小于 1.2m 的桩钻 1 孔,桩径为 1.2 ~ 1.6m 的桩钻 2 孔,桩径大于 1.6m 的桩钻 3 孔。

(2)当钻芯孔为一个时,宜在距桩中心 10 ~ 15cm 的位置开孔,这是因为导管附近的混凝土质量相对较差,不具有代表性,同时也方便第二个孔的位置布置。

当钻芯孔为两个或两个以上时，开孔位置宜在距桩中心(0.15～0.25)d 内均匀对称布置。

(3)对桩端持力层的钻探，每根受检桩不应少于一孔，且钻探深度应满足设计要求。

7.2.2 芯样采取与记录

(1)钻取的芯样应由上而下按回次顺序放进芯样箱中，芯样侧面上应清晰标明回次数、块号、本回次总块数，并及时记录钻进情况和钻进异常情况，对芯样质量进行初步描述。

(2)钻芯过程中，应对芯样混凝土、桩底沉渣以及桩端持力层详细编录。

对桩身混凝土芯样的描述包括桩身混凝土钻进深度，芯样连续性、完整性，胶结情况，表面光滑情况，断口吻合程度，混凝土芯样是否为柱状，骨料大小分布情况，气孔、蜂窝麻面、沟槽、破碎、夹泥、松散的情况，以及取样编号和取样位置。

(3)钻芯结束后，应对芯样和标有工程名称、桩号、钻芯孔号、芯样试件采取位置、桩长、孔深、检测单位名称的标示牌的全貌进行拍照。应拍彩色照片，后截取芯样试件。取样完毕剩余的芯样宜移交委托单位妥善保存。

(4)当单桩质量评价满足设计要求时，应采用0.5～1.0MPa压力，从钻芯孔孔底往上用水泥浆回灌封闭，否则应封存钻芯孔，留待处理。

7.2.3 桩身完整性判定标准

桩身完整性判定标准如表7-2所示。

桩身完整性判定标准 表7-2

类别	特征
Ⅰ	混凝土芯样连续、完整、表面光滑、胶结好、骨料分布均匀，呈长柱状、断口吻合、芯样侧面仅见少量气孔
Ⅱ	混凝土芯样连续、完整、胶结较好、骨料分布基本均匀，呈柱状、断口基本吻合、芯样侧面局部见蜂窝麻面、沟槽
Ⅲ	大部分混凝土芯样胶结较好，无松散、夹泥或分层现象，但有下列情况之一：芯样局部破碎且破碎长度不大于10cm；芯样骨料分布不均匀；芯样多呈短柱状或块状；芯样侧面蜂窝麻面、沟槽连续
Ⅳ	钻进很困难；芯样任一段松散、夹泥或分层；芯样局部破碎且长度大于10cm

7.3 桩身混凝土强度检测

7.3.1 钻芯法混凝土芯样强度检验

1. 芯样试件截取

截取混凝土抗压芯样试件应符合下列规定：

(1)当桩长为10～30m时，每孔截取三组芯样；当桩长小于10m时，可取2组，当桩长大于30m时，不少于4组。

(2)上部芯样位置距桩顶设计标高不宜大于1倍桩径或1m，下部芯样位置距桩底不宜大于1倍桩径或1m，中间芯样宜等间距截取。

(3)缺陷位置能取样时,应截取芯样进行混凝土抗压试验。

(4)如果同一基桩的钻芯孔数大于一个,其中一孔在某深度位置存在缺陷时,应在其他孔的该深度处截取芯样进行混凝土抗压试验。每组芯样应制作三个芯样抗压试件。每块芯样必须标明取样深度。

2. 抗压试验

试件的抗压强度试验的精度要求和试验步骤应按 GBJ 81—85 中对立方体试块抗压试验的规定进行。

3. 强度检验

取一组三块试件强度值的平均值为该组混凝土芯样试件抗压强度代表值。同一受检桩同一深度部位有两组或两组以上混凝土芯样试件抗压强度代表值时,取其平均值为该桩在该深度处混凝土芯样试件抗压强度代表值。

受检桩中不同深度位置的混凝土芯样试件抗压强度代表值中的最小值为该桩混凝土芯样试件抗压强度代表值。

7.3.2　超声法检测灌注桩混凝土强度

超声波在混凝土中的传播速度取决于混凝土的密度和弹性性质,而混凝土的弹性模量又与抗压强度存在着内在联系。所以混凝土中超声波的传播速度 V 与混凝土的抗压强度 f_{cu} 之间也有着良好的相关性,即混凝土的强度越高,相应的超声声速值也越高。通过混凝土声速率定试验研究及数据分析处理来估算桩身混凝土强度可以达到精度要求。一般情况下实体桩尺寸大,所以超声测距一般大于 15cm,而目前所用的超声仪随着测距的增加,所测的波速会逐渐减小,因此在利用之前建立的 $f \sim c$ 专用曲线推算桩体混凝土强度时,有必要对实测的波速进行距离修正。

7.4　嵌岩桩基承载力检测方法

目前,用来确定超大吨位嵌岩单桩竖向承载力的方法主要有静载荷试验法、高应变动测法和目前应用广泛的自平衡法。

1. 静载荷试验法

单桩竖向抗压静载试验采用接近于竖向抗压桩的实际工作条件的试验方法,确定单桩的竖向抗压承载力,是目前公认的检测基桩竖向抗压承载力最直观、最可靠的试验方法,通常认为是一种标准试验方法,它可作为其他检测方法的比较依据。按反力装置的不同,有堆重平台反力法、锚桩法和堆锚联合反力法,试桩所承受的荷载一般由油压千斤顶施加。与其他地区一样,软岩地区将静载荷试验法置于基桩承载力测试的优先地位。

(1)堆载法

这是各检测机构较普遍使用的方法,该方法需要预先准备大量配重块(要求大于试桩预估极限荷载的 1.2 ~ 1.5 倍),压重宜在测试前一次加足,并均匀稳固地放置于压重平台上。为了保证测试过程的安全,压重施加于地基的压应力不宜大于地基承载力特征值的 1.5 倍,有条件时宜利用工程桩作为堆载支点。

该方法的缺点是需要进行大量的运输和多次重复的吊装工作,需要修筑场内转点道路,耗费大、测试安装时间长、工期长,对测试场地条件和对平台安装拆卸的技术熟练程度要求较高,且受天气因素影响大,安全性差。一般地说,10000kN 以下的堆载实施较容易,10000kN 以上则比较困难;而软岩地区工程基桩设计单桩极限承载力大多在 10000kN 以上。

可见在软岩地区堆载法的试验能力并不能完全满足工程检测的需要,目前采取的措施一般是避开大桩而只选取中、小桩作试验,或是采用高应变动力测桩法测试,再采用钻芯法作旁证,这只能说是一种权宜之计。

(2)锚桩法

当条件适合时,采用锚桩法是较好的选择。该方法要求锚桩、反力梁装置提供的反力不应小于预估最大试验荷载的 1.2 ~1.5 倍,当采用工程桩作为锚桩时,锚桩数量不得少于 4 根,当要求加载值较大时,有时需要 6 根甚至更多的锚桩,具体锚桩数量可通过验算各锚桩的抗拔力来确定。

锚桩法的优点是不需要运输大量的配重块,与堆载法相比耗费较小,但也存在明显的局限性:①试桩的选择有限制,不能选择边、角桩,桩间距不能大于 1/2 反力梁长度;②对有中、轻度桩身缺陷的桩不能用作锚桩,以防桩身缺陷因受拉而破坏;③试验过程中受制约因素较多,如锚筋拉断、锚桩上拔量超限等,易造成试验失败。一般地说,当基桩平面布置为群桩时,可予以采用。

(3)堆锚联合法

当试验的最大加载超过锚桩的抗拔力时,可在主梁和副梁上堆重或悬挂一定重物,由锚桩和重物共同承受千斤顶加载反力,以满足试验荷载要求。采用堆锚联合法应注意两个问题,一是当各锚桩的抗拔力不一样时,重物应相对集中在抗拔力较小的锚桩附近;二是重物和锚桩反力的同步性问题,拉杆应预留足够的空隙,保证试验前期锚桩暂不受力,先用重物作为试验荷载,试验后期联合反力装置共同起作用。该方法的优点介于堆载法和锚桩法之间,其主要缺点是现场技术复杂,难度大,测试过程易因出力不均匀,造成倾斜等问题,且在岩溶条件下同样面临锚桩选择或施工的难题。目前,该方法在软岩地区基桩检测中一般作为最后选择,实际应用很少。

2. 高应变动测法

高应变检测技术是从打入式预制桩发展起来的,其原理是采用重锤冲击桩顶,使桩土体系之间产生弹塑性位移,让桩周土的土阻力得到充分发挥。在距桩顶下(1.0 ~3.0)d(d 为桩身直径)的横截面上(检测截面)安装应变式力传感器和加速度传感器,测试在重锤冲击作用下检测截面的应变与加速度,通过一维波动方程求解,直接计算与桩土运动相关土的静、动阻力以及判明桩的缺陷程度,从而对桩身结构完整性和单桩竖向极限承载力进行定性、定量评价。

采用高应变法检测桩承载力有一定限制性。高应变法在检测桩承载力方面属于半直接法,因为它只能通过应力波直接测量得到打桩时的土阻力,与桩的承载力并无直接对应关系。我们关心的承载力,即土的静阻力信息,需从打桩阻力中提取,同时还需要将静阻力与桩的沉降建立对应关系。于是要假设桩—土力学模型及其参数,而模型及其参数的建立和选择只能是近似的,甚至是经验的,它们是否合理、准确,则需通过对特定桩型和地质条件下的静动对比试验和大量工程实践经验的积累来判断和不断修正、完善。

对于灌注桩来说,其截面尺寸和材质的非均匀性、施工的隐蔽性(干作业成孔桩除外)及由此引起的承载力变异性普遍高于打入式预制桩;而混凝土材料应力 ~应变关系的非线性、桩头加固措施不当、传感器安装条件差及安装处混凝土质量不均匀等,易导致灌注桩检测采集的波形质量低于预制桩,波形分析中的不确定性和复杂性又明显高于预制桩。与静载试验结果对比,灌注桩高应变检测判定的承载力误差也如此。因此,积累灌注桩现场测试、分析经验和相近条件下的可靠对比验证资料,以及提高检测人员素质,对确保高应变检测质量尤其重要。

除嵌入基岩的大直径和纯摩擦型大直径桩外,其余大直径灌注桩、扩底桩(墩)由于尺寸较大,通常其静载的 $Q \sim s$ 曲线表现为缓变型,端阻力发挥所需的位移很大。另外,在土阻力相同条件下,桩身直径的增加使桩身截面阻抗(或桩的惯性)与直径成平方的关系增加,造成锤与桩的匹配能力下降。而在多数情况下高应变检测所用的锤重量有限,很难在桩顶产生持续时间的高水平作用荷载,达不到使土阻力充分发挥所需的位移量。根据以往的检测经验,能使桩顶产生 10mm 的动位移已很困难了,这与静载试验产生的沉降相比,明显偏低。因此,不主张用高应变法检测静载 $Q \sim s$ 曲线表现为缓变型的大直径灌注桩。

尽管高应变法有较多的限制条件,但其优点也是显而易见的:测试时间短,耗费小,约为静载荷试验的 1/10,能大大增加抽样数量,从而对整批工程桩作出更加合理(统计)的推断。

目前,高应变动力测试法已有滥用、误用的趋势,主要体现在:首先,现在工程较多采用大直径扩底灌注桩,对于此种国家规范规定“不宜”采用高应变法检测的桩型,而许多单位大量采用高应变法进行验收检测;第二,不重视对比验证。

所以,无论是从试验能力还是技术要求方面,高应变法都远远不能满足嵌岩桩基工程检测的需要。对新工艺基桩、一级建筑基桩也不适用高应变法测试。

3. 自平衡法简介

日本的中山(Nakayama)和藤关(Fujiseki)于 1969 年提出了用桩侧阻力作为桩端阻力的反力测试桩承载力的概念,称为桩端加载试桩法。20 世纪 80 年代中期类似的技术也为 Cernac 和 Osterberg 等人所发展,其中 Osterberg 将此技术用于工程实践,并推广到世界各地,所以一般称这种方法为 Osterberg-Cell 载荷试验或 O-Cell 载荷试验。该方法是在桩端埋设荷载箱,沿垂直方向加载,即可求得桩极限承载力。

在我国,东南大学土木工程学院经过努力于 1996 年率先开始实用性应用,并称之为自平衡法,于 1999 年制定江苏省地方标准《桩承载力自平衡测试技术规程》(DB 32/T291—1999),并获两项国家专利。2002 年建设部、科技部作为重点推广项目,2003 年纳入《建筑基桩检测技术规范》(JGJ 106—2003)。

自平衡测桩法适用于淤泥质土、粘性土、粉土、砂土、岩层以及黄土、冻土、岩溶特殊土中的钻孔灌注桩、人工挖孔桩、沉管灌注桩、管桩及地下连续墙基础,包括摩擦桩和端承桩。特别适用于传统静载试桩相当困难的大吨位试桩、水上试桩、坡地试桩、基坑试桩、狭窄场地试桩等情况。

7.4.1 传统试验检测方法及优缺点

众所周知,传统的桩基载荷试验方法有两种,一是堆载法,二是锚桩法。传统的桩基载荷试验方法是目前公认的检测基桩竖向抗压承载力最直观、最可靠的试验方法,通常认为是一种标准试验方法,它可作为其他检测方法的比较依据。其存在的主要问题是:前者需要进行大量的运输和多次重复的吊装工作,需要修筑场内转点道路,耗费大、测试安装时间长、工期长,对测试场地条件和对平台安装拆卸的技术熟练程度要求较高,且受天气因素影响大,安全性差;后者必须设置多根锚桩及反力大梁,所需费用昂贵,时间较长,还有一定的危险性。且嵌岩桩单桩承载力越高,试桩困难越大,以致许多大吨位桩的承载力往往得不到准确数据,嵌岩基桩的潜力不能合理发挥。

7.4.2 自平衡法介绍及优点

7.4.2.1 自平衡试桩法起源

针对传统的桩基载荷试验方法的不足,美国学者 Osterberg 于 20 世纪 80 年代首先提出了自平衡测试法,并于 80 年代中期开展了桩承载力自平衡试验方法的研究,首先在桥梁钢桩中成功应用,后来逐渐推广至各种桩型。近几年欧洲及日本、加拿大、香港、新加坡等国也广泛使用该法。以上国家和地区都已有相应的测试规程,该法大有完全取代堆载压桩与锚桩法之势。

在我国,东南大学土木工程学院在理论研究的基础上,首先于 1996 年开始对该法的关键设备荷载箱和位移量测、数据采集处理系统进行了研究开发,经多次专家鉴定后,1999 年 6 月制订了江苏省地方标准,2002 建设部和科技部重点推广技术。目前该法在江苏、北京、上海、重庆、广东、广西、云南、贵州、四川、福建、浙江、安徽、江西、湖北、河南、山西、辽宁、吉林、青海、新疆等省应用于房屋建筑和桥梁桩基检测中。国内试验单桩最大承载力高达 20000t,荷载箱直径 6m,最大桩长 140m。

7.4.2.2 自平衡试桩法原理

自平衡测桩法是在桩身平衡点位置安设荷载箱,沿垂直方向加载,即可同时测得荷载箱上、下部各自承载力。

自平衡测桩法的主要装置是一种经特别设计可用于加载的荷载箱。它主要由活塞、顶盖、底盖及箱壁四部分组成。顶、底盖的外径略小于桩的外径,在顶、底盖上布置位移棒。将荷载箱与钢筋笼焊接成一体放入桩体后,即可浇捣混凝土成桩。

试验时,在地面上通过油泵加压,随着压力增加,荷载箱将同时向上、向下发生变位,促使桩侧阻力及桩端阻力的发挥,见图 7-1。由于加载装置简单,多根桩可同时进行测试。东南大学土木工程学院开发了测桩软件,可同时对多根桩测试数据进行处理。

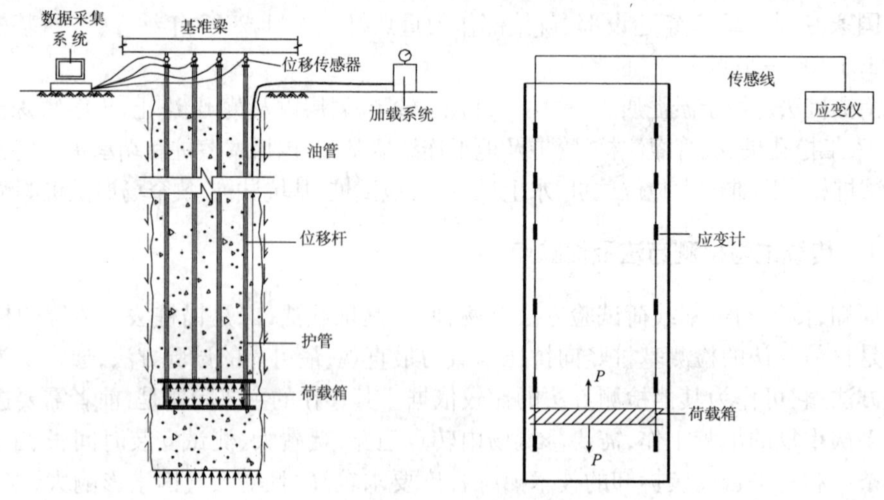

图 7-1 桩承载力自平衡试验示意图

荷载箱中的压力可用压力表测得，荷载箱的向上、向下位移可用位移传感器测得。因此，可根据读数绘出相应的“向上的力与位移图”及“向下的力与位移图”，根据向上、向下 $Q \sim s$ 曲线判断桩承载力、桩基沉降、桩弹性压缩和岩土塑性变形。

基桩自平衡试验开始后，荷载箱产生的荷载沿着桩身轴向往上、往下传递。假设基桩受荷后，桩身结构完好（无破损，混凝土无离析、断裂现象），则在各级荷载作用下混凝土产生的应变量等于钢筋产生的应变量，通过量测预先埋置在桩体内的钢筋应变计，可以实测到各钢筋应变计在每级荷载作用下所得的应力～应变关系，可以推出相应桩截面的应力～应变关系，那么相应桩截面微分单元内的应变量亦可求的。由此便可求得在各级荷载作用下各桩截面的桩身轴力及轴力、摩阻力随荷载和深度变化的传递规律。

7.4.2.3　自平衡试桩法特点

自平衡试桩法相对于传统试桩法（堆载法和锚桩法）具有以下几个特点：

（1）装置较简单，不占用场地，不需运入数百吨或数千吨物料，不需构筑笨重的反力架，试桩准备工作省时省力；

（2）该法利用桩的侧阻与端阻互为反力，因而可测得侧阻力与端阻力和各自的荷载～位移曲线；

（3）试验费用省：尽管荷载箱为一次性投入器件，但与传统方法相比可节省试验总费用；

（4）试验后试桩仍可作为工程桩使用，必要时可利用预埋管对荷载箱进行压力灌浆；

（5）方便的重复试验：可在不同的桩端深度（双荷载箱或多荷载箱技术）和同一桩端深度的不同的时间（后压浆试桩效果对比）在同一根桩上方便地进行试验；

（6）可得到土阻力的静蠕变和恢复效果：试验荷载可保留所需的任意长时间段，因此可实测桩侧和桩端阻力的蠕变行为的数据；

（7）在下列情况下或当设置传统的堆载平台或锚桩反力架特别困难或特别花钱时，该法更显示其优势，例如：水上试桩，坡场试桩，基坑底试桩，狭窄场地试桩，斜桩，嵌岩桩，抗拔桩等，这些都是传统试桩法难以做到的。

7.4.2.4　测试规程

加载采用慢速维持荷载法，测试按中华人民共和国交通部标准《公路桥涵施工技术规范》（JTJ 041—2000）和交通部标准《基桩静载试验 自平衡法》（JT/T 738—2009）进行。

1. 成桩至试验间隙时间

在桩身强度达到设计要求的 70%，并不应少于 10 天。

2. 荷载分级

每级加载为预估加载值的 1/15，第一级按两倍荷载分级加载，卸载仍分 5 级进行。

3. 位移观测

每级加载后在第 1h 内分别于 5、15、30、45、60min 各测读一次，以后每隔 30min 测读一次。电子位移传感器连接到电脑，直接由电脑控制测读，在电脑屏幕上显示 $Q \sim s$、$S \sim \lg t$、$S \sim \lg Q$ 曲线。

4. 稳定标准

每级加载下沉量，在最后 30min 时间内如不大于 0.1mm 时即可认为稳定。

5. 终止加载条件

(1)总位移量大于或等于40mm,本级荷载的下沉量大于或等于前一级荷载的下沉量的5倍时,加载即可终止。取此终止时荷载小一级的荷载为极限荷载。

(2)总位移量大于或等于40mm,本级荷载加上后24h未达稳定或位移已超过荷载箱行程,加载即可终止。取此终止时荷载小一级的荷载为极限荷载。

(3)总下沉量小于40mm,但荷载已达荷载箱加载极限,加载即可终止。

6. 卸载及测试

(1)卸载应分级进行,共分5级卸载。每级荷载卸载后,应观测桩顶的回弹量,观测办法与沉降相同。直到回弹量稳定后,再卸下一级荷载。回弹量稳定标准与下沉稳定标准相同。

(2)卸载到零后,至少在1.5h内每15min观测一次,开始30min内,每15min观测一次。

7. 单桩竖向抗压极限承载力判断标准

(1)基桩静载试验 自平衡法(JT/T 738—2009)

根据实测荷载箱上、下位移计算承载力:

$$Q_u = \frac{Q_{u上} - W}{\gamma} + Q_{u下} \tag{7-2}$$

式中:Q_u——单桩竖向抗压极限承载力;

$Q_{u上}$——荷载箱上部桩的实测极限值,按《公路桥涵施工技术规范》(JTJ 041—2000)附录B"试桩试验办法"确定;

$Q_{u下}$——荷载箱下部桩的实测极限值,按《公路桥涵施工技术规范》(JTJ 041—2000)附录B"试桩试验办法"确定;

W——荷载箱上部桩有效自重;

γ——荷载箱上部桩侧阻力修正系数,对于粘性土、粉土$\gamma = 0.8$,对于砂土$\gamma = 0.7$。

该判断方法适用于上、下段桩的极限承载力均测出的情况,且该法得出的承载力值与位移无对应关系。

注:自平衡法测出的上段桩的摩阻力方向是向下的,与常规摩阻力方向相反。传统加载时,侧阻力将使土层压密,而该法加载时,上段桩侧阻力将使土层减压松散,故该法测出的摩阻力小于常规摩阻力,国内外大量的对比试验已证明了该点。

目前国外对该法测试值如何得出抗压桩承载力的方法也不相同。有些国家将上、下两段实测值相叠加而得抗压极限承载力,这样偏于安全、保守。有些国家将上段桩摩阻力乘以大于1的系数再与下段桩叠加而得抗压极限承载力。我国则将向上、向下摩阻力根据土性划分。对于粘土层,向下摩阻力为0.6~0.8倍向上摩阻力;对于砂土层,向下摩阻力为0.5~0.7倍向上摩阻力。东南大学在同一场地做了几十根静载与该法的对比试验,结论相同。

(2)等效转换曲线法

将自平衡法获得的向上、向下两条$Q \sim s$曲线通过转换等效为相应的传统静载方法获得的一条$Q \sim s$曲线(等效转换曲线),如图7-2所示,根据等效转换曲线进行判断。

陡变型曲线(图7-3a):取陡变点对应的荷载为承载力极限值Q_u;

缓变型曲线(图7-3b):取最后一级对应的荷载为承载力极限值Q_u。

该判断方法适用于桩身预埋应力测试元件的桩。根据每层土体摩阻力～位移的本构关系推导极限承载力，其结果比较准确。

等效转换曲线类型如图 7-3 所示。

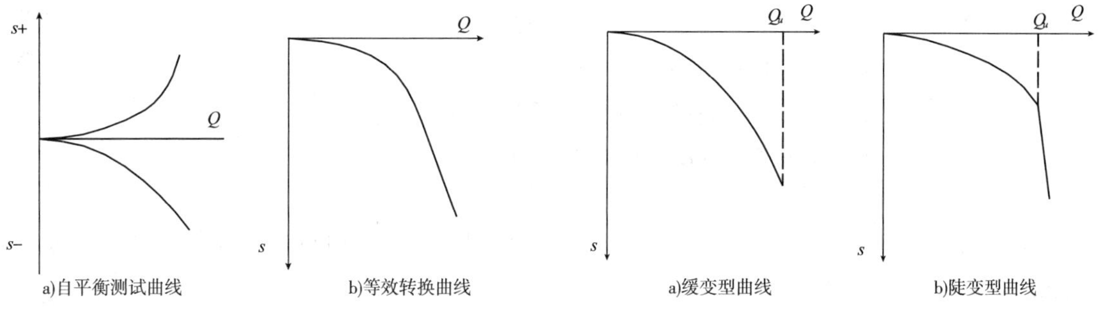

a)自平衡测试曲线　　b)等效转换曲线

图 7-2　自平衡测试结果转换示意图

a)缓变型曲线　　b)陡变型曲线

图 7-3　等效转换曲线类型

7.4.2.5　轴向力测试及相关指标的计算方法

1. 轴力计算

应变量可由桩身预埋的应变计读数求得，其计算公式为：

$$\varepsilon_s = K\varepsilon_{读} + B \tag{7-3}$$

式中：ε_s——应变计在某级荷载作用下的应变量；

$\varepsilon_{读}$——应变计在某级荷载作用下读数；

K——应变计系数；

B——应变计计算修正值；

在同级荷载作用下，试桩内混凝土所产生的应变量等于钢筋所产生的应变量，相应桩截面微单元内的应变量即为钢筋的应变量，其计算公式如下：

$$\varepsilon_c = \varepsilon_s \tag{7-4}$$

$$\sigma_c = \varepsilon_c E_c \tag{7-5}$$

$$\sigma_s = \varepsilon_s E_s \tag{7-6}$$

$$P_z = \sigma_s A_s + \nu\sigma_c A_c \tag{7-7}$$

式中：ε_c——某级荷载作用下桩身截面混凝土产生的应变量；

σ_c——某级荷载作用下桩身截面混凝土产生的应力值（kN/m^2）；

σ_s——某级荷载作用下钢筋产生的应力值（kN/m^2）；

ν——混凝土的塑性系数；

E_c——桩身混凝土弹性模量（kN/m^2）。

E_s——钢筋弹性模量（kN/m^2）。

A_c——桩身截面混凝土的净面积（m^2）；

A_s——桩身截面纵向钢筋总面积（m^2）；

P_z——某级荷载作用下桩身某截面的轴向力（kN）。

在建立试桩标定截面处的 $P_z \sim P_{si}$ 相关方程后，各量测截面的桩身轴向力 P_z 值便可由相应的相关方程求得。

2. 摩阻力计算

各土层桩侧摩阻力 q_s 可根据下式求得：

$$q_s = \frac{\Delta P_z}{\Delta F} \tag{7-8}$$

式中：q_s——桩侧各土层的摩阻力(kN/m^2)；

ΔP_z——桩身量测截面之间的轴向力 P_Z 之差值(kN)；

ΔF——桩身量测截面之间桩段的侧表面积(m^2)。

3. 截面位移计算

为了得到桩侧土摩阻力 q_s 随桩身沉降 s 的变化规律。即求得桩侧实测的传递函数 $q_s \sim s$ 关系，需确定各计算深度处桩身位移 s_i 值，方法如下：

$$s_i = s_{i+1} - \Delta_i \tag{7-9}$$

式中：s_i——第 i 计算截面处的沉降量(mm)；

s_{i+1}——第 $i+1$ 计算截面处的沉降量(mm)；

Δ_i——第 $i+1$ 截面到第 i 截面间桩身的弹性压缩量(mm)，按下式计算：

$$\Delta_i = \frac{(P_{z,i} + P_{z,i+1})L_i}{(2A_nE_c)} \tag{7-10}$$

$P_{z,i}$——第 i 截面桩身轴向力(kN)；

L_i——第 $i+1$ 截面至第 i 截面处桩段长度(m)；

A_n——桩身换算截面面积：

$$A_n \frac{\pi}{4}d^2 + nA_s\left(\frac{E_s}{E_c} - 1\right)。$$

式中：d——试桩直径(mm)；

n——主钢筋根数；

A_s——单根主筋面积。

4. 荷载箱板上、下相对位移测试

在每个荷载箱内摆设两个长位移传感器测荷载箱上下板的相对变位，用于校核桩变位。

$$\text{上、下板相对变位} = \text{传感器读数} \tag{7-11}$$

7.4.2.6 等效转换方法

在桩承载力自平衡测试中，测定了荷载箱的荷载、垂直方向向上和向下的变位量，以及桩在不同深度的应变。通过桩的应变和断面刚度，由上述公式可以计算出轴向力分布，进而求出不同深度的桩侧摩阻力，利用荷载传递解析方法，将桩侧摩阻力与变位量的关系、荷载箱荷载与向下变位量的关系，换算成桩顶荷载对应的荷载～沉降关系(图7-4)。

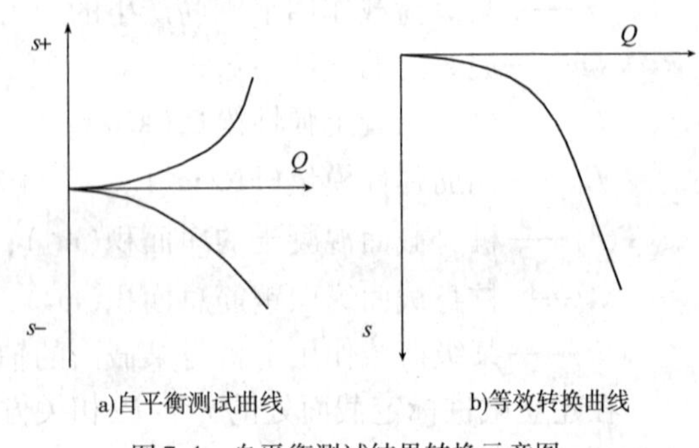

a)自平衡测试曲线　　b)等效转换曲线

图7-4　自平衡测试结果转换示意图

在荷载传递解析中，作如下假定：

(1)桩为弹性体;

(2)可由单元上下两面的轴向力和平均断面刚度来求各单元应变;

(3)自平衡测试法中,桩尖的承载力—沉降量关系及不同深度的桩侧摩阻力—变位量关系与标准试验法是相同的。

自平衡测试法中,从装荷载箱的深度起,将以上部分分割成 n 个点,任意一点 i 的桩轴向力 $Q(i)$ 和变位量 $s(i)$ 可用下式表示(图7-5):

$$Q(i)=Q_j+\sum_{m=i}^{n}f(m)\{U(m)+U(m+1)\}h(m)/2 \tag{7-12}$$

$$\begin{aligned}s(i)&=s_j+\sum_{m=1}^{n}\frac{Q(m)+Q(m+1)}{A(m)E(m)+A(m+1)E(m+1)}h(m)\\&=s(i+1)+\frac{Q(i)+Q(i+1)}{A(i)E(i)+A(i+1)E(i+1)}h(i)\end{aligned} \tag{7-13}$$

式中:Q_j—— $i=n+1$ 点(荷载箱深度)的桩的轴向力(荷载箱荷载)(kN);

s_j—— $i=n+1$ 点桩向下的变位量(m);

$f(m)$—— m 点($i\sim n$ 之间的点)的桩侧摩阻力(假定向上为正值)(kPa);

$U(m)$—— m 点处桩周长(m);

$A(m)$—— m 点处桩截面面积(m^2);

$E(m)$—— m 点处桩弹性模量(kPa);

$h(m)$—— 分割单元 m 的长度(m);

另外,单元 i 的中点变位量 $s_m(i)$ 可用下式表示:

$$s_m(i)=s(i+1)+\frac{Q(i)+3Q(i+1)}{A(i)E(i)+3A(i+1)E(i+1)}\ \frac{h(i)}{2} \tag{7-14}$$

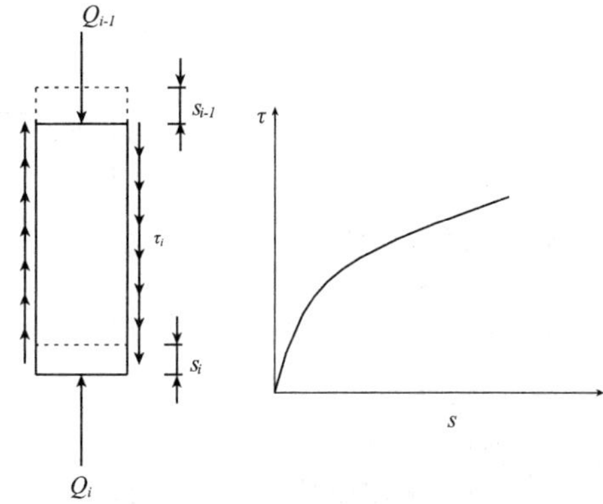

图7-5 转换单元示意图

将式(7-14)代入式(7-15)和式(7-16)中,可得:

$$s(i)=s(i+1)+\frac{h(i)}{A(i)E(i)+A(i+1)E(i+1)}\left\{2P_j+\sum_{m=i+1}^{n}f(m)[U(m)+U(m+1)]h(m)+f(i)[U(i)+U(i+1)]\frac{h(i)}{2}\right\} \tag{7-15}$$

$$s_m(i)=s(i+1)+\frac{h(i)}{A(i)E(i)+3A(i+1)E(i+1)}\left\{2P_j+\sum_{m=i+1}^{n}f(m)[U(m)+U(m+1)]h(m)+f(i)[U(i)+U(i+1)]\frac{h(i)}{4}\right\} \tag{7-16}$$

当 $i=n$ 时,则

$$s(n)=s_j+\frac{h(n)}{A(n)E(n)+A(n+1)E(n+1)}\left\{2Q_j+f(n)[U(n)+U(n+1)]\frac{h(n)}{2}\right\} \tag{7-17}$$

$$s_m(n)=s_j+\frac{h(n)}{A(n)E(n)+3A(n+1)E(n+1)}\left\{2Q_j+f(n)[U(n)+U(n+1)]\frac{h(n)}{4}\right\} \tag{7-18}$$

用以上公式,由自平衡测试出的桩侧摩阻力 $\tau(i)$ 与变位量 $y_m(i)$ 的关系曲线,将 $f(i)$ 作为 $y_m(i)=s_m(i)$ 的形式,求出 $\tau(i)$,进一步求出 $f(i)=-\tau(i)$,还可由荷载箱荷载 Q_j 与沉降量 s_j 的关系曲线求出 Q_j。所以,对于 $s(i)$ 和 $s_m(i)$ 的 $2n$ 个未知数,可建立

$2n$ 个联立方程式。图 7-6 表示由自平衡测试结果换算成等效桩顶荷载的具体荷载传递解析步骤，其解析流程见图 7-7。

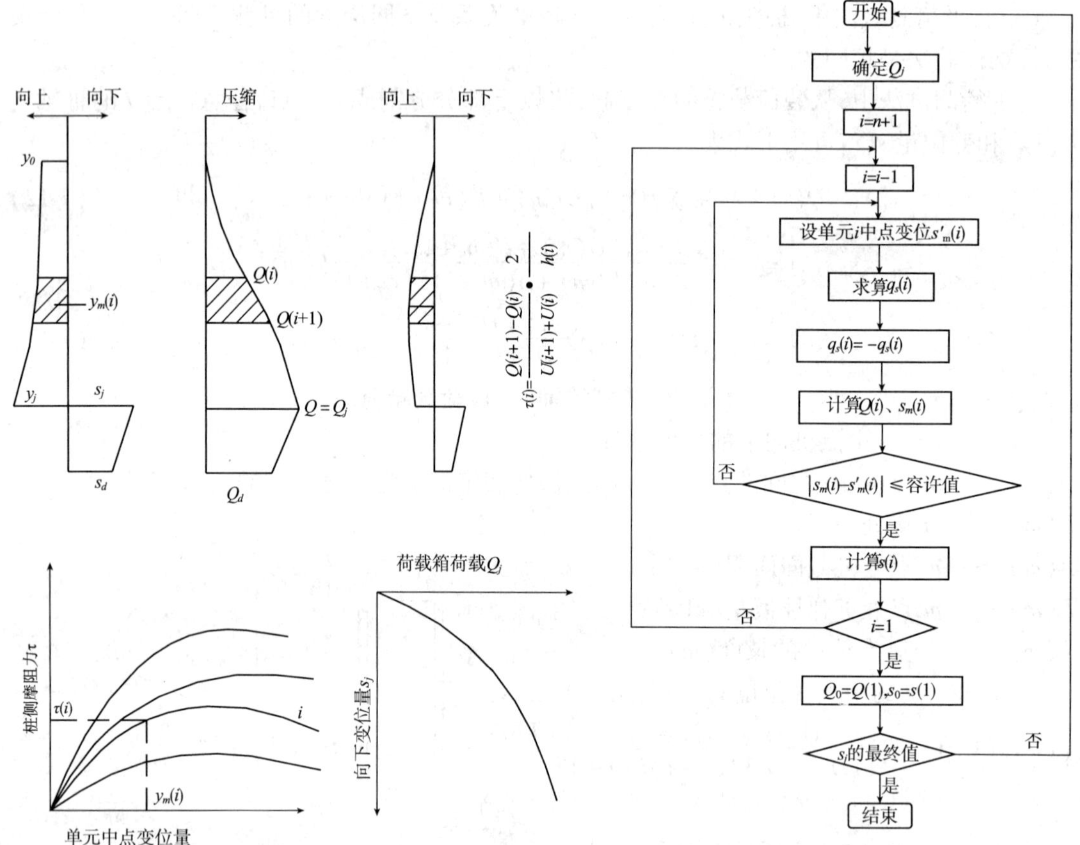

图 7-6　自平衡试桩法的轴向力、桩侧摩阻力与变位量的关系

y_o-桩头变位；y_i-荷载箱变位量；s_d-桩端变位量；

Q-荷载箱荷载；Q_d-桩端轴向力

图 7-7　等效桩顶荷载—位移曲线的解析流程

7.5　小　　结

本章总结了几种常见的嵌岩桩基承载力测试方法，分析比较各自的特点。重点介绍了桩基承载力的自平衡测试法，该法相对于传统试桩法（堆载法和锚桩法）具有装置简单、试验费用少、试验后试桩仍可作为工程桩使用等优点，建议应大力推广。最后给出了自平衡测试法的相关计算理论。

第八章 工程应用

8.1 西堠门大桥

8.1.1 工程概况

西堠门大桥为舟山大陆连岛工程项目之一,主跨度1650m,目前位居世界第二。工程北塔位于海中的老虎山上。从地形上看,老虎山四面临空,山体略显单薄,山体又受数条断层及其他构造裂隙的影响,山体上表部分布的残坡积层和强风化层,呈散体结构;基岩多为弱风化流纹斑岩,节理裂隙较发育,完整性较好。工程试验桩位于北塔下基础。

桩基穿过的岩层参数如下:①弱风化流纹斑岩15~-16m,地震波速为2300~2880m/s,完整性系数K_v=0.28~0.43,野外实测RQD平均值约为16%,岩石天然抗压强度平均64.7MPa,饱和抗压强度平均58.4MPa,软化系数0.60,风化系数0.57;②微风化流纹斑岩-16~-25m,地震波速为2920~3600m/s,完整性系数K_v=0.44~0.68,野外实测RQD平均值约为25%,微风化岩石天然抗压强度平均77.6MPa,饱和抗压强度平均72.1MPa,软化系数0.64,风化系数0.71。试桩地质图见图8-1。

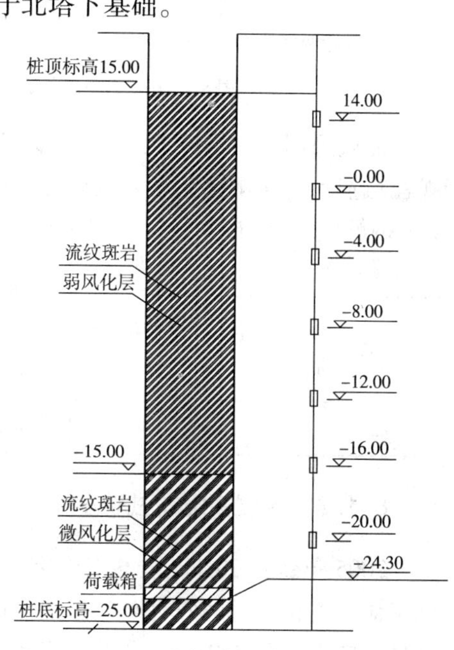

图8-1 试桩地质柱状图及钢筋应力计布置图(标高单位:m)

为使北塔竖向荷载直接传到深层基岩,减少桩侧摩阻力对浅层山体稳定的影响,桩基施工采取了桩侧摩阻失效处理和在承台底加垫软木等隔离措施。桩侧摩阻失效措施即采用单层钢套管方案,并在钢管外侧涂抹2mm厚的沥青涂层。桩基完成后,在钢管和孔壁之间压入水泥砂浆,以保证桩基横向受力。钢护筒采用的长度为15.20m,工程有效桩长为25m。鉴于工程特殊的地理条件,采用自平衡测试方法验证桩基极限承载力。

8.1.2 测试方法及试桩参数

自平衡试桩法是接近于竖向抗压桩实际工作条件的试验方法,采用荷载箱作为加载设备,使其与钢筋笼连接后安装在桩身平衡点(即按规范所得上段桩负摩阻力与下段桩摩阻力及端阻力和相平衡的位置)处,并将高压油管和位移棒一起引到地面(参见图8-2和图8-3)。试验时,从桩顶通过高压油管对荷载箱内腔施加压力,箱顶与箱底被推开,产生向上与向下的推力,从而调动桩周土的侧阻力与桩端阻力的发挥,直至破坏,将上段桩得到的极限抗拔承载力经一定处理后转换为极限抗压承载力,与下段桩承载力相加,即为桩极限承载力。

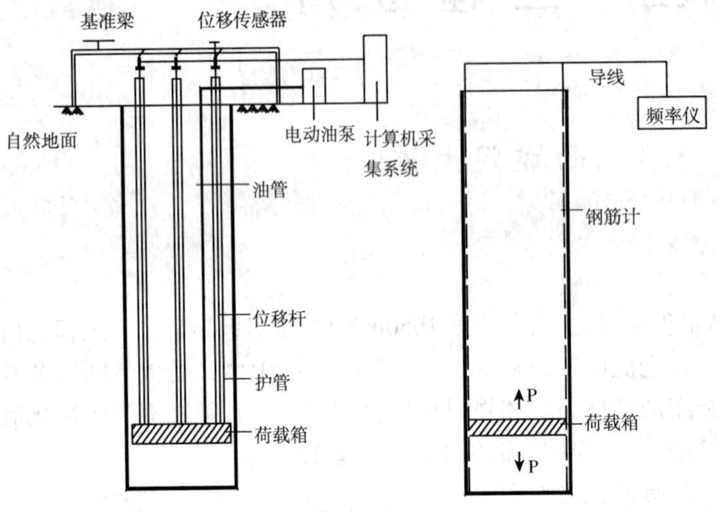

图 8-2　桩基自平衡加载测试系

图 8-3　桩基自平衡法测试现场

加载采用慢速维持荷载法,按交通部标准及江苏省地方标准《桩承载力自平衡测试技术规程》进行,为了测试出各岩层段侧摩阻力发挥情况,沿桩身选择 7 个截面,每个截面对称布置 4 个钢筋应力计,布置位置见图 8-1,试桩参数见表 8-1。

试　桩　参　数　　表 8-1

试桩编号	试桩直径（m）	桩顶高程（m）	桩底高程（m）	护筒长度（m）	荷载箱位置（m）	有效桩长（m）	预估极限承载力（kN）
SZ21	2.8	15	-25	15.2	-24.3	25	110000

8.1.3　测试情况与试验结果

2005 年 2 月 20 日,准备工作完成,开始 SZ21 试桩的测试。SZ21 试桩加载暂按 17 级,测试工作一切正常,加载至第 17 级荷载(2 ×68000kN),荷载箱处最大向上位移 3.99mm,荷载箱处最大向下位移 3.25mm,桩岩位移非常小,但远远达到设计加载要求,故停止加载。

8.1.4　桩身轴力分布

根据埋设的应力测试元件计算的轴力分布如图 8-4 所示。在荷载箱处轴力最大,向上逐渐递减。这是由于加载方式不同,出现与传统加载方式轴力分布形式相反的情况。在自平衡试验中,桩身上部摩阻力并未充分发挥,桩顶分配轴力较小,但是原理都是一样的。荷载箱在向上顶推的过程中,桩岩产生相对位移,随之产生摩阻力。荷载沿桩身向上传递的过程中,不断克服侧摩阻力,桩身轴力不断减小。从图中可以看出,下部桩段曲线斜率明显大于上部桩段,说明下部桩段侧摩阻力较上部桩段发挥较为充分。

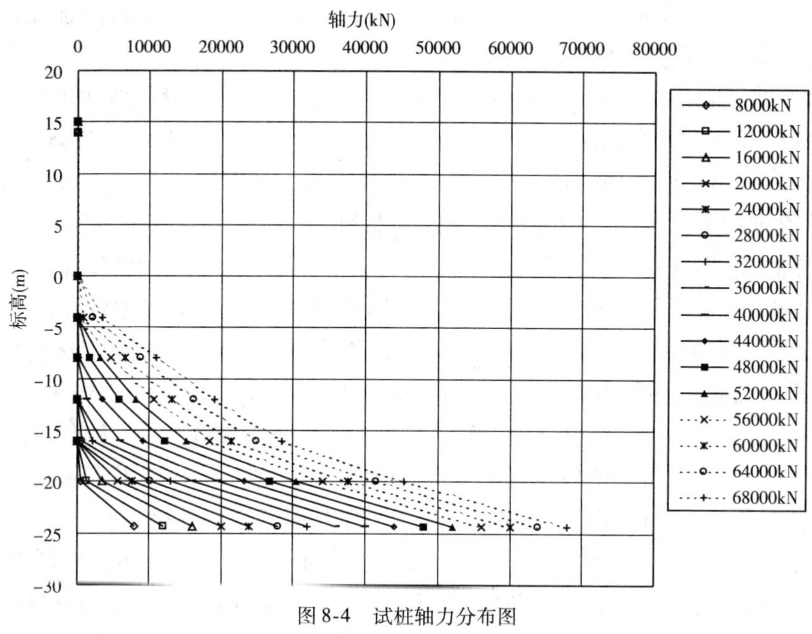

图 8-4　试桩轴力分布图

8.1.5　桩侧摩阻力发挥特性分析

从图 8-5 中可以看出桩侧摩阻力发挥程度并不相同。各层岩体侧摩阻力出现底部大上部小的情况。从图 8-6 中可以看到，随着荷载的初步施加，靠近荷载箱的桩段开始出现桩岩相对位移，摩阻力也得到初步发挥，但远离荷载箱的上部桩段，由于桩岩位移非常小，摩阻力并未得到发挥。当荷载施加到 68000kN 时，靠近荷载箱的 −20 ~ −24.3m 桩段桩岩相对位移仅有 3.37mm，平均摩阻力高达 600kPa，而对于 −16 ~ −20m 桩段、−12 ~ −16m 桩段、−8 ~ −12m 桩段和 −4 ~ −8m 桩段，桩岩相对位移仅在 1.37 ~ 2.48mm 之间，而平均侧摩阻力也都在 215 ~ 480kPa 之间。相对于 −20 ~ −24.3m 桩段，其余四桩段极限摩阻力及其对应的桩岩相对位移明显偏小。对桩上部的 0 ~ −4m 桩段，侧摩阻力还有进一步发挥的潜力。从整体情况看，该试桩在桩岩相对位移较小时桩侧摩阻力就得到了较高水平的发挥。

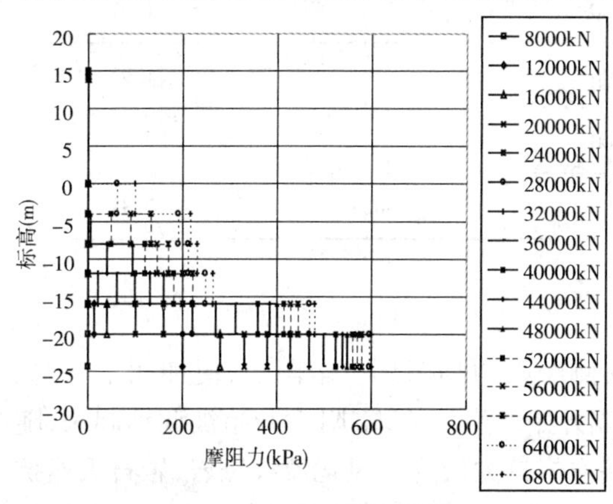

图 8-5　试桩桩侧摩阻力深度

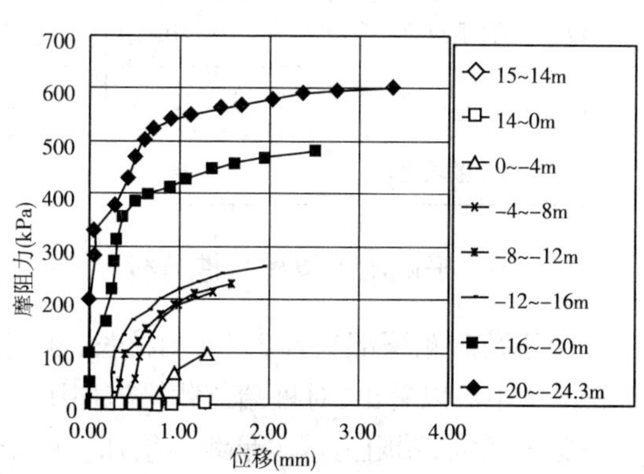

图 8-6　桩侧摩阻力 ~ 位移曲线

从影响侧摩阻力的发挥的因素来看,由于桩周岩石强度较高,天然抗压强度达到 64.7MPa 以上,与桩身混凝土强度 43.7MPa 接近,桩身与岩石形成一共同受力的整体,桩岩之间拥有强大的握裹力,因此,需要克服强大的竖向荷载才能使桩岩界面发生滑移剪切机制。

在对比各桩段实测最大摩阻力与地勘报告极限侧摩阻力大小时我们发现,只有与荷载箱靠近的 -20 ~ -24.3m 桩段和 -16 ~ -20m 桩段桩岩最大侧摩阻力与地勘报告的极限侧阻力相近,其余桩段则均未达到。实测与地勘报告极限侧阻力及相应位移值见表 8-2。再结合桩侧摩阻力 ~ 位移曲线(图 8-6),从中发现一个小的问题,那就是上部桩段的实测最大侧摩阻力虽然也都趋向于极限值,但明显低于下部与荷载箱紧挨的两个桩段的极限侧摩阻力值。这固然与桩侧岩石的强度有关,因为最下部两个桩段的侧岩为微风化流纹斑岩,天然抗压强度平均为 77.6MPa,地勘报告极限侧阻力标准值为 500 ~ 800kPa。其余其余桩段为弱风化流纹斑岩,天然抗压强度平均为 64.7MPa,地勘报告极限侧阻力标准值为 400 ~ 500kPa。由此可见岩石强度差别并不太大,极限摩阻力的发挥却有如此大的差别。这可能与桩上部侧岩受到的径向挤压较下部侧岩小有关。当在桩端对荷载箱施加压力时,荷载箱向上挤压桩身,下部桩段相当于三向受压,对侧岩产生的径向压力较上部大,这是与荷载箱紧挨的下部桩段侧摩阻力发挥更为充分的重要原因。而桩顶在桩端受荷时相当于悬空,上部桩身并未受到反向挤压力,进而桩身对侧岩产生的径向挤压力较下部小,这是上部桩段侧岩摩阻力没有得到较高水平发挥的主要原因。

SZ21 试桩各土(岩)层摩阻力 表 8-2

土(岩)层名称	标高(m)	极限侧阻力标准值 q_{sik}(kPa)	实测最大侧阻力(kPa)	相应位移(mm)
流纹斑岩(弱风化)	15 ~ 14	400 ~ 500	0	1.29
流纹斑岩(弱风化)	14 ~ 0	400 ~ 500	0	1.29
流纹斑岩(弱风化)	0 ~ -4	400 ~ 500	100	1.29
流纹斑岩(弱风化)	-4 ~ -8	400 ~ 500	215	1.37
流纹斑岩(弱风化)	-8 ~ -12	400 ~ 500	230	1.57
流纹斑岩(弱风化)	-12 ~ -16	400 ~ 500	263	1.93
流纹斑岩(微风化)	-16 ~ -20	500 ~ 800	480	2.48
流纹斑岩(微风化)	-20 ~ -24.3	500 ~ 800	600	3.37

8.1.6 桩端阻力发挥特性分析

由于荷载箱下部只有 0.7m 的桩长,我们把其侧摩阻力划归到桩端阻力,更加明了一些。从图 8-7 中可以看出,对桩端荷载箱施加压力,桩端开始产生位移,端阻力开始被调动起来,随着位移的增大,端阻力基本呈线性增加。由于桩端嵌岩持力层为微风化流纹斑岩,岩石天然抗压强度达到 77.6MPa,桩端在产生非常小的位移下,端阻力就能发挥到相当高的水平。当桩端摩阻力达到 68000kN 时,其相应的桩端位移只有 3.25mm,停止加载后桩端残余位移为 1.61mm,说明桩端岩石仍然处于弹性状态,桩端阻力还远没有达到极限,还有很大的潜力可以发挥,但此时已经达到设计加载要求,不再进行加载。

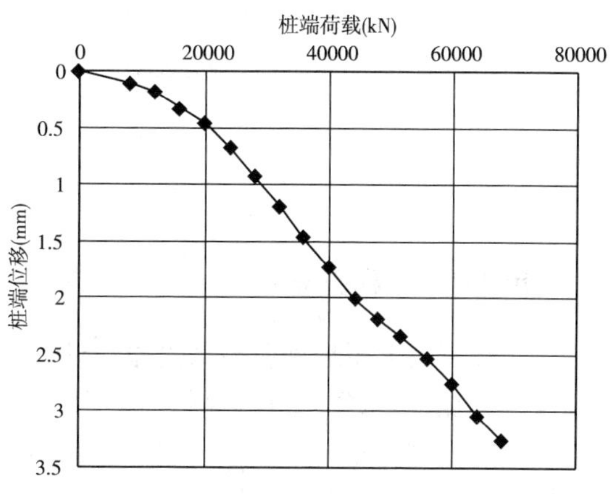

图 8-7 桩端阻力 ~ 位移图

从桩端阻力的发挥情况来看,大直径深长嵌岩桩有着很高的桩端承载潜力。该试桩桩径 2.8m,桩长 40m,除去人为消除摩阻力的桩段,有效桩长 25m,全部嵌入强度较高的岩层中,此时的嵌岩比为 8.92,嵌岩比大于 5,如果按照《建筑桩基技术规范》(JGJ 94—2008)规定计算,桩端以上 11m 产生的侧摩阻力和桩端阻力就不再计入桩的承载力中。在很小位移情况下桩端阻力就达到了 68000kN,占整个桩极限承载力的 50% 左右,忽略这部分承载力虽然会提高工程的安全储备能力,但也会造成一定的浪费。

8.1.7 等效转换曲线

鉴于工程的重要性,采用等效转换方法,根据已测得的各土层摩阻力 ~ 位移曲线,转换至桩顶,得到试桩的等效转换曲线,如图 8-8 所示。从图中可以看出试桩等效转换曲线比较接近直线,承载力随位移增大直线增加,取位移最大点所对应的荷载为极限承载力。极限承载力为 130074kN,相应的位移为 25.35mm(包括桩上部自由段 15m 的压缩量 9.5mm);扣除 15m 自由段影响,有效桩长(25m)极限承载力为 130074kN,位移为 15.85mm。

从桩的极限承载力来看,桩端承载力和桩侧承载力各占 50%(其中桩端承载力包括荷载箱下 0.7m 桩段长的侧摩阻力),属于端承摩擦嵌岩桩。如果不考虑设计加载程度,对荷载箱继续加载,桩的极限承载力还会有一定程度的提高。但从承载能力方面来说,40m 长大直径全嵌岩桩承载力完全可以满足要求,甚至可以进一步调整桩长,但对于地质条件比较复杂的西堠门大桥北塔桩基来说,承载力不是问题,控制桩长的主要因素是桩基的稳定性。

8.1.8 结论

(1)岩石强度对大直径深长嵌岩桩的侧摩阻力和端阻力的发挥有重要影响,在桩周桩端岩石强度较高的条件下,侧摩阻力和端阻力在桩岩相对位移和桩端位移很小变位下就能够发挥出较高的水平。

(2)从测试结果可以看出,靠近荷载箱的下部桩段侧岩摩阻力较上部侧岩摩阻力发挥更为充分,这与上部桩段未受到反力挤压进而产生对侧岩较大的径向压力有关。

(3)该试桩端阻还有进一步发挥的潜力,承载能力完全可以满足设计要求,但嵌岩桩设计受多方面因素制约,设计时应考虑桩侧桩端的承载力发挥潜力,对于重大工程也可以适当的作为安全储备,做到安全又经济。

(4)对于万吨以上大直径嵌岩桩,传统静载试验很难调动桩下部侧岩和桩端阻力的充分发挥,也就不易研究下部侧岩和桩端巨大的发挥潜力。自平衡法将荷载箱安于嵌岩桩桩端附近,通过加载,能够测出桩端极限阻力及桩侧极限摩阻力。

8.2 青岛海湾大桥

8.2.1 工程概况

青岛海湾大桥地处胶州湾沿岸,是国家高速公路路网规划中的青岛至兰州高速(M36)青岛段的起点,山东省"五纵四横一环"公路网主框架中南济青线的重要组成部分;是青岛市道路交通规划网络布局中胶州湾东西岸跨海通道中的"一路、一桥、一隧"重要组成部分。一期试桩(共4根,编号为zh6号,zh7号,zh8号,和zh12号)采用自平衡方法进行静载试验。其中zh6号和zh8号采用双荷载箱加载,zh7号和zh12号采用单荷载箱加载。试桩参数见表8-3,试桩所处位置主要地质情况表见表8-4。

试 桩 参 数　　表8-3

试桩号	桩径(cm)	桩长(m)	长径比	嵌岩深度(m)	嵌岩比	持力层岩性	预估加载值(kN)	桩身弹性模量($\times 10^4$MPa)
zh6号	180	48	26.7	5.48	3.04	弱风化泥岩	2×20000 2×22000	3.53
zh7号	250	39	15.6	9.82	3.93	弱风化角砾岩	2×33650	2.21
zh8号	250	59	23.6	14.17	5.67	弱风化角砾岩	2×22000 2×25000	2.78
zh12号	180	46.5	25.8	18.99	10.55	弱风化角砾岩	2×34050	3.32

试桩主要地层概况表　　表8-4

层号	层底标高(m)	层厚(m)	岩(土)层类别	推荐承载力[σ_0](kPa)	极限摩阻力τ_i(kPa)
①$_1$	-11.63	6	淤泥	40	20
①$_2$	-14.03	2.4	淤泥质粘土	70	20
③$_1$	-15.73	1.7	亚粘土	240	55
③$_2$	-18.03	2.3	中砂	350	55
④$_1$	-19.28	1.25	粘土	260	50
④$_2$	-23.13	3.85	粗砂	300	60

续上表

层号	层底标高 (m)	层厚 (m)	岩(土)层类别	推荐承载力[σ_0] (kPa)	极限摩阻力 τ_i (kPa)
④$_2$	-25.43	2.3	粘土	450	90
⑤$_1$	-27.33	1.9	粘土	300	60
⑤$_2$	-29.13	1.8	细砂	300	55
⑤$_2$	-31.78	2.65	砾砂	450	90
⑦$_2$	-34.63	2.85	强风化泥岩	400	80
⑥$_2$	-39.83	5.2	强风化角砾岩	450	90
⑥$_3$	-46.03	6.2	弱风化角砾岩	600	120
⑦$_3$	-47.83	1.8	弱风化泥岩	500	100
⑥$_3$	-62.78	14.95	弱风化角砾岩	600	120

8.2.2 测试情况与试验结果

本试验4根试桩均采用慢速维持加载法,每次加载为预估极限荷载的1/15,第一级按两倍荷载分级加载。为获得分层岩土的摩阻力特性在各个试桩的土(岩)层交界面预埋了应力量测装置,每个截面4个,其中,3个钢筋计外加1个光栅传感器,目的在于得到准确的应变数据,从而计算出桩身轴力。截面的位置主要选在不同岩土的分界面处,岩土层较厚时,适当增加截面数量。

具体的测试情况如下:

(1)在zh6号试桩上荷载箱测试中,当加载至第5级荷载(2×8000kN),向上位移出现突变,位移迅速增加至109.8mm,无法继续加载,停止加载。之后开始zh6号试桩的下荷载箱测试,此时上荷载箱打开。加载至第9级荷载(2×14670kN),向上出现陡变,位移迅速增加至24.93mm,此时关闭上荷载箱继续加载,这样中段桩与上段桩连成一个整体共同提供反力来维持加载。继续加载至第14级荷载(2×22000kN),上段桩(a段)向上位移增大出现陡变,上段桩被抬起来,向上位移达到115.67mm,向下位移达到65.31mm,停止加载。

(2)zh7号试桩采用单荷载箱加载,加载至第11级荷载(2×26920kN),向下出现陡变,位移迅速增加至120.31mm,且不稳定,向上位移达到31.70mm,无法继续加载,停止加载。

(3)在zh8号上荷载箱测试,当加载至第12级(2×19700kN),向上位移出现突变,位移迅速增加至83.42mm,无法继续加载,停止加载。次日开始进行下荷载箱加载,加载至最后一级第14级荷载(2×25000kN),向上位移6.83mm,向下位移15.87mm。因位移较小,故又逐级增加三级加载。当加载至第17级时(2×30000kN)向上位移出现突变,位移迅速增至41.93mm,已达荷载箱加载极限,向下位移22.11mm,停止加载。

(4)zh12号试桩加载工程一切正常,因测试加载至最后一级(14级2×34050kN),向下位移7.78mm,向上位移11.15mm,位移不大,故继续增加到2×40160kN,向上位移13.92mm,向下位移9.22mm，已达荷载箱加载极限，停止加载。

现场得到的荷载位移曲线见图8-8～图8-13。

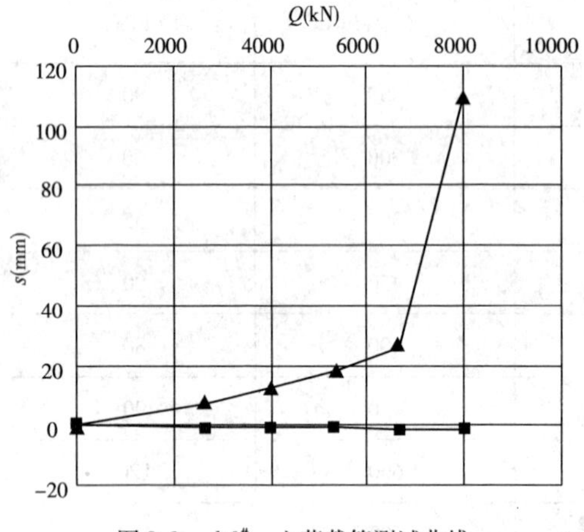

图8-8　zh6#　上荷载箱测试曲线

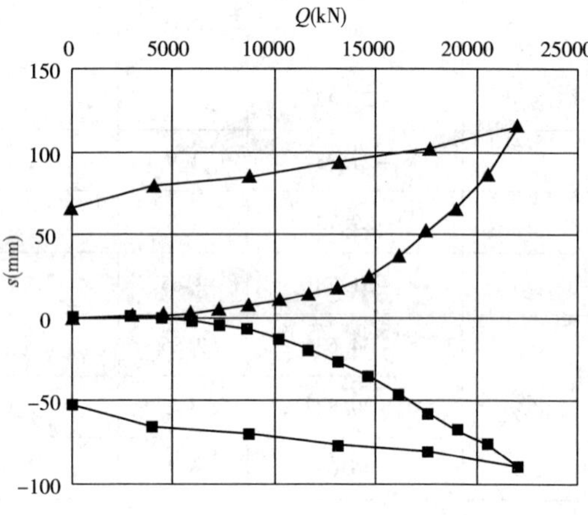

图8-9　zh6#下荷载箱测试曲线

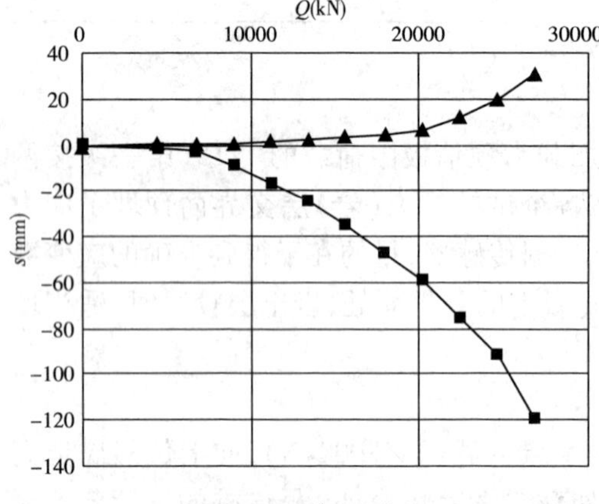

图8-10　zh7#测试曲线

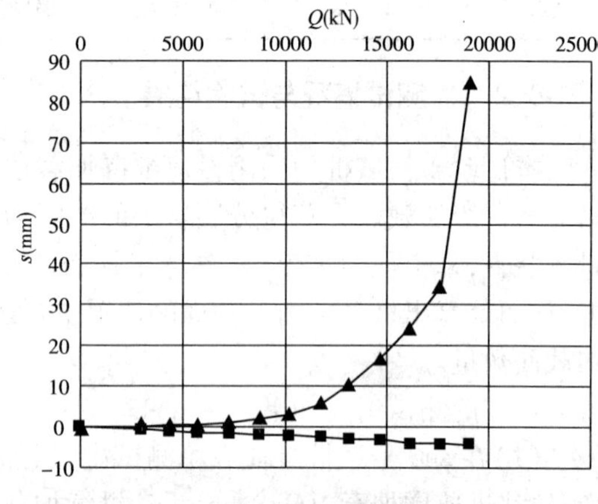

图8-11　zh8#上荷载箱测试曲线

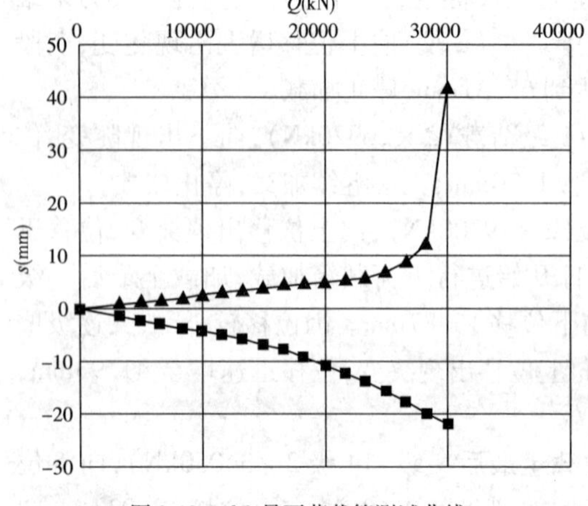

图8-12　zh8号下荷载箱测试曲线

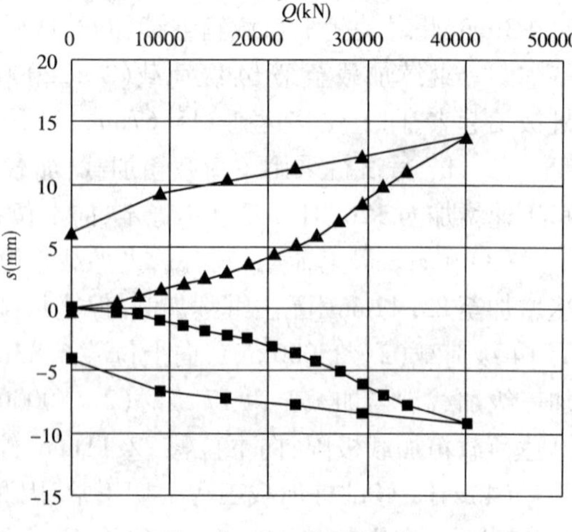

图8-13　zh12号测试曲线

按照文献中提供的方法将自平衡试验结果转化为传统的桩顶加载情况下的荷载位移曲线,各试桩的等效转换曲线见图 8-14。

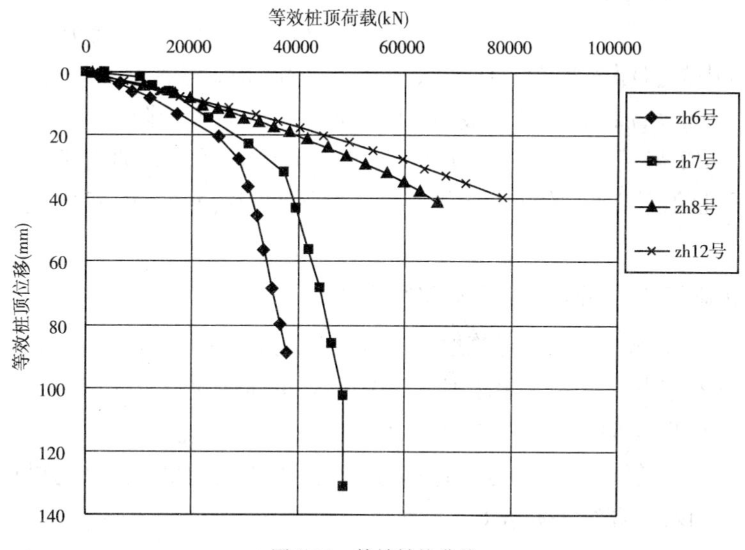

图 8-14　等效转换曲线

8.2.3　试验分析与结论

8.2.3.1　荷载位移曲线分析

从以上 4 根试桩的等效桩顶荷载~位移曲线可以看出,zh8 号和 zh12 号两根试桩属明显的缓变型,即随着桩顶荷载的增加桩向下的位移缓慢增加,直到桩顶荷载增加到很大(>60000kN)时,沉降量只有 40mm 左右,始终没有发生突然性破坏,而且沉降量增加的幅度也大体一致,即曲线的斜率没有大地幅度的变化。而 zh6 号试桩在桩顶荷载达到 30000kN 之前,随着荷载的增加,桩缓慢地下沉,荷载增加到接近 30000kN 时,对应的沉降量在 40mm 以内,之后,随着荷载的继续增加,桩下沉的速度明显加快,荷载~位移曲线上表现为在荷载为 30000kN 处出现一个拐点。zh7 号试桩情况与 zh6 号试桩相似,只是拐点出现在荷载为接近 40000kN 处,而且试桩的沉降量较大,最终突破 120mm 且无法稳定。

由图 8-15 可见,各桩的荷载~位移曲线基本可分为以下四段:

(1)初始段。基本是荷载在 0~2000kN 的一段曲线。各接触面在此阶段逐渐被挤密,产生初始变形,且变形规律不明显。

(2)弹性段。荷载~位移曲线上的一段变化较缓的直线段。在这一阶段,桩侧岩石和桩端岩石均处于弹性状态,变形主要由桩身的弹性变形和岩体的弹性变形组成,变形小且基本随荷载的增大成正比例增加。

(3)曲线段。第一拐点和第二拐点之间的一段曲线。只有 zh6 号和 zh7 号两根试桩的曲线存在此段曲线,此时桩顶处的侧摩阻力逐渐达到极限状态,形成屈服区,并迅速向深处发展。变形明显加大,但仍能达到稳定标准,并不发生突然破坏。在实际工程实践中也是把第二拐点作为该桩的极限荷载的。

(4)陡降段。4 根试桩中只有 zh7 号试桩存在这段曲线,此时荷载已超过极限荷载,桩也已破坏,位移迅速增大,且不能稳定。

从曲线中还可以发现,嵌岩深度越大,荷载~位移曲线越平缓,充分体现出了嵌岩的作用。从 4 根试桩中嵌岩深度和嵌岩比较大的 zh8 号和 zh12 号两根试桩的荷载~位移曲线上可看出随着荷载的增加,沉降增加缓慢,由于试验加载能力受限,未能加载到试桩的极限承载力,特别是 zh12 号试桩的岩石强度较大,极限承载力可能远远高于试验值。而 zh6 号和 zh7 号两根试桩的嵌岩比均较小,承载力也较之另两根桩小很多,且曲线呈现出明显的摩擦桩特征。

8.2.3.2 极限承载力测试结果及与现行规范的比较

现行规范中较有影响力的是《建筑地基基础设计规范》(GB 50007—2002)(以下简称地基基础规范)、《建筑桩基技术规范》(JGJ 94—2008)(以下简称建筑桩基规范)和《公路桥涵地基与基础设计规范》(JTG D63—2007)(以下简称公路桥涵规范)。根据三本规范提供的计算方法,结合本次四根试桩的试桩参数,分别计算每根试桩的极限承载力,并与试验中实测得到的极限承载力进行比较,计算结果如表 8-5 所示。

试验结果与规范计算结果对比 单位(kN) 表 8-5

计算依据 试桩编号	试验结果	地基基础规范	建筑桩基规范	公路桥涵规范
zh6 号	37880	8647.56	25518	27953
zh7 号	46680	27239.5	32925	43926
zh8 号	68400	27239.5	43222	60009
zh12 号	78200	188720.3	215133.5	412920

由于试验中 zh12 号试桩位移较小,其极限承载力还有很大的提升余地。表中计算所得的承载力远远超过桩身混凝土的承受能力,应由桩身强度控制。

从三个规范的计算模式来讲,地基基础规范中只考虑桩端阻力,忽略侧阻力。显然这是不符合嵌岩桩的荷载传递机理的,随着桩的长径比和嵌岩深度的增加,计算值明显减小,甚至会出现嵌岩后的计算极限承载力值比不嵌岩时还要小的不合理情况。公路桥涵规范中并没有考虑嵌岩深度对侧阻力和端阻力分担比的影响,即没有进行侧阻力和端阻力随嵌岩深度变化而作出的修正。而从 zh7 号和 zh8 号两根试桩的计算结果来看,公路桥涵规范的计算结果更加接近实测值。这也说明了,公路桥涵规范在传统概念下的嵌岩桩规范经验公式中是比较接近实际的。建筑桩基规范中综合考虑桩周土侧阻力和嵌岩段总阻力。单从计算模式来讲,公路桥涵规范不仅符合嵌岩桩的荷载传递规律也代表了我国 20 世纪 90 年代嵌岩桩的最新研究成果和设计思想,也代表了嵌岩桩规范方法的国际先进水平。但从计算结果来看,和实测结果偏差仍然较大,分析其原因是因为经验参数的选取过于保守,导致计算出的承载力小于实测的桩基承载力。从这一点看,公路桥涵规范需进一步完善和改进。

8.2.3.3　桩侧阻力与桩岩相对位移关系

1. 荷载传递函数模型的选取

桩~岩间产生相对位移是桩侧阻力发挥的前提。在加载的开始阶段，桩~岩的相对位移较小，其应力~应变成直线关系，达到极限位移之后，剪应力不再增加而趋于定值，此时的位移称为临界位移。

桩侧摩阻力与桩岩相对位移之间的关系相当复杂，为了能得出桩土荷载传递的解析解，一般的方法是通过试验实测出桩侧各岩层的 $\tau(z) \sim u$ 关系，然后以某种简单的数学模型去描述它，将模型函数代入基本微分方程求解。

关于桩侧荷载传递函数的形式有多种假定类型，如有指数函数，对数函数，抛物线函数，弹性硬化函数，线弹性全塑性函数等。$\tau(z) \sim u$ 的数学模型越复杂，荷载传递基本微分方程的求解就越困难，有时甚至无法求得解析解。因此，如何选取简单的数学模型去较准确地描述实际桩岩荷载传递，一直是工程界探讨的问题。本文通过研究发现，佐滕悟(1965)提出的线弹性~全塑性数学模型不仅简单，而且能比较客观地反映桩侧土的实际受力状况，并能以桩顶沉降来控制基桩承载力设计。下面对该模型加以介绍。

试验实测的 $\tau(z) \sim u$ 曲线一般比较复杂(图 8-16)，根据佐滕悟(1965)模型，可将该曲线简化为：

$$\tau(z) = ku \quad (u < u_m) \tag{8-1}$$

$$\tau(z) = f \quad (u \geqslant u_m) \tag{8-2}$$

式中：k——岩石的抗剪变形系数；

f——桩侧极限阻力；

u_m——桩侧阻力充分发挥所需要的桩岩相对位移。

在上式中，k 按以下方法确定(图 8-16)：

①找出实测曲线上 $\tau = f/2$ 的点 C；②连接 OC 并延长，与 $\tau = f$ 直线交于 A 点。

图 8-15 中曲线 $OCAB$ 即为假定的 $\tau(z) \sim u$ 模型曲线。

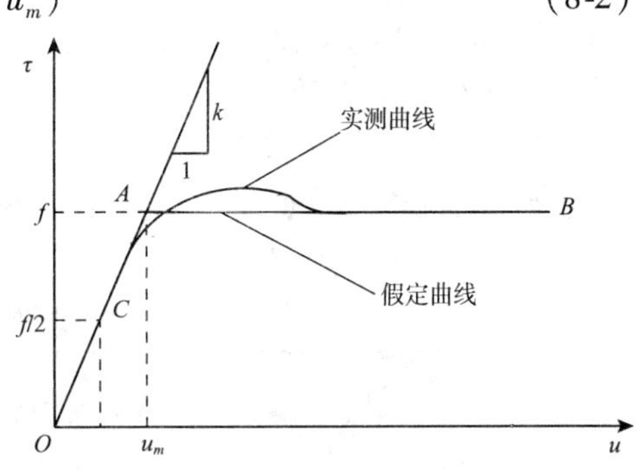

图 8-15　侧阻力~位移曲线

2. 试验得到的侧摩阻力与位移的关系

岩石的侧摩阻力要远远大于土，对于中等风化程度以上的岩层提供的单位侧阻力比土层高十几倍，甚至几十倍，达到极限所需的相对位移却比土体要小的多。表 8-6 是长期以来一直为工程界所接受的嵌岩桩的桩~岩临界位移。

岩体发挥极限侧阻力的相对位移　　表 8-6

岩石名称	破碎砂质粘土岩和细砂岩	完整细砂岩	完整石灰岩和花岗岩
s(mm)	4	3	≤2

嵌岩桩中的桩~岩临界位移不仅与岩石的强度有关，更重要的是取决于孔壁的粗糙度，一般来讲，孔壁的粗糙度越大，相应的临界位移就越大，反之亦然。而且桩径对临界位移也有影

响,对于直径大于1.0m的大直径桩,其桩~土临界位移不仅数值很大,而且变化范围也很大。日本学者Masakiro Koike等人通过在砂与粘性土交互层中进行的$D=2$m、$L=40$m的桩试验发现,桩极限侧阻力发挥所需要的相对位移大致在(2%~5%)D之间,即40~100mm。这显然与一般的桩有很大的差别,关于大直径的桩~岩临界位移的问题尚待进一步研究。

图8-16所示为本次试验中4根试桩的持力岩层的侧摩阻力~位移曲线,从图中来看,图中曲线,除zh12号试桩没有明显的屈服段外,其他3根试桩与学者佐滕悟所提出的模型符合得较好,都基本符合模型中假定曲线。

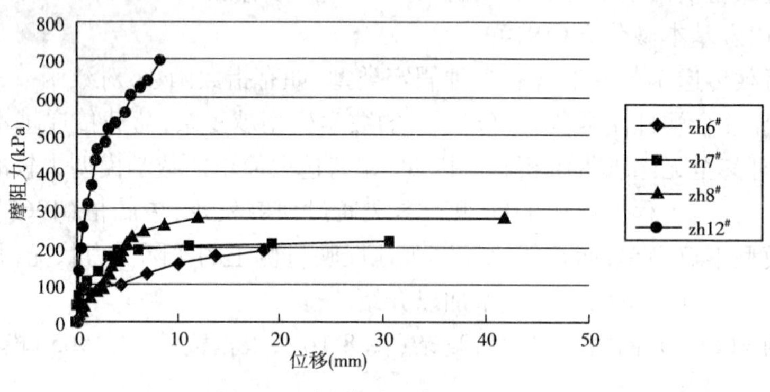

图8-16 实测侧摩阻力~位移曲线

表8-7中列出了四根试桩地勘报告中提供的侧阻力和实测极限侧阻力,以及侧阻力发挥的位移。嵌岩桩的承载力大,导致桩的压缩也很大,沉降中有很大一部分是有桩身压缩引起的,从临界位移上来看,除zh12号试桩外,其余3根试桩的临界位移均大于表8-6中提供的临界位移经验值,可见泥岩和角砾岩的临界位移要略大于表中数值。从极限摩阻力上看,实测的极限摩阻力远大于地勘报告中提供的极限侧阻力,由此可以看出,地勘报告中摩阻力取值偏保守。

试桩侧阻力的发挥及相对位移表　　表8-7

桩号	岩层名称	地勘报告极限侧阻力 q_{sik} (kPa)	实测极限侧阻力 (kPa)	桩顶位移 s_1 (mm)	桩身压缩 s_2 (mm)	相对位移 s_1-s_2 (mm)
6	弱风化泥岩	110	190.46	13.64	3.14	10.50
7	弱风化角砾岩	130	215.32	11.78	4.03	7.75
8	弱风化泥岩	100	222.64	12.03	6.01	6.02
	弱风化角砾岩	120	273.89	12.03	6.13	5.90
12	弱风化角砾岩	150	695.08	8.36	5.53	2.83

8.2.3.4 侧阻力与端阻力分担比及其影响因素分析

为了深入了解嵌岩桩的侧阻力和端阻力分担比,对试验中4根试桩在等效成桩顶加载后在每一级荷载下的侧阻力和端阻力进行了计算。研究后发现,4根试桩的计算结果规律性很强。在此列出其中一根(试桩 zh8 号)的计算结果,如表 8-8 所示,全部 4 根试桩的在最后一级荷载下的侧阻力和端阻力分担比见表 8-9。

在荷载下端阻力和侧阻力发挥比例表　　表 8-8

荷载级数	桩顶荷载 (kN)	桩顶位移 (mm)	桩端阻力 (kN)	桩端比例 (%)	桩侧阻力 (kN)	桩侧比例 (%)
1	264	0.01	0	0	264	100
2	1169	0.09	0	0	1169	100
3	2970	0.37	0	0	2970	100
4	3340	1.52	0	0	3340	100
5	11058	3.97	0	0	11058	100
6	16336	6.82	3330	20.38	13006	79.62
7	19145	8.43	5000	26.12	14145	73.88
8	21833	9.90	6670	30.55	15163	69.45
9	24522	11.38	8330	33.97	16192	66.03
10	27123	12.76	10000	36.87	17123	63.13
11	29768	14.19	11670	39.20	18098	0.80
12	32510	15.73	13330	41.00	19180	59.00
13	35417	17.45	15000	42.35	20417	57.65
14	38422	19.27	16670	43.39	21752	56.61
15	41633	21.34	18330	44.03	23303	55.97
16	62764	37.67	28330	45.14	34434	54.86
17	65949	40.91	30000	45.49	35949	54.51

试桩侧阻端阻分担比　　表 8-9

桩号	桩顶荷载 Q (kN)	土层侧阻力 Q_s (kN)	Q_s/Q	岩层侧阻力 Q_r (kN)	Q_r/Q	端阻力 Q_b (kN)	Q_b/Q
zh6 号	37927	16078	42.39%	3467	9.14%	18382	48.47%
zh7 号	48424	15898	32.83%	10669	22.03%	21857	45.14%
zh8 号	65949	20097	30.47%	20138	30.54%	25714	38.99%
zh12 号	77755	2635	3.39%	74012	95.19%	1108	1.42%

从表 8-8 中数据可以看出,在前面几级荷载下,完全是靠侧阻力来承担外荷载,桩顶的沉降很小而且基本是由桩身压缩引起的,所以端阻力得不到发挥。荷载增加到一定程度时,桩顶

沉降的增加开始加剧，端阻力开始发挥。随着荷载的进一步增加，侧阻力逐渐减少，端阻力逐渐增加，直至最后加载完毕。整个过程与前面分析的嵌岩桩荷载传递规律相吻合。

从表8-9中可以看出，zh6号，zh7号和zh8号三根试桩，嵌岩比依次增大，土层侧阻力和端阻力依次减小，而岩层侧阻力依次增大。这也说明了，在岩石强度相同的情况下，嵌岩比越大，岩层侧阻力越大，端阻力越小。这一点在建筑桩基规范中的嵌岩侧阻和端阻的修正系数的取值中也有所体现。但是，该规范中的认为嵌岩深度大于5倍桩径时端阻力为零，而zh8号试桩嵌岩比为5.67，端阻力却占桩顶荷载的38.99%。因此规范中关于最大嵌岩深度的确定还需进一步研究，建议应该考虑把最大嵌岩深度和岩石的强度结合起来进行研究。

8.2.4 结论

通过对青岛海湾大桥4根试桩的自平衡试验结果分析了嵌岩桩的荷载传递规律和承载性状，得出了以下结论：

(1)试验中通过对桩身轴力的测量发现，桩顶荷载是由土层侧阻力，岩层侧阻力逐渐传递到桩端，这也印证了在第三章中分析的荷载传递规律。

(2)在长径比较大的嵌岩桩中，土层侧阻力在嵌岩桩总承载力中占有较大的比例，如果忽略这部分提供的承载力，将造成严重的浪费。

(3)嵌岩段的侧阻力发挥所需的相对位移一般在3~10mm之间，而且岩石强度高所需的位移较强度低的岩石小。

(4)按照现行规范中所提供的嵌岩桩极限承载力计算方法得出的结果普遍偏于保守，《建筑地基基础设计规范》没有考虑侧阻力简单地把嵌岩桩看成端成桩，从计算理念上来讲，不符合嵌岩桩的荷载传递机理。《建筑桩基技术规范》虽然综合考虑了土层侧阻力、嵌岩段总承载力，但是其中的系数的选取还有待进一步研究。

8.3 荆岳长江公路大桥

8.3.1 试验概况

荆岳长江公路大桥总建设里程为5.42km，主桥采用主跨816m双塔混合梁斜拉桥方案，桥址位于湖北和湖南两省交界处。

为了保证施工的顺利进行和结构的安全可靠，提供科学的桩基础设计和施工依据，根据国家规范和设计院有关文件，采用自平衡法进行试桩。试桩工程共2根，大桥南、北岸各1根钻孔灌注桩。其中，北岸试桩SZ1地面高程平均约29.390m，设计直径1.2m，桩长45m，使用荷载为20000kN，嵌岩深度11.9m；南岸试桩SZ2地面高程在28.765m，设计直径2.2m，桩长80m，使用荷载为45300kN。南岸试桩SZ2在荷载试验完成后，桩身周围经压浆处理后作为南塔的工程桩使用。试桩主要参数见表8-10。

桥位区地处长江中游江汉冲湖积平原和江南低山丘陵过渡地带，北岸以平原为主，沿江一带零星分布低山残丘；南岸主要是低山丘陵地形，发育有与长江近于垂直的马鞍山、蜈蚣山和浑圆状铜鼓山等，湖泊星罗棋布。

自平衡试桩有关参数　　表 8-10

序号	试桩位置	桩号	桩径(cm)	顶标高(m)	底标高(m)	荷载箱标高(m)	桩长(m)	使用荷载(kN)	预估加载值(kN)
SZ1	长江北岸	K1 +980m	120	29.22	-15.78	-13.78	45	20000	40000
SZ2	长江南岸	K3 +929m	220	20.401	-59.599	-47.599	80	45300	120000

北岸江汉平原地势平坦，长江大堤堤顶高程 35.90m，堤高 6 ~ 7m，堤内地面高程一般为 24 ~ 26m，分布较多排灌渠道。大堤外江侧为长江漫滩，其中高漫滩滩宽 200 ~ 300m，地面高程一般为 27.0 ~ 29.5m，高漫滩至长江水边为边滩，高漫滩与边滩由一高 1.5 ~ 3m 的陡坎相接，边滩呈缓坡状。

南岸缓坡丘陵与平原均有分布，轴线南西为残留的长江一级基座阶地，呈缓坡状，高程 35 ~ 40m，是长江防汛的天然屏障，湖南干堤与其相接。干堤外江侧为高漫滩及边滩，滩面高程约 29.0m，滩宽 50 ~ 200m；桥轴线下游约 40m 有与轴线平行的闸控排水渠，深度 4 ~ 7m；排水渠自闸口向长江呈窄喇叭状散开，接入长江，另端连接岸侧枫桥湖。江侧边滩缓向长江倾斜，坡度 8°。大桥终点段为低山、缓丘与湖泊、鱼塘相间地形，湖泊、鱼塘底高程一般为 24m 左右，缓丘地面高程一般为 27 ~ 30m。

(1)SZ1 试桩位于长江北岸，依据《荆岳长江公路大桥两阶段施工图设计工程地质勘察报告》得到 SZ1 试桩附近地质土(岩)层地质勘察情况：

标高 29.32 ~ 24.82m 为褐黄色粉质粘土，孔隙比 0.82，压缩系数 0.30MPa，压缩模量 6.12MPa，具中等压缩性，抗剪强度指标 C 值 35.0kPa，φ 值 11.0°；

标高 24.82 ~ 17.42m 为灰黄色粉质粘土夹砂土，孔隙比 0.89，压缩系数 0.40MPa，压缩模量 5.40MPa，抗剪强度指标 C 值 39.3kPa，φ 值 8.9°；

标高 17.42 ~ 0.68m 为灰色、灰黄色粉细砂，孔隙比 0.51，压缩系数 0.12MPa，压缩模量 13.32MPa，抗剪强度指标 φ 值 25.9°；

标高 0.68 ~ -3.78m 为强风化灰白色白云岩，强风化带岩石、胶结差的断层构造岩，风化加剧的揉皱破碎带(散体结构)、性状差的剪切带、炭质页岩，原岩结构基本改变，含大量碎屑及碎粉；

标高 -3.78 ~ -5.04m 为中风化灰白色白云岩，白云岩类岩石中性状较好的揉皱破碎带、裂隙密集带，一般为中等风化带及以下岩体，较破碎，无软弱物质，岩芯状态为碎屑状、角砾状，干钻极难钻进。饱和单轴抗压强度为 35MPa，岩体变形模量 8.3GPa；

标高 -5.04 ~ -14.58m 为微风化灰白色白云岩，块体密度 2.80g/cm^3，饱和单轴抗压强度平均值 56.0MPa，完整岩块变形模量 17.6GPa，弹性模量 36.5GPa。

(2)SZ2 试桩位于长江南岸，为群桩中的一根，依据《荆岳长江公路大桥两阶段施工图设计工程地质勘察报告》得到 SZ2 试桩附近地质土(岩)层地质勘察情况：

标高 20.40 ~ 11.00m 主要为亚粘土，黄色、褐黄色，孔隙比 1.12，主要呈软塑 ~ 可塑状，压缩系数 0.42(MPa)$^{-1}$,压缩模量 5.32MPa,具中等压缩性,抗剪强度指标 C 值 29.5kPa,φ 值7.5°;

标高11.00~5.10m 主要为褐黄色粘土、砖红色,主要呈硬塑状,孔隙比 0.74,压缩模量 10.11MPa,抗剪强度指标 C 值52.8kPa,φ 值14.2°;

标高5.10~-10.20m 为强风化变余粉砂质泥岩,块原岩为变余粉砂质泥岩,岩质半疏松~半坚硬,锤击声哑。岩石风化强烈。普遍色变为黄色,顶部少量灰绿色,岩体内裂隙发育;

标高-10.20~-22.40m 为中风化变余粉砂质泥岩,饱和单轴抗压强度平均值 10~20MPa,其间发育有层间剪切带;

标高-22.40~-58.60m 为微风化变余粉砂质泥岩块体,天然密度 2.73g/cm^3,饱和单轴抗压强度平均值30.69MPa,变形模量5.5GPa,弹性模量7.8GPa。

8.3.2 测试过程

加载采用慢速维持荷载法,加载过程按照《建筑基桩检测技术规范》(JGJ 106—2003)及《桩承载力自平衡测试技术规程》(DB32/T291—1999)的要求进行。试验过程中用数据采集系统测得各钢筋计截面处的应变和每级荷载作用下荷载箱上下板位置处和桩顶位置处相应的位移。试桩测试结果见表8-11。

SZ1 试桩于2006年11月27日准备工作完成,开始试桩的测试。当加载至第16级荷载(2×21333kN)时,向上位移出现突变,桩身被抬起,向上累计位移73.51mm,停止加载。

SZ2 试桩29号墩35号桩于2007年3月13日准备工作完成,开始测试。加载至预估值即第14级荷载(2×60000kN),向上位移14.66mm,向下位移为12.43mm,压力稳定。考虑到荷载箱加载能力,继续加载二级,加载至第16级荷载(2×68000kN),向上位移22.85mm,向下位移为18.31mm。压力达到荷载箱极限,终止加载。

试桩实测结果 表8-11

试桩号	SZ1	SZ2
预定加载值(kN)	2×20000	2×60000
最终加载值(kN)	2×21333	2×68000
荷载箱处最大向上位移(mm)	74.51	22.85
向上残余位移(mm)	61.27	13.74
上部桩土体系弹性变形(mm)	13.24	9.11
荷载箱处最大向下位移(mm)	10.24	18.31
向下残余位移(mm)	4.80	12.31
下部桩土体系弹性变形(mm)	5.45	6.00
桩顶最大向上位移(mm)	64.56	11.35
桩顶残余位移(mm)	57.40	3.36
上段桩压缩变形(mm)	9.95	11.50

8.3.3 数据处理及分析

(1)根据附录A测得的数据,绘出SZ1试桩加载过程中荷载箱位置处的向上位移和向下位移与荷载加载值关系,其荷载~位移($Q \sim s$)曲线如图8-17所示。根据上面所述自平衡试验结果向传统静载荷试验结果转换的方法进行转换,转换所得等效静载曲线如图8-18所示。

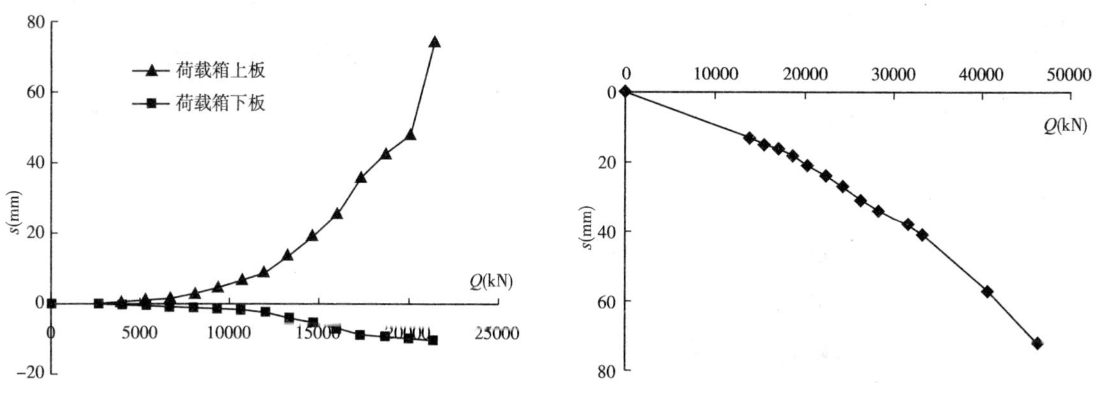

图8-17 SZ1自平衡静载试验实测$Q \sim s$曲线

图8-18 SZ1等效转换传统静载$Q \sim s$曲线

从SZ1试桩桩基测试过程及结果可知,上段桩承载力取突变前一级即第15级荷载为极限承载力,极限承载力为20000kN。下段桩承载力取第16级荷载为极限承载力,极限承载力为21333kN。

从图8-17可以看出,荷载箱上板在施加荷载在第15级荷载(2×20000kN)时其位移达到了47.83mm,本级位移为5.16mm。第16级荷载(2×21333kN)时位移达到74.51mm,本级位移达到26.67mm,大于上级荷载位移的5倍,整个曲线表现出陡变特征。荷载箱下板$Q \sim s$曲线无明显拐点,可以认为主要是以桩端受力为主。

从等效转换曲线图及自平衡测试数据分析方法可知,试桩的等效转换曲线为缓变型,试桩极限承载力为40112kN,相应的位移为55.8mm;使用荷载20000kN时桩顶对应的位移是20.00mm,桩顶达到40.00mm位移时对应的承载力为32742kN。

图8-19为SZ1试桩桩端阻力~位移曲线,曲线表现出缓变特性。通过荷载箱加载值减去荷载向以下桩体的侧摩阻力,计算可以得到SZ1试桩当桩端产生位移为9.66mm时其自平衡法测试的极限桩端承载力为19703kN,桩端位移是荷载箱下板位移与桩身弹性压缩的差值。

图8-20为SZ1试桩侧摩阻力沿深度分布曲线,在较低荷载情况下,基岩的侧摩阻力没有得到充分发挥,只有在较大荷载情况下,当桩体与岩体的相对位移较大时其侧摩阻力才可以得以充分发挥。

图8-21为SZ1试桩轴力分布曲线,在相同的桩岩相对位移情况下,基岩的侧摩阻力较上覆土层大许多。下段桩岩体的侧摩阻力受到位移的限制未得到充分发挥,其还有很大的发挥空间,这有别于上段桩相同岩体的侧摩阻力(图8-22)。

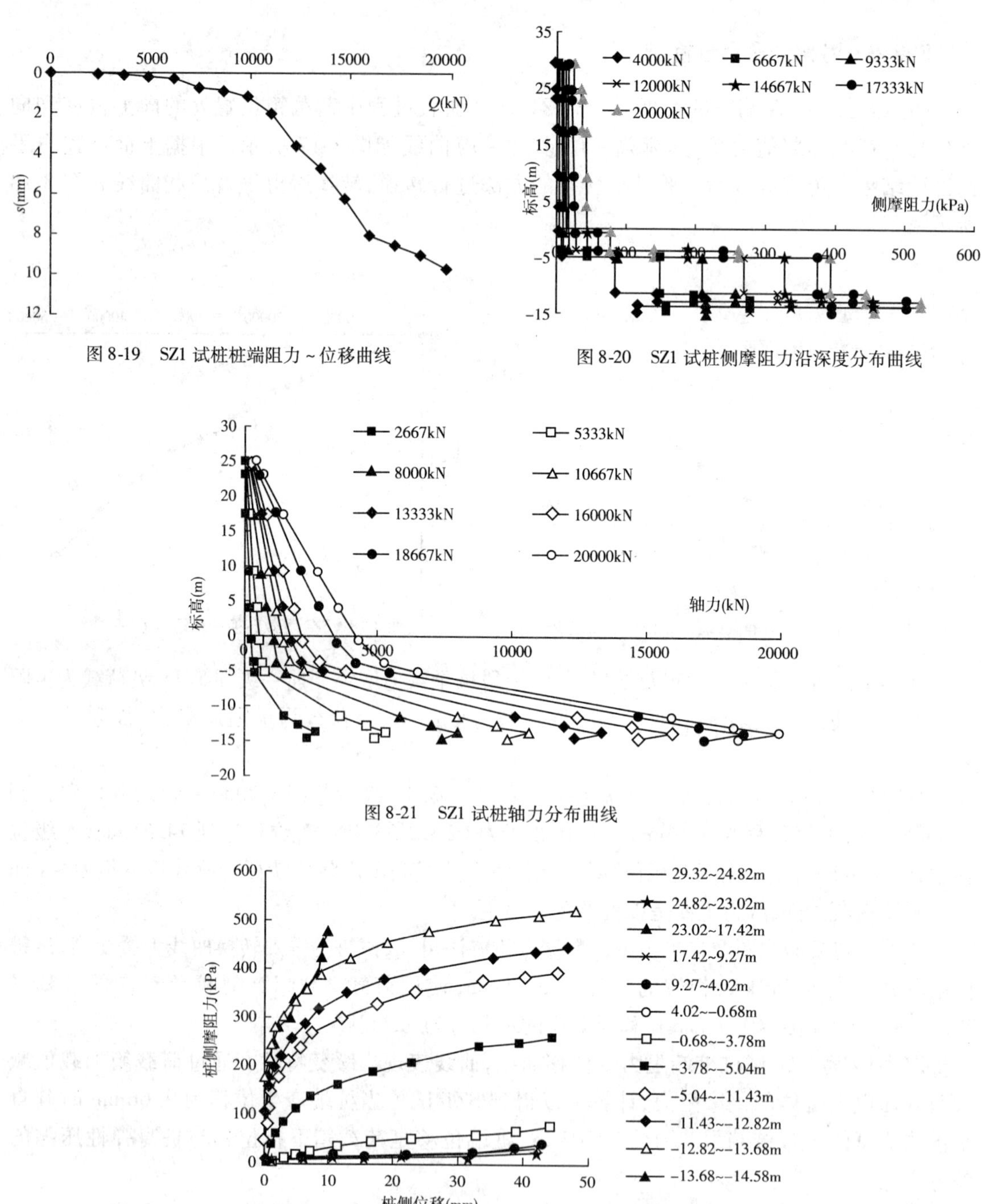

图 8-19　SZ1 试桩桩端阻力～位移曲线

图 8-20　SZ1 试桩侧摩阻力沿深度分布曲线

图 8-21　SZ1 试桩轴力分布曲线

图 8-22　SZ1 试桩侧摩阻力～位移发挥曲线

在测得的 SZ1 试桩中极限承载力中桩端极限承载力所占比例为 49.13%，测得极限承载力 $\sigma_R = 17.43$MPa；嵌岩段的侧摩阻力为 16377kN，SZ1 试桩极限承载力中嵌岩段的侧摩阻力比例为 40.83%，嵌岩段侧摩阻力平均值为 404.44kPa，上覆土层桩体侧摩阻力为 5244kN，占 SZ1 试桩极限承载力的比例为 13.07%。可见 SZ1 试桩极限承载力上覆土层侧摩阻力在抵抗桩顶荷载起到一定的作用,不可忽略。

(2)根据测得的数据,绘出SZ2试桩桩加载过程中荷载箱位置处的向上位移和向下位移与荷载加载值关系,其荷载~位移($Q \sim s$)曲线如图8-23所示。根据上面所述自平衡试验结果向传统静载荷试验结果转换的方法进行转换,转换所得等效静载曲线如图8-24所示。

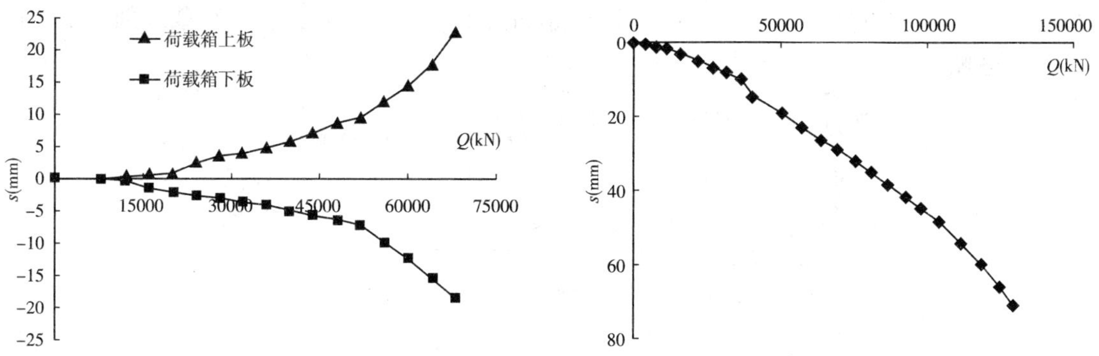

图8-23　SZ2自平衡静载试验实测$Q \sim s$曲线　　图8-24　SZ2等效转换传统静载$Q \sim s$曲线

从SZ2试桩桩基测试过程及结果可知,加载至预估值即第14级荷载(2×60000kN),向上位移14.66mm,向下位移为12.43mm,压力稳定。考虑到荷载箱加载能力,继续加载二级,加载至第16级荷载(2×68000kN),向上位移22.85mm,向下位移为18.31mm。压力达到荷载箱极限,终止加载。从荷载箱上下板的$Q \sim s$曲线看出其基本为缓变形的,主要是因为上段桩和下段桩侧摩阻力占有很大的比例,且测得的极限承载力不是以土层的变形来控制的,而是由于荷载箱的加载范围所引起,故桩体还有一定的承载能力。

从等效转换曲线(图8-24)及自平衡测试数据分析方法可知,试桩的等效转换曲线为缓变型,试桩极限承载力为129078kN,相应的位移为71.07mm;使用荷载45300kN时对应的位移为16.73mm,40.00mm位移对应的承载力为91530kN。

图8-25为SZ2试桩桩端阻力~位移曲线。对于SZ2试桩当桩端产生位移为14.39mm时其自平衡测试得到极限桩端承载力为34310kN。其中位移为荷载箱下板的位移与桩身弹性压缩之间的差值,桩端极限承载力是荷载箱加载值与下段桩侧摩阻力(图8-26)之间差值。

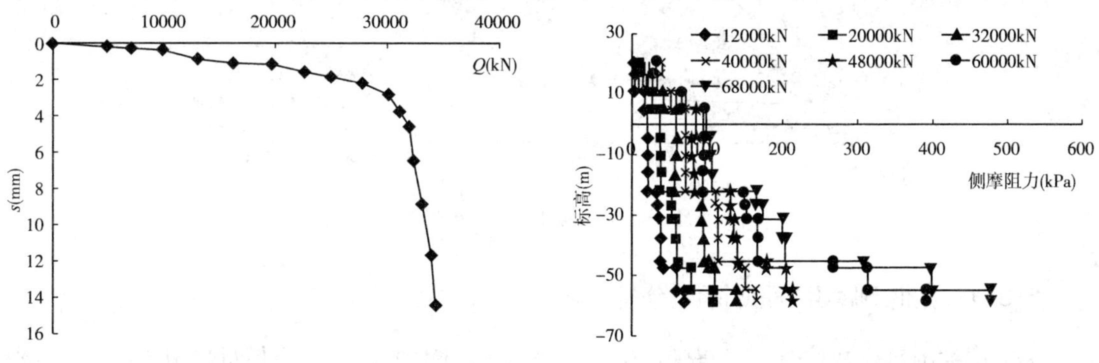

图8-25　SZ2试桩桩端阻力~位移曲线　　图8-26　SZ2试桩侧摩阻力曲线图

图8-27为SZ2试桩轴力分布曲线,在相同的桩岩相对位移情况下,基岩的侧摩阻力较上覆土层大许多。上下段桩岩体的侧摩阻力得到了发挥,SZ2试桩在相同桩岩相对位移情况下

荷载箱以下的岩体的侧摩阻力较荷载箱以上岩体侧摩阻力更容易发挥(图 8-28)。在测得的 SZ2 试桩中极限承载力中桩端极限承载力比例为 26.58%,测得的承载力 σ_R = 2.19MPa;嵌岩段的侧摩阻力为 60476kN,SZ2 极限承载力中嵌岩段的侧摩阻力比例为 46.85%,嵌岩段极限侧摩阻力平均值为 180.88kPa,上覆土层桩体侧摩阻力为 16551kN,占 SZ2 试桩极限承载力的比例为 12.82%。可见 SZ2 试桩极限承载力上覆土层侧摩阻力在抵抗桩顶荷载起到一定的作用,不可忽略。

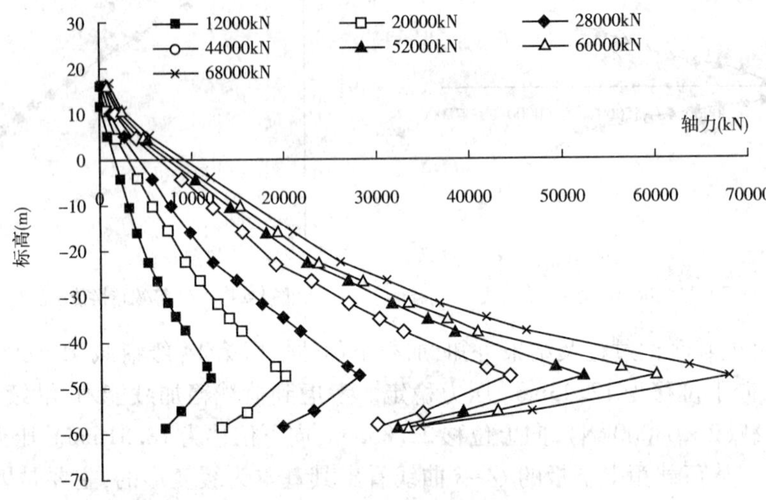

图 8-27　SZ2 试桩轴力分布曲线

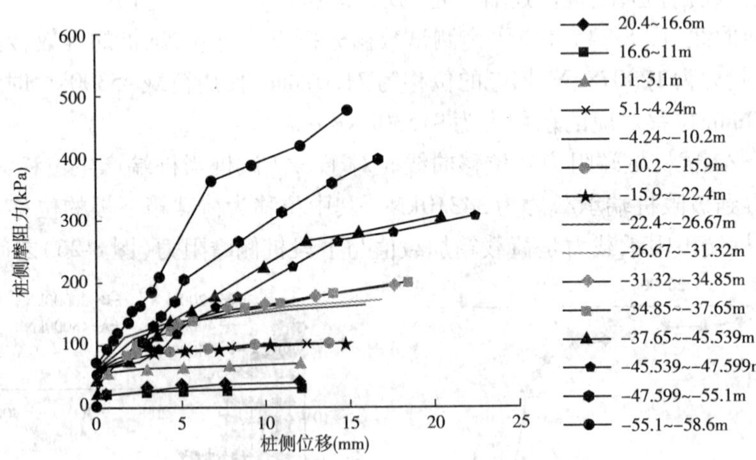

图 8-28　SZ2 桩侧摩阻力 ~ 位移发挥曲线

8.3.4　试桩侧摩阻力和端阻力分析

SZ1 试桩中风化灰白色白云岩的单轴抗压强度 35.5MPa,岩体变形模量 8.4GPa,测得极限侧摩阻力为 261.87kPa,桩岩之间相对位移为 44.17mm。

SZ2 试桩中风化变余粉砂质泥岩,饱和单轴抗压强度平均值 15.2MPa,岩体变形模量 4.7GPa,测得极限侧摩阻力为 105.53kPa,桩岩之间相对位移为 13.48mm。

SZ1 试桩微风化灰白色白云岩的单轴抗压强度 47.5MPa,岩体变形模量 22.5GPa,测得极限侧摩阻力与位移关系,见表 8-12。

SZ2 试桩微风化灰变余粉砂质泥岩的单轴抗压强度 22.5MPa,岩体变形模量 5.5GPa,测得极限侧摩阻力与位移关系,见表 8-13。

SZ1 试桩微风化极限段侧摩阻力与位移 表 8-12

岩石名称	标高(m)	侧摩阻力(kPa)	位移(mm)
微风化灰白色白云岩	-5.04 ~ -11.43	393.80	45.19
	-11.43 ~ -12.00	444.77	46.92
	-12.82 ~ -13.68	522.73	47.56
	-13.68 ~ -14.58	480.26	9.94

SZ2 试桩微风化段极限侧摩阻力与位移 表 8-13

岩石名称	标高(m)	侧摩阻力(kPa)	位移(mm)
微风化变余粉砂质泥岩	-22.40 ~ -26.67	164.45	15.64
	-26.67 ~ -31.32	172.59	16.59
	-31.32 ~ -34.85	198.93	17.62
	-34.85 ~ -37.65	203.00	18.52
	-37.65 ~ -45.54	307.32	20.32
	-45.54 ~ -47.60	307.29	22.38
	-47.599 ~ -55.10	398.69	16.70
	-55.10 ~ -58.0599	477.70	14.84

嵌岩段极限侧摩阻力的发挥和岩石与土体间的相对位移存在一定的正向关系,同一种岩石在荷载箱上下不同位置即使有相同的相对位移,其桩侧极限摩阻力也是不同的。主要原因可能是:岩石为非均质体,在不同标高处即使是相同的岩石其实际地质条件也存在差异,在地质报告中有描述;在自平衡测试过程中荷载箱下段桩体由于桩端阻力较大,桩体在受力时比上端桩径向变形较大,这时桩侧摩阻力更容易发挥,SZ1 试桩表现得更为明显。

其中 SZ1 试桩的长径比为 $\lambda=37.5$,嵌岩比 $n=9.0$;SZ2 试桩的长径比为 $\lambda=36.4$,嵌岩比 $n=22.0$。两根试桩不仅在基岩性质上有一定的区别,其在嵌岩比上也有较大的差异。SZ1 试桩端阻力与侧摩阻力在桩顶承载力达到极限承载力时的情况下分担比接近 1:1,而 SZ2 试桩为 1:4。

8.3.5 SZ2 试桩桩基优化设计

运用东南大学土木工程学院编制的相应程序,在原有的测试数据基础上对 SZ2 桩体缩短 5m 和 10m 之后的等效转换曲线,见图 8-29 和图 8-30。

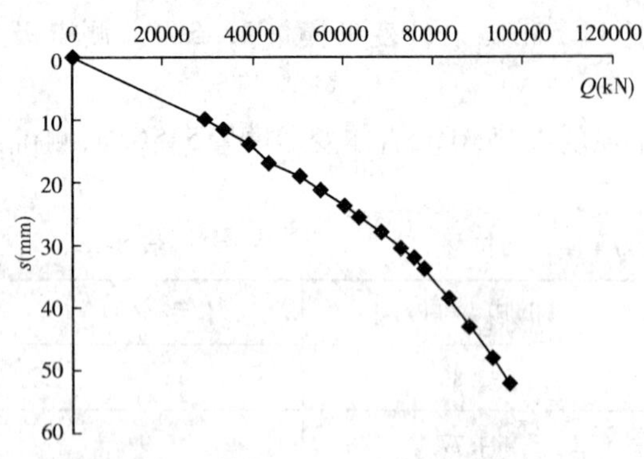

图 8-29　SZ2 试桩(缩短 5m)等效转换曲线

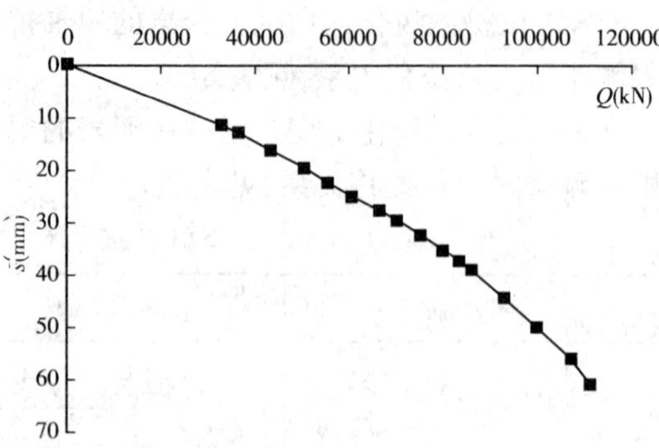

图 8-30　SZ2 试桩(缩短 5m)等效转换曲线

由图 8-29 和 8-30 可知在原有桩长的基础上缩短 5m 和 10m 后,所得到的桩顶荷载～位移等效转换曲线均为缓变型。这主要是因为原桩体嵌岩深度为 42.7m,即使缩短 5m 或 10m,桩体还是以摩擦力为主。

由表 8-14 可以看出在原有桩长缩短 5m 和 10m 后在相同的使用荷载下桩顶位移增加值分别增加了 0.49mm 和 0.99mm,增大率分别为 2.93% 和 5.75%,而桩长缩短量是原桩长的 6.25% 和 12.5%。所以,在可以保证桩基承载力和桩基沉降基础条件下,可以适当缩短桩长来减少工程造价费用。

SZ2 试桩缩短 5m 和 10m 等效转换结果对比　　表 8-14

项目 / 桩长	极限承载力(kN)	位移(mm)	桩侧总阻力(kN)	比例	桩端总阻力(kN)	比例	使用承载力(kN)	位移(mm)
原长	129078	71.07	94774	73.42%	34310	26.58%	45300	16.73
缩短 5m	111504	61.09	77194	69.23%	34310	30.77%	45300	17.22
缩短 10m	96886	52.46	62588	64.60%	34310	35.40%	45300	18.21

8.3.6　后压浆对嵌岩群桩沉降影响的数值分析

8.3.6.1　有限差分法简介

有限差分法基本思想是把连续的定解区域用有限个离散点构成的网格来代替,这些离散点称作网格的节点;把连续定解区域上的连续变量的函数用在网格上定义的离散变量函数来近似;把原方程和定解条件中的微商用差商来近似,积分用积分和来近似,于是原微分方程和定解条件就近似地代之以代数方程组,即有限差分方程组,解此方程组就可以得到原问题在离散点上的近似解。然后再利用插值方法便可以从离散解得到定解问题在整个区域上的近似解。

在有限差分法中,为了表示场变量的变化率,用差分来代替微分,用割线斜率来代替切线斜率,单元可以划分为任意形状,不受边界条件的限制。由于这一方法的灵活、快速和有效性,使其迅速发展成为求解各领域的数理方程的一种通用的近似计算方法。

FLAC 是 Fast Lagrangian Analysis of Continua 的缩写,是由 Cundall 在 20 世纪 70 年代中期开始研究开发的通用软件系统,在现今岩土工程界广泛采用的数值分析软件。FLAC3D 主要用于分析三维模型,采用的是有限差分法。本文数值模型主要采用的就是 FLAC3D。

1. FLAC3D 概述

FLAC3D 是工程力学计算的三维显式有限差分程序。它能较好地模拟土、岩石或其他材料的力学性能，包括达到屈服极限时的塑性流动等。材料由单元或区域组成，并形成节点，用户可以调整节点来模拟物体的形状。每个单元根据预加的荷载和边界条件，在一定的线性或非线性应力～应变法则下表现相应的性能。材料能够屈服、流动，节点能够随材料变形在大应变模式下移动。FLAC3D 结合了显式拉格朗日计算方法和混合离散区域法，保证了能够非常准确地模拟塑性破坏和流动。由于没有刚度矩阵的形成，巨大的三维计算只需要较小的内存空间。显示方程的缺点例如较小的时间步限制和必须的阻尼问题在一定程度上能被自动惯性计算和自动阻尼所克服，而并不影响破坏模式。

FLAC3D 尽管起初是为了应用于岩土工程和采矿工程，但是该程序能广泛应用于解决复杂的力学问题。几个程序自带的本构模型能模拟岩土或相近材料的高度非线性、不可逆反应等问题。

2. FLAC3D 基本原理

(1)三维空间的离散化

FLAC3D 将求解对象离散为如图 8-31 所示的四面体单元，采用如下的插值函数：

$$\delta v_i = \sum_{n=1}^{4} \delta v_i^n N^n \tag{8-3}$$

$$N^n = c_0^n + c_1^n x_1' + c_2^n x_2' + c_3^n x_3' \tag{8-4}$$

$$N^n(x'^j_1, x'^j_2, x'^j_3) = \delta_{nj} \tag{8-5}$$

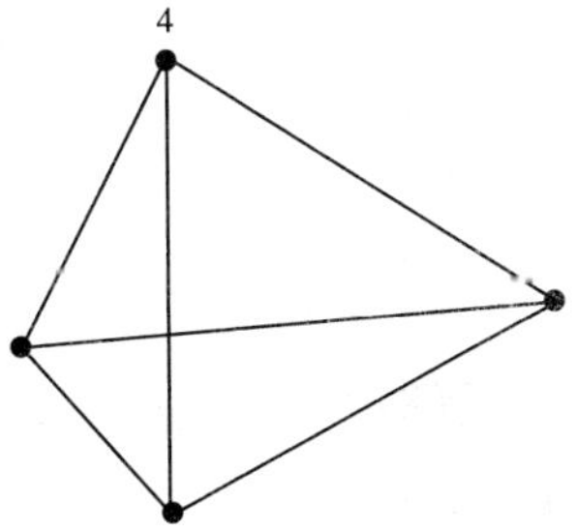

图 8-31　四面体离散单元

上述式中：x_i、u_i 和 v_i 分别代表四面体中节点的坐标、位移和速度。

(2)空间差分方程

由高斯定律，可将四面体的体积分转化为面积分。对于常应变率四面体，有：

$$\int_V v_{i,j} \mathrm{d}v = \int_s v_i n_j \mathrm{d}S \quad 或 \quad v_{i,j} = -\frac{1}{3V}\sum_{i=1}^{4} v_i^I n_i^{(I)} S^{(I)} \tag{8-6}$$

式(8-6)中：$n_i^{(I)}$ 为为四面体各面的法矢量；$S^{(I)}$ 为各面的面积；V 为四面体体积。

于是，应变率张量可表示为：

$$\dot{\xi}_{ij} = (v_{i,j} + v_{j,i})/2 \quad 或 \quad \dot{\xi}_{ij} = -\frac{1}{6}\sum_{1}^{4} (v_i^I n_j^{(I)} + v_j^I n_i^{(I)}) S^{(I)} \tag{8-7}$$

应变增量张量可表示为：

$$\Delta\zeta_{ij} = -\frac{\Delta t}{6V}\sum_{1}^{4} (v_i^I n_j^{(I)} + v_j^I n_i^{(I)}) S^{(I)} \tag{8-8}$$

旋转率张量可表示为：

$$\dot{\omega}_{ij} = -\frac{1}{6V}\sum_{1}^{4} (v_i^I n_j^{(I)} + v_j^I n_i^{(I)}) S^{(I)} \tag{8-9}$$

由本构方程和以上各式可得应力增量，这样就由高斯定律将空间连续量离散为节点量，藉此由节点位移与速度计算空间单元的应变与应力。

(3) FLAC3D 中的 Mohr-Coulomb 模型

FLAC3D 所提供的 Mohr-Coulomb 模型是一种修正模型，即在传统 Mohr-Coulomb 准则的基础上允许屈服包面发生拉裂破坏，屈服面上某一应力点的位置由服从非关联流动法则的剪切破坏和服从相关联流动法则的受拉破坏共同控制，形成一种复合的屈服准则和流动规律，采用该准则来模拟桩、土之间的相对位移乃至受拉破坏是合适的。如图 8-32 所示，A 至 B 段：

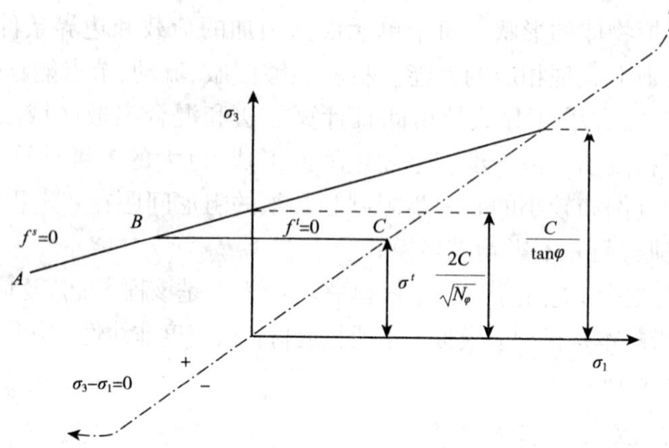

图 8-32　Mohr-Coulomb 模型本构模型

$$f^s = \sigma_i - N_\varphi \sigma_3 + 2c\sqrt{N_\varphi} = 0 \tag{8-10}$$

式(8-10)中，$\sigma_i(i=1\sim3)$，$N_\varphi = \dfrac{1+\sin\varphi}{1-\sin\varphi}$。$B$ 至 C 段：

$$f^t = \sigma_3 - \sigma^t = 0 \tag{8-11}$$

当 $\sigma^t_{\max} = C/\tan\varphi$。势函数由 g^s（非关联法则）和 g^t（相关联法则）定义得到：

$$g^s = \sigma_1 - N_\varphi \sigma, g^t = \sigma_3 \tag{8-12}$$

式(8-12)中，$N_\varphi = (1+\sin\varphi)/(1-\sin\varphi)$，$\varphi$ 为膨胀角。由流动法则有下式定义：

$$h = \sigma_3 - \sigma^t + a^p(\sigma_1 + \sigma^p) = 0 \tag{8-13}$$

式(8-13)中：$a^p = \sqrt{1+N_\varphi^2} + N_\varphi$，$\sigma^p = N_\varphi \sigma^t - 2cN_\varphi$。从而，对剪切屈服有：

$$\begin{aligned} \sigma_1^N &= \sigma_1' - \lambda^s(a_1 - a_2 N_\varphi) \\ \sigma_2^N &= \sigma'_2 - \lambda^s a_2(1 - N_\varphi) \\ \sigma_3^N &= \sigma_3' - \lambda^s(-a_1 N_\varphi + a_2) \end{aligned} \tag{8-14}$$

式(8-14)中，$\lambda^s = f^s(\sigma_1', \sigma_3')/(a_1 - a_2 N_\varphi - (-a_1 N_\varphi + a_2)N_\varphi)$；对于张拉屈服有：

$$\begin{cases} \sigma_1^N = \sigma_1^I - (\sigma_3^I - \sigma^t)\dfrac{a_2}{a_1} \\ \sigma_2^N = \sigma_2^I - (\sigma_3^I - \sigma^t)\dfrac{a_2}{a_1} \\ \sigma_3^N = \sigma^t \end{cases} \tag{8-15}$$

式(8-15)中：$a_1 = K + 4G/3$，$a_2 = K - 2G/3$，K 为体积模量，G 为剪切模量。

在运用 FLAC3D 计算 Mohr-Coulomb 模型时需要土层参数有体积模量 K、剪切模量 G、内摩擦角 φ 和粘聚力 C。内摩擦角 φ 和粘聚力 C 可以从地质报告中直接得到，而体积模量 K、剪切模量 G 需要通过地质报告中的压缩模量转换过来。

$$K = \frac{E_s}{3(1-2\mu)} \tag{8-16}$$

$$G = \frac{E_s}{2(1 + 2\mu)} \tag{8-17}$$

式(8-16)中,E_s 为土体或岩石的弹性模量,μ 为土体或岩石的泊松比。

桩土(岩)之间接触面的 C 和 φ 值主要是按经验取得。

8.3.6.2 FLAC3D 对 SZ2 试桩反演分析

通过对荆岳桥南主塔群桩其中一桩的自平衡测试获得 $Q \sim s$ 曲线,再利用 FLAC3D 软件数值模拟,对 $Q \sim s$ 曲线进行拟合,从而得到土层的数值分析参数。通过单桩数值拟合得到的参数对群桩进行数值分析。

1. SZ2 试桩的网格划分

利用 FLAC3D 本身所带的网格划分器对 SZ2 试桩桩体及土层进行划分,这有别于群桩的单元划分,在分析群桩时利用 ANSYS 的前处理优势划分好网格获得单元和节点信息,利用程序将在 ANSYS 划分好的模型导入 FLAC3D,在 FLAC3D 中对模型进行参数赋值计算。

土层及 SZ2 桩体网格划分依据地质钻孔 SZK93,土层的划分按水平方向划分,土层之间未设置接触面,基于对群桩模型分析的方便,土层设为 5 层。

在建立模型时作了一定的假设:桩体为弹性材料,土(岩)层均符合 Mohr-Coulomb 计算模型;土(岩)层模量和泊松比不因桩体存在而改变;考虑到桩体与土(岩)层之间存在相对位移,土(岩)层与桩体之间设置接触面联系;为节省计算时间,且模型存在中心对称性,所建模型为实际情况下的四分之一;模型表面为自由面,模型对称面的约束垂直于对称面的位移,其他面约束为全约束。考虑到桩径为 2.2m,水平向土(岩)层取 20m,桩端以下岩层取 20m。模型单元数为 4800,节点数为 6347。

在图 8-33 中:q4al 代表 Q_4^{al} 第四系全新统冲积层,q2edl 代表 Q_2^{edl} 中更新统残坡层,qiangfenghua 代表强风化变余粉砂质泥岩,zhongfenghua 代表中风化变余粉砂质泥岩,weifenghua 代表微风化变余粉砂质泥岩,duanceng 代表中风化变余粉砂质泥岩和微风化变余粉砂质泥岩中的破碎带软弱带,pile 代表桩体,图 8-34 为单桩模型接触面形状。

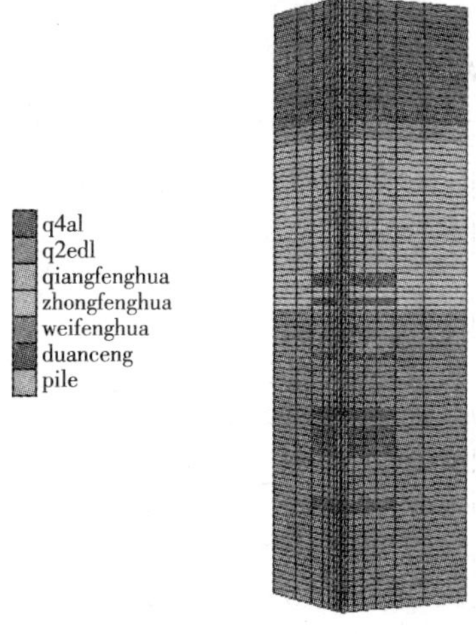

图 8-33 SZ2 试桩及土(岩)层网格划分图

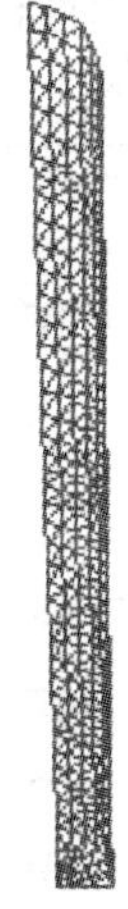

图 8-34 SZ2 试桩桩体与土层接触面

2. SZ2 试桩数值分析与测试曲线拟合

在 SZ2 试桩过程中是采用慢速维持加载法，共 16 级荷载，在做数值曲线拟合时，采用 5 级，对试验实际情况拟合和等效转换后拟合。

模拟自平衡加载数值时分别取 8000kN、24000kN、40000kN、56000kN 和 68000kN 荷载值作为计算点，在得到相应荷载下，绘出实测 $Q \sim s$ 曲线和数值模拟 $Q \sim s$ 曲线，见图 8-35。

在数值模拟自平衡模型的基础上，把荷载箱位置建立桩体模型进行等效转换后桩顶受力的数值模拟。建立数值分析模型，加载数值时分别取 7552kN、16262kN、31408kN、57458kN、75324kN、92640kN、111372kN 和 129084kN 8 级荷载值作为计算点，在得到相应荷载下的桩顶竖向位移，绘出等效转换后 $Q \sim s$ 曲线和数值模拟 $Q \sim s$ 曲线，见图 8-36。

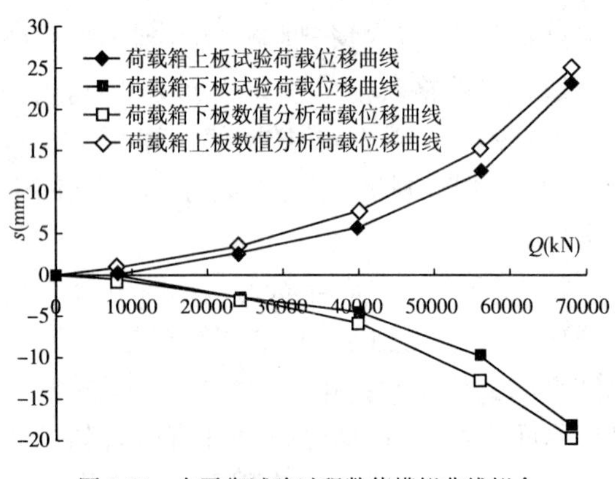

图 8-35　自平衡试验过程数值模拟曲线拟合

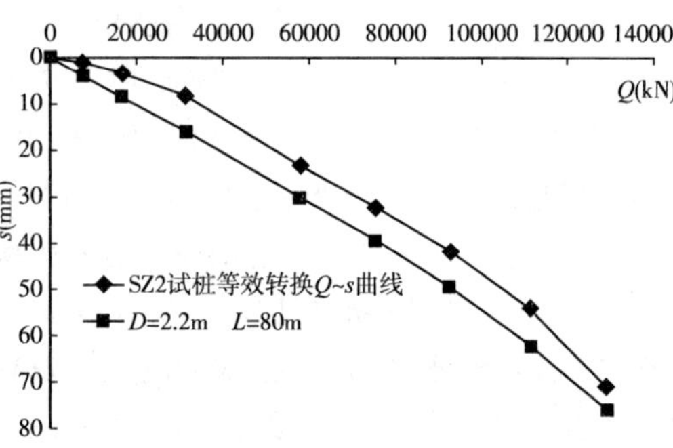

图 8-36　等效转换后 $Q \sim s$ 曲线和数值模拟 $Q \sim s$ 曲线

对自平衡试桩过程拟合所得的参数用于等效转换后的 $Q \sim s$ 曲线可知，所选用参数可以作为群桩数值分析。

3. SZ2 试桩数值反演分析得到土层参数

运用 FLAC3D 通过对 SZ2 试桩自平衡测试数值模拟和对 SZ2 试桩等效转换之后的 $Q \sim s$ 数值模拟复核，得到在 SZ2 试桩附近各土(岩)层的体积模量 K、剪切模量 G、内聚力 C 和内摩擦角 φ，桩体采用弹性模型，见表 8-15。

单桩数值分析中参数取值　　表 8-15

参数 / 土层	K(MPa)	G(MPa)	C (kPa)	φ (°)
Q_4^{al}	4.58	2.12	12.5	18.5
Q_2^{edl}	7.14	3.48	39.0	15.5
强风化	75.1	48.4	23.0	17.5
中风化	150	84	212	30
微风化	534	364	950	41.5
软弱带	25	15	35	21.5
桩体	13900	10400	—	—
Q_3^{al}	9.16	4.27	43.4	12.5

在群桩数值分析中，通过各个钻孔得到的地质情况还有 Q_3^{al} 上更新统冲积层，此土层的参数主要依据地质报告和上述单桩分析的结果对其近似取值。

8.3.6.3　FLAC3D 对群桩数值分析

根据桥位区基本工程地质条件，结合大桥各建筑物基础型式及岩土工程特性综合分析，桥基的稳定与变形问题是主要工程地质问题之一。

8.3.6.3.1　南塔复杂基岩

数值模拟分析南塔桥基在组合荷载作用下产生的不均匀沉降是本文主要内容之一。特殊地质的存在以及桩体嵌入基岩的倾斜，都是桩基工程设计所必须考虑的。在基岩主要有 B 类、C 类和 D 类，依据地质报告 B 类基岩单轴抗压强度 $R_a = 20 \sim 60\text{MPa}$，C 类基岩单轴抗压强度 $R_a = 6 \sim 10\text{MPa}$，D 类基岩单轴抗压强度 $R_a = 3 \sim 4\text{MPa}$，不良地质情况如下：

(1)复杂岩体对桥基的影响

在南漫滩的陡立地层中发育有大量层间剪切带，其发育分布以顺层为主，因岩层倾角陡立，且受强烈揉皱而产状多变，使得层间剪切带的分布具有空间多变性，且在很深部位亦有分布。层间剪切带各钻孔均有揭示，下游所占比例约 50%，上游所占比例约为 35%。

复杂岩体的存在，给桥基岩体工程地质性状带来不利影响，其主要不利方面包括：①软、硬岩体的强度及变形特性相差大；②软弱层带的低强度问题；③软弱层带分布的空间不确定性。

(2)断层对桥基的影响

桥位区地层历经多次构造运动，断层构造发育，由于基岩被第四系覆盖，且岩体又极为破碎，要查清桥位区断裂构造的特征及空间分布，断层胶结极差，且与溶蚀风化等相伴叠加，其力学性状进一步劣化，岩体工程地质类别多属 C 类、D 类。

基岩面略向下游倾斜，墩基相对较完整的变余粉砂质泥岩与层间剪切带相间分布，形成陡立且软硬相间的岩体结构特点。层间剪切带在各部位的分布高程不一，且由于岩层倾角陡，在较深的部位亦有分布，使得岩体条件在垂向上无分带性。因此，墩基不能找到分布稳定、性状均一的持力层。故不宜采用端承桩基础，只宜采用摩擦桩基础型式，依据桩周岩土条件具体确定桩长。

图 8-37 给出南塔顺江工程地质剖面图。

8.3.6.3.2　南塔墩地基加固

鉴于南塔墩地基存在的不良地质情况，利用水泥浆液充填桩周和桩底基岩中的层间剪切带、揉皱破碎带，以增加地基的整体稳定性，减少上下游承台基础的不均匀沉降。

1. 地基加固处理概述

地基处理按两个步骤进行：第一步是采用地质钻机成孔，第二步是采用压力压浆工艺将水泥浆压入不良地质的地层当中。

(1)加固方式：钻孔后对桩底以下岩层以及桩周的层间剪切带进行注浆加固；

(2)注浆孔深度：钻孔深度为桩底以下 3m；

(3)加固步骤：第一步，对桩底岩层进行注浆；第二步，对桩侧岩体进行注浆。

2. 压浆孔的布置

压浆孔的布置按一定的原则：(1)统筹考虑施工效率和压浆效果；(2)尽量布置于靠近桩

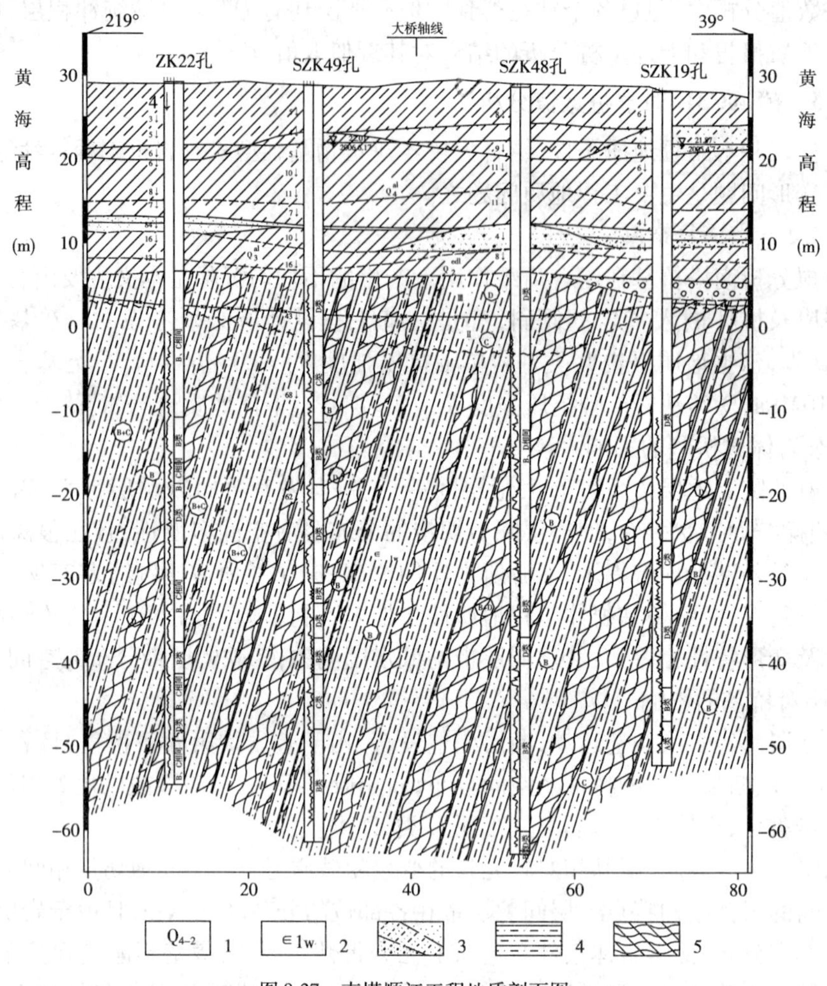

图 8-37　南塔顺江工程地质剖面图

1-第四系；2-寒武系五里牌组；3-覆盖层；4-变余粉砂质泥岩；5-层间剪切带

体的周围内，同时避免离桩基过近，以防止斜孔对成桩的影响；(3) 考虑到层间剪切带可能具有一定的连通性，成为水泥砂浆短距离渗透的通道。

基于以上原则和实际地质情况，在上游承台下布置 18 个压浆孔，在下游承台下布置 40 个压浆孔，共 58 个压浆孔，压浆孔直径不小于 75mm。在实际施工过程中先对下游压浆孔注浆，在承台施工完成后在对上游承台压浆孔注浆。注浆孔布置图见图 8-38，在下游承台范围内布置了 C1 ~ C5、B1 ~ B11 和 A1 ~ A24 注浆孔，在上游承台外侧布置了 S1 ~ S18 注浆孔。

3. 成孔

(1) 成孔机具

成孔设备为 4 套，具体配置为：

钻机型号：XY-200 型，动力为 11kW 电动机；

水泵型号：BW-160 单缸泥浆泵，动力为 6kW 电动机；

钻具：ϕ110mm、ϕ91mm、ϕ75mm 金刚石钻头或合金钻头；

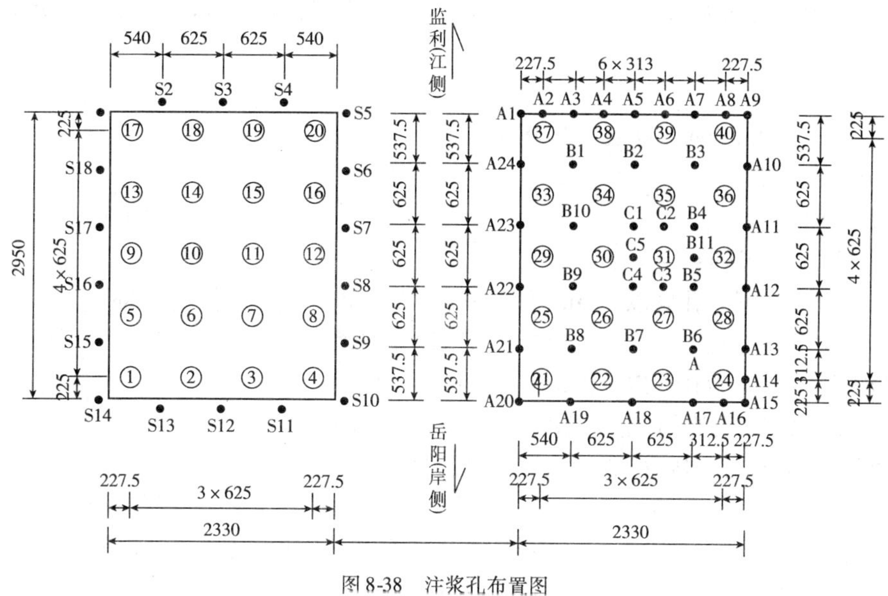

图 8-38　注浆孔布置图

钻具级配：ϕ89mm、ϕ73mm 管及护孔器，ϕ50mm 钻杆。

（2）钻孔工艺、技术要求

①钻机安装平稳、垂直、循环系统齐全。

②下套管，通过锤击将直径为 ϕ146mm 的套管打入土层 3～6m，将孔口护住。

③钻进，根据不同地层情况分别使用 ϕ110mm、ϕ91mm、ϕ75mm 三种规格的钻头进行钻进：

（a）由地面（标高约为 20.401m）至标高 －10.0m 处、钻进深度约 30.401m 范围内，采用 ϕ110mm 钻头进行钻进；

（b）由标高 －10.0m 至设计压浆孔孔底标高以上 5m 位置（即：对设计钻进深度 78m 的 A1～A10、A24、B1～B3 压浆孔，为标高 －52.599m 位置；对设计钻进深度 73m 的其余压浆孔，为标高 －47.599m 位置），采用 ϕ91mm 钻头进行钻进；

（c）由设计压浆孔孔底标高以上 5m 位置，采用 ϕ75mm 钻头进行钻进，至设计压浆孔孔底标高位置（即：对设计钻进深度 78m 的 A1～A10、A24、B1～B3 压浆孔，为标高 －57.599m 位置；对设计钻进深度 73m 的其余压浆孔，为标高 －52.599m 位置）终孔。

④为防止成孔过程中孔壁垮塌，采用优质泥浆护壁。

4. 压浆

（1）机具

注浆设备为 2 套，包括压浆机、搅拌机、贮浆搅拌机、过滤网、电线、高压管等。

①压浆设备的型号

XPB-10 高压泵，最大压力为 9～10MPa，额定功率 22kW，流量 91L/min，可调速，可调节转速和压力。压浆设备二套。

②配套设备的型号

制浆机采用高速涡流制浆机一台,主要技术参数公称容积400L,制浆时间3min,额定功率7.7kW。

贮浆机二台。

压浆胶管直径为50mm,耐压为15MPa以上。

(2)压浆操作工艺

①压浆顺序

单孔压浆分两步进行:

第一步,压浆范围为孔底以上5m(即钻头第二次变径位置至孔底),即ϕ75mm钻头钻进部分,在第二次变径位置设置相应规格的止浆塞,压浆管底口置于孔底以上3m处;

第二步,压浆范围为孔底以上5m位置至标高-10.0m处(即钻头第一次变径位置),在第一次变径位置设置相应规格的止浆塞,压浆管底口置于孔底以上7m处。两次压浆要连续完成,压浆总量按3t水泥控制(如遇特殊情况可适当增加压浆量)。

②清孔

先通过稀释泥浆方法清孔,而后通道用大压力泵清除泥皮,待注浆管道通畅后再压注水泥浆液。

③浆液配置

水泥采用华新P.O.42.5水泥。

浆液浓度采用3:1、1:1、0.8:1、0.6:1和0.5:1(水:水泥)五个等级。浆液的浓度应结合注浆压力进行控制,注浆时,从3:1开灌,逐渐变浓;灌浆量达200L,灌浆压力无变化或变化不大,则浆液应变浓一级续灌。单孔压浆量约为3t(水泥用量),其中桩端以下约为1t,桩侧为约2t。

④压浆初始压力

初始压力为0.2~0.6MPa。

⑤终灌控制标准

采用压浆量与压力双控:达到规定的压浆量,且终灌压力不小于1.5MPa;或者压力达到5MPa,延续5min即可。

5. 施工要点

(1)南塔墩基下伏基岩软硬相间,软硬岩空间分布不均,层间剪切带、软岩等软碎岩体在深层亦有分布,加之岩层层面陡立,孔壁稳定性差,压浆孔成孔后应对塌孔加以防范。

(2)可以借助南塔桩基施工经验,采用合适的施工工艺和钻进工艺,确保达到设计标高,可以采用泥浆护壁措施工艺。

(3)钻机应平稳、垂直、循环系统齐全,压浆孔满足相关规范要求,避免斜孔对已成桩造成的影响,终孔直径不小于75mm。

(4)压浆成孔过程中,应记录钻进过程中层底变化情况;特别是对层间剪切带、揉皱破碎带位置、高度应做详细记录,以便后期压浆有的放矢。

(5)成孔后注意清孔工作;将泥浆置换后,用大泵压对泥皮进行清除,待注浆通道畅通后再压浆水泥浆液。

(6)为保证压浆效果,应设置止浆塞,以防止浆液外冒。

(7)注浆过程应做好浆液过滤工作,以防止浆液堵塞通道。

(8)地基加固前,在A1压浆孔先做试验,进一步明确压浆工艺、浆液配置与浓度控制,预计压浆加固效果。

(9)由于地质情况复杂,实际施工情况与设计不符时及时反馈,以便实时调整。

(10)为保证地基加固效果,应由经验特别丰富的专业人员进行施工。

6. 其他主要施工设备

其他主要施工设备见表8-16。

其他主要施工设备　　表8-16

机械设备	规格型号	额定功率(kW)或吨位(t)	厂牌	数量
塔吊	300T. M		C4060	1台
汽车吊	65T/40T			各1台
高压水泵	80DL＊10	750kW	上海98.01	1台
手拉葫芦		5t		4个
交流电焊机	BX3-300		株洲97.11	2台
平板车	东风153			1台
挖掘机	1.6m^3			1台

7. 部分注浆孔施工情况

在已有的注浆资料中主要包括了B1～B11以及C1～C5的注浆压力以及浆液水泥用量,详细见附录G,由表格内数据分析可知11个注浆孔水泥用量共57.8t,平均单孔水泥用量为3.6t,超过方案中单孔计划水泥用量。

8.3.6.3.3　南塔群桩模型划分

图8-39给出SZ2所在南塔群桩中的位置,并给出各桩体的编号,其中$A \sim H$为承台顶面8个角点的编号,以此作为评价承台在不同情况荷载作用时位移的差别。桩长详情见附录D。鉴于群桩模型的复杂性,本群桩模型通过ANSYS建模以及网格划分,通过型程序软件,将模型导入FLAC3D中进行计算,单元总数为479100,节点总数为94251。建模过程建设如单桩建模过程,边界条件为顺桥方向取120m,顺江方向取200m,土(岩)层厚度取130m,土层上表面为自由面,其他模型表面为全约束。

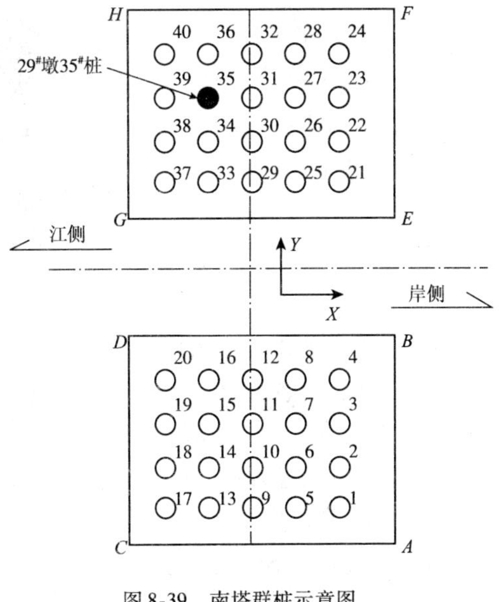

图8-39　南塔群桩示意图

在模型的建立过程中,土层非水平面,而是依据群桩周围钻孔的地质资料近似取到曲面,土层的参数取值依据单桩数值拟合时的参数,桩侧接触面依据单桩接触面对应参数取值。群桩整体模型见图 8-40，其中：q4al 代表 Q_4^{al} 土层，q2edl 代表 Q_2^{edl} 土层，q4al 代表 Q_3^{al} 土层，qiangfenghua 代表强风化变余粉砂质泥岩，zhongfenghua 代表中风化变余粉砂质泥岩，weifenghua 代表微风化变余粉砂质泥岩，duanceng 代表微风化变余粉砂质泥岩中的破碎带软弱层（D 类岩基），pileandchtai 代表桩体和承台。

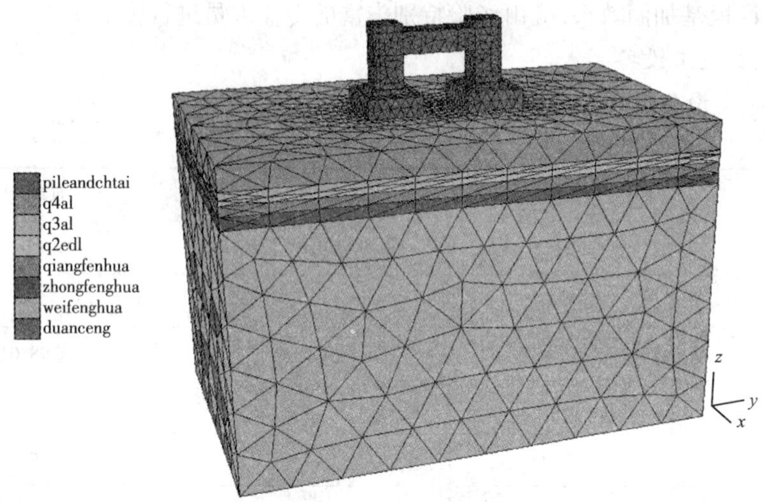

图 8-40　群桩及土（岩）层数值分析模型

在模型参数赋值时考虑到基岩断层带、破碎带及软弱层的存在（图 8-41），运用 FLAC3D 计算模型时参数直接利用表 8-15 参数值。

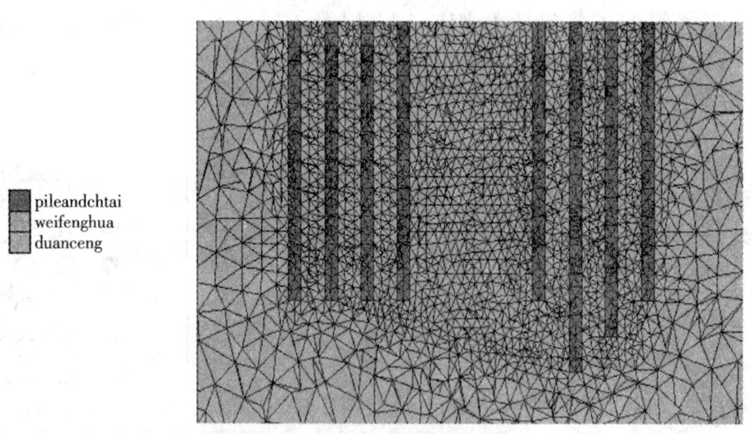

图 8-41　模型内部软弱层示意图

图 8-39 和图 8-40 中坐标 X 正向为指向岸侧，坐标 Y 正向为指向顺江方向，坐标 Z 正向为垂直地面向上。地质报告中标高 20.401m 在模型中定义为 $z=0$m。

8.3.6.3.4　竖向荷载作用下不同注浆阶段数值分析

在注浆施工过程中，主要分为两个注浆阶段：第一阶段，对下游注浆孔注浆，及完成 C1 ~ C5、B1 ~ B11 和 A1 ~ A24 注浆孔注浆；第二阶段，在承台浇注完成后对上游承台周围注浆孔注浆，继续完成 S1 ~ S18 注浆孔注浆。

分析过程中考虑了实际地质条件的复杂及浆液实际分布的不确切状况，认为注浆的加固效果只是对软弱带的加固，及对C类、D类基岩的加固。主要考虑了承台8个角点竖向位移和施加荷载的关系，其中荷载为在 $z=35$m 处施加的总荷载与桩数的平均值。

若注浆进入到指定标高处软弱层，在各自桩端下3m，桩端上模型 $z=-30$m 以下为竖向加强范围，水平方向在桩体附近，且以桩间中线为界限，考虑水泥浆加固主要作用在非B类基岩，水泥浆液只能进入基岩中的软弱带，对B类基岩不存在加强作用。按施工方案中单孔注水泥浆液中所含水泥用量为3t，且在最初注浆的11个注浆孔注浆量达到方案要求，第一阶段施工完成后水泥总用量为120t，加固岩体体积共18000m^3，水泥掺合比为，0.33%，第二阶段施工完成后水泥用量为54t，加固岩体总体积为3000m^3，水泥掺合比为，0.75%。依据文献，上下游承台软弱带C类、D类软弱带加强后都取体积模量 $K=400$MPa、剪切模量 $G=240$MPa、粘聚力 $C=560$kPa 及内摩擦角 $\varphi=35°$，偏于安全的。

（1）未注浆时角点位移情况（表8-17）

注浆前角点位移情况　　表8-17

荷载(kN) \ 点号	A点 zdis(mm)	B点 zdis(mm)	C点 zdis(mm)	D点 zdis(mm)	E点 zdis(mm)	F点 zdis(mm)	G点 zdis(mm)	H点 zdis(mm)
节点号	348	321	371	323	8082	8060	8038	8037
0	0	0	0	0	0	0	0	0
21500	-4.84	-5.18	-4.74	-5.18	-5.36	-5.15	-5.33	-5.12
43000	-14.27	-15.64	-14.38	-15.63	-16.06	-15.71	-15.98	-15.62
53750	-26.33	-28.72	-26.47	-28.72	-29.55	-28.86	-29.41	-28.7
64500	-40.99	-44.59	-41.16	-44.62	-45.92	-44.8	-45.71	-44.56
86000	-61.18	-66.21	-61.46	-66.23	-68.2	-66.51	-67.86	-66.12
107500	-86.49	-92.13	-86.52	-92.12	-96.91	-94.48	-96.42	-93.9

在最大加载值107500kN时，8个角点最小位移发生在角点 A，值为86.49mm；最大位移发生在角点 E，值为96.91mm，主要因为角点 A 在上游承台内，上游承台下微风化基岩较下游承台下微风化基岩所占比例较大，E 点的位置距荷载作用点距离较近且下游承台下地质条件较差。

在最小荷载作用21500kN时8个角点的位移较接近，此时的承载力的发挥主要由桩基侧摩阻力和承台与土体之间的相互作用力来提供。

（2）第一阶段施工后角点位移情况（表8-18）

第一阶段压浆施工后，在最小荷载21500kN作用下8个角点平均位移减少值为0.14mm，减少最大值为0.26mm，所在位置为 E 角点。在最大荷载107500kN作用下8个角点平均位移减少值为4.92mm，减少最大值为6.62mm，所在位置为 F 角点。

注浆对减少桩基沉降和减少不均匀沉降起到一定效果。

第一阶段施工后角点位移表　　表 8-18

点号 / 荷载(kN)	*A* 点 zdis(mm)	*B* 点 zdis(mm)	*C* 点 zdis(mm)	*D* 点 zdis(mm)	*E* 点 zdis(mm)	*F* 点 zdis(mm)	*G* 点 zdis(mm)	*H* 点 zdis(mm)
节点号	348	321	371	323	8082	8060	8038	8037
0	0	0	0	0	0	0	0	0
21500	-4.74	-5.13	-4.74	-5.12	-5.11	-4.94	-5.11	-4.94
43000	-14.27	-15.43	-14.29	-15.43	-15.28	-14.99	-15.31	-15.01
53750	-26.29	-28.34	-26.36	-28.37	-28.10	-27.49	-28.18	-27.56
64500	-39.73	-42.77	-39.86	-42.85	-42.36	-41.35	-42.51	-41.48
86000	-59.87	-64.02	-60.05	-64.14	-63.24	-61.63	-63.50	-61.87
107500	-82.74	-88.94	-82.79	-88.95	-90.61	-87.86	-90.25	-87.47

(3)第二阶段施工后角点位移情况(表 8-19)

第二阶段施工后角点位移表　　表 8-19

点号 / 荷载(kN)	*A* 点 zdis(mm)	*B* 点 zdis(mm)	*C* 点 zdis(mm)	*D* 点 zdis(mm)	*E* 点 zdis(mm)	*F* 点 zdis(mm)	*G* 点 zdis(mm)	*H* 点 zdis(mm)
节点号	348	321	371	323	8082	8060	8038	8037
0	0	0	0	0	0	0	0	0
21500	-4.70	-5.06	-4.70	-5.06	-5.00	-4.94	-5.11	-4.94
43000	-14.14	-15.24	-14.17	-15.26	-15.29	-14.99	-15.32	-15.02
53750	-26.04	-28.00	-26.11	-28.04	-28.11	-27.50	-28.19	-27.57
64500	-39.01	-41.93	-39.15	-42.02	-42.07	-41.07	-42.22	-41.20
86000	-58.86	-62.89	-59.07	-63.04	-62.94	-61.36	-63.20	-61.60
107500	-80.53	-86.7	-80.59	-86.72	-88.69	-85.98	-88.34	-85.6

第二阶段压浆施工后,在最小荷载 21500kN 作用下 8 个角点平均位移减少值为 0.17mm,减少最大值为 0.36mm,所在位置为 *E* 角点。在最大荷载 107500kN 作用下 8 个角点平均位移减少值为 6.98mm,减少最大值为 8.50mm,所在位置为 *F* 角点。

下面分别给出注浆前、第一阶段注浆后和第二阶段注浆后承台桩体在竖向荷载为 53750kN 时竖向位移 zdis 及竖向应力 SZZ 云图(图 8-42 ~ 图 8-47)。

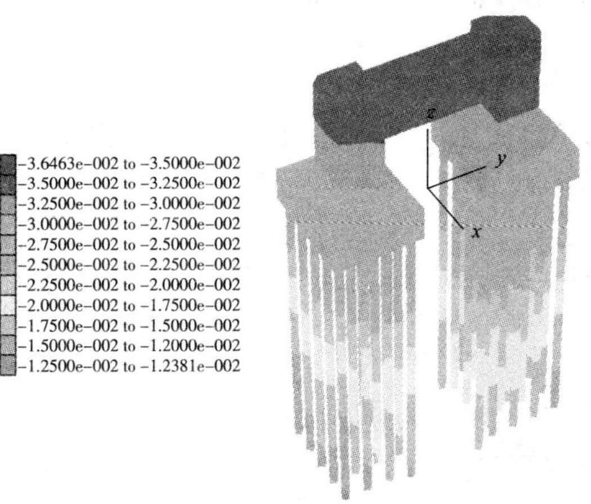

图 8-42　注浆前承台及桩体 zdis 云图

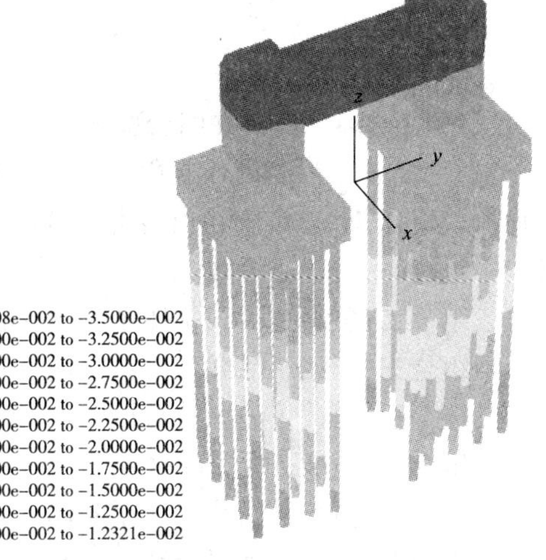

图 8-43　第一阶段注浆后承台及桩体 zdis 云图

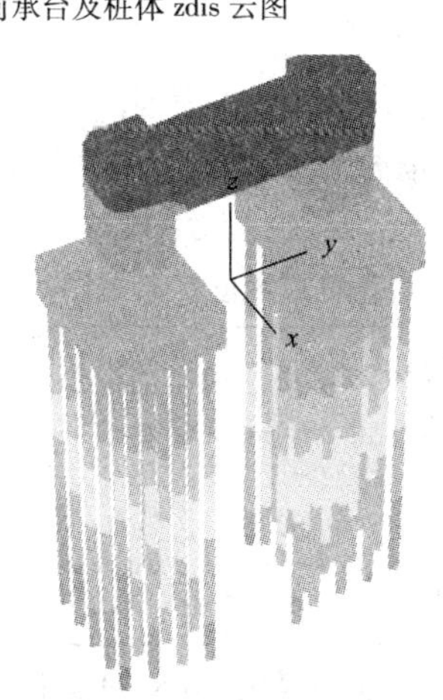

图 8-44　第二阶段注浆后承台及桩体 zdis 云图

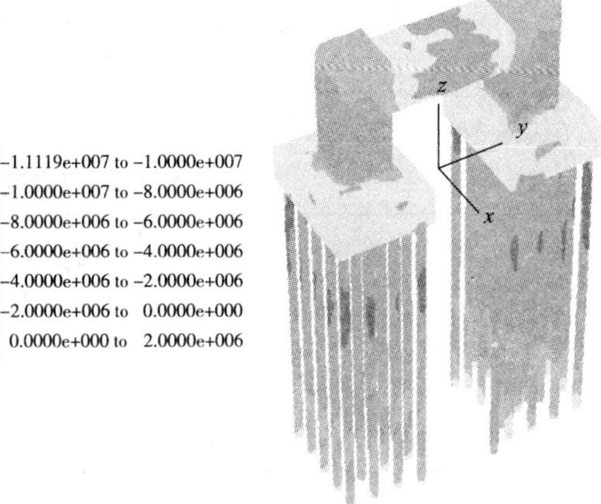

图 8-45　注浆前承台及桩体 SZZ 云图

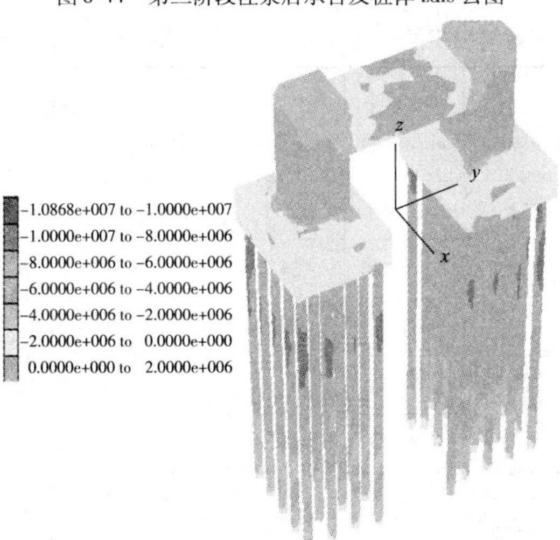

图 8-46　第一阶段注浆后承台及桩体 SZZ 云图

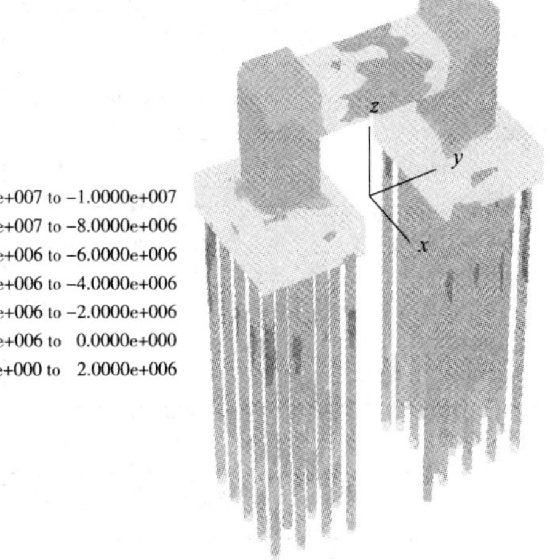

图 8-47　第二阶段注浆后承台及桩体 SZZ 云图

图 8-42 ~ 图 8-47 中坐标 X 正向为指向岸侧,坐标 Y 正向为指向顺江方向,坐标 Z 正向为垂直地面向上。

8.3.6.3.5　群桩在组合荷载作用下数值计算

根据《公路桥涵设计通用规范》(JTG D60—2004)的规定,成桥阶段分析主要考虑以下 8 种荷载组合,附录 C 中给出各种荷载组合下承台的具体数值。

组合一:恒载 + 活载

组合二:恒载 + 活载 + 体系升温 + 正温差 + 静风荷载(纵风,风速 25m/s)

组合三:恒载 + 活载 + 体系降温 + 负温差 + 静风荷载(纵风,风速 25m/s)

组合四:恒载 + 静风荷载(纵风,100 年一遇)

组合五:恒载 + 活载 + 体系升温 + 正温差 + 静风荷载(横风,风速 25m/s)

组合六:恒载 + 活载 + 体系降温 + 负温差 + 静风荷载(横风,风速 25m/s)

组合七:恒载 + 静风荷载(横风,100 年一遇)

1. 注浆前群桩在组合荷载作用下数值计算

通过单桩数值分析得到的土层及岩体参数,分析下列各荷载组合情况下承台上面 8 个角点的竖向位移情况。在竖向坐标 z 为 0m 到 35m 承台、塔体及桩体自重下 8 个角点的竖向位移(表 8-20)。

群桩未处理前在自重荷载情况下的位移　　表 8-20

荷载＼点号	A 点 zdis(mm)	B 点 zdis(mm)	C 点 zdis(mm)	D 点 zdis(mm)	E 点 zdis(mm)	F 点 zdis(mm)	G 点 zdis(mm)	H 点 zdis(mm)
节点号	348	321	371	323	8082	8060	8038	8037
自重	-13.42	-15.30	-13.42	-15.28	-15.75	-14.71	-15.66	-14.60

群桩未处理前在各个组合荷载情况下的位移详细数值见表 8-21,其中 zdis 表示承台 8 个角点在 Z 方向的位移。

群桩未处理前在各个组合荷载情况下的位移　　表 8-21

组合＼点号	A 点 zdis(mm)	B 点 zdis(mm)	C 点 zdis(mm)	D 点 zdis(mm)	E 点 zdis(mm)	F 点 zdis(mm)	G 点 zdis(mm)	H 点 zdis(mm)
节点号	348	321	371	323	8082	8060	8038	8037
恒载	-30.92	-34.93	-39.92	-43.98	-36.28	-34.69	-45.48	-43.76
MAXMy 组合六	-28.79	-32.24	-44.64	-48.2	-31.97	-29.64	-48.3	-45.76
MAXMz 组合三	-34.6	-36.36	-48.65	-50.49	-31.81	-27.64	-46.18	-41.82
MAXNx 组合四	-36.1	-37.54	-45.08	-46.55	-32.63	-28.4	-41.74	-37.37
MAXNx 组合一	-31.97	-35.46	-40.93	-44.46	-35.58	-33.45	-44.71	-42.45
MINMy 组合六	-32.33	-36.07	-44.75	-48.56	-36.27	-34.09	-48.98	-46.64

续上表

组合＼点号	A点 zdis(mm)	B点 zdis(mm)	C点 zdis(mm)	D点 zdis(mm)	E点 zdis(mm)	F点 zdis(mm)	G点 zdis(mm)	H点 zdis(mm)
MINMz 组合二	-28.93	-34.97	-32.63	-38.68	-41.51	-42.2	-45.12	-45.74
MINMz 组合四	-25.76	-32.39	-34.65	-41.34	-40.03	-41.09	-49.15	-50.08
MINNx 组合六	-32.67	-36.65	-45.14	-49.19	-37.32	-35.29	-50.09	-47.9
MINNx 组合四	-25.76	-32.39	-34.65	-41.34	-40.03	-41.09	-49.15	-50.08
MINNx 组合一	-32.36	-36.51	-41.37	-45.55	-37.96	-36.34	-47.15	-45.4

2. 第一阶段注浆后群桩在组合荷载作用下数值计算

在实际工程中考虑到南塔群桩地质的特殊性，下游承台比上游承台软弱土深度大，需要对地基处理，通过压浆孔压入水泥浆压入土(岩)体内，即加固方案中 C1 ~ C5、B1 ~ B18 和 A1 ~ A24 注浆孔完成注浆。运用数值分析在压浆量一定的条件下，角点竖向位移情况(表 8-22)。

群桩第一阶段压浆后在各个组合荷载情况下的位移　　表 8-22

组合＼点号	A点 zdis(mm)	B点 zdis(mm)	C点 zdis(mm)	D点 zdis(mm)	E点 zdis(mm)	F点 zdis(mm)	G点 zdis(mm)	H点 zdis(mm)
节点号	348	321	371	323	8082	8060	8038	8037
恒载	-29.01	-32.83	-37.91	-41.87	-33.77	-32.20	-42.15	-40.97
MAXMy 组合六	-26.86	-30.14	-42.62	-46.11	-29.49	-27.22	-44.94	-42.97
MAXMz 组合三	-32.77	-34.34	-46.56	-48.31	-29.43	-25.31	-42.80	-39.00
MAXNx 组合四	-34.15	-35.44	-43.07	-44.50	-30.14	-26.01	-38.50	-34.74
MAXNx 组合一	-30.02	-33.35	-38.93	-42.39	-33.03	-30.96	-41.41	-39.72
MINMy 组合六	-30.42	-33.96	-42.73	-46.44	-33.75	-31.60	-45.61	-43.81
MINMz 组合二	-27.01	-32.85	-30.63	-36.56	-38.93	-39.61	-41.77	-42.89
MINMz 组合四	-23.85	-30.26	-32.64	-39.21	-37.45	-38.50	-45.76	-47.19
MINNx 组合六	-30.76	-34.54	-43.12	-47.07	-34.78	-32.79	-46.70	-45.05
MINNx 组合四	-23.85	-30.26	-32.64	-39.22	-37.45	-38.50	-45.76	-47.19
MINNx 组合一	-30.44	-34.40	-39.35	-43.44	-35.42	-33.83	-43.79	-42.59

3. 第二阶段注浆后群桩在组合荷载作用下数值计算

在完成第一阶段注浆后，再对上游承台下的 S1 ~ S18 注浆孔开始注浆，计算结果见表 8-23。

群桩第二阶段压浆后在各个组合荷载情况下的位移　　表 8-23

组合＼点号	A点 zdis(mm)	B点 zdis(mm)	C点 zdis(mm)	D点 zdis(mm)	E点 zdis(mm)	F点 zdis(mm)	G点 zdis(mm)	H点 zdis(mm)
节点号	348	321	371	323	8082	8060	8038	8037
恒载	-27.38	-31.25	-36.32	-40.27	-32.39	-30.87	-40.45	-39.51
MAXMy 组合六	-25.23	-28.55	-41.03	-44.5	-28.11	-25.88	-43.24	-41.51
MAXMz 组合三	-31.03	-32.64	-45.05	-46.77	-27.95	-23.88	-41.19	-37.64
MAXNx 组合四	-32.5	-33.83	-41.47	-42.87	-28.76	-24.69	-36.79	-33.28
MAXNx 组合一	-28.39	-31.75	-37.35	-40.79	-31.64	-29.62	-39.71	-38.27
MINMy 组合六	-28.78	-32.36	-41.14	-44.82	-32.37	-30.27	-43.91	-42.36
MINMz 组合二	-25.4	-31.28	-29.07	-34.99	-37.55	-38.28	-40.06	-41.43
MINMz 组合四	-22.24	-28.7	-31.08	-37.64	-36.07	-37.17	-44.05	-45.73
MINNx 组合六	-29.12	-32.94	-41.53	-45.45	-33.4	-31.46	-44.99	-43.6
MINNx 组合四	-22.24	-28.7	-31.08	-37.64	-36.07	-37.16	-44.06	-45.73
MINNx 组合一	-28.81	-32.8	-37.76	-41.83	-34.04	-32.5	-42.09	-41.13

4. 两阶段注浆后群桩在组合荷载作用下竖向位移对比

通过对不同位置的注浆，对比 8 个角点位移差（大位移四个点位移值与小位移四个点位移值差值）及平均位移，见表 8-24。

注浆效果对比表　　表 8-24

荷载组合＼情况	未加强		第一阶段注浆后				第二阶段注浆后			
	平均位移(mm)	位移差(mm)	平均位移(mm)	减少百分比(%)	位移差(mm)	减少百分比(%)	平均位移(mm)	减少百分比(%)	位移差(mm)	减少百分比(%)
恒载	-38.75	8.95	-36.34	6.21	8.77	3.39	-34.81	10.84	8.66	4.57
MAXMy 组合六	-38.69	15.44	-36.29	6.20	15.73	2.07	-34.76	10.85	15.63	2.72
MAXMz 组合三	-39.69	13.80	-37.32	5.99	13.71	3.37	-35.77	10.52	13.79	2.79
MAXNx 组合四	-38.18	8.71	-35.82	6.18	8.77	2.77	-34.27	10.90	8.66	3.99
MAXNx 组合一	-38.63	8.81	-36.23	6.21	8.77	2.77	-34.69	10.87	8.68	3.80
MINMy 组合六	-40.96	12.07	-38.54	5.91	12.22	2.61	-37.00	10.28	12.11	3.43
MINMz 组合二	-38.72	3.38	-36.28	6.30	3.36	7.62	-34.76	10.93	3.26	10.44
MINMz 组合四	-39.31	8.57	-36.86	6.24	8.69	3.37	-35.34	10.79	8.58	4.53

续上表

荷载组合＼情况	未加强		第一阶段注浆后				第二阶段注浆后			
	平均位移（mm）	位移差（mm）	平均位移（mm）	减少百分比（%）	位移差（mm）	减少百分比（%）	平均位移（mm）	减少百分比（%）	位移差（mm）	减少百分比（%）
MINNx 组合六	-41.78	12.16	-39.35	5.82	12.27	2.62	-37.81	10.09	12.16	3.45
MINNx 组合四	-39.31	8.84	-36.86	6.24	8.69	3.34	-35.34	10.79	8.59	4.48
MINNx 组合一	-40.33	8.97	-37.91	6.01	8.77	3.36	-36.37	10.45	8.67	4.52

通过表 8-24 对比两种注浆效果可知，在 11 种荷载组合情况下，第一阶段注浆后平均位移减少百分比为 6.12%，第二阶段注浆后平均位移减少百分比平均值为 10.66%。第一阶段注浆后位移差减少百分比平均值为 3.39%，第二阶段注浆后位移差减少百分比平均值为 4.43%。通过数值分析得知通过向破碎岩体内注浆可以较少桩基沉降和桩基不均匀沉降。

8.4　南京长江三桥

8.4.1　工程概况

南京长江第三大桥位于南京长江大桥上游约 19km 处。南岸位于新秦淮河口上游约 800m，属南京市雨花台区；北岸在西江口下游约 1000m，属南京市江浦区。大桥全长 4744m，由主桥和引桥两部分组成，其中主桥长 1284m，设计为双柱钢箱梁斜拉桥，主跨 648m；引桥长 3460m，其中南引桥长 680m，北引桥长 2780m，桥宽 32m。该大桥为沪蓉国道主干线的重要组成部分。3 号试桩位于南岸大堤外侧，1 号试桩位于北塔北侧 107m 处，2 号试桩位于过渡墩。

8.4.2　试验综述

8.4.2.1　试桩参数

试桩概况见表 8-25。

自平衡试桩有关参数　　表 8-25

编号	桩径（m）	有效桩长（m）	成桩形式	设计加载值（kN）	荷载箱位置（桩端以上）	桩端持力层	参考钻孔
3 号	1.5	43	钻孔灌注桩	2×20000	11.00m	微风化泥岩	XZK3
1 号	2	52	钻孔灌注桩	2×33000	14.00m	微风化泥岩	LS01
2 号	2	50	钻孔灌注桩	2×33000	14.00m	微风化泥岩	XZK4

8.4.2.2 测试概况

(1)3 号试桩

桩径 1500mm,桩顶标高 +9.00m,桩底标高 -90.27m,荷载箱底 -79.00m。成桩日期 2003 年 7 月 6 日。设计加载值 2×20000kN,每级加载为极限承载力的 1/20,第一级按两倍荷载分级加载。实际加载至 2×29560kN,每级加载值见表 8-26。

2003 年 7 月 26 日开始测试,加载分两次进行。第一次加载至 2×20000kN 时位移较小,继续加载至 2×22500kN。更换加载设备后进行第二次加载,最终加载值为 2×29560kN,此时向上位移 19.75mm,向下位移 34.73mm。测试过程一切正常。

(2)1 号试桩

桩径 2000mm,桩顶标高 -11.00m,桩底标高 -100.106m,荷载箱底 -86.00m。成桩日期 2003 年 7 月 29 日。设计加载值 2×33000kN,每级加载为极限承载力的 1/20,第一级按两倍荷载分级加载。实际加载至 2×45320kN,每级加载值见表 8-26。

2003 年 8 月 12 日开始测试,加载至第 19 级 2×33000kN 时位移较小,继续加载至第 24 级 2×22500kN,此时向上位移 8.02mm,向下位移 10.84mm。测试过程一切正常。

(3)2 号试桩

桩顶标高 -40.00m,桩底标高 -95.00m,外、中、内护筒底标高均为 -45.00m,荷载箱位于 -81.00m。成桩日期 2003 年 11 月 27 日。设计加载值 2×33000kN,每级加载为极限承载力的 1/15,第一级按两倍荷载分级加载。实际加载至 2×47710kN,每级加载值见表 8-26。

试桩加载分级表 表 8-26

加载级数	3 号试桩(kN)	1 号试桩(kN)	2 号试桩(kN)
1	2×2000	2×3300	2×4340
2	2×3000	2×4950	2×6510
3	2×4000	2×6600	2×8670
4	2×5000	2×8250	2×10840
5	2×6000	2×9900	2×13010
6	2×7000	2×11550	2×15180
7	2×8000	2×13200	2×17350
8	2×9000	2×14850	2×19520
9	2×10000	2×16500	2×21690
10	2×11000	2×18150	2×23850
11	2×12000	2×19800	2×26020
12	2×13000	2×21450	2×28190
13	2×14000	2×23100	2×30360

续上表

加载级数	3 号试桩(kN)	1 号试桩(kN)	2 号试桩(kN)
14	2×15000	2×24750	2×32530
15	2×16000	2×26400	2×34700
16	2×17000	2×28050	2×36870
17	2×18000	2×29700	2×39040
18	2×19000	2×31350	2×41200
19	2×20000	2×33000	2×43370
20	2×21000	2×35320	2×45540
21	2×22500	2×37650	2×47710
22	2×24630	2×39970	
23	2×27100	2×42300	
24	2×29560	2×45320	

2003 年 12 月 10 日开始测试。加载至 2×32540kN(第 14 级)时位移较小,继续加载至2×47710kN(第 21 级),向上位移 10.32mm,向下位移 12.56mm。此时已达加载设备极限,故停止加载,开始卸载。测试过程一切正常。

8.4.3 试验结论

采用等效转换方法,根据已测得的各土层摩阻力～位移曲线,转换至桩顶,得到试桩的等效转换曲线。

3 号试桩等效转换曲线为缓变型,如图 8-48 所示,取位移最大点所对应的荷载为极限承载力。从图中可以读出:3 号试桩极限承载力为 59624kN,相应的位移为 86.45mm;桩端极限阻力为 13454kN,相应位移为 31.42mm。

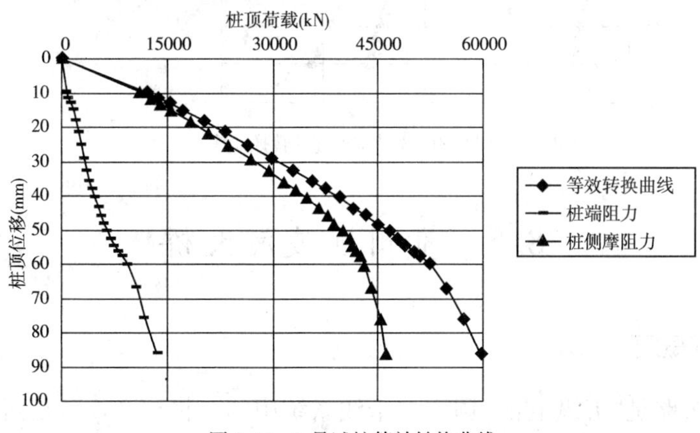

图 8-48 3 号试桩等效转换曲线

1 号试桩等效转换曲线为缓变型，如图 8-49 所示，取位移最大点所对应的荷载为极限承载力。从图中可以读出：1 号试桩极限承载力为 90410kN，相应的位移为 53.98mm；桩端极限阻力为 15001kN，相应位移为 7.53mm。

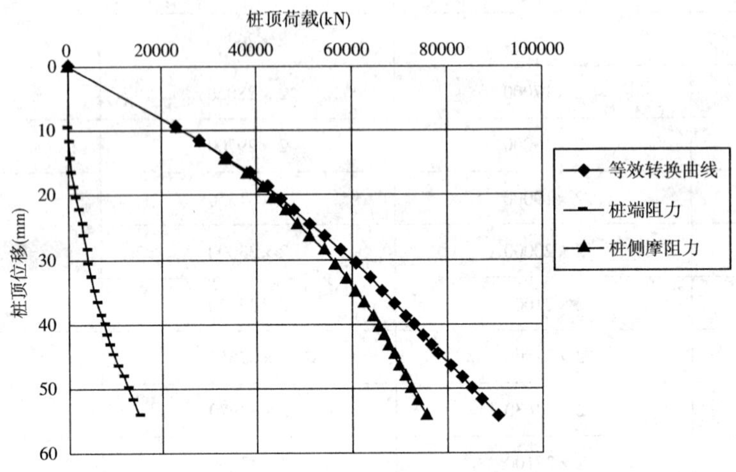

图 8-49　1 号试桩等效转换曲线

2 号试桩等效转换曲线为缓变型，如图 8-50 所示，取位移最大点所对应的荷载为极限承载力。从图中可以读出：1 号试桩极限承载力为 93780kN，相应的位移为 40.21mm；桩端极限阻力为 17333kN，相应位移为 8mm。

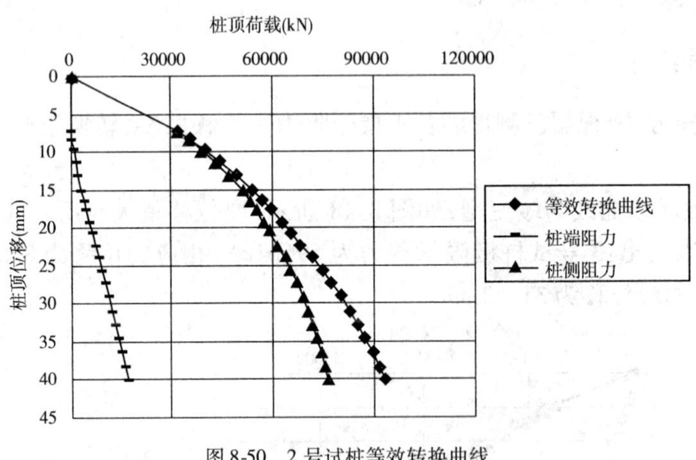

图 8-50　2 号试桩等效转换曲线

8.5　贵州坝陵河大桥

8.5.1　工程概况

上海至瑞丽公路是“五纵七横”国道主干线系统中的一横（GZ65），是西南地区通往华东地区的主要通道之一。镇宁至胜境关高速公路是 GZ65 公路在贵州省境内的重要路段，也是贵州省规划的“三纵三横八支八联”公路主骨架的重要组成部分。坝陵河大桥离拟建镇宁至胜境关高速公路起点约21km,地处黔西地区的高原重丘。鉴于项目建设规模大、地质条件复杂,为了保证施工的顺利进行和结构的安全可靠,有必要通过试桩确定桩基桩侧摩阻力、桩端承载力、单桩极限承载力,验证设计。

8.5.2 试验综述

8.5.2.1 试桩参数

试桩数量为3根,编号为试桩SZ1(14#桩),SZ2(18#桩),SZ3(左1-1)在工程桩上进行,试桩主要参数分别见表8-27。

试桩主要参数表 表8-27

试桩编号	试桩直径(mm)	桩顶标高(m)	桩底标高(m)	桩长(m)	成桩形式	预估加载值(kN)
SZ1(14#桩)	2500	958.000	898.000	60	人工挖孔桩	99300
SZ2(18#桩)	2500	949.000	908.000	41	人工挖孔桩	100500
SZ3(左1-1)	1500	987.625	942.625	45	钻孔灌注桩	36120

8.5.2.2 测试概况

SZ1试桩于2006年1月16日进行现场测试,原计划加载至2×50000kN,由于位移较小,故增加一级至2×55000kN。

SZ2试桩于2006年1月20日进行现场测试,最终加载值为2×53570kN。

SZ3试桩于2005年12月3日开始测试。加载至第15级荷载(2×20384kN),向上位移9.27mm,向下位移17.68mm,此时已达荷载箱最大加载能力,故停止加载。

试桩实测结果见表8-28。

试桩实测结果 表8-28

试桩编号	SZ1	SZ2	SZ3
预定加载值(kN)	99300	100500	36120
最终加载值(kN)	2×55000	2×53570	2×20384
荷载箱处最大向上位移(mm)	5.42	9.53	9.27
向上残余位移(mm)	3.24	6.00	5.12
上段桩土体系弹性变形(mm)	2.18	3.53	4.15
荷载箱处最大向下位移(mm)	8.97	13.14	17.68
向下残余位移(mm)	6.88	7.27	13.64
下段桩土体系弹性变形(mm)	2.09	5.97	4.04
桩顶向上位移(mm)	1.67	4.18	1.23
桩顶残余位移(mm)	0.95	2.1	0.62
上段桩压缩变形(mm)	0.72	2.08	8.04

8.5.3 试验结论及分析

8.5.3.1 桩顶荷载~位移曲线

采用精确等效转换方法，根据已测得的各土层摩阻力~位移曲线，转换至桩顶，得到试桩等效转换曲线；3根试桩的等效的桩顶荷载~位移曲线见图8-51。可见SZ1、SZ2、SZ3三根试桩等效转换曲线皆为缓变型。明显不同于一般工程的中小直径的桩，无明显陡降段出现。由于试桩变位较小，故取最大加载值最为其极限承载力。实测结果如下：SZ1极限承载力为102812kN，相应的位移为45.94mm；SZ2极限承载力为102236kN，相应的位移为36.16mm；SZ3极限承载力为117232kN，相应的位移为28.12mm。如以桩径的 $s=0.05D$ 位移条件作为桩基极限承载力来看，上述桩极限承载力所需位移分别为125mm、125mm、140mm。实测的位移值远小于 $s=0.05D$。可见本次试桩桩基的极限承载力是偏于保守的。

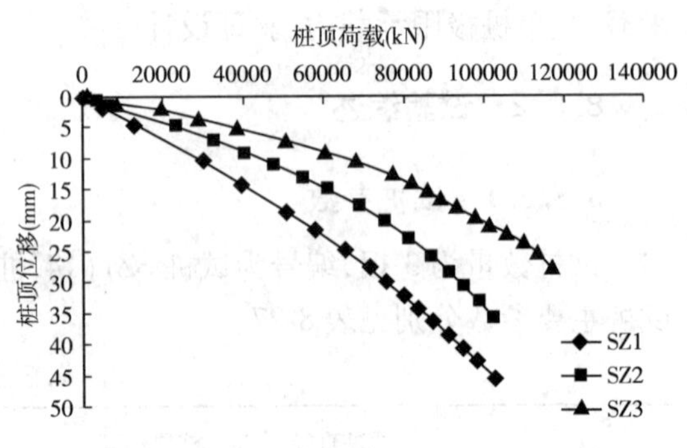

图8-51 试桩等效转换曲线

8.5.3.2 桩端岩石特性对端阻力的影响

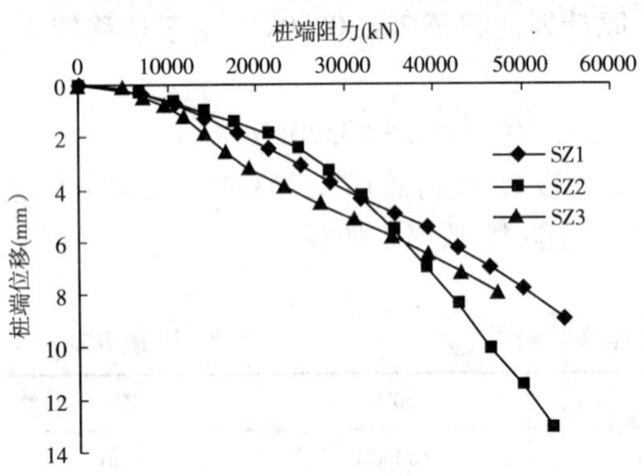

图8-52 桩端阻力~位移曲线

本次试桩都是把荷载箱置于桩端附近，因此能比较准确地测出桩端阻力和位移的关系曲线，试验结果可靠合理。实测结果如图8-52所示。

从实测的结果来看，SZ1桩端岩层主要为微风化砂质灰岩，实测的桩端极限阻力为55000kN，相应位移为8.97mm；SZ2桩端岩层主要为弱风化的泥质灰岩，桩端极限阻力为53570kN，相应位移为13.14mm。而SZ3主要是微风化的泥质白云岩，桩端极限阻力为47340kN（包括桩端上部1.5m桩侧摩阻力），相应位移为7.95mm。从曲线上可以看出，微风化的砂质灰岩与微风化的泥质白云岩，桩端阻力与桩端位移曲线两者近似平行，曲线也近似成直线关系。端阻完全发挥所需位移较大。而弱风化的泥质灰岩由于风化关系，桩端阻力超过一定数值后，荷载~位移曲线呈现向下弯曲的趋势。

8.5.3.3 试桩中不同岩层的桩侧阻力

根据实测结果，绘制出的桩侧阻力分布图见图8-53（本次分级加载的桩侧阻力仅绘制出部分荷载作用下的情形）。

在SZ1、SZ2试桩中，侧壁岩层主要为泥质灰岩。SZ1实测的最大侧阻力分布情况是：弱风化泥质灰岩为87.7kPa，微风化泥质灰岩为311.6kPa，微风化砂质灰岩为404.5kPa；SZ2试桩中,实测的弱风化泥质灰岩为 115.4kPa,与 SZ1 数值不同的主要原因是两者侧阻力发挥的位移是不一致的,而 SZ2 中微风化泥质灰岩为 323.0kPa,与 SZ1 相差不大。

在 SZ3 试桩中,桩侧岩层主要为泥质白云岩。实测的最大侧阻力分布情况是:强风化泥质白云岩为 45kPa,弱风化泥质白云岩为 270kPa,而微风化泥质白云岩为 319kPa。

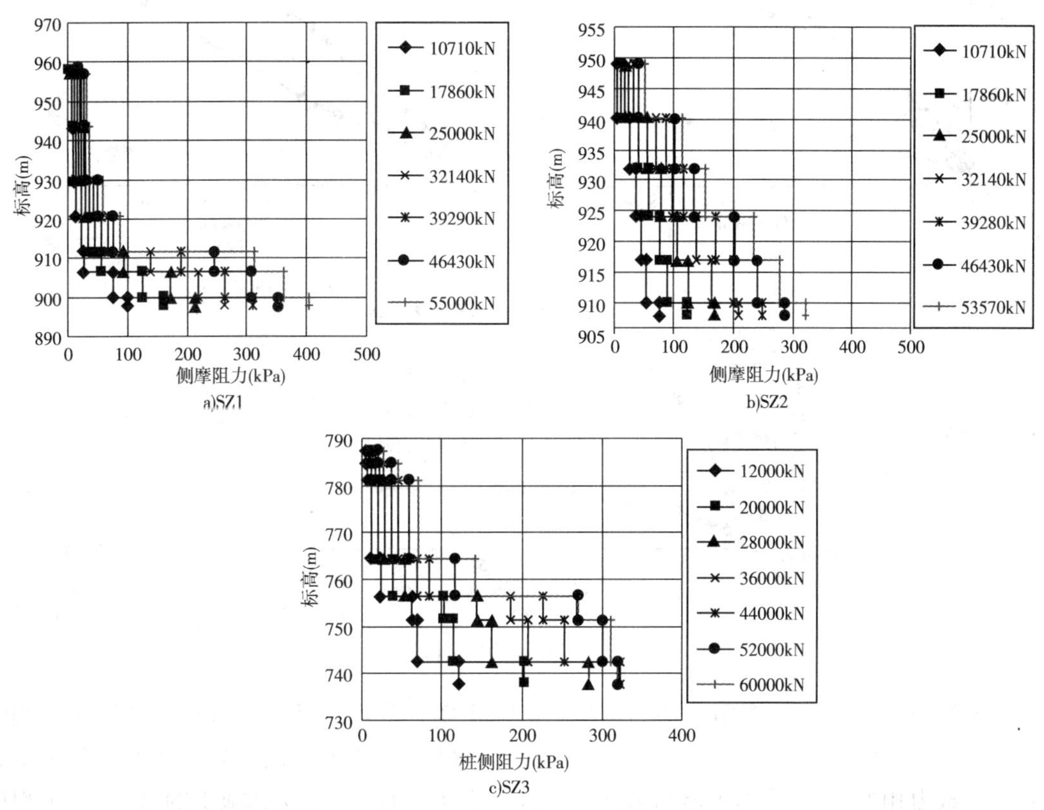

图 8-53　桩侧阻力分布图

8.5.3.4　桩土界面相对位移与桩侧阻力的发挥

由于向上变位较小,岩层摩阻力没有充分发挥,根据实测摩阻力,同时考虑到位移协调原则,即荷载箱处上段桩变位取与下段桩变位相等原则,采取双曲线函数拟合摩阻力~位移($\tau \sim s$)函数。每层岩石采用同一曲线拟合,此时可拟合出的 SZ1、SZ2、SZ3 桩侧摩阻力与桩侧位移曲线见图 8-54 所示。

从 SZ1 拟合曲线来看,弱风化的泥质灰岩极限侧阻力为 155.3kPa,微风化泥质灰岩为 488.5kPa,而微风化砂质灰岩为 607.1kPa,对应的极限位移为 8.97mm。

从 SZ2 拟合曲线来看,弱风化的泥质灰岩极限侧阻力为 310.5kPa,微风化泥质灰岩为 428.4kPa,对应的极限位移为 13.14mm。

从 SZ3 拟合曲线来看,与泥质灰岩相比,弱风化或微分化的泥质白云岩桩侧阻力的发挥所需要的侧移较小,桩侧极限侧摩阻力约为 324kPa。而强风化泥质白云岩的侧摩阻力约为 71kPa,相应桩侧位移仅为 3.45mm。

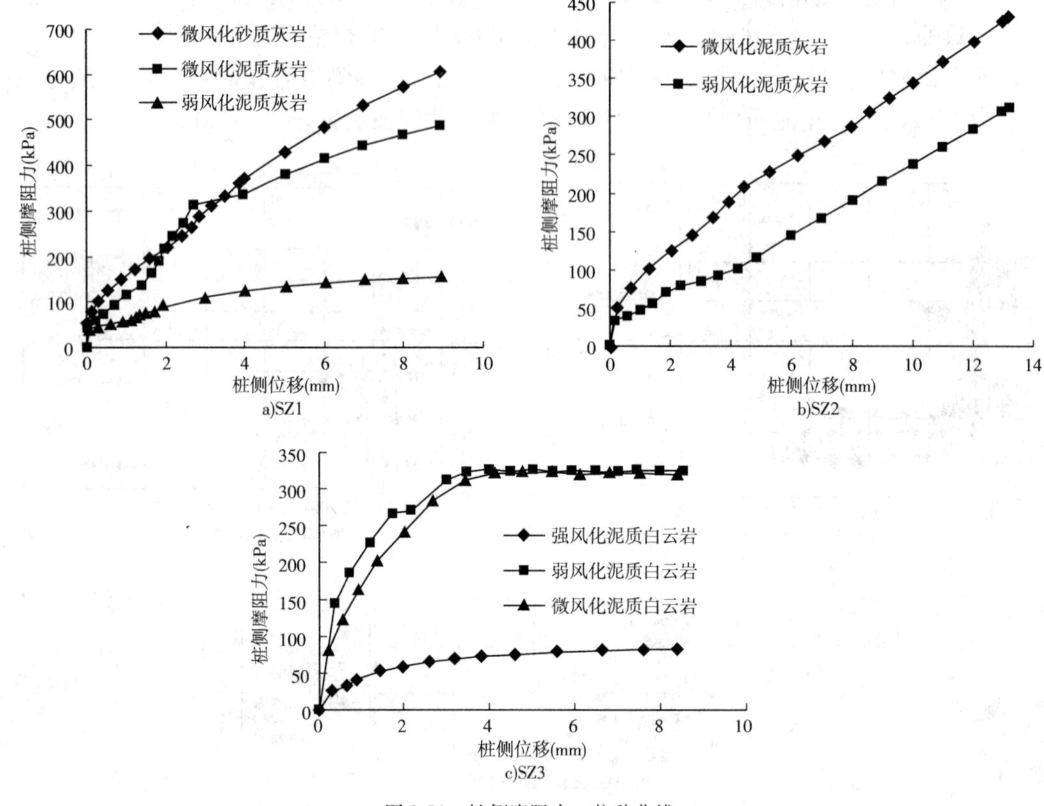

图 8-54 桩侧摩阻力～位移曲线

表 8-29 试桩各土层侧摩阻力中，预估极限侧阻力一栏为勘探报告书所提供的极限侧阻力。实测结果与此对比表明，SZ1 弱风化泥质灰岩、SZ3 强风化泥质白云岩实测的极限侧阻力与预估承载力相差较大，这即可能与岩土工程性质有关，也可能是受到施工的影响，在工程施工中应引起足够重视。

试桩各土层侧摩阻力 表 8-29

试桩编号	岩层分布	预估极限侧阻力(kPa)	实测极限侧阻力(kPa)	误差(%)
SZ1	弱风化泥质灰岩	300	155.3	-48
	微风化泥质灰岩	400	488.5	+22
	微风化砂质灰岩	600	607.1	+1
SZ2	弱风化泥质灰岩	350	310.5	-11
	微风化泥质灰岩	400	428.4	+7
SZ3	强风化泥质白云岩	120	71	-41
	弱风化泥质白云岩	280	325	+16
	微风化泥质白云岩	320	324	+1

8.5.3.5　分析与结论

自平衡测试法在大吨位的桩基测试中,体现了安全可靠,不占场地的优点。节省了大量的人力和物力,为大吨位的桩基承载力检测提供了一种很好的解决方法。

实测的3根大吨位试桩的桩顶荷载~位移曲线皆为缓变型。与一般的中小直径桩明显不同。且在所需的极限荷载作用下,桩顶位移远小于 $s=0.05D$ 的条件要求,桩基承载力是偏于安全的。

从桩端阻力和位移关系来看,微风化的砂质灰岩和泥质白云岩承载力能力较强,潜能较大。而弱风化的泥质灰岩荷载位移曲线在荷载作用下明显呈向下弯曲趋势。

从拟合的桩侧摩阻力~位移曲线来看,微风化的或弱风化的泥质白云岩桩侧阻力发挥所需的位移较小,而泥质灰岩桩侧阻力的发挥所需的位移较大。

第九章　结　　论

9.1　主要结论及成果

大直径深长嵌岩桩荷载传递机理及其影响因素的定量分析一直是困扰工程设计人员的难题,本课题针对目前较为突出的嵌岩桩承载机理、承载力、施工与质量控制等方面重点开展研究。采用了理论分析、现场试桩试验研究、室内模型试验研究、数值模拟等相结合的方法进行一系列的分析研究后,得出以下结论:

1. 岩石基本特性研究

岩石力学中广义的岩石是岩块和岩体的泛称,是一种地质结构体,它具有非均质、非连续、非线形以及复杂的加卸载条件和边界条件,这使得岩石力学问题通常无法用解析方法简单求解。目前主要采用数值分析与物理模拟试验两种手段和方法来研究其力学变形特性。数值分析主要借助计算机技术来解决繁琐的数值运算问题,它能较好地模拟材料的各向异性、非均质特性、不连续性、复杂边界条件及其随时间变化的复杂工程条件,详细分析岩石的特性及根据不同条件的多种分类方法。

岩石强度理论是研究岩石在各种应力状态下强度准则的理论。强度准则又称为破坏准则,它表征岩石在极限应力状态下(破坏条件)的应力状态和岩石强度参数之间的关系。本文归纳了岩石力学分析常采用的强度准则一般有 Mohr-Coulomb 强度理论、Griffith 强度理论和 Drucker-Prager 准则及其适用范围,以求多方面全方位的综合评价地基岩土的工程特性。

2. 大直径嵌岩桩荷载传递机理研究

嵌岩桩的影响因素及其多样,并且各种影响因素间的作用往往并不独立,而是结合在一起发挥作用,这就使得嵌岩桩的承载性状比非嵌岩桩要复杂得多。近年来,嵌岩桩的应用和研究取得了长足的进步,大量的试桩资料和理论分析都大大地丰富了对嵌岩桩承载性状的研究手段,本文主要探讨了桩—岩体系的荷载传递机理、成桩工艺、桩岩界面特征及桩底沉渣对嵌岩桩影响机理,可以总结为以下几点:

(1)通常情况下,嵌岩桩的外荷载由桩侧阻力和桩端阻力共同承担,荷载从上到下逐渐传递到桩端,但侧阻力和端阻力的发挥并不同步,对于长径比较大的细长嵌岩桩,侧阻力先发挥,而对于长径比较小的短粗嵌岩桩,则是端阻力先发挥。

(2)上覆土层的侧阻力通常在嵌岩桩总荷载中占有较大比例,具体数值主要受长径比的影响,其发挥机理与非嵌岩桩中的侧阻力发挥机理相同。

(3)嵌岩段的侧阻力的发挥主要有两个机制:滑移剪胀机制和剪切机制,土层侧阻力的发挥主要是由于存在剪切机制,而岩石中两种机制共同作用。

(4)嵌岩桩中桩端阻力在总承载力所占比例不大,发挥程度主要与嵌岩比有关,极限端阻力的取值通常是与岩石抗压强度相关联,研究发现,桩端处岩石的真实受力状态为三向受力,因此建议采用三轴抗压强度进行取值。

(5)嵌岩桩的破坏形式大致分为三类:①较低荷载下的失稳破坏;②渐进式破坏型;③突然破坏型。

(6)侧阻力的产生可能存在两种机理:粘结机理和滑移膨胀机理,当桩承受竖向荷载时,桩岩界面的粘结先发挥作用。当外荷载超过剪阻力后,桩与桩周岩体之间便发生相对竖直位移。因受岩体法向刚度的影响,随着桩身滑移,桩径发生膨胀。在这个过程中,嵌岩段侧阻便得以逐渐发挥。

(7)桩岩界面特征对嵌岩桩承载特性的影响很大,孔壁凹凸有利于增大侧摩阻力,主要原因为在竖向荷载作用下法向应力增大有关。在桩顶荷载作用下,桩首先发生轴向位移,并且沿孔壁方向发生侧向剪胀,孔壁的凹凸限制了桩的滑移,增强了法向应力及三向挤压力,进而提高了桩侧的阻力,孔壁粗糙时的径向和切向应力都大于孔壁光滑时的相应值。

(8)国内外就沉渣对嵌岩桩沉降的影响的研究分为正常使用状态下和极限破坏状态下。在正常使用状态下,嵌岩深度较小时,有沉渣桩体的桩顶沉降要大得多。而当嵌岩深度大时,有无沉渣对桩顶沉降几乎没有影响,这是因为嵌岩深度小,嵌岩段侧阻力也就小,传递到桩端的荷载就较大,必然使得沉降增大。而在一定荷载的情况下,嵌岩深度较大的嵌岩桩,嵌岩段侧阻力承担了大部分外荷载,桩端阻力在桩基承载力中所占比例很小,在这种情况下,桩底沉渣对沉降影响很小。然而在极限破坏荷载作用下,只要桩身不先于桩周岩石破坏,无论是嵌岩深浅,桩的破坏都是脆性的,主要是因为桩端沉渣压缩量大,在桩侧阻力承担不了桩顶荷载时,就会造成桩顶突然沉降。

(9)施工工艺的不同会造成孔壁粗糙度、桩底沉渣厚度、泥皮厚度的不同,从而影响着桩岩侧阻力及整体承载力的表现。采用合适的方法适当地增加粗糙度、减少沉渣厚度及泥皮厚度,做到既不大幅度增加施工难度,节约资源,又能大幅度提高嵌岩桩承载力,增加工程的安全系数。

泥浆在嵌岩桩钻孔中起着不可替代的作用,造成的泥皮虽对承载力形状造成一定的危害,但必定为成孔起到了一定的有利作用,我们只有尽可能提高泥浆的质量参数,以此来减少泥皮的厚度,减少泥皮造成的危害。

3. 嵌岩桩承载性能的理论研究

针对嵌岩桩竖向承载机理,利用 Hoek-Brown 岩石的破坏准则和 Pan & Hudson(1988)破坏准则分别进行了嵌岩桩嵌岩段侧阻力和嵌岩段端阻力的相关研究。并对影响承载力发挥的各种因素进行了深入探讨,得到相关的研究成果,并利用工程实例进行试算,得到如下结论和建议:

(1)桩身轴力增加时,桩侧极限摩阻力与轴力之间成正比;但从嵌岩段桩侧摩阻力与位移的关系可以看出,嵌岩段侧摩阻力随桩与岩的相对位移的变化而变化,嵌岩段桩侧摩阻力从峰值降低到残余侧摩阻力。

(2)极限侧阻力随岩桩刚度比(E_r/E_p岩石弹性模量与桩体弹性模量的比值)的变化而变化。单桩的刚度越小,岩体的刚度越大,则嵌岩段极限侧阻力越大,但单桩刚度过小,桩体有可能发生桩体材料强度不足而破坏。

(3)桩径增大时,桩侧极限侧摩阻力反而减小,是因为随着桩径的增大,在桩身轴力的作用下,桩的侧向变形将会减小,作用在桩周岩石上的法向应力随之减小,势必导致切向应力亦即桩侧摩阻力的下降。因此过度增加桩径来提高桩侧极限摩阻力只会带来相反的效果。

(4)Zhang and Einstein(1998)推导出极限端阻力随嵌岩比的增大而增大的现象与实际不符,而运用Midllin解和Pan & Hudson(1988)破坏准则所推导出来的桩端极限端阻力计算式能反映嵌岩比对桩端阻力的影响。

(5)桩端极限端阻力随桩径的增加而增大,但增加的效果不明显。

(6)岩块质量比岩石种类对极限端阻力的影响要大很多。

4. 室内模型试验研究

本课题以桩全长嵌入软岩的室内模型试验为基础,分析嵌岩桩竖向承载力受上述因素的影响程度,为嵌岩桩设计和施工提供借鉴和参考。

试验一:为了考察桩径(D)和嵌岩比(n)对嵌岩桩承载特性的影响,本次模型试验共制作了三组嵌岩桩,每组三根。对模型嵌岩桩的测试数据处理分析后,发现模型嵌岩桩承载性能与桩径(D)、桩长(桩全长嵌岩时$L=h_r$)、嵌岩比($n=h_r/D$)有关,具体关系如下:

(1)模型嵌岩桩桩径(D)增加,相同桩顶位移时桩顶荷载增加,增加的幅度比简单的通过增加嵌岩比($n=h_r/D$)的方法要高很多。

(2)当桩径相同,嵌岩比不同时,桩端承担桩顶的荷载随嵌岩比的增大而减小,$4\leqslant n<6$时,$Q_b/Q(\%)$递减明显;当$6\leqslant n<8$时,$Q_b/Q(\%)$递减平缓。

(3)桩侧摩阻力q_r(MPa)随桩径(D)的增大而减小。

(4)桩身轴力传递率(P_z/P)随着h_r/D(嵌岩比)的提高而增大。

试验二:为了考察不同孔壁粗糙度及桩底沉渣对嵌岩桩承载特性的影响,室内试验中将模拟桩分为五组,每组两根,每组粗糙度因子及桩长桩径都一样,区别是单号桩桩底用3cm厚泡沫模模拟沉渣,双号桩桩底密实,从第一组粗糙度为零起,以后每组粗糙度因子依次增大。对模型嵌岩桩的测试数据处理分析后,得出如下结论:

(1)通过五组嵌岩桩室内模型试验测试结果,探讨了实底桩和虚底桩在其他条件不变的情况下,只改变粗糙度因子所引起的试桩承载特性变化的规律:对于实底桩,当粗糙度因子由0变为0.04时,极限承载力提高幅度达50%,而随着粗糙度的进一步增大,极限承载力增长幅度迅速变小,桩底虚底的时候,粗糙度因子由0变为0.04时,极限承载力提高幅度达185%,而当粗糙度继续变大时,承载力少许增长后反而出现下降的趋势。在桩周岩石强度不是太高的情况下,孔壁粗糙度对极限承载力的贡献并不是无限增长的,特别是在桩底虚底的情况下,极限承载力还有可能出现下降的趋势,这主要是因为桩周岩石凸出部分在三向挤压下发生破坏,上部桩段侧摩阻力达到极限从而使侧摩阻力减少且重心下移的结果。

(2)在粗糙度因子的影响下,侧摩阻力的极限值非常高,甚至达到孔壁光滑时侧摩阻力极限值的3倍左右,这主要是因为,桩岩界面凸凹面使得桩岩之间的破坏不单单是剪切破坏,而是一种三向挤压破坏,这大大有助于增强平均侧摩阻力。桩底沉渣即桩底虚底对嵌岩桩承载力的影响更为大些,在粗糙度因子为零时,实底桩和虚底桩的承载力能相差3倍左右,从中可以看出桩端阻力及其对增加桩侧摩阻力的重要性。随着粗糙度因子的增大,实底桩和虚底桩的极限承载力相差才有所减小,主要是因为带孔壁粗糙度的桩侧提供了更为强劲的承载力。

(3)利用有限元软件ABAQUS在室内模拟的基础上对原型嵌岩桩在粗糙度因子及桩底沉渣的影响下进行了模拟，得出其承载特性与室内模拟结果存在一定的相似性。说明粗糙度因子及桩底沉渣对原位嵌岩桩的影响也有规律可循。

(4)最后利用Langrange插值法得出了本试验实底和虚底嵌岩桩在粗糙度因子影响下量化关系式，又进一步得到任意实底和虚底嵌岩桩在粗糙度因子影响下量化关系式。为了设计上的方便，并考虑一定的安全系数，量化公式可以进一步简化成表格形式，我们在计算嵌岩桩承载力时可以先不考虑粗糙度因子的影响，按规范上的计算公式计算，把最后结果乘上一个粗糙度因子修正系数即可。

5. *嵌岩桩承载力计算方法*

详细阐述和剖析了嵌岩桩荷载传递机理及嵌岩桩典型的$Q \sim s$曲线，并归纳总结了现行规范中对于嵌岩桩承载力的计算方法及其优缺点。通过对比分析，对于嵌岩桩承载力的计算，本文沿用《公路桥涵地基与基础设计规范》(JTJ D63—2007)的相关思路，分别研究了软岩嵌岩桩和硬岩嵌岩桩的岩层侧阻系数和端阻系数与各相关因素之间的联系和规律，通过对大量试桩实测相关承载力数据统计分析的基础上，得出了相关取值，并将它们引入计算公式，得到了建议嵌岩桩承载力公式。

为验证该计算公式的有效可行，对试桩承载力进行了验算，并将计算值和实测值进行了比较，结果显示该公式的计算精度满足工程设计要求。

6. *嵌岩桩质量检测研究*

桩基工程检测主要包括两大方面：成孔后的检测和成桩后的检测。成孔后的检测主要有孔形、孔径、垂直度、孔壁粗糙度、孔底沉渣厚度和桩端嵌岩深度情况检测；而成桩后的检测包括桩身完整性、强度检测和桩的承载力检测。

对于灌注桩成孔质量检测方面，工程上一般利用钢筋笼检孔器及超声波检测方法，其中后者从基本原理及现场实测都较优于前者，故建议采用超声波成孔检测，提高在桩基础成孔质量控制方面的能力，确保桩基质量达到设计要求。

成桩是灌注桩施工中的第二个环节。无论是嵌岩桩还是非嵌岩桩灌注桩，灌注水下混凝土成桩往往占多数。施工过程中，灌注水下混凝土是成桩的关键工序。本文着重分析在灌注混凝土中可能出现的几种问题并给出了详细的预防及处理措施，以供工程施工人员参考并在实际施工中加以注意，以更好地预防和避免质量事故的发生。

灌注桩成桩后要对其桩身完整性进行检测，以确保成桩质量及其在使用年限内承载力的正常发挥。总结归纳了我国现有的桩基检测方法，并加以比较分析，对于灌注桩桩身质量缺陷的监测，首推具有速度快、效率高、造价低、仪器携带方便等特点的动力检验法。钻芯法借鉴了地质勘探技术，在混凝土中钻取芯样，通过芯样表观质量和芯样试件抗压强度试验结果，综合评价混凝土的质量是否满足设计要求。对于确实存在缺陷的灌注桩，应通过各种技术措施和施工措施加以调整。在工程实际中，要依据灌注桩的缺陷类型和不同的工程地质条件，灵活选择合理的处理方法和处理方案实施处理，以求最佳效果。

总结对比几种常见的桩基承载力试验方法，重点介绍桩基承载力的自平衡测试法，该法相对于传统试桩法（堆载法和锚桩法）具有装置简单、试验费用少、试验后试桩仍可作为工程桩使用等优点，建议应大力推广。最后给出了自平衡测试法的相关计算理论。

7. 工程应用

结合依托工程西堠门大桥及青岛海湾大桥，南京长江三桥等五个深长嵌岩桩试桩工程，采用桩基自平衡测试法进行嵌岩桩承载特性试验研究，着重研究大直径嵌岩桩的承载特性，得到了极限承载力、侧摩阻力、端阻力等数据。并基于实测的数据进行了嵌岩段的侧阻力、端阻力的研究，选取了合适的荷载传递函数模型，并把实测的摩阻力曲线与之比较，结果显示了其合理性。在侧阻力与端阻力的分担比、桩端尺寸效应等方面得到了有益的研究结果。并介绍了后压浆技术及其在嵌岩桩基中的应用，用 FLAC3D 数值分析方法分析了后压浆对嵌岩群桩基础的承载及沉降影响。

9.2 展　　望

尽管课题组对深长嵌岩桩的承载机理、质量检测及设计做了一系列有益的探索，可以为设计和施工提供相对较可靠的桩基参数，但是由于地下结构不确定因素很多，另外，水平、时间和试验条件限制，存在不少遗留问题有待继续研究：

（1）对于大直径深长嵌岩桩水平承载力有待进一步研究。

（2）对于嵌岩桩承载力的影响因素很多，希望可以在计算公式中引入更多能全面反映影响因素的系数，有待进一步深入研究。

（3）深长嵌岩桩桩端承载力的深度效应、尺寸效应，以及桩侧摩阻力的尺寸效应仍有待进一步的试验研究和理论分析。

（4）后压浆对嵌岩桩承载力的影响及承载力计算公式还有待进一步研究和完善。

参考文献

[1] L C Reese, W R Hudson, V N Vijayvergiya. An Investigation of the Interaction between Bored Piles and Soil[J]. In: Proc 7th Intern Conf on Soil Mech Found Engg. Mexico City, 1969, 2: 211-215

[2] Benmokrane B, Mouchaorab K S, Ballivy G. Laboratory investigation of shaft resistance of rock-socket piers using the constant normal stiffness direct shear test[J]. Can Geotech J, 1994(34): 407-419

[3] A S Vesic. Principles of Pile Foundation Design[J]. Lecture Series on Deep Foundations Sponsored by Boston Society of Civil Engg. Section ASCE in Cooperation with MIT, March, 1975

[4] H Ogura, M Sumi. Application of the Pile Toe Test to Cast-in-place and Precast Piles[J]. ADSC, December, 1975

[5] Khaled M Hassan, Michel W O' Neill. Side load-transfer mechanisms in drilled shaft in soft argillaceous rock[J]. Geotech and Geo-environment Engineering, 1997, 123(2): 145-152

[6] K M Hassan, M W O' Neill, S A Sheikh, C D Ealy. Design Method for drilled shafts in soft argillaceous rock[J]. Geotech and Geo-environment Engineering, 1997, 123(3): 272-280

[7] P J N Pells, R M Turner. Elastic solutions for the design and analysis of rock-socketed piles [J]. Can Geotech, 1979(16): 481-487

[8] Williams AF, Pells PJN. Side resistance of rock sockets in sand stone, mudstone and shale. Can Geotech[J], 1981, 18(4): 502-513.

[9] Pells P J N, Rowe R K, Turner R M. An experimental investigation into side shear for socket piles in sandstone[J]. Proceedings of the International Conference on Structural Foundations On Rock. . Sydney, 1980(1): 291-302

[10] Horvath R G, Kenney T C, Trow W A. Results of tests to determine shaft resistance of rock-socket drilled piers[J]. Proceedings of the International Conference on Structural Foundations on Rock. Sydney, 1980(1): 349-361

[11] Kulhawy, F. H., and Goodman, R. E. (1980). Design of foundations on discontinuous rock [C]. Proceedings, International Conference on Structural Foundations on Rock, Sydney, 1, 209 ~ 220

[12] Rowe R K, Armitage H. Theoretical solutions for axial deformation of drilled in rock[J]. Can Geotech. 1987, 24(a): 114-125

[13] Rowe R K, Armitage H. A design method for drilled piers in soft rock[J]. Can Geotech. 1987, 24(b): 126-142

[14] Dykeman P, Valsangkar A J. Model studies of socket caissons in soft rock[J]. Can Geotech. 1996(33): 747-759

[15] Leong E C, Randolph M F. Finite element modeling of rock-socket piles[J]. Int J for Numeri-

cal and Analytical Methods in Geomechnics. 1994(18):25-27

[16] O'Neill, M. W. and K. H. Hassan (1994) Drilled Shafts: Effects of Construction on Performance and Design Criteria[J]. In Proceedings, International Conference on Design and Construction of Deep Foundations, U.S. Federal Highway Administration, Vol. 1 pp. 137-187.

[17] Carrubba P. Skin friction of large-diameter piles socket into rock[J]. Can Geotech ,1997,34(2):230-240

[18] A Serrano,C Olalla. Shaft resistance of a pile embedded in rock[J]. International Journal of Rock Mechanics &Mining Sciences. 2004(41):21-35

[19] A Serrano,C Olalla,J. Gonzalez. Ultimate bearing capacity of rock masses based on the modified Hoek-Brown criterion[J]. International Journal of Rock Mechanics & Mining Sciences. 2000(37):1013-1018

[20] A Serrano,C Olalla. Ultimate bearing capacity at the tip of a pile in rock-part 1:theory [J]. International Journal of Rock Mechanics & Mining Sciences. 2002(39):833-846

[21] A Serrano,C Olalla. Shaft resistance of piles in rock :Comparison between in site test data and theory using the Hoek and Brown failure criterion[J]. International Journal of Rock Mechanics &Mining Sciences. 2006(43):826-830

[22] M G Zertsalov,D S Konyukhov. ANALYSIS OF PILES IN ROCK. Soil Mechanics and Foundation Engineering[J]. Moscow State Civil Engineering University. 2007,44(1). 9-14

[23] 四川省公路勘察设计院实验室. 嵌岩灌注桩的轴向承载力[J]. 岩土工程学报. 1984,6(2). 13-22

[24] 黄求顺. 嵌岩桩承载力的试验研究. 中国建筑学会地基基础学术委员会论文集[C]. 太原:山西高校联合出版社,1992:47-52

[25] 史佩栋,梁晋渝. 嵌岩桩竖向承载力的研究[J]. 岩土工程学报,1994,16(4):32-39

[26] 宰金珉,宰金璋. 高层基础分析与设计[M]. 北京:中国建筑工业出版社,1993

[27] 史佩东,顾晓鲁. 桩基工程手册[M]. 北京:人民交通出版社,1995

[28] 董金荣. 嵌岩桩承载性状分析[J]. 工程勘察,1995,3:13-18

[29] 吕福庆,吴文,姬晓辉. 嵌岩桩静载试验结果的研究与讨论[J]. 岩土力学,1996,17(1). 84-96

[30] 王国民. 软岩钻孔灌注桩的荷载传递性状[J]. 岩土工程学报. 1996,18(2). 99-103

[31] 明可前. 嵌岩桩受力机理分析[J]. 岩土力学,1998,19(1): 65-69

[32] 刘利民. 关于嵌岩桩桩端阻力计算的一些问题[J]. 地下空间,1997,17(2):70-75

[33] 刘松玉,季鹏,韦杰. 大直径泥质软岩嵌岩灌注桩的荷载传递性状[J]. 岩土工程学报,1998,716(4):58-61

[34] 明可前. 嵌岩桩受力机理分析[J]. 岩土力学,1998,19(1): 65-69

[35] 邱钰,刘松玉,周琳. 深长大直径嵌岩桩单桩承载性状的有限元分析. 土木工程学报. 2003,36(10):95-101

[36] 刘兴远,郑颖人. 影响嵌岩桩嵌岩段特性的特征参数分析[J]. 岩石力学与工程学报.

2000,19(3):383-386

[37] 张忠苗．软土地基超长嵌岩桩的受力性状．岩土工程学报．2001,23(5):552-556

[38] 刘树亚．嵌岩桩桩—土—岩共同作用分析方法．土工基础．2000,14(2):14-19

[39] 陈斌,卓家寿,等．嵌岩桩承载性状的有限元分析．岩土工程学报．2002,24(1):51-55

[40] 张建新,吴东云,杜海金. 嵌岩桩承载性状和破坏模式的试验研究[J]. 岩石力学与工程学报,2003,23(2):320-323

[41] 吴玉山. 高层建筑基础工程技术[M]. 北京:科学出版社,1995.

[42] 吕福庆,吴文,姬晓辉. 嵌岩桩静载试验结果的研究与讨论[J]. 岩土力学 1996. 17(1):P84-96

[43] 赵明华,曹文贵,刘齐建,杨明辉．按桩顶沉降控制嵌岩桩竖向承载力的方法．岩土工程学报．2004. 26(1):P67-71

[44] 佐腾悟．基桩承载力机理[J]．土工技术．1965. 20(1). P1-5

[45] 建筑桩基技术规范(JGJ 94—2008) [S]. 北京:中国建筑工业出版社,2008.

[46] 邱钰,刘松玉,周琳．嵌岩桩单桩沉降计算的一种简化模型[J]．东南大学学报．1999,29(5):P131-136

[47] 赵明华,雷勇,刘晓明．基于桩—岩结构面特性的嵌岩桩荷载传递析．2009. 28(1):P103-110

[48] 刘利民. 孔壁粗糙度对嵌岩桩承载力的影响[J]. 建筑结构,2000,11(30):10-12

[49] 陈竹昌,盛俊．施工因素对嵌岩桩承载力的影响[J]．建筑技术,2003,34(3):171-174

[50] 何剑．施工因素对钻孔灌注桩工程性状的影响[J]．长江科学院院报,19(4):24-26

[51] 张建新,吴东云,杨宝珠. 不同桩侧粗糙度下桩侧阻力分析[J]. 辽宁工程技术大学学报,2008,27(1):57-59

[52] 盛俊．嵌岩桩侧摩阻力性状及其与施工关系的研究[D] 上海,同济大学,2003

[53] 周东,赵延喜．软岩嵌岩桩嵌岩段侧阻力模型试验研究[J]．广西大学学报．31(1):86～89

[54] R W Vogan. Discussion on Friction and End Bearing Tests on Bed Rock for High Capacity Socket Design[J]. Can Geotech ,1977. P235-262

[55] J Osterberg. Load Transfer Mechanism for Piers Socketed in Hard Soils or Rock[J]. Montreal P Q,1973. P 235-262

[56] P J N Pells,R K Rowe. A theoretical study of pile-rock socket behavior[C]. In:Proceedings of International Conference on Structural Foundations on Rock. Sydney,1980. P 253-264

[57] I B Donald,S W Sloan,H K Chui. Theoretical Analysis of Socketed Piles[C]. In:Proceedings of International Conference on Structural Foundations on Rock. Sydney,1980. P 303-316

[58] R Radhakrishnan,C F Leung. Load Transfer Behavior of Rock-socketed Piles[J]. Geotech Engg,ASCE,1989,115(6): P 765-768

[59] 刘树亚,刘祖德. 嵌岩桩理论研究和设计中的几个问题[J]. 岩土力学,1998,20(4)P 86-92

[60] Ian W Johnson,Thomas S K Lam. Shear Behavior of Regular Triangular Concrete/Rock Joints

[J]. Journal of Geotechnical Engineering,1989,115(5)

[61] Ian W Johnson,Thomas S K Lam,A F Williams. Constant Normal Stiffness Direct Shear Testing for Socketed Piles Design in Weak Rock[J]. Geotechnique 37,No. 1:P 83-89

[62] B Indraratna,A Haque,N Aziz. Shear Behavior of Idealized Infilled Joints Under Constant Normal Stiffness[J]. Geotechnique 49,No. 3:P 331-355

[63] 王远祥. 嵌岩桩荷载传递及承载机理研究[D]:[硕士学位论文]. 杭州:浙江大学

[64] Evert Hoek,Carlos Carranza-Torres,Brent Corkum. Hoek-Brown failure criterion—2002 edition[J]. Proceedings of the North American Rock Mechanics Society, Toronto. July 2002. P 267-273

[65] Zhang L,Einstein H. End bearing capacity of drilled shafts in rock[J]. J Geotech Geoenviron Sng. 124(7). P 574-584

[66] 张忠苗. 桩基工程[M]. 北京:中国建筑工业出版社,2007

[67] Pan, X. D. , and Hudson, J. A. A simplified three-dimensional Hoek-Brown yield criterion [J]. Rock Mechanics and Power Plants, M. Romana, ed. , Balkema, Rotterdam, The Netherlands. 1988. P 95-103

[68] 国家技术监督局. 中华人民共和国建设部. 工程岩体分级标准(GB 50218—94)[S]. 北京:中国计划出版社,1995

[69] 盛俊. 嵌岩桩侧摩阻力性状及其与施工关系的研究[D].[硕士学位论文],上海:同济大学,2003.

[70] 交通部公路规划设计院. 公路桥涵地基与基础设计规范(JTJ 024—85)[S]. 北京:人民交通出版社,1986

[71] 中华人民共和国铁道部部标准. 铁路桥涵地基和基础设计规范(TBJ 2—85)[S]. 北京:中国铁道出版社,1985

[72] 重庆市建筑地基基础设计规范编制组. 重庆市建筑地基基础设计规范(GB 51/5003—93)[S]. 1993

[73] 叶琼瑶. 软岩嵌岩桩嵌岩段的荷载传递及破坏模式的试验研究[D].[硕士学位论文],广西,广西大学,2000

[74] 张帆. 钻孔嵌岩桩承载性能研究及其承载力计算[D].[硕士学位论文],南京:东南大学,2006. 3

[75] 史佩栋,梁晋渝. 嵌岩桩竖向承载力的研究[J]. 岩土工程学报,1994,16(4):32-39

[76] 王远祥. 嵌岩桩荷载传递及承载机理研究[D].[硕士学位论文],杭州:浙江大学,2005

[77] 黄亚琴. 人工挖孔嵌岩桩承载特性研究[D].[硕士学位论文],南京:东南大学,2006. 3

[78] 中国建筑科学研究院. JGJ 94—94 建筑桩基技术规范[S]. 北京:中国建筑工业出版社,1995

[79] 刘利民,舒翔,熊巨华. 桩基工程的理论进展与工程实践[M]. 北京:中国建材工业出版社,2002

[80] Evert Hoek,Carlos Carranza-Torres,Brent Corkum. Hoek-Brown failure criterion—2002 edition[J]. Proceedings of the North American Rock Mechanics Society, Toronto. July 2002. P

267-273

[81] AASHTO. Standard specifications for highway bridges[S]. Washington, DC: American Association of State Highway and Transport Officials. 1989

[82] 建筑桩基技术规范(JGJ 94—2008)[S]. 北京:中国建筑工业出版社, 2008

[83] 张帆. 钻孔嵌岩桩承载性能研究及其承载力计算[D]:[硕士学位论文]. 南京:东南大学,2005

[84] 王远祥. 嵌岩桩荷载传递及承载机理研究[D]:[硕士学位论文]. 杭州:浙江大学,2005

[85] 桩基工程手册编写委员会. 桩基工程手册[M]. 北京:中国建筑工业出版社. 1995

[86] A. Serranoa, C. Olallab. Shaft resistance of a pile embedded in rock[J]. International Journal of Rock Mechanics & Mining Sciences. 2004. VOL(41). 21-35

[87] 雷孝章,何思明. 嵌岩桩极限侧阻力研究[J]. 四川大学学报(工程科学版). 2005. 37(4). P7-10

[88] Kulhawy,F. H. ,and Phoon,K. K. Drilled shaft side resistance in clay soil to rock [C]. Proceedings,Conference on Design and Performance of Deep Foundation:Piles and Piers in soil and Soft Rock,Geotechnical special publication No. 38. 1993. P 172 183

[89] ACI 318, Building code requirements for structural concrete, Detroit; American Concrete Institute. M. 1995

[90] Williams AF,Pells PJN. Side resistance of rock sockets in sand stone,mudstone and shale. Can Geotech J,1981,18(4):P 502-513.

[91] Williams,A. F. ,and Pells,P. J. N. Side resistance rock sockets in sandstone,mudstone,and shale,Candian Geotechnical Journal Vol(18). No. 4. 1981

[92] Pells,P. J. N,and Turner,R. M. Elastic solutions for the design and analysis of rock-socketed piles. [J]. Candian Geotechnical Journal. 1979. 16(3)

[93] 史佩栋,梁晋渝. 嵌岩桩竖向承载力的研究[J]. 岩土工程学报,1994,16(4):P 32-39

[94] Pan, X. D. , and Hudson, J. A. A simplified three-dimensional Hoek-Brown yield criterion. Rock Mechanics and Power Plants, M. Romana, ed. , Balkema, Rotterdam, The Netherlands. 1988. P 95-103

[95] Sowers, G. B. , and Sowers, G. F. Introductory Soil Mechanics and Foundations. Macmillan, New York,3rd ED 1970

[96] Kulhawy FH,and Goodman,R. E. Design of foundations on discontinuous rock. Proceeding, International Conference on Structural Foundations on Rock, Sydney. 1980. VOL (1) . P 209-220

[97] Williams,A. F. . The design and performance of piles socketed into weak rock[D]. PHD disserttation, Monash university,Clayton,Victoria,Australia. 1980.

[98] I. L. Lim, I. W. Johnston1 and S. K. Choi. Comparison between various displacement-based stress intensity factor computation techniques [J]. International Journal of Fracture. 1992. 58(3). 193-210

[99] Zhang L,Einstein H. End bearing capacity of drilled shafts in rock[J]. J Geotech Geoenviron

Sng. 1998. 124(7). P 574-584.

[100] 李镜培,王勇刚. 嵌岩桩桩端承载力探讨[J]. 力学季刊. 27(1). P 118-123. 2006

[101] 张忠苗. 桩基工程[M]. 北京:中国建筑工业出版社, 2007

[102] Mogi, K. 1971. Fracture and flow of rocks under high triaxial compression. [J]. Geophys. Res., 76(5), 1255-1269.

[103] Lianyang Zhang and Hehua Zhu. Three-Dimensional Hoek-Brown Strength Criterion for Rocks[J]. Journal of Geotechnical and Geoenvironmental Engineering, ASCE. 2007. 133 (9). P1128-1135.

[104] 江苏省建设厅. 南京地区建筑地基基础设计规范(J 10648—2005, DGJ32/J12—2005)[S]. 北京:中国建筑工业出版社, 2005

[105] 黄求顺. 嵌岩桩承载力的试验研究中国建筑学会地基基础学术委员会论文集[C]. 太原:山西高校联合出版社, 1992. P47-52

[106] Leung CF, Ko H-Y.. Centrifuge model study of piles socketed in soft rock[J]. Soils Foundation (Japan). 1993. 33(3). P 80-91.

[107] 王耀建,谭国焕,李启光. 模型嵌岩桩试验及数值分析[J]. 岩石力学与工程学报, 2007. 26(8): p. 1691-1697.

[108] Jubenville, M. D., and Hepworth, R. C, Drilled pier foundation in shale-Denver Colorado area[C]. Drilled Piers and caissons, proceedings of the Session at the ASCE National Convention, St. Louis, Missouri, 1981: p. 66-81

[109] 建筑基桩检测技术规范(JGJ 106—2003)[S]. 北京:中国建筑工业出版社, 2003

[110] 建筑地基基础设计规范(GB 50007—2002)[S]. 北京:中国建筑工业出版社, 2002

[111] 公路桥涵地基与基础设计规范(JTG D63—2007)[S]. 北京:中国建筑工业出版社, 2007

[112] Geotechnical Engineering Office, C. E. a. D. D., the Government of the Hong Kong Special Administrative Region of the People's Republic of China., Foundation design and construction[S]. 2006

[113] Hovarth RG, Kenney TC, Kozicki P. Methods of improving the performance of drilled piers in weak rock[J]. Can Geotech J Ottawa, Canada. 1982. 20(4). P 758-772

[114] Carter, J. P, and Kulhawy, F. H. Analysis and design of drilled shafts foundations socketed into rock, Report EL-5918 [R]. Electric Power Research Institute, Palo Alto, California. 1988. 188pp

[115] Williams, A. F.. The design and performance of piles socketed into weak rock. [D]. PHD dissertation, Monash university, Clayton, Victoria, Australia. 1980

[116] ROWE, R. K., and ARMITAGEH,. H. The design of piles socketed into weak rock[R] Faculty of Engineering Science, The University of Western Ontario, London, Ont., Research Report 1984 GEOT-1 1-84

[117] Rosenberg, P., and Journeaus, N. L. Friction and bearing tests on bedrock for high capacity socket design. [J]. Canadian Geotechnical Journal. 1976. 113(3). P 324-333

[118] Reynolds, R. T. , and Kaderabek, T. J. Miami limestone foundation design and construction. [J]. ASCE, New York, N. Y. 1980

[119] Gupton, C. , and Logan, T. . Design guidelines for drilled shafts in weak rock of south Florida [C]. Proceedings, South Florida Annual ASCE Meeting, ASCE. . 1984

[120] Reese, L. C. , and O'Neil, M. W. Drilled shafts: construction procedures and design methods. [M]. Design manual, US. Department of transportation, Federal Highway Administration, Mclean, VA1987

[121] Toh, C. T. , Ooi, T. A. , Chiu, H. K. , Chee, S. K. & Ting, W. N. (1989), Design Parameters for Bored Piles in a Weathered Sedimentary Formation[C], Proceedings of 12th International Conference on Soil Mechanics and Foundation Engineering, Rio de Janeiro, Vol. 2, P 1073-1078.

[122] Meigh, A. C. , and Wolski, W. Design parameters for weak rocks[C]. Proceeding, 7th European Conference on Soil Mechanics and Foundation Engineering, Brighton, British Geotechnical Society. 1979. VOL(5). 57-77

[123] Horvath, R. G. . Drilled piers socketed into weak shale-methods of improving performance. [D]. Ph. D. Dissertation, University of Toronto, Toronto, Ontario, Canada. 1982

[124] Rowe RK, Armitage HH. A design method for drilled piers in soft rock. [J]. Can Geotech J Ottawa, Canada. 1987. 24(1). P 126-142

[125] Kulhawy, F. H. , and Phoon, K. K. Drilled shaft side resistance in clay soil to rock [C]. Proceedings, Conference on Design and Performance of Deep Foundation: Piles and Piers in soil and Soft Rock, Geotechnical special publication No. 38. 1993. P 172-183

[126] 中华人民共和国建设部. 岩土工程勘察规范(GB 50021—2001)[S]. 北京:中国建筑工业出版社,2002

[127] Pells PJ. Theoretical and model studies related to the bearing capacity of rock. Paper presented to Sydney Group of Australian Geomechanics Society, Institute of Engineers, Australia, 1977 [Taken from Poulos Davis, 1980]

[128] Teng, W. C. . Foundation Design. [M]. Prentice-Hall Inc. , Englewood Cliffs, N. J. 1962

[129] Coates, D. F. Rock mechanics principle[M]. Monograph 874. Department of Energy, Mines and Resources, Mines Branch , Queen's printer. Ottawa, Canada. Rock mechanics principle [M]. P 874-892

[130] Argema. Design guides for offshore structures: offshore pile design. In: Tirant PL, editor. Association de Recherche en Geotechnique Marine. Paris, France: Editions Technip, 1992

[131] 刘利民. 孔壁粗糙度对嵌岩桩承载力的影响[J]. 建筑结构,2000,11(30):10-12

[132] Ian W Johnson, Thomas S K Lam. Shear Behavior of Regular Triangular Concrete/Rock Joints. Journal of Geotechnical Engineering, 1989, 115(5)

[133] 刘利民,舒翔,熊巨华. 桩基工程的理论进展与工程实践[M]. 中国建材工业出版社,2002

[134] 刘俊龙. 大口径灌注桩竖向承载力影响因素及其评价[J]. 工程勘察,2001. No. 2:

14-17
[135] 张忠苗．软土地基超长嵌岩桩的受力性状[J]．岩土工程学报,2001,23(.5):552-556
[136] 陈斌,卓家寿,等．嵌岩桩承载性状的有限元分析[J]．岩土工程学报,2002.24(1):51-55
[137] 林本海,麦劲儒.嵌岩灌注桩设计和勘察中若干问题的探讨[J].建筑结构,1998.11
[138] 楼晓明,陈强华,洪毓康．施工因素对钻孔灌注桩荷载传递特性的影响[J]．工程勘察,1996.No.1:13-16
[139] 陈竹昌,盛俊．施工因素对嵌岩桩承载力的影响[J]．建筑技术2003,34(3):171-174
[140] 徐礼华,刘素梅,李彦强．丹江口水库区岩石软化性能试验研究[J]．岩土力学.2008,29(5):1430-1434
[141] 杨春和等,板岩遇水软化的微观结构及力学特性研究[J]．岩土力学.2006,27(12):2090-2098
[142] 王赫,顾建生．泥浆护壁灌注桩嵌岩深度控制值的分析与探讨[J]．建筑技术,1998,29(3),187-189
[143] 刘金砺．桩基工程技术[M]．北京:中国建材工业出版社,1996
[144] 龚维明,蒋永生,翟晋．桩承载力自平衡测试法[J]．岩土工程学报,2000(5):532-536
[145] 龚维明,戴国亮,蒋永生等．桩承载力自平衡测试理论与实践[J]．建筑结构学报,2002,23(1):82-88
[146] 戴国亮.桩承载力自平衡测试法的理论与实践[D].东南大学博士学位论文,2003:61-67
[147] 戴国亮 龚维明 刘欣良．自平衡试桩法桩土荷载传递机理原位测试[J]．岩土力学,2003.24(6):1065-1069
[148] 黄生根 梅世龙 龚维明．南盘江特大桥岩溶桩基承载特性的试验研究[J]．岩石力学与工程学报,2004,23(5):809-813
[149] 龚维明．戴国亮．桩承载力自平衡测试技术及工程应用[M]．北京:中国建筑工业出版社,2006.
[150] 龚维明,戴国亮,蒋永生,薛国亚.桩承载力自平衡测试理论与实践[J].建筑结构学报,2002,23(1):82-88
[151] DGJ 32/TJ 77—2009 基桩自平衡法静载试验技术规程[S]．南京:江苏省建设厅审定发布,2009.
[152]《建筑地基基础设计规范》(GB 50007—2002)[S]．北京:中国建筑工业出版社, 2002.
[153] 中国建筑科学研究院.建筑桩基技术规范(JGJ 94—94)[S].北京:中国建筑工业出版社,1995
[154] 交通部公路规划设计院.JTJ 024—85 公路桥涵地基与基础设计规范[S].北京:人民交通出版社,1986
[155] 公路桥涵地基与基础设计规范(JTGD 63—2007)[S].(JTG D63—2007,Highway bridges and culverts of foundation design specification[S].(in Chinese))
[156] 基桩自平衡法静载试验技术规程(DGJ 32/TJ 77—2009)[S] (Technical specification for

static loading test of self-balanced method of foundation pile. [S](in Chinese))

[157] 龚维明,戴国亮,蒋永生,等. 桩承载力自平衡测试理论与实践[J]. 建筑结构学报,2002,23(1):82-88(GONG Wei-ming,DAI Guo-liang,JIANG Yong-sheng,et al. The theory and practice of self-balanced test[J]. The Journal of Architecture Structure,2002,23(1):82-88)

[158] Bruce D A. Enhancing the performance of large diameter piles by grouting[J]. Grouting Engineering,1985,(5):11-19

[159] Fleming W G K. The Improvement of Pile Performance by Base Grouting [A]. Proc. Instn. Civ. Engrs [C]. [s. l.]:[s. n.],1993,(8):88-93

[160] Stocker M F. The influence of post grouting on the load bearing capacity of bored piles[A]. Proc. 8th European Conference on Soil Mechanics and Foundation Engineering[C]. [s. l.]:[s. n.],1983

[161] 黄生根,龚维明. 大直径超长桩压浆后承载性能的试验研究及有限元分析[J]岩土力学 2007,28(2):297-301(HUANG Sheng-gen. Test study and finite element analysis of bearing behavior of large diameter overlength piles after grouting [J]. Rock and Soil Mechanics. 2007,28(2):297-301(in Chinese))

[162] 朱向荣 ,张寒 ,孔清华. 钻孔灌注桩桩端后注浆单桩极限承载力研究 [J]. 建筑科学,2006,22(6):18-21(ZHU Xiang-rong ,ZHANG Han,KONG Qing-hua. Study on Ultimate Load Bearing Capacity of Post-Grouted Bored Piles[J] BUILDING SCIENCE2006,22(6):18-21. (in Chinese))

[163] 黄生根,张晓炜,曹辉. 后压浆钻孔灌注桩的荷载传递机理研究[J]. 岩土力学,2004,25(2):251-254. (HUANG Sheng-gen,ZHANG Xiao-wei,CAO Hui. Mechanism study on bored cast-in-place piles with post-grouting technology[J]. Rock and Soil Mechanics,2004,25(2):251-254. (in Chinese))

[164] 黄生根,王辉,张晓炜. 超长大直径桥桩的压浆效果研究[J]. 公路交通科技,2004,(5):70-73. HUANG Sheng-gen,WANG Hui,ZHANG Xiao-wei. Study on the grouting effects of super long large diameter bridge piles[J]. Journal of Highway and Transportation Research and Development,2004,21(5):70-73. (in Chinese))

[165] 王磊,李家宝. 结构分析的有限差分法[M]. 北京:人民铁道出版社,1982

[166] 吴国华.路堤荷载下 CFG 桩复合地基力学性状研究[D],[硕士论文]. 大连,大连理工大学,2006

附录 1

岩块的扰动系数 D

岩块的扰动系数 D[A.1] 表 A.1

岩块外貌 Appearance of rock mass	岩块描述 Description of rock mass	建议的 D 值 Suggested value of D
	经爆破和挖掘后对周围有隧道的受限岩块的扰动很小,岩块的质量好。 Excellent quality controlled blasting or excavation by Tunnel Boring Machine results in minimal disturbance to the confined rock mass surrounding a tunnel.	$D=0$
	质量很差的岩石通过机械或手掘的方式进行开挖(不爆破),对周围岩块造成很小扰动。 冻融作用引起严重的地层上抬,扰动是非常明显,除非有阶段性的下沉(如图所示) Mechanical or hand excavation in poor quality rock masses (no blasting) results in minimal disturbance to he surrounding rock mass. Where squeezing problems result in significant floor heave, disturbance can be severe unless a temporary invert, as shown in the photograph, is placed.	$D=0$ $D=0.5$(冻融作用地层上抬后无下沉) No invert
	采用质量较差的爆破开挖,引起对周围岩石造成局部很严重的损害,范围在 2~3m。 Very poor quality blasting in a hard rock tunnel results in severe local damage, extending 2-3 m, in the surrounding rock mass.	$D=0.8$

续上表

岩块外貌 Appearance of rock mass	岩块描述 Description of rock mass	建议的 *D* 值 Suggested value of *D*
	在土工边坡上进行小范围的爆破，导致岩块适当损块，如爆破所采用的控制措施采用如图所示的方法，但由于地应力的释放造成的扰动还是存在的。 Small scale blasting in civil engineering slopes results in modest rock mass damage, particularly if controlled blasting is used as shown on the left hand side of the photograph. However, stress relief results in some disturbance.	$D=0.7$ 爆破质量良好 Poor blasting $D=1.0$ 爆破质量很差 Good blasting
	大范围的生产爆破造成相当大的开口矿坑，导致岩块扰动程度很高，或者是地表层的开挖造成的应力释放。 在一些较软的岩石挖掘可以进行抓取和推土，以及损害程度较低的斜坡。 Very large open pit mine slopes suffer significant disturbance due to heavy production blasting and also due to stress relief from overburden removal. In some softer rocks excavation can be carried out by ripping and dozing and the degree of damage to the slopes is less.	$D=1.0$ 生产爆破 Production blasting $D=0.7$ 机械开挖 Mechanical excavation

附录 2

不同岩石 m_i 值

不同岩石 m_i 的值[A.2]　　表 A.2

岩石类型 Rock type	类 Class	组 Group	纹理 Texture			
			粗糙 Coarse	中等 Medium	细腻 Fine	纹理非常精细 Very fine
沉积 Sedimentary	碎屑(状) Clastic		砾岩 Conglomerate (21 ±3)①	砂岩 Sandstone 17 ±4	粉砂岩 Siltstone 7 ±2	粘土岩 Claystone 4 ±2
			角砾岩 Breccia (19 ±5)		硬砂岩 Greywacke (18 ±3)	页岩 Shale (6 ±2)
						泥灰岩 Marl (7 ±2)
	无碎屑 NonClastic	碳酸 Carbonate	晶灰岩 Crystalline Limestone (12 ±3)	粗晶质灰岩 Sparitic Limestone (10 ±2)	微晶质灰岩 Micritic Limestone (9 ±2)	白云石 Dolomite (9 ±3)
		蒸发岩 Evaporite		石膏岩 Gypsum 8 ±2	硬石膏;无水石膏 Anhydrite 12 ±2	
		有机岩 Organic				白垩岩 Chalk 7 ±2
变质岩 Metamorphic	非叶理状 Nonfoliated		大理石 Marble 9 ±3	角页岩 Hornfels (19 ±4)	石英岩 Quartzite 20 ±3	
				变质砂岩 Metasandstone (19 ±3)		

续上表

岩石类型 Rock type	类 Class	组 Group	纹理 Texture			
			粗糙 Coarse	中等 Medium	细腻 Fine	纹理非常精细 Very fine
	轻微叶理状 Slightly foliated		混合岩 Migmatite (29 ±3)	角闪岩 Amphibolite 26 ±6	片麻岩 Gneiss 28 ±5	
	叶理状 (Foliated②)			片岩 Schist 12 ±3	千枚岩 Phyllite (7 ±3)	板岩 Slate 7 ±4
火成岩 Igneous	深成岩 Plutonic	亮 Light	花岗岩 Granite 32 ±3	闪长岩 Diorite 25 ±5		
			花岗闪长岩 Granodiorite (29 ±3)			
		黑 Dark	辉长岩 Gabbro 27 ±3	辉绿岩 Dolerite (16 ±5)		
			苏长岩 Norite 20 ±5			
	浅成岩 Hypabyssal		Porphyrie (20 ±5)		辉绿岩 Diabase (15 ±5)	橄榄岩 Peridotite (25 ±5)
	火山岩 Volcanic	熔岩 Lava		流纹岩 Rhyolite (25 ±5)	英安岩 Dacite (25 ±3)	黑曜石 Obsidian (19 ±3)
				安山岩 Andesite 25 ±5	玄武岩 Basalt (25 ±5)	
		火山碎屑 Pyroclastic	结块岩 Agglomerate (19 ±3)	角砾岩 Breccia (19 ±5)	凝灰岩 Tuff (13 ±5)	

注:①Values in parenthesis are estimates. 括号内数值为估计数。

②These values are for intact rock specimen tests normal to bedding or foliation. The value of m_i will be significantly different if failure occurs along a weakness plane. 值为具有叶状结构和层状结构完整岩石正常试验值,如岩石弱面破坏时 m_i 值会显著不同。

附录 3

浅基础的破坏模式和计算方法[①]

A-1-3　概述

建造在岩块上基础的极限承载力与节理间距 S 与基础宽度 B 的比值、节理倾向、节理的状态(打开或闭合)、岩石种类有关。表 A.3 为常见的岩石地基的破坏模式,岩块状况不同破坏模式也不尽相同,这些破坏模式都是建立在对 Sowers & Kulhawy(1979)提出的破坏模式进行修正的基础上。实际的岩石地基的破坏模式是好几种破坏模式的组合。为了讨论的方便,破坏模式将根据岩块的状态(完整、节理、分层、破碎)分为四大类。

A-1-4　完整岩块

为研究岩石地基的极限承载力,完整岩块指的是不连续面的间距(S 所指的长度如表 A.3 所示)大于 4 倍到 5 倍基础宽度(B 所指的长度如表 A.3 所示)。一般说来,在节理间距很宽的情况下,节理倾向和状态对岩石地基承载力影响很小。在此种情况下,对于不同的岩石类型有二种破坏模式与之相对应。脆性岩石和韧性岩石地基破坏模式分别为局部剪切破坏和一般楔体破坏。

典型浅基础的破坏模式(ASCE. 1996)　　表 A.3

岩块状态 Rock Mass Condition			破坏模式 Failure		
	节理倾向 Joint Dip	节理间距 Joint Spacing	图示 Illustration	模式 Mode	承载力计算公式 Bearing Capacity Equation No.
完整岩石 Intact	N/A	$S \gg B$	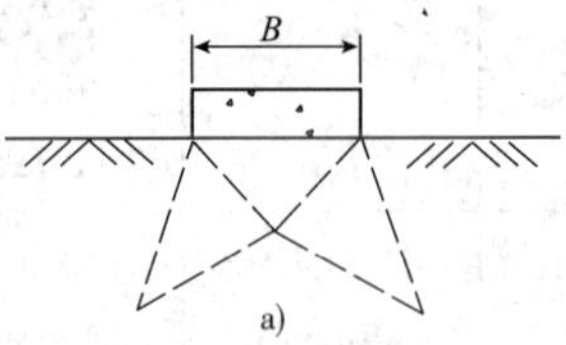 B a)	脆性岩石:由于局部脆性破碎导致局部剪切破坏 Brittle Rock: Local shear failure caused by localized brittle fracture.	式(A-4) Eq. A-4
完整岩石 Intact	N/A	$S \gg B$	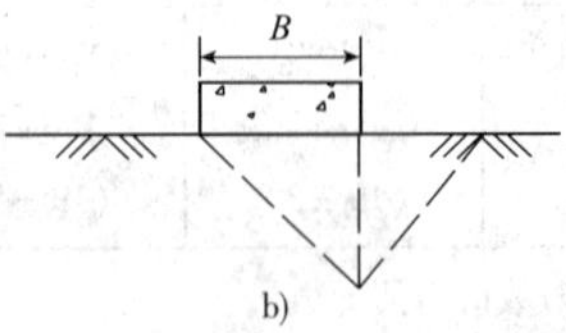 B b)	韧性岩石:整体剪切破坏,沿明确的破坏面 Ductile Rock: General shear failure along well defined failure surfaces.	式(A-1) Eq. A-1

① 引自 Engineering and Design—Rock Foundations.[A.3]

续上表

岩块状态 Rock Mass Condition			破坏模式 Failure		
	节理倾向 Joint Dip	节理间距 Joint Spacing	图示 Illustration	模式 Mode	承载力计算公式 Bearing Capacity Equation No.
倾向很陡的节理 Steeply Dipping Joints	$70° < \beta < 90°$	$S < B$	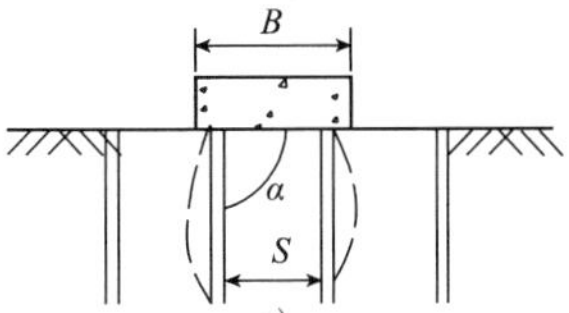 B α S c)	节理张开：侧向约束不足的单桩压缩破坏。破坏面临近一组垂直节理 Open joints: Compressive failure of indivedual rock columns. Near vertical joint set(s)	式(A-5) Eq. A-5
倾向很陡的节理 Steeply Dipping Joints	$70° < \beta < 90°$	$S < B$	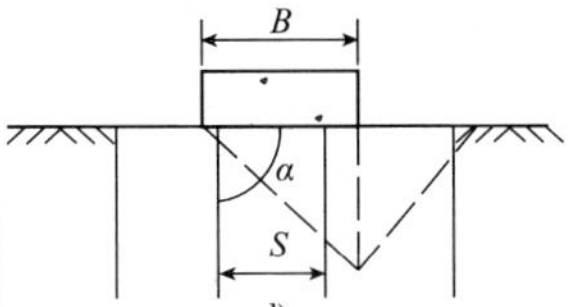 B α S d)	节理闭合：整体剪切破坏沿明确的破坏面。破坏面临近垂直节理 Closed joints: General shear failure along weell defined failure surfaces. Near vertical joint(s)	式(A-1) Eq. A-1
倾向很陡的节理 Steeply Dipping Joints	$70° < \beta < 90°$	$S > B$	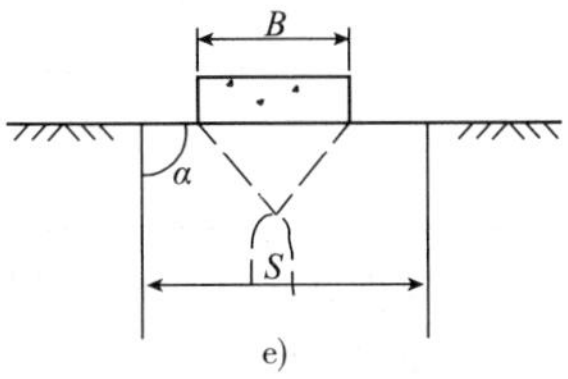 B α S e)	节理闭合或打开：破坏先于岩块劈裂然后发展为整体剪切破坏。临近节理组 Open or closed joints: Failure initiated by splitting leading to general shearfailure. Near vertical joint set(s)	式(A-6) Eq. A-6
节理 Jointed	$20° < \beta < 70°$	$S < B$ 或 $S > B$ 如果楔体能沿节理发展 $S < B$ or $S > B$ if failure wedge can develop along joints	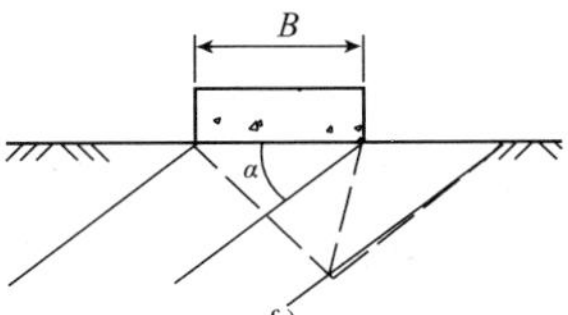 B α f)	整体剪切破坏，破坏面沿节理的方向。且节理的倾向适度 General shear failure with potential for failure along joints. Moderately dipping joint set(s)	式(A-3) Eq. A-3

续上表

岩块状态 Rock Mass Condition			破坏模式 Failure		
	节理倾向 Joint Dip	节理间距 Joint Spacing	图示 Illustration	模式 Mode	承载力计算公式 Bearing capacity Equation No.
分层 Layered	$0° < \beta < 20°$	承载力取决于岩床参数,则限制 H 和 B 值 Limiting value of H with respect to B, if dependent upon material properties	B H 硬 软 g)	厚硬刚层在上并伴有软下卧层:破坏先于厚硬刚层的受拉破坏 Thick rigid upper layer: failure is initiated by tensile failure caused by flesure of the thick rigid upper layer	N/A
分层 Layered	$0° < \beta < 20°$	承载力取决于岩床参数,则限制 H 和 B 值 Limiting value of H with respect to B, if dependent upon material properties	B H 硬 软 h)	薄硬刚层在上并伴有软下卧层:破坏开始于薄硬刚层的冲切破坏 Thin rigid upper layer: Failure is initiated by punching tensile failure of the thin rigid upper layer	N/A
破碎 Fractured	N/A	$S \ll B$	B i)	整体剪切破坏并伴有通过两组或多组节理岩块的不规则破坏面 General shear failure with irregular failure surface through rock mass. Two or more closely spaced joint sets	式(A-3) Eq. A-3

a. 脆性岩石:典型的局部剪切破坏模式最先在基础的边缘发生局部的压碎(尤其发生在刚性基础的边缘),然后发展为楔块和滑动面。滑动面没有延伸到地表,只是在岩块内部。脆性岩石通常发生局部剪切破坏,并伴有显著的峰后强度损失(表 A.3 中图 a)。

b. 韧性岩石:整体剪切破坏同样先发生在基础的边缘,但滑动面沿明确的楔块发展并逐渐延伸至地表。韧性岩石通常发生整体剪切破坏,并伴有峰后强度屈服(表 A.3 中图 b)。

A-1-5　节理岩块

节理岩石的地基承载力与节理的间距、倾向(走向)、节理状况有关。

倾向很陡且间距很紧密的节理:当建筑物的基础建造在岩石地基上,且地基的岩块里显著节理的倾向很陡,且节理间距很密,两种类型的地基承载力破坏模式与之对应(表 A.3 中图 c 和表 A.3 中图 d)。当节理的状态为打开状态(表 A.3 中图 c)地基犹如无侧限的压缩小柱,常发生压缩破坏。当节理的状态为紧密闭合(表 A.3 中图 d),此状态与表 A.3 中图 c)的破坏模式相反,此时侧向约束的能力增强,通常发生整体剪切破坏。

倾向很陡且间距很宽的节理:当岩块倾向很陡且间距大于2倍的基础宽度时(表A.3中图e),地基可能发生劈裂破坏并最终发展为整体剪切破坏模式。

倾向(走向)节理:当节理的倾向与基础面成20°~50°之间时(表A.3中图f)通常发生整体剪切破坏。此外,既然不连续面为主要的弱面,则会在其中之一的不连续面里很可能发展为剪切楔体。

A-1-6　层状岩块

当建筑物建造在多层岩块上,而每一层的属性各异时,其破坏模式复杂。此时有两种特殊情况的地基破坏模式(Sowers 1979)提出。这两种特殊情况的地层都具有上面地层刚硬,下面地层变形很大,且岩床倾向与基础面成至少20°的倾角。第一种情况(表A.3中图g)厚刚硬层下为软弱层,第二种情况刚硬层很薄;这两种情况有可能发生受拉破坏。然而,第一种情况,受拉破坏是由于厚刚硬层折断,第二种情况,地基会在薄刚硬层里发生冲切破坏。刚硬层的最小厚度受其各层材料属性控制。

A-1-7　高度破碎岩块

高度破碎岩石是具有二个或二个以上不连续体,且节理间距相对于基础宽度来说很小(表A.3中图i),高度破碎岩石的性质与高密度无粘性砂和砾石相近。因此,破坏模式为整体剪切破坏。

A-1-8　次生破坏

除地基的岩石发生破坏以外,岩石的矿物组成成分、地下水或地上水的化学成分的差异也有可能导致地基的破坏。例如:强度随时间损失的一些粘土页岩地基;受地上水和地下水与地基化学反应使受荷面积减小;极易溶解于水的岩石;矿物膨胀而产生的附加应力。对于地基可能发生的次生破坏应予以消除和避免,防止工程事故的发生。

A-1-9　概述

估计地基承载力的方法有多种:数值解法、传统的承载力计算公式、现场原位静载试验。对于以上解法,现场测试法为最少使用的方法。第一,在第四章讨论过,例如承压板试验非常昂贵。第二,虽进行承载板试验能对地基极限承载力进行测试,但存在尺寸效应。

A-1-10　定义

在下述讨论过程中会用到二个专有名词,极限承载力和容许承载力。对其定义都是以《美国检测和材料》为标准:

极限承载力:支撑基础的岩块或土层发生破坏时每平方米的荷载。

容许承载力:同时兼顾地基强度、稳定性和变形要求这两个条件时的承载力。

A-1-11　分析方法

a. 有限元法;

b. 极限平衡法。

A-1-12　岩石地基承载力计算公式

相关文献中提出多种地基极限承载力的显函数解答。通常,这些经验和半经验近似计算地基极限承载力的公式与地基可能发生的破坏模式的和材料参数有关。因此对于公式的选用应与地基可能发生的破坏模式相吻合。以下讨论的地基极限承载力的计算公式与各自适用的破坏模式相对应,计算式适用的破坏模式如表A.3中所示。

整体剪切破坏：整体剪切破坏的极限承载力可通过 Buisman-Terzaghi（Terzaghi 1943）提出的承载力表达式（A-1）进行计算，式（A-1）适用于 $L/B>10$ 长条型连续形基础。

$$q_{ult} = CN_c + 0.5\gamma BN_\gamma + \gamma DN_q \tag{A-1}$$

式中：q_{ult}——地基的极限承载力；

γ——岩块的有效重度，如在地下水以下时采用饱和重度；

B——基础的宽度；

D——基础在地表下的埋深；

C——岩块抗剪强度粘聚力；

N_c，N_g 和 N_q 为承载力系数，通过下式进行计算：

$$N_c = 2N_\varphi^{1/2}(N_\varphi + 1) \tag{A-2a}$$

$$N_\gamma = N_\varphi^{1/2}(N_\varphi^2 - 1) \tag{A-2b}$$

$$N_q = N_\varphi^2 \tag{A-2c}$$

$$N_\varphi = \tan^2(45° + \varphi/2) \tag{A-2d}$$

式中：φ——岩块的内摩擦角。

式（A-1）适用于粘聚力和摩擦抗剪强度参数是变化的破坏模式。因此式（A-1）适用于表 A.3 中图 b）和表 A.3 中图 d）所示的破坏模式。

无粘聚的整体剪切破坏：剪切破坏很可能发生于沿节理面或通过高度破碎的岩块如表 A.3 中图 f）和表 A.3 中图 i）所示，此种情况下不计粘聚力对地基承载力的影响，式（A-3）为此种情况地基的极限承载力估算表达式

$$q_{ult} = 0.5\gamma BN_\gamma + \gamma DN_q \tag{A-3}$$

局部剪切破坏：局部剪切破坏是一种非常特殊的情况，破坏面从开始并向上发展，但没有延伸至表面，如表 A.3 中图 a）所示，从这一方面来讲基础嵌入岩层中的深度对地基极限承载力贡献很小。适用于局部剪切破坏的地基极限承载力的计算公式为：

$$q_{ult} = CN_c + 0.5\gamma BN_\gamma \tag{A-4}$$

影响因素：式（A-1）、（A-3）和（A-4）适用于长条形基础 L/B 的比值大于 10。表 A.4 为方形基础、圆形基础、基础的长度与宽度的比值小于 10 的修正系数，经修正后的地基的极限承载力为其上述式子与表 A.4 修正系数乘积。

修正系数（after Sowers 1979） 表 A.4

基础形状	C_c N_c Correction	C_γ N_γ Correction
圆形	1.2	0.70
方形	1.25	
矩形		
$L/B = 2$	1.12	0.90
$L/B = 5$	1.05	0.95
$L/B = 10$	1.00	1.00

注：矩形基础的修正值在 $L/B=2$、$L/B=5$ 和 $L/B=10$ 之间的通过线性插值进行处理。

压缩破坏：表 A.3 中图 c)为侧向约束不足的完整岩石的破坏模式。此种情况下的破坏模式类型于无侧限压缩的破坏模式,其极限承载力的估算方法见式(A-5)。

$$q_{ult} = 2C\tan(45 + \varphi/2) \tag{A-5}$$

劈裂破坏:节理的倾向为竖向且节理间距很宽，地基的破坏通常开始于基础底端的岩石的撕裂破坏如表 A.3 中图 e)。此种情况下 Bishnoi（1968）建议地基极限承载力按下式估算：

对于圆形基础：

$$q_{ult} = JCN_{cr} \tag{A-6a}$$

对于方形基础：

$$q_{ult} = 0.85JCN_{cr} \tag{A-6b}$$

对于条形基础

基础长度 L/基础宽度 $B \leqslant 32$

$$q_{ult} = JCN_{cr}/(2.2 + 0.18L/B) \tag{A-6c}$$

式中:J——与岩石地基节理的水平向间距与基础宽度有关的修正系数(图 A.1)；

L——基础长度。

承载力系数 N_{cr}的计算式：

$$N_{cr} = \frac{2N_\varphi^2}{1 + N_\varphi}(\cot\varphi)(S/B)\left(1 - \frac{1}{N_\varphi}\right) - N_\varphi(\cot\varphi) + 2N_\varphi^{1/2} \tag{A-6d}$$

式中符号同上文中定义,其中地基承载力影响系数 J 和 N_{cr}图 A.1 和图 A.2。

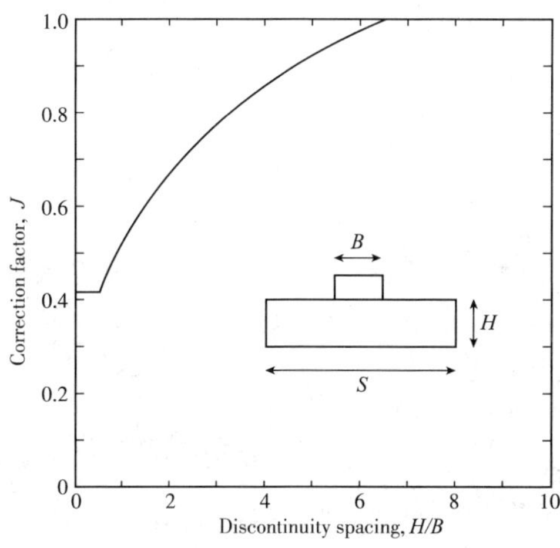

图 A.1 修正系数 J 与水平节理的间距与基础宽度比值的关系（after Bishnoi 1968）

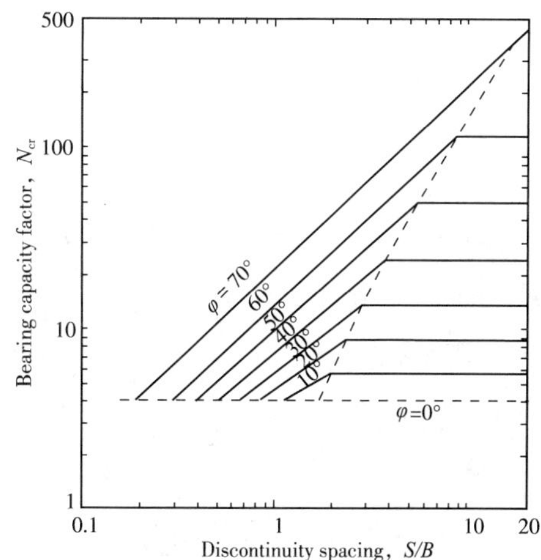

图 A.2 承载力系数与竖向节理的间距与基础宽度比值、倾角之间的关系(after Bishnoi 1968)

参数计算:上述计算公式的提出都是以 Mohr-Columb 破坏准则为基础,从这一方面来说材料属性的计算参数局限于二大参数:抗剪粘聚力(C)和内摩擦角(φ)。既然岩块强度对于地基极限承力能提供很高的安全储备,那么对于估算地基承载力的选用的 C 和 φ 初始值以下限值为基础。然而获取 φ 的下限值所耗费的技术力量相对便宜,但对于获取岩块 C 的下限值无廉价方法。因此,我们可以通过式(A-7a)估算岩块 C 的下限值:

$$C = \frac{q_u(s)}{2\tan(45° + \frac{\varphi}{2})} \tag{A-7a}$$

式中：q_u——试验室测得的完整岩石无侧限抗压强度。

$$s = \exp\frac{(RMR - 100)}{9}$$

附录 4

岩石的分类指标 RMR[①]

岩块分类系统(After Bieniawski 1989)　　表 A.5

<table>
<tr><th colspan="3">参数 Parameter</th><th colspan="7">取值范围 Range of values</th></tr>
<tr><td colspan="10">A. 分类参数及评分 A. CLASSIFICATION PARAMETERS AND THEIR RATINGS</td></tr>
<tr><td rowspan="3">1</td><td rowspan="2">完整岩石材料的强度 Strength of intact rock material</td><td>点荷载试验强度指数 Point-load strength index</td><td>>10MPa</td><td>4 ~ 10MPa</td><td>2 ~ 4MPa</td><td>1 ~ 2 MPa</td><td colspan="3">单轴抗压强度很低的情况下：For this low range—uniaxial compressive test is preferred</td></tr>
<tr><td>单轴抗压强度 Uniaxial comp. strength</td><td>>250 MPa</td><td>100 ~ 250 MPa</td><td>50 ~ 100 MPa</td><td>25 ~ 50 MPa</td><td>5 ~ 25 MPa</td><td>1 ~ 5 MPa</td><td>< 1 MPa</td></tr>
<tr><td colspan="2">评分 Rating</td><td>15</td><td>12</td><td>7</td><td>4</td><td>2</td><td>1</td><td>0</td></tr>
<tr><td rowspan="2">2</td><td colspan="2">钻孔质量 Drill core Quality RQD</td><td>90% ~ 100%</td><td>75% ~ 90%</td><td>50% ~ 75%</td><td>25% ~ 50%</td><td colspan="3">< 25%</td></tr>
<tr><td colspan="2">评分 Rating</td><td>20</td><td>17</td><td>13</td><td>8</td><td colspan="3">3</td></tr>
<tr><td rowspan="2">3</td><td colspan="2">不连续面间距 Spacing of discontinuities</td><td>>2 m</td><td>0.6 ~ 2m</td><td>200 ~ 600 mm</td><td>60 ~ 200 mm</td><td colspan="3"><60 mm</td></tr>
<tr><td colspan="2">评分 Rating</td><td>20</td><td>15</td><td>10</td><td>8</td><td colspan="3">5</td></tr>
</table>

① 引自 Rock mass classification[A.4]。

续上表

	参数 Parameter		取值范围 Range of values				
4	节理状况(见 E) Condition of discontinuities (See E)		非常粗糙表面,不连续,无分离,未风化围岩 Very rough surfaces Not continuous No separation Unweathered wall rock	微粗糙表面 分离 <1mm 微风化围岩 Slightly rough surfaces Separation <1 mm Slightly weathered walls	微粗糙表面 分离 <1mm 高度风化围岩 Slightly rough surfaces Separation <1 mm Highly weathered walls	擦痕面或凿深 <5m 厚 或分离 1~5mm 连续 Slickensided surfaces or Gouge <5 mm thick or Separation 1~5 mm Continuous	凿深 >5m 厚 或分离 >5mm 连续 Soft gouge > 5 mm thick or Separation >5 mm Continuous
	评分 Rating		30	25	20	10	0
5	地下水 Groundwater	Inflow per 10 m tunnel length (1/m)	None	< 10	10~25	25~125	> 125
		(Joint water press)/(Major principal)	0	< 0.1	0.1~0.2	0.2~0.5	> 0.5
		General conditions	Completely dry	Damp	Wet	Dripping	Flowing
	评分 Rating		15	10	7	4	0

B. 节理走向调整值(见 F)B. RATING ADJUSTMENT FOR DISCONTINUITY ORIENTATIONS (See F)

Strike and dip orientations		Very favourable	Favourable	Fair	Unfavourable	Very Unfavourable
评分 Rating	Tunnels & mines	0	-2	-5	-10	-12
	Foundations	0	-2	-7	-15	-25
	Slopes	0	-5	-25	-50	

C. 总体评价中决定岩块等级 C. ROCK MASS CLASSES DETERMINED FROM TOTAL RATINGS

续上表

参数 Parameter	取值范围 Range of values				
Rating	100←81	80←61	60←41	40←21	<21
Class number	I	II	III	IV	V
Description	Very good rock	Good rock	Fair rock	Poor rock	Very poor rock
D. 岩石类别的涵义 D. MEANING OF ROCK CLASSES					
Class number	I	II	III	IV	V
Average stand-up time	20 yrs for 15 m span	1 year for 10 m span	1 week for 5 m span	10 hrs for 2.5 m span	30 min for 1 m span
岩块的粘聚力 Cohesion of rock mass (kPa)	> 400	300 ~ 400	200 ~ 300	100 ~ 200	< 100
岩块的摩擦阻力角 Friction angle of rock mass (deg)	> 45	35 ~ 45	25 ~ 35	15 ~ 25	< 15
E. 不连续面状态的分类 E. GUIDELINES FOR CLASSIFICATION OF DISCONTINUITY conditions					
Discontinuity length (persistence)	<1 m	1 ~ 3 m	3 ~ 10 m	10 ~ 20 m	>20 m
评分 Rating	6	4	2	1	0
Separation (aperture)	None	<0.1 mm	0.1 ~ 1.0 mm	1 ~ 5 mm	>5 mm
评分 Rating	6	5	4	1	0
粗糙度 Roughness	非常粗糙 Very rough	粗糙 Rough	微粗糙 Slightly rough	光滑 Smooth	Slickensided
评分 Rating	6	5	3	1	0
Infilling (gouge)	None	Hard filling <5 mm	Hard filling >5 mm	Soft filling <5 mm	Soft filling >5 mm
评分 Rating	6	4	2	2	0
Weathering	Unweathered	Slightly weathered	Moderately weathered	Highly weathered	Decomposed
评分 Rating	6	5	3	1	0

续上表

参数 Parameter	取值范围 Range of values		
F. EFFECT OF DISCONTINUITY STRIKE AND DIP ORIENTATION IN TUNNELLING * *			
Strike perpendicular to tunnel axis		Strike parallel to tunnel axis	
Drive with dip—Dip 45°-90°	Drive with dip—Dip 20°-45°	Dip 45°-90°	Dip 20°-45°
Very favourable	Favourable	Very unfavourable	Fair
Drive against dip—Dip 45°-90°	Drive against dip—Dip 20°-45°	Dip 0°-20°—Irrespective of strike	
Fair	Unfavourable	Fair	

* Some conditions are mutually exclusive . For example, if infilling is present, the roughness of the surface will be overshadowed by the influence of the gouge. In such cases use A. 4 directly.

* * 修改值(after Wickham et al 1972.)

The RMR value for the example under consideration is determined as follows:

Table Item Value Rating

表格 Table	项目 Item	值 Value	评分 Rating
4: A.1	点荷载指数 Point load index	8 MPa	12
4: A.2	RQD	70%	13
4: A.3	不连续面间距 Spacing of discontinuities	300 mm	10
4: E.4	不连续状况 Condition of discontinuities	Note 1	22
4: A.5	地下水 Groundwater	Wet	7
4: B	节理走向调整 Adjustment for joint orientation	Note 2	-5
		Total	59

Note 1. For slightly rough and altered discontinuity surfaces with a separation of < 1 mm, Table 4. A. 4 gives a rating of 25. When more detailed information is available, Table 4. E can be used to obtain a more refined rating. Hence, in this case, the rating is the sum of: 4 (1-3 m discontinuity length), 4 (separation 0. 1-1. 0 mm), 3 (slightly rough), 6 (no infilling) and 5 (slightly weathered) = 22.

Note 2. Table 4. F gives a description of 'Fair' for the conditions assumed where the tunnel is to be driven against the dip of a set of joints dipping at 60o. Using this description for 'Tunnels and Mines' in Table 4. B gives an adjustment rating of.

附录 5

嵌岩段桩侧极限摩阻力统计表

嵌岩段桩侧极限摩阻力统计表[A.20]

表 A.6

参考文献	year	岩石类型	桩径 D(mm)	嵌岩比 n	桩长 L(m)	m_o	σ_c (MPa)	RMR (%)	土层高 H_s(m)	土重 γ_s (kN/m^3)	入岩深 h_r(m)	岩重 γ_R (kN/m^3)	实际 τ_{max} (MPa)	$\alpha=\tau_{max}/\sigma_c$
Carrubba[A.5]	1997	泥灰岩(Marl)	1200	6.25	18.5	7	0.9	75	11	17.5	7.5	22.5	0.14	0.156
Buttling (D); Mallard and Ballantyne[A.6]	1976	白垩岩(Chalk)	900	8.89	27.3	7	1.1	75	19.3	17.5	8	22.5	0.19	0.173
Wilson (1976) [A.7]	2001	泥岩 Mudstone	900	1.11	4	4	1.1	50	3	17.5	1	22.5	0.12	0.109
Wilson (1976) [A.7]	2001	泥岩 Mudstone	900	1.11	4	4	1.1	50	3	17.5	1	22.5	0.184	0.167
McVay et al. [A.8]	1992	石灰石 Limestone	?	?	7.2	10	1.72	50	6.1	17.5	1.1	22.5	0.48	0.279
McVay et al. [A.8]	1992	石灰石 Limestone	?	?	10.7	10	2.3	50	8.25	17.5	2.45	22.5	0.39	0.170
Carrubba[A.5]	1997	石灰石 Limestone	1200	2.08	13.5	10	2.5	75	11	17.5	2.5	22.5	0.4	0.160
Leung (1996)[A.11]	2001	粉砂岩 Siltstone	1400	1.79	16	7	3.5	50	13.5	17.5	2.5	22.5	0.39	0.111
McVay et al. [A.8]	1992	石灰石 Limestone	?	?	10.7	10	3.55	50	7.6	17.5	3.1	22.5	0.69	0.194
McVay et al. [A.8]	1992	石灰石 Limestone	?	?	12.2	10	4.41	50	11	17.5	1.2	22.5	0.71	0.161
McVay et al. [A.8]	1992	石灰石 Limestone	?	?	9.5	10	4.55	50	5.8	17.5	3.7	22.5	0.82	0.180
Hovarth et al. (1980) [A.9]	2001	页岩 Shale	710	1.97	1.97	6	5.5	50	0.57	17.5	1.4	22.5	1.75	0.318
Hovarth et al. (1980)[A.9]	2001	页岩 Shale	710	1.97	1.97	6	5.6	50	0.57	17.5	1.4	22.5	2	0.357

续上表

参考文献	year	岩石类型	桩径 D(mm)	嵌岩比 n	桩长 L(m)	m_o	σ_c (MPa)	RMR (%)	土层高 H_s(m)	土重 γ_s (kN/m³)	入岩深 h_r(m)	岩重 γ_R (kN/m³)	实际 τ_{max} (MPa)	$\alpha=\tau_{max}/\sigma_c$
Carrubba[A.5]	1997	石膏岩 Gypsium	1200	9.17	37	8	6	55	26	17.5	11	22.5	0.12	0.020
Ng; Yau; Li and Tang[A.10]	2001	花岗闪长岩 Granodiorite	?	?	25.1	29	6	40	23	17.5	2.1	22.5	0.48	0.080
Leung (1996)[A.11]	2001	粉砂岩 Siltstone	810	12.35	12.4	7	6	50	2.4	17.5	10	22.5	0.56	0.093
Leung (1996)[A.11]	2001	粉砂岩 Siltstone	1400	2.14	16	7	6.5	50	13	17.5	3	22.5	0.62	0.095
McVay et al. [A.8]	1992	石灰石 Limestone	?	?	11	10	6.71	50	10	17.5	1	22.5	1.2	0.179
Leung (1996)[A.11]	2001	粉砂岩 Siltstone	1350	5.04	14	7	7	50	7.2	17.5	6.8	22.5	0.6	0.086
Castelli and Ke Fan (LT1)[A.12]	2002	石灰石 limestone	?	?	12.5	10	7.5	50	7.25	10	5.25	15	1.24	0.165
Leung (1996) [A.11]	2001	粉砂岩 Siltstone	1500	7.67	11.5	7	9	50	0	17.5	11.5	22.5	0.8	0.089
Leung (1996)[A.11]	2001	粉砂岩 Siltstone	710	10.2	7.3	7	9	50	0	17.5	7.3	22.5	0.7	0.078
Ng; Yau; Li and Tang[A.10]	2001	花岗岩 Granite	?	?	60.2	32	10	60	56.6	17.5	3.6	22.5	0.61	0.061
Hovarth et al. (1980)[A.9]	2001	页岩 Shale	710	1.972	1.97	6	10.4	50	0.57	17.5	1.4	22.5	1.09	0.105
Rosenberg and Journeaux[A.13]	1976	安山岩 Andesite	?	?	12.76	25	10.55	30	12.2	17.5	0.56	22.5	1.12	0.106
Gordon and Hawk and McConnell[A.14]	2004	砂岩 Sandstone	?	?	13.07	17	11	50	10.94	10	2.13	15	0.756	0.069
Hovarth et al. (1983)[A.9]	2001	页岩 Shale	710	1.97	1.97	6	11.1	50	0.57	17.5	1.4	22.5	1.11	0.100
Walter et al. [A.15]	1997	砂岩 Sandstone	900	2.89	15.74	17	11.6	75	13.14	17.5	2.6	22.5	2.16	0.186
Thorburn (1966)[A.10]	2001	页岩 Shale	915	3.66	5.75	6	12.2	50	2.4	17.5	3.35	22.5	0.242	0.020
Leung (1996); taken from Ng et al. [A.11]	2001	花岗岩 Granite	1000	1	30	32	12.5	50	29	17.5	1	22.5	0.8	0.064

续上表

参考文献	year	岩石类型	桩径 D(mm)	嵌岩比 n	桩长 L(m)	m_o	σ_c (MPa)	RMR (%)	土层高 H_s(m)	土重 γ_s (kN/m^3)	入岩深 h_r(m)	岩重 γ_R (kN/m^3)	实际 τ_{max} (MPa)	$\alpha=\tau_{max}/\sigma_c$
Carrubba[A.5]	1997	角砾岩 Breccia	1200	2.08	19	19	15	20	16.5	17.5	2.5	22.5	0.49	0.033
Hovarth et al. (1983); taken from Ng et al.[A.9]	2001	页岩 Shale	635	1.42	1.97	6	15.2	50	1.07	17.5	0.9	22.5	0.83	0.055
Long[A.16]	2000	石灰石/泥岩 Limestone/mudstone	?	?	9.5	7	16	50	6.5	17.5	3	22.5	0.91	0.057
Long[A.16]	2000	石灰石/泥岩 Limestone/mudstone	?	?	13.3	7	16	50	10.3	17.5	3	22.5	0.975	0.061
Gordon and Hawk and McConnell [A.14]	2004	砂岩 Sandstone	?	?	14.33	17	17	50	11.98	10	2.35	15	1	0.059
Gordon and Hawk and McConnell[A.14]	2004	粉砂岩 Siltstone	?	?	10.94	7	20	50	8.53	10	2.41	15	0.977	0.049
Thorne (1980)[A.17]	2001	页岩 Shale	900	1.44	7	6	21	50	5.7	17.5	1.3	22.5	1.26	0.060
Rosenberg and Journeaux[A.13]	1976	页岩 Shale	?	?	17.61	6	21 1	30	16.7	17.5	0.91	22.5	1.72	0.082
Long[A.16]	2000	石灰石 Limestone	?	?	8.3	10	25	59	5.5	17.5	2.8	22.5	0.75	0.030
Long[A.16]	2000	石灰石/泥岩 Limestone/mudstone	?	?	7	8	25	55	4	17.5	3	22.5	0.995	0.040
Long[A.16]	2000	石灰石/泥岩 Limestone/mudstone	?	?	7.9	8	25	55	4.9	17.5	3	22.5	0.995	0.040
Ng; Yau; Li and Tang[A.10]	2001	变质砂岩 Metasandstone	?	?	40.3	19	28 8	50	38.8	17.5	1.5	22.5	5.1	0.177

续上表

参考文献	year	岩石类型	桩径 D(mm)	嵌岩比 n	桩长 L(m)	m_o	σ_c (MPa)	RMR (%)	土层高 H_s(m)	土重 γ_s (kN/m^3)	入岩深 h_r(m)	岩重 γ_R (kN/m^3)	实际 τ_{max} (MPa)	$\alpha=\tau_{max}/\sigma_c$
Ng; Yau; Li and Tang[A.10]	2001	花岗岩 Granite	?	?	48.3	32	28.8	50	45.8	17.5	2.5	22.5	0.96	0.033
Long[A.16]	2000	石灰石 Limestone	?	?	7.8	10	29	59	5.5	17.5	2.3	22.5	1	0.034
Zhang and Yin (VT2)[A.18]	2000	凝灰岩 Tuff	?	?	35.6	13	30	60	33.6	17.5	2	22.5	2.63	0.088
Gordon and Hawk and McConnell[A.14]	2004	砂岩 Sandstone	?	?	16.51	17	33	50	14.33	10	2.18	15	0.191	0.006
Ng; Yau; Li and Tang[A.10]	2001	花岗岩 Granite	?	?	23.9	32	38	50	20.9	17.5	3	22.5	1.21	0.032
Carrubba[A.5]	1997	辉绿岩 Diabase	1200	1.67	20	15	40	50	18	17.5	2	22.5	0.89	0.022
Long[A.16]	2000	石灰石/泥岩 Limestone/mudstone	?	?	8.7	8	40	65	8.2	17.5	0.5	22.5	3	0.075
Ng; Yau; Li and Tang[A.10]	2001	粗灰分凝灰岩 Coarse ash tuff	?	?	35.6	15	40	50	33.6	17.5	2	22.5	2.86	0.072
Gunnink and Kiehne[A.19]	1998	石灰石 Limestone	450	11.11	9.12	10	43.6	75	4.12	17.5	5	22.5	2.343	0.054
Long[A.16]	2000	石灰石 Limestone	?	?	9	10	50	60	7	17.5	2	22.5	1.455	0.029
Long[A.16]	2000	石灰石 Limestone	?	?	6.8	10	50	65	4.8	17.5	2	22.5	1.95	0.039
Long[A.16]	2000	石灰石 Limestone	?	?	6.6	10	50	65	4.5	17.5	2.1	22.5	0.5	0.010
Long[A.16]	2000	石灰石 Limestone	?	?	4.9	10	50	65	4.7	17.5	0.2	22.5	2	0.040
Long[A.16]	2000	石灰石 Limestone	?	?	6.5	10	50	65	4.9	17.5	1.6	22.5	1.3	0.026
Long[A.16]	2000	石灰石 Limestone	?	?	9.3	10	51	60	6	17.5	3.3	22.5	1.92	0.038

续上表

参考文献	year	岩石类型	桩径 D(mm)	嵌岩比 n	桩长 L(m)	m_o	σ_c (MPa)	RMR (%)	土层高 H_s(m)	土重 γ_s (kN/m³)	入岩深 h_r(m)	岩重 γ_R (kN/m³)	实际 τ_{max} (MPa)	$\alpha=\tau_{max}/\sigma_c$
Long[A.16]	2000	粉砂岩 Siltstone	?	?	9	7	51	65	6.75	17.5	2.25	22.5	0.765	0.015
Long[A.16]	2000	石灰石 Limestone	?	?	7.1	10	51	60	4.4	17.5	2.7	22.5	1.62	0.032
Long[A.16]	2000	石灰石 Limestone	?	?	12.65	10	51	65	9.5	17.5	3.15	22.5	1.27	0.025
Long[A.16]	2000	石灰石 Limestone	?	?	9.1	10	51	65	7.35	17.5	1.75	22.5	1.67	0.033
Long[A.16]	2000	石灰石 Limestone	?	?	3	10	52	65	1.5	17.5	1.5	22.5	0.47	0.009
Long[A.16]	2000	石灰石 Limestone	?	?	8.3	10	54	60	5.5	17.5	2.8	22.5	1.5	0.028
Long[A.16]	2000	石灰石 Limestone	?	?	7.8	10	54	60	5.5	17.5	2.3	22.5	1.88	0.035
Hovarth et al. (1983); taken from Ng et al.[A.9]	2001	页岩 Shale	710	1.97	1.97	6	54	50	0.57	17.5	1.4	22.5	1.11	0.021

桩端极限阻力统计表

桩端极限端阻力统计表[A.21][A.22]

表 A.7

参考文献	年份	岩石描述	桩径 D(mm)	桩长 L(m)	土层高 H_S(m)	入岩深 h_r(m)	土重 γ_S (kN/m^3)	岩重 γ_R (kN/m^3)	嵌岩比 n	σ_c (MPa)	m_0	m_b	RMR (%)	实际 q_{max} (MPa)	$N_c = q_{max}/\sigma_c$
Aurora and Resse[A.23]	1977	泥页岩 Clayshale	890	7.63	5.8	1.83	17.5	15	2.06	0.62	5	1.43	65	2.443	3.94
Aurora and Resse[A.23]	1977	泥页岩 Clayshale	740	7.24	6.1	1.14	17.5	15	1.54	1.42	5	1.43	65	5.68	4
Aurora and Resse[A.23]	1977	泥页岩 Clayshale	790	7.29	6.1	1.19	17.5	15	1.51	1.42	5	1.43	65	5.125	3.61
Aurora and Resse[A.23]	1977	泥页岩 Clayshale	750	7.31	5.7	1.61	17.5	15	2.15	1.42	5	1.43	65	6.111	4.3
Carrubba[A.24]	1997	完整泥灰岩,RQD = 100% Marl,intact,RQD = 100%	1200	27	11	16	17.5	25	13.33	0.9	5	1.43	65	5.3	5.89
Carrubba[A.24]	1997	完整石灰石,RQD = 100% Limestone,intact,RQD = 100%	1200	23	11	12	17.5	25	10	2.5	8	2.29	65	8.9	3.56

续上表

参考文献	年份	岩石描述	桩径 D(mm)	桩长 L(m)	土层高 H_S(m)	入岩深 h_r(m)	土重 γ_S (kN/m^3)	岩重 γ_R (kN/m^3)	嵌岩比 n	σ_c (MPa)	m_0	m_b	RMR (%)	实际 q_{max} (MPa)	$N_c = q_{max}/\sigma_c$
Carrubba[A.24]	1997	辉绿岩角砾岩，高度破碎，RQD = 10% Diabase Breccia, highly fractured RQD = 10%	1200	33	16.5	16.5	17.5	25	3.75	15	20	1.37	25	8.9	0.59
Gloss and Brigg[A.25]	1983	砂岩，水平层状，页岩质，RQD = 74% Sandstone, horizontally bedded shaley, RQD = 74%	610	15.9	0	15.9	0	15	25.07	8.362	15	2.03	44	10.1	1.213
Gloss and Brigg[A.25]	1983	砂岩，水平层状，页岩质，一些煤炭带，RQD = 88% Sandstone, horizontally bedded, shaley, with some coal stringers, RQD = 88%	610	16.9	0	16.9	0	15	27.71	9.258	15	2.43	49	13.1	1.41
Goeke and Hustad[A.26]	1979	泥页岩，偶尔伴有石灰石夹层 Clayshale, with occasional thin limestone seams	762	8.9	5.6	3.3	13	15	4.33	0.81	4	0.96	60	4.7	5.8
Hummert and Cooling[A.27]	1988	页岩，薄砂岩层床 Shale, thinly bedded with thin sandstone layers	457	13	11	2	15	15.5	4.38	3.82	5	0.587	40	10.7	2.80
Jubenville and Hepworth[A.28]	1981	页岩，未风化 Shale, unweathered	305	2.5	1	1.5	15.7	11.5	4.92	1.082	5	1.71	70	3.66	3.38

续上表

参考文献	年份	岩石描述	桩径 D(mm)	桩长 L(m)	土层高 H_S(m)	入岩深 h_r(m)	土重 γ_S (kN/m^3)	岩重 γ_R (kN/m^3)	嵌岩比 n	σ_c (MPa)	m_0	m_b	RMR (%)	实际 q_{max} (MPa)	$N_c = q_{max}/\sigma_c$
Leung and Ko[A.29]	1993	石膏岩 Gypsum	1064	3.03	0	3.03	0	16.3	2.85	2.1	5	2.93	85	6.51	3.1
Leung and Ko[A.29]	1993	石膏岩 Gypsum	1064	3.18	0	3.18	0	16.3	2.99	4.1	5	2.93	85	10.9	2.66
Leung and Ko[A.29]	1993	石膏岩 Gypsum	1064	3.18	0	3.18	0	16.3	2.99	5.3	5	2.93	85	15.7	2.96
Leung and Ko[A.29]	1993	石膏岩 Gypsum	1064	3.34	0	3.34	0	16.3	3.14	6.7	5	2.93	85	16.1	2.4
Leung and Ko[A.29]	1993	石膏岩 Gypsum	1064	3.34	0	3.34	0	16.3	3.14	8.4	5	2.93	85	23	2.74
Leung and Ko[A.29]	1993	石膏岩 Gypsum	1064	3.34	0	3.34	0	16.3	3.14	11.3	5	2.93	85	27.7	2.45
Orpwood et al.[A.30]	1989	砂砾岩 Till	762	20.6	17	3.6	14.7	17.5	4.72	0.7	20	1.64	30	4	5.71
Orpwood et al.[A.30]	1989	砂砾岩 Till	762	19.6	16	3.6	22.4	22	4.72	0.81	20	1.96	35	4.15	5.12
Orpwood et al.[A.30]	1989	砂砾岩 Till	762	25.6	22	3.6	22.3	22	4.72	1	20	1.96	35	5.5	5.5

续上表

参考文献	年份	岩石描述	桩径 D(mm)	桩长 L(m)	土层高 H_S(m)	入岩深 h_r(m)	土重 γ_S (kN/m^3)	岩重 γ_R (kN/m^3)	嵌岩比 n	σ_c (MPa)	m_0	m_b	RMR (%)	实际 q_{max} (MPa)	$N_c = q_{max}/\sigma_c$
Radhakrishnan and Leung[A.31]	1989	粉砂岩，中硬的，破碎的 Siltstone, medium hard, fragmented	705	7.3	5.8	1.5	7.5	12.5	2.13	9	9	0.74	30	13.1	1.46
Thome (taken from…)[A.31]	1980	?	2000	15	10	5	7.5	15	2.5	8	10	0.687	25	3.65	0.46
Thome (taken from…)[A.31]	1980	砂岩 Sandstone	2000	15	10	5	7.5	15	2.5	12.5	19	4.55	60	14	1.12
Thome (taken from…)[A.31]	1980	?	2000	15	10	5	7.5	15	2.5	18.2	4	0.67	50	7.5	0.412
Thome (taken from…)[A.31]	1980	?	2000	15	10	5	7.5	15	2.5	18.2	4	0.67	50	12.7	0.698
Thome (taken from…)[A.31]	1980	砂岩，新鲜，无缺陷 Sandstone, fresh, defect free	2000	15	10	5	7.5	15	2.5	27.5	19	7.78	75	50	1.82

续上表

参考文献	年份	岩 石 描 述	桩径 D(mm)	桩长 L(m)	土层高 H_S(m)	入岩深 h_r(m)	土重 γ_S (kN/m^3)	岩重 γ_R (kN/m^3)	嵌岩比 n	σ_c (MPa)	m_0	m_b	RMR (%)	实际 q_{max} (MPa)	$N_c = q_{max}/\sigma_c$
Thome (taken from…)[A.31]	1980	页岩 Shale	2000	15	10	5	7.5	15	2.5	34	5	0.49	35	28	0.82
Thome (taken from…)[A.31]	1980	页岩，occasional recemented moisture fractures 和薄煤层泥，完整的核心长度 75 至 250mm Shale，occasional recemented moisture fractures and thin mud seams，intact core lengths 75 to 250mm	2000	15	10	5	7.5	15	2.5	55	5	0.587	40	27.8	0.51
Webb[A.32]	1976	辉绿岩，高度风化 Diabase，highly weathered	615	12.2	2.2	10	20	8.5	16.26	0.52	15	0.721	15	2.65	5.10
Wilson[A.33]	1976	泥岩，弱，粘土质白垩世 Mudstone，weak，clayey cretaceous	670	7.5	4.5	3	13	12.5	4.48	1.091	5	1.432	65	6.88	6.31

注：对嵌岩桩极限承载力的判断标准不同，其极限承载力也不相同。例如 Goeke and Hustad[A.26] 以桩端发生刺入破坏的桩顶荷载为极限承载力（刺入破坏的定义为桩端如果没有经历连续性的位移，额外的荷载不能施加），而 Jubenville and Hepworth[A.28] 定义极限荷载为桩顶位移达到 10% 桩径值。分析时应考虑极限承载力定义的差异对数据的影响。

附录 7

上覆土层桩侧极限摩阻力统计表

软岩嵌岩试桩资料统计

表 A.8

试桩编号	桩长（m）	桩径（m）	桩端所嵌基岩				土层极限侧摩阻力标准值（kPa）	岩石单轴抗压强度标准值（kPa）	桩顶最大荷载（kN）	嵌岩段极限侧阻力（kN）	极限端阻力（kN）	最大沉降（mm）	备注
			中－微风化层	厚度（m）	新鲜岩层	厚度（m）							
商茂广场－1#	52.0	1.0	粉砂质泥岩	5.30	无	0	55	4920	12000	1370	1320	44.32	断桩
商茂广场－2#	46.0	1.0	粉砂质泥岩	2.30	无	0	65	3110	14400	2610	2290	52.59	沉降不稳定
天安商城－1#	42.8	0.8	中风化泥岩	2.00	无	0	75	5200	11250	1910	900	151	
江苏省外贸大楼－M1	46.0	1.0	泥质粉砂岩	7.00	无	0	100	4100	18000	3130	2140	24.4	
江苏省外贸大楼－M2	46.0	1.0	泥质粉砂岩	7.00	无	0	115	4100	18000	1660	820	23.2	
新华大厦－1#	43.5	1.0	泥质粉砂岩	3.50	无	0	100	4420	22000	7000	3200	35.23	
新华大厦－2#	40.8	1.3	泥质细砂岩	5.00	无	0	80	4420	27000	12800	3500	20.45	
颐和大厦－Ⅱ#	35.5	1.0	泥质砾岩	3.50	无	0	120	10000	20000	6000	1200	16.72	
羊皮巷商住楼－Ⅰ#	45.0	0.7	泥岩	8.00	无	0	55	3000	6800	1360	160	15.94	
新百二期主楼－1#	45.0	1.2	泥质砂岩	4.50	无	0	80	4700	22000	7150	3400	34.6	
新百二期主楼－2#	44.0	1.2	泥质砂岩	5.50	无	0	100	4500	22000	6500	1800	23.6	
同仁大厦－Ⅱ#	41.7	1.2	粉砂质泥岩	5.00	无	0	100	3000	20000	6000	500	18.6	

续上表

试桩编号	桩长（m）	桩径（m）	桩端所嵌基岩				土层极限侧摩阻力标准值（kPa）	岩石单轴抗压强度标准值（kPa）	桩顶最大荷载（kN）	嵌岩段极限侧阻力（kN）	极限端阻力（kN）	最大沉降（mm）	备注
			中－微风化层	厚度（m）	新鲜岩层	厚度（m）							
同仁大厦－Ⅲ#	47.5	1.2	泥质砂砾岩	8.60	无	0	80	6620	20000	8500	500	—	
铁02－甲	40.5	0.8	细砂岩	4.23	细砂岩	0.76	50	4500	7000	2010	350	26.0	桩身破坏
铁02－乙	38.5	0.9	细砂岩	3.00	0	0	45	2500	6000	1326	300	24.0	桩身破坏
铁33－φ75	34.5	0.9	泥灰质粘土岩	4.31	0	0	65	3000	8000	2192	400	22.0	桩身破坏
铁37－φ75	35.0	0.8	泥灰质粘土岩	4.00	砂质粘土岩	2.83	45	3000	7000	3603	350	20.0	桩身破坏
铁37－φ125	38.5	1.3	泥灰质粘土岩	4.51	砂质粘土岩	5.83	45	5000	15000	9286	750	>20	
某工程－1#	14.3	0.8	砂质板岩	2.67	砂质板岩	0	25	10000	8000	880	6448	79.5	
某工程－2#	13.7	0.8	砂质板岩	1.96	砂质板岩	0	95	20000	9000	1108	5607	35.8	
某工程－3#	38.5	1.3	粘土岩	10.30	粘土岩	0	60	3000	8000	2224	160	40.0	
某工程－4#	35.5	0.8	粘土岩	7.34	粘土岩	0	90	8000	12000	5186	480	18.0	
某工程－5#	16.0	0.8	砂岩	11.40	无	0	140	15000	9600	7646	192	10.4	
某工程－6#	60.0	1.2	中风化泥岩	2.20	无	0	35	1500	9600	1044	1094	11.0	
某工程－7#	60.0	1.2	中风化泥岩	2.20	无	0	35	1500	9600	986	1181	12.5	
某工程－8#	50.0	1.0	中风化泥岩	0.40	无	0	35	4000	8400	177	2335	49.5	
某工程－9#	50.0	1.0	中风化泥岩	0.40	无	0	30	4000	7700	168	1987	53.3	
某工程－10#	51.7	1.0	中风化花岗岩	1.00	无	0	25	20000	15000	691	9555	>70	
某工程－11#	22.2	1.2	中风化花岗岩	4.10	无	0	25	5000	7200	3090	1858	101.3	

硬岩嵌岩试桩资料统计

表 A.9

试桩编号	桩长（m）	桩径（m）	桩端所嵌基岩				土层极限侧摩阻力标准值（kPa）	岩石单轴抗压强度标准值（kPa）	桩顶最大荷载（kN）	嵌岩段极限侧阻力（kN）	极限端阻力（kN）	最大沉降（mm）	备注
			中－微风化层	厚度（m）	新鲜岩层	厚度（m）							
某工程－1#	27.8	0.6	微风化花岗岩	1.00	无	0	65.00	45000	6000	396	3378	16.79	
某工程－2#	27.5	0.6	微风化花岗岩	0.76	无	0	65.00	45000	6000	286	3390	13.1	
某工程－3#	41.4	0.9	微风化花岗岩	3.60	无	0	45.00	45000	8000	2035	1768	26.44	
某工程－4#	37.8	0.85	微风化花岗岩	7.80	无	0	45.00	45000	5600	2915	140	31.62	
某工程－5#	32.1	1.1	微风化花岗岩	5.10	无	0	65.00	45000	12000	4228	2628	28.03	
某工程－6#	47.5	1.1	微风化花岗岩	4.00	无	0	65.00	45000	12000	3592	2160	40.85	
某工程－7#	28.6	0.8	微风化花岗岩	2.30	无	0	40.00	45000	5000	1618	1930	10.81	

附录 8

大直径深长嵌岩桩设计指南

Guideline for Design of Large Diameter Super-long rock-socketed Pile

主编单位:东南大学

东 南 大 学
中交公路规划设计院有限公司
浙江省舟山连岛工程建设指挥部

2010 年 9 月

目　录

第一章　总　　则

1.0.1　编制目的:为了适应大直径深长嵌岩桩设计中的需要,使设计符合技术先进、安全适用、经济合理、确保质量、保护环境的要求,制定本指南。

1.0.2　适用范围:本指南适用桥梁工程中深长嵌岩桩的设计。其他行业深长嵌岩桩的设计也可参照使用。

1.0.3　作用于桩上的荷载及其效应组合:应按现行行业标准《公路桥涵设计通用规范》(JTG D60－2004),《公路桥涵地基与基础设计规范》(JTG D63－2007)等有关规定执行。

1.0.4　在进行桩基设计时,除符合本规范外,尚应符合国家现行有关标准、规范的规定。

第二章 术语和符号

2.1 术语

2.1.1 节理 joint

岩体破裂面两侧无明显位移的裂隙。

2.1.2 岩体结构面 rock discontinuity

岩体内分割固相组分的地质界面或开裂面的统称，包括断层面、节理面、片理面等。又称不连续构造面。

2.1.3 桩基础 pile foundation

由桩以及连接桩顶的承台或系梁所组成的基础。

2.1.4 基桩 foundation pile

桩基础中的单桩。

2.1.5 单桩竖向极限承载力 ultimate vertical bearing capacity of a single pile

单桩在竖向荷载作用下到达破坏状态前或出现不适用于继续承载的变形时所对应的最大荷载，它取决于土对桩的支承阻力和桩身承载力。

2.1.6 极限侧阻力 ultimate shaft resistance

相应于桩顶作用极限荷载时，桩身侧表面所发生的岩土阻力。

2.1.7 极限端阻力 ultimate tip resistance

相应于桩顶作用极限荷载时，桩端所发生的岩土阻力。

2.1.8 灌注桩 cast-in-place concrete pile

在地基中以人工或机械成孔，在孔中灌注混凝土而成的桩。

2.1.9 大直径桩 large diameter pile

直径大于等于2.0m的灌注桩。

2.1.10 深长嵌岩桩 super-long rock-socketed pile

指嵌岩深度超过5倍桩径的嵌岩桩。

2.1.11 孔壁粗糙度 roughness of shaft wall

桩身随桩长变化而发生的孔壁凹凸程度。

2.1.12 嵌岩比 ratio of pile length in rock to its diameter

桩端嵌入中等风化或微风化岩层的深度与桩基直径的比值。

2.1.13 静载试验 static load test

在桩顶部逐级施加竖向压力，竖向上拔力或水平推力，观测桩顶部随时间产生的沉降、上拔位移或水平位移，以确定相应的单桩竖向抗压承载力，单桩竖向抗拔承载力或单桩水平承载力的试验方法。

2.1.14　取芯法　core drilling method

用钻机钻取芯样以检测桩长，桩身缺陷，桩底沉渣厚度以及桩身混凝土的强度，密实性和连续性，判定桩端岩土性状的方法。

2.1.15　低应变法　low strain method

采用低能量瞬态或稳态激振方式在桩顶激振，实测桩顶部的速度时程曲线或速度导纳曲线，通过波动理论分析或频域分析，对桩身完整性进行判定的检测方法。

2.1.16　高应变法　high strain method

用重锤冲击桩顶，实测桩顶部的速度和力时程曲线，通过波动理论分析，对单桩竖向抗压承载力和桩身完整性进行判定的检测方法。

2.1.17　声波透射法　acoustic transmission method

在预埋声测管之间发射并接收声波，通过实测声波在混凝土介质中传播的声时，频率和波幅衰减等声学参数的相对变化，对桩身完整性进行检测的方法。

2.1.18　电容法　capacitance method

电容法测定沉渣厚度是利用水、泥浆和沉渣等介质介常电常数的差异，导致测头电容的改变，根据测头电容值的变化量测定沉渣厚度。

2.2　主要符号

2.2.1　地基抗力及应力有关符号

$[R_a]$——单桩竖向承载力容许值；

q_{ik}——第 i 层土（岩）桩侧摩阻力标准值；

q_{rk}——第 i 层土桩侧摩阻力标准值；

f_{rk}——桩端岩石饱和单轴抗压强度标准值。

2.2.2　计算系数

h_m——孔壁凸出部分（径向扩大尺寸）平均值，m；

L_t——钻孔的深度，m；

R——孔壁半径的平均值，m；

L——沿着钻孔深度方向剖面曲线的总长度，m。

u_1——覆盖层桩身周长（m）；

u_2——嵌岩段桩身周长（m）；

A_{ps}——桩身截面面积（m^2）；

h_i——桩端各岩层部分的厚度（m）；

ξ——孔壁粗糙度影响系数；

ζ_{si}——桩周第 i 层土的侧阻力系数。

l_i——各土层的厚度（m）；

f_c——混凝土轴心抗压强度设计值；

Q——单桩竖向承载力设计值；

Q_{ck}——单桩轴向抗压承载力标准值（kN）；

f'_y——纵向主筋抗压强度设计值；

A'_s——纵向主筋截面面积；

ψ_c——工作条件系数。

第三章　设计一般规定

3.0.1　嵌岩桩的设计与施工应具备下列资料：

1. 使用要求；
2. 水文、气象、地形、环境和水深资料；
3. 地质条件及工程地质评价；
4. 必要的载荷试验和；
5. 主要施工机具性能等。

3.0.2　嵌岩桩的承载力计算

嵌岩桩的承载力应根据不同受力情况，分别按桩身结构强度和地基对桩的支承能力进行计算。

3.0.3　嵌岩桩设计要求

1. 嵌岩桩设计，应按承载能力极限状态和正常使用极限状态进行计算。
2. 按承载能力极限状态计算应包括：

1）桩基的轴向承载力和水平承载力计算；

2）桩身受压、受弯、受拉、受剪和受扭的承载力计算；

3）桩身的自由长度较大时，桩的压屈稳定验算。

3. 嵌岩桩设计，必要时应进行下列正常使用极限状态计算：

1）混凝土和预应力混凝土嵌岩桩的限裂或抗裂验算；

2）水平变形计算。

3.0.4　嵌岩桩桩基工程的勘察要求

嵌岩桩桩基工程的勘察，除应满足《公路桥涵地基与基础设计规范》（JTG D63 - 2007）的有关规定外，尚应符合下列规定。

1. 钻孔数量和间距应根据墩台大小及桩的数量等因素综合确定，一般不宜小于 10m。当相邻两孔间的岩层面坡度大于 10% 时，应根据工程具体条件适当加密，对地质情况复杂的工程，宜在每根桩布置一个钻孔。

2. 控制性钻孔宜为钻孔总数的 1/3 ~ 1 /2。钻孔深度应达到桩端以下 3 ~ 5 倍桩径处，当持力岩层较薄有部分钻孔钻穿持力岩层时，应探明下卧层的地质情况。

3. 在岩溶地区，应查明溶洞、溶槽、溶沟和石笋等分布情况。

3.0.6　桩身强度要求

要求其桩身混凝土强度等级不应低于 C30，以满足大吨位荷载作用下桩身的强度要求。

第四章　嵌岩桩的设计计算

4.1　一般规定

1. 嵌岩桩桩基中,桩的中心距不应小于2倍桩径;
2. 嵌岩桩桩端宜嵌入新鲜基岩和微风化岩中,也可嵌入中等风化岩;
3. 桩的嵌岩深度应同时满足承受轴向力和水平力的要求;
4. 当桩端下一定深度范围内存在溶洞、溶沟和溶槽等不利因素时,应采取有效措施。

4.2　桩的轴向承载力

桩端置于完整、较完整基岩的嵌岩桩单桩竖向承载力容许值,包括上部桩周土层的摩阻力和嵌岩段摩阻力,但应注意土层阻力的折减。

4.3　嵌岩桩承载力确定方法

4.3.1　嵌入中等风化岩的单桩轴向抗压承载力,宜根据静载荷试验确定。

4.3.2　静载荷试验法

对进行静载荷试验的工程,其单桩轴向抗压承载力容许值应按下式计算:

$$[R_a] = \frac{Q_{ck}}{k} \tag{4-1}$$

式中:$[R_a]$——单桩轴向受压承载力容许值(kN);

Q_{ck}——单桩轴向抗压承载力标准值(kN);

k——单桩轴向抗压承载力安全系数,一般可取 $k=2$。

4.3.3　经验公式法

嵌入基岩内的钻孔桩或人工挖孔桩,单桩轴向受压承载力容许值$[R_a]$,可按下式计算:

$$[R_a] = c_1 A_p f_{rk} + u_1 \sum_i^m c_{2i} h_i f_{rki} + \frac{1}{2} u_2 \sum_i^n \zeta_{si} q_{ik} l_i \tag{4-2}$$

式中:$[R_a]$——单桩轴向受压承载力容许值(kN);

c_1——根据岩石强度及嵌岩比而定的端阻发挥系数,按表4.3.1,4.3.2采用;

c_{2i}——根据岩石强度及嵌岩比而定的第 i 层岩层的侧阻发挥系数,按表4.3.1,4.3.2采用;

u_1——嵌岩段桩身周长(m);

u_2——覆盖层桩身周长(m);

A_p——桩端截面面积(m^2);

f_{rk}——桩端岩石饱和单轴抗压强度标准值(kPa),当其数值超过混凝土抗压强度标准值时,可取桩身混凝土抗压强度标准值;

h_i——桩端各岩层部分的厚度(m);

ζ_{si}——覆盖层土的侧阻力发挥系数,根据桩端f_{rk}确定:当$2MPa \leqslant f_{rk} < 15MPa$时,$\zeta_s = 0.8$;当$15MPa \leqslant f_{rk} < 30MPa$时,$\zeta_s = 0.5$;当$f_{rk} > 30MPa$时,$\zeta_s = 0.2$;

q_{ik}——桩侧第i层土的侧阻力标准值(kPa),宜采用单桩摩阻力试验值,当无试验条件时,可按表4.3.3采用;

l_i——各土层的厚度(m)。

当嵌岩比小于5时c_1、c_2取值 表4.3.1

类别	f_{rk}取值	c_1	c_2
第一类	$f_{rk} \leqslant 5MPa$	0.64	0.05
第二类	$5MPa < f_{rk} \leqslant 15MPa$	0.45	0.024
第三类	$15MPa < f_{rk} \leqslant 30MPa$	0.25	0.017
第四类	$30MPa < f_{rk}$	0.13	0.01

当嵌岩比大于等于5时c_1、c_2取值 表4.3.2

类别	f_{rk}取值	c_1	c_2
第一类	$f_{rk} \leqslant 5MPa$	0.64	0.05
第二类	$5MPa < f_{rk} \leqslant 15MPa$	0.45	0.024
第三类	$15MPa < f_{rk} \leqslant 30MPa$	$0.25 \times \left(\frac{5d}{h_r}\right)$	$0.017 \times \left(\frac{5d}{h_r}\right)$
第四类	$30MPa < f_{rk}$	$0.13 \times \left(\frac{5d}{h_r}\right)$	$0.01 \times \left(\frac{5d}{h_r}\right)$

注:1. 对于钻孔桩,系数c_1、c_2的值应减低20%采用;

2. 桩底沉渣厚度t应满足以下要求:$t \leqslant 100mm$;

3. 对于中风化层作为持力层的情况,c_1、c_2的值应乘以0.75的折减系数。

4. 对岩体完整性为完整、较完整的情况,c_1、c_2的值可提高20%采用;对岩体完整性为破碎、极破碎的情况,c_1、c_2的值可降低20%采用。

桩侧土摩阻力标准值q_{ik} 表4.3.3

土类		q_{ik}(kPa)
粘性土	流塑 $I_L > 1$	20~30
	软塑 $0.75 < I_L \leqslant 1$	30~50
	可塑、硬塑 $0 < I_L \leqslant 0.75$	50~80
	坚硬 $I_L \leqslant 0$	80~120

续上表

土类		q_{ik}(kPa)
粉土	中密	30~55
	密实	55~80
粉砂、细砂	中密	35~55
	密实	55~70
中砂	中密	45~60
	密实	60~80
粗砂、砾砂	中密	60~90
	密实	90~140
圆砾、角砾	中密	120~150
	密实	150~180
碎石、卵石	中密	160~220
	密实	220~400
漂石、块石		400~600

4.3.4　桩应验算桩身强度、稳定性及裂缝宽度。

轴向受压时，桩身强度应符合下式要求：

1. 当桩顶以下5d范围内的桩身螺旋式箍筋间距不大于100mm，且符合相关规定时：

$$Q \leqslant \psi_c f_c A_{ps} + 0.9 f'_y A'_S \tag{4-3}$$

2. 当桩身配筋不符合上述1款规定时：

$$Q \leqslant \psi_c A_{ps} f_c \tag{4-4}$$

式中：f_c——混凝土轴心抗压强度设计值；按现行《混凝土结构设计规范》取值；

Q——单桩竖向承载力设计值；

A_{ps}——桩身横截面面积；

f'_y——纵向主筋抗压强度设计值；

A'_s——纵向主筋截面面积；

ψ_c——工作条件系数，按本规范4.3.5条规定取值。

4.3.5　工作条件系数ψ_c可按下列固定取值：

1. 干作业非挤土灌注桩：$\psi_c = 0.90$

2. 非挤土灌注桩：$\psi_c = 0.7 \sim 0.8$

4.3.6　嵌岩桩的单桩轴向抗拔承载力宜通过抗拔试验确定。

4.3.7　进行抗拔试验时，单桩轴向抗拔承载力设计值应按下式计算：

$$[R_t] = \frac{Q_{tk}}{k} \tag{4-5}$$

式中：$[R_t]$——单桩轴向受拔承载力容许值（kN）；

Q_{tk}——单桩轴向抗拔承载力标准值（kN）；

k——单桩轴向抗拔承载力安全系数，一般可取 $k=2.0$。

4.3.8 当河床岩层有冲刷时，桩基须嵌入基岩，嵌岩桩按桩底嵌固设计。其应嵌入基岩中的深度，可按下列公式计算：

1. 圆形桩

$$h=\sqrt{\frac{M_{\mathrm{H}}}{0.0655\beta f_{\mathrm{rk}}d}} \tag{4-6}$$

2. 矩形桩

$$h=\sqrt{\frac{M_{\mathrm{H}}}{0.0833\beta f_{\mathrm{rk}}b}} \tag{4-7}$$

式中：h——桩嵌入基岩中（不计强风化层和全风化层）的有效深度（m），不应小于0.5m；

M_{H}——在基岩顶面处的弯矩（kN · m）；

f_{rk}——岩石饱和单轴抗压强度标准值（kPa），粘土质岩取天然湿度单轴抗压强度标准值；

β——系数，$\beta=0.5\sim1.0$，根据岩层侧面构造而定，节理发育的取小值；节理不发育的取大值；

d——桩身直径（m）；

b——垂直于弯矩作用平面桩的边长（m）。

4.3.9 构造要求

4.3.9.1 灌注型嵌岩桩桩身构造应符合桥梁工程灌注桩设计与施工的有关规定。

4.3.9.2 灌注型嵌岩桩嵌岩段的直径和配筋，应根据桩的受力状况确定，并应符合下列规定。

1. 主筋宜采用螺纹钢筋，直径不小于18mm，截面积应计算确定，且配筋率不宜小于0.4%，根数不宜少于12根，应沿周长均匀通长布置。当嵌岩孔径小于桩径时，嵌岩段主筋伸入上部桩内的长度不应小于35倍主筋直径。

2. 箍筋宜采用I级钢筋，直径不应小于6mm，间距应为200～300mm，并宜每隔2m左右焊接一道加强箍筋，其直径不宜小于16mm。在岩面上下1000mm范围内箍筋间距不应大于60mm，宜采用螺旋或焊接环式箍筋。

3. 桩的混凝土强度等级不应低于C30。

4.3.9.3 桩的布置和中距

1. 群桩的布置可采用对称形、梅花形或环形。

2. 桩的中距应符合以下要求：

1）端承桩

支承或嵌固在基岩中的钻（挖）孔桩中距，不应小于桩径的2.0倍。

2）扩底灌注桩

钻（挖）孔扩底灌注桩中距不应小于1.5倍扩底直径或扩底直径加1.0m，取较大者。

附录 A　嵌岩桩质量检测

A. 0. 1　一般规定

(1)在一些软岩地区或者是在一些硬岩地区为了满足桩基承载力其变形要求,常需对桩基工程进行检测。

(2)桩基工程检测主要包括两大方面:成孔后的检测和成桩后的检测。

A. 0. 2　深长嵌岩基桩成孔质量检测

(1)成孔检测标准

桩基成孔质量检测的标准如表 7. 1 所示。

钻、挖孔成孔质量标准　表 7. 1

项目	允许偏差
孔的中心位置(mm)	群桩:100;单排桩:50
孔径(mm)	不小于设计桩径
倾斜度	钻孔:小于 1%;挖孔:小于 0. 5%
孔深	比设计深度超深不小于 50mm
沉淀厚度(mm)	$t \leqslant 100$mm
清孔后泥浆指标	相对密度:1. 03 ~ 1. 10;粘度:17 ~ 20Pa · s;含砂率: <2%;胶体率: >98%

(2)沉桩后,应及时测定处于自由状态的桩顶偏差。在夹桩或搭设水上施工平台后,应再次测定桩位偏差,并以此作为竣工测定的最终数值。

(3)基岩成孔的允许偏差,孔径为 20mm,孔的倾斜度不大于 1% 。

(4)沉渣厚度的检测。沉渣厚度的检测主要应用测锤法,电阻率法, 电容法,声波法,及 SSD 法。

(5)工程上一般利用钢筋笼检孔器及超声波检测成孔质量。而目前通常使用的钢筋笼检孔器这一测试方法较为原始和粗糙,其对成孔的判断也较粗略。应用声波投射法技术对大直径钻孔灌注桩成孔质量进行检测可以一次下孔获得包括孔径、孔深、孔垂直度、孔底沉渣厚度及孔壁状况等影响钻孔质量的几乎所有参数,检测效率高。成孔检测能够准确地给出钻孔参数及施工情况,为施工和设计部门提供分析依据。

A. 0. 3　钻芯法完整性检测

(1)钻芯法是一种微破损或局部破损检测方法,具有科学、直观、实用等特点。该法是检测钻(冲)孔、人工挖孔等现浇混凝土灌注桩的成桩质量的一种有效手段,不受场地条件的限制,特别适用于大直径混凝土灌注桩的成桩质量检测。

(2)钻孔取芯应在混凝土 28d 龄期后进行;

(3)钻孔取芯数量宜取桩总数的 3% ~5% ,且不少于 2 根;对质量有疑问的桩应逐根检查；

(4)钻孔应具有足够的垂直度，并钻到桩底0.5m以下，取出的混凝土芯柱直径应大于100mm。每孔取样组数，应根据桩长及施工情况确定，但不得少于3组。

A.0.4　承载力测试

(1)堆载法是各检测机构较普遍使用的方法，该方法需要预先准备大量配重块(要求大于试桩预估极限荷载的1.2~1.5倍)，压重宜在测试前一次加足，并均匀稳固地放置于压重平台上。该方法的缺点是需要进行大量的运输和多次重复的吊装工作，需要修筑场内转点道路，耗费大、测试安装时间长、工期长，安全性差。一般地说，10000kN以下的堆载实施较容易，10000kN以上则比较困难。

(2)锚桩法：

锚桩法要求锚桩、反力梁装置提供的反力不应小于预估最大试验荷载1.2~1.5倍，当采用工程桩作为锚桩时，锚桩数量不得少于4根，当要求加载值较大时，有时需要6根甚至更多的锚桩，具体锚桩数量可通过验算各锚桩的抗拔力来确定。

锚桩法的优点是不需要运输大量的配重块，与堆载法相比耗费较小，但也存在明显的局限性：①试桩的选择有限制，不能选择边、角桩，桩间距不能大于1/2反力梁长度；②对有中、轻度桩身缺陷的桩不能用作锚桩，以防桩身缺陷因受拉而破坏；③试验过程中受制约因素较多，如锚筋拉断、锚桩上拔量超限等，易造成试验失败。一般地说，当基桩平面布置为群桩时，可予以采用。

(3)堆锚联合法：

当试验的最大加载超过锚桩的抗拔力时，可在主梁和副梁上堆重或悬挂一定重物，由锚桩和重物共同承受千斤顶加载反力，以满足试验荷载要求。采用堆锚联合法应注意两个问题，一是当各锚桩的抗拔力不一样时，重物应相对集中在抗拔力较小的锚桩附近；二是重物和锚桩反力的同步性问题，拉杆应预留足够的空隙，保证试验前期锚桩暂不受力，先用重物作为试验荷载，试验后期联合反力装置共同起作用。该方法的优点介于堆载法和锚桩法之间，其主要缺点是现场技术复杂难度大，测试过程易因出力不均匀，造成倾斜等问题。目前，该方法在岩溶地区基桩检测中一般作为最后选择，实际应用很少。

(4)高应变动力测试法在桩基检测中的应用：

高应变检测技术是从打入式预制桩发展起来的。采用高应变法检测桩承载力有一定限制性。

(5)自平衡法：

自平衡测桩法实用于淤泥质土、黏性土、粉土、砂土、岩层以及黄土、冻土、岩溶特殊土中的钻孔灌注桩、人工挖孔桩、沉管灌注桩、管桩及地下连续墙基础，包括摩擦桩和端承桩。特别适用于传统静载试桩相当困难的大吨位试桩、水上试桩、坡地试桩、基坑试桩、狭窄场地试桩等情况。

附录参考文献

[A. 1] Evert Hoek, Carlos Carranza-Torres, Brent Corkum. Hoek-Brown failure criterion—2002 edition[J]. Proceedings of the North American Rock Mechanics Society, Toronto. July. 2002. P 267-273

[A. 2] Lianyang Zhang and Hehua Zhu. Three-Dimensional Hoek-Brown Strength Criterion for Rocks. [J]. Journal of Geotechnical and Geoenvironmental Engineering, ASCE. 2007. 133 (9). 1128-1135

[A. 3] Engineering and Design—Rock Foundations. U. S. Army Corps of Engineers. Department of the Army. 30 November 1994. 30 November 1994. EM 1110-1-2908

[A. 4] Foundation design and construction[S]. Geotechnical Engineering Office, Civil Engineering and Development Department, the Government of the Hong Kong Special Administrative Region of the People's Republic of China. 2006

[A. 5] Carrubba P. Skin of large-diameter piles socketed into rock. [J]. Can Geotech J. 1997. 34 (2). P230-240

[A. 6] Buttling S. Estimates of shaft and end loads in piles in chalk using strain gauge instrumentation[J]. Ge'otechnique. 1976. VOL(26). P 133-147

[A. 7] Wilson LC.. Test of bored, driven piles in cretaceous mudstone at Port Elizabeth, South Africa[J]. London, England. 1976. 26(1). P5-12

[A. 8] Mc Vay MC, Townsend FC, Williams RC. Design of socketed drilled shafts in limestone. [J]. J GeotechEng. 1992. 118(10)

[A. 9] Horvath, R. G., Trow, W. A., and Kenney, T. C. (1980). Results of tests to determine shaft resistance of rock-socketed drilled piers. Proc., Int. Conf. on Struct. Found. on Rock, P 349-361

[A. 10] Ng WW, Yau TL, Li HM, Tang HW.. Side resistance of large diameter bored piles socketed into decomposed rocks. [J]. J Geotech Geoenviron Eng. 2001. 127(8). P 642-656

[A. 11] Leung, C. F. (1996). Case studies of rock-socketed piles. Geotech. Engrg., Bangkok, Thailand, 27, 1996. P 51-67

[A. 12] Castelli RJ, Fan K.. O-cell test results for drilled shafts inMarl and limestone. [C]. In: Proceedings of international conference, Orlando, FL. 2002

[A. 13] Rosenberg P, Journeaux NL.. Friction and end bearing tests on bedrock for high capacity socket design. [J]. Can Geotech J Ottawa. 1976. VOL(13). P 324-333

[A. 14] Gordon BB, Hawk JL, McConnell PE. Capacity of drilled shafts for the proposed sus que hanna river. [C]. In: Geosupport 2004, ASCE proceedings of sessions of the geosupport conference: innovation and cooperation in the geo-industry, Orlando, FL. 2004

[A. 15] Walter, D. J., Burwash, W. J. and Montgomery, R. A.. Design of large-diameter drilled shafts for Northumberland Strait bridgeproject. Can. Geotech. J., Ottawa, 1997. VOL34, P 580-587

[A. 16] Long M, Collins F. Piling in rock[C]. Institution of Engineers ofIreland Joint Meeting, Cork, Ireland. 1999. P 120-140

[A. 17] Thorne, C. P. (1980). The capacity of piers drilled into rock. Proc., Int. Conf. on Struct. Found. on Rock, Vol. 1, 223-233.

[A. 18] Zhang C, Yin J. Field static load tests on drilled shaft founded on or socketed into rock[J]. Can Geotech J. 2000. VOl(37). 1283-1294

[A. 19] Gunnick B, Kiehne C.. Pile bearing in Burlington limestone. [C]. In: Transportation conference proceedings. 1998. P 145-148

[A. 20] A. Serranoa, C. Olallab, Shaft resistance of piles in rock: Comparison between in situ test data and theory using the Hoek and Brown failure criterion. International Journal of Rock Mechanics & Mining Sciences. 2006. VOL(43). P 826-830

[A. 21] Lianyang Zhang. Drilled Shafts in Rock Analysis and Design[M]. ICF Consulting, Lexington, MA, USA, A. A. BALKEMA PUBLISHERS. 2004

[A. 22] A. Serranoa, C. Olallab, Ultimate bearing capacity at the tip of a pile in rock—part 2: application. International Journal of Rock Mechanics & Mining Sciences. VOL(39). 2002 P 847-866

[A. 23] Aurora RP, Reese LC.. Field test on drilled shafts in clay shale. [J]. Proceedings of the Ninth International Conference on Soil Mechanics and Foundation Engineering. Tokyo, Japan: Japanese Society of Soil Mechanics and Foundation Engineering. 1977. P 371-376

[A. 24] Carrubba P.. Skin of large-diameter piles socketed into rock. [J]. Can Geotech J. 1997. 34(2). P 230-240

[A. 25] Glos GH, Briggs Jr. OH.. Rock sockets in soft rock[J]. J Geotech Eng ASCE. 1983. 109(4). P 525-535

[A. 26] Goeke PM, Hustad PA. Instrumented drilled shafts in clay-shale[C]. In: Fuller EM, editor. Proceeding of the Symposium on Deep Foundations. Atlanta, GA: ASCE National Convention. 1979. P 149-164

[A. 27] Hummert JB, Cooling TL. Drilled pier test, Fort Collins, Colorado. [C]. In: Prakash S, editor. Proceedings of the Second International Conference on Case Histories in Geotechnical Engineering, vol. 3. Rolla, Missouri: University of Missouri-Rolla. 1988. P 1375-1382

[A. 28] Jubenville DM, Hepworth. Drilled pier foundations in shale[C]. Proceedings of the Special National Conference Session A. Denver, Colorado Area. 1981

[A. 29] Leung CF, Ko H-Y.. Centrifuge model study of piles socketed in soft rock. [J]. Soils Foundation (Japan). 1993. 33(3). P 80-91

[A. 30] Orpwood TG, Shaheen AA, Kenneth RP.. Pressure-meter evaluation of glacial till bearing capacity in Toronto, Canada. [M]. In: Kulhawy FH, editor. Foundation engineering:

current principles and practices, vol. 1. Reston, VA: ASCE. 1989. P 16-28

[A. 31] Radhakrishnan R, Leung CF.. Load transfer behaviour of rock socketed piles. [J]. J Geotech Eng, ASCE. 1989. 115(6). P 755-768

[A. 32] Webb DL. The behaviour of bored piles in weathered diabase. Geotechique 1976;26(1):P 63-72.

[A. 33] Wilson LC.. Test of bored, driven piles in cretaceous mudstone at Port Elizabeth, South Africa[J]. London, England. 1976. 26(1) P 5-12